Benes · Groh

Grundlagen des Qualitätsmanagements

„Es gibt kaum etwas auf dieser Welt,
das nicht irgendjemand
ein wenig schlechter machen
und etwas billiger verkaufen könnte,
und Menschen, die sich nur am Preis orientieren,
werden die gerechte Beute solcher Machenschaften."

John Ruskin (1819 bis 1900)

Georg M. E. Benes
Peter E. Groh

Grundlagen des Qualitätsmanagements

5., überarbeitete Auflage

Mit 253 Bildern, 61 Tabellen und 253 Lernerfolgskontrollfragen

HANSER

Prof. Dr.-Ing. Georg M. E. Benes
Dipl.-Ing. Peter E. Groh
Technische Hochschule Mittelhessen
Fachbereich Wirtschaftsingenieurwesen

MIX
Papier aus verantwortungsvollen Quellen
FSC® C083411

Bibliografische Information der Deutschen Nationalbibliothek:
Die Deutsche Nationalbibliothek verzeichnet diese Publikation in der Deutschen Nationalbibliografie; detaillierte bibliografische Daten sind im Internet über http://dnb.d-nb.de/ abrufbar.

Print-ISBN 978-3-446-46927-3
E-Book-ISBN 978-3-446-46927-3

www.hanser-fachbuch.de

Lektorat: Lisa Hoffmann-Bäuml
Satz: Peter E. Groh
Coverrealisation: Max Kostopoulos
Titelmotiv: © Peter E. Groh
Druck und Bindung: CPI books GmbH, Leck
Printed in Germany

Vorwort

Das vorliegende Lehrbuch entstand auf Grundlage der Lehrveranstaltung „Qualitätsmanagement“. In Folge einer Vielzahl betreuter Industrieprojekte haben wir den Inhalt erweitert, um Studierenden und Praktikern das benötigte Wissen nicht nur theoretisch, sondern auch in der Praxis anwendungsorientiert an die Hand zu geben.

Jede Tätigkeit des Menschen ist verhaltens- und nutzwertorientiert. Ob es sich um Nahrung, Mobilität, Bildung, Kultur oder Umwelt handelt, streben wir die Erfüllung unserer Wünsche und Bedürfnisse an. Wie hoch die Erfüllung unserer Forderungen ausfällt, hängt von der Qualität der betroffenen Leistung bzw. des Produktes ab. Also gehört die Qualität für den Verbraucher, Anwender bzw. Kunden zu einem wichtigen Entscheidungskriterium bei der Wahl eines Produktes bzw. der Inanspruchnahme einer Leistung.

Schwerwiegend für Unternehmen zeichnen sich auch globale Einflüsse ab. Klimawandel, Pandemie und politische Verwerfungen verursachen Störungen der Lieferketten, Beschaffung von Rohstoffen und Energieträgern und damit verbundene zukünftige Neuausrichtung der Weltwirtschaft. Auch hier wird die Bedeutung der Qualität ersichtlich. Vermeidung von Verschwendung, Einsatz und Sichern von neuen Materialien und Technologien, der Planungs- und der Umsetzungssicherheit von Projekten usw.

Was ist Qualität und wie wichtig ist sie aus Anbieter- bzw. Herstellersicht tatsächlich? Wie kann sie beeinflusst, gesichert oder sogar gezielt erzeugt werden? Wie können Qualitätsanforderungen ermittelt werden? Zu welchen Konsequenzen führt ihre Nichterfüllung?

Die Antworten auf diese Fragen haben wir für interessierte Studierende der technischen Wissenschaften bzw. Industriefachleute systematisch aufbereitet.

Die Erläuterung der Zielsetzung des jeweiligen Themengebietes sowie sein Inhalt werden anhand von grafischen Darstellungen visualisiert, wichtige Aussagen und Stichworte hervorgehoben und anhand von praktischen Beispielen ergänzt. Auch an den Lernerfolg in Form von 253 Fragen und Antworten haben wir gedacht. So ist das Buch mit seinen 253 Bildern und 61 Tabellen sowohl zur Vorlesungsbegleitung bzw. zum Selbstlernen genauso wie für die Praxis geeignet.

An dieser Stelle sei hervorzuheben, dass der Hanser Verlag durch die Entscheidung, das Buch farbig zu gestalten, den Lernerfolg positiv mit beeinflusst. So wird die visuelle Aufnahmefähigkeit der Leser gesteigert. Auch die Ergebnisse einer Umfrage unter unseren Studierenden sowie die Betreuung seitens des Hanser Verlags, vertreten durch Frau Hoffmann-Bäuml, haben wertvolle Hinweise zu der Buchgestaltung geliefert.

Danken möchten wir Frau Valerie K. Benes, MSc, Umwelt- und Qualitätsmanagerin, für die Durchsicht und ihre wertvollen Hinweise und nicht zuletzt unseren Familien für das Verständnis, das sie unserer Arbeit entgegengebracht haben.

Friedberg, Mai 2022

Prof. Dr.-Ing. Georg M. E. Benes
Dipl.-Ing. Peter. E. Groh

Inhaltsverzeichnis

Bedeutung der Qualität

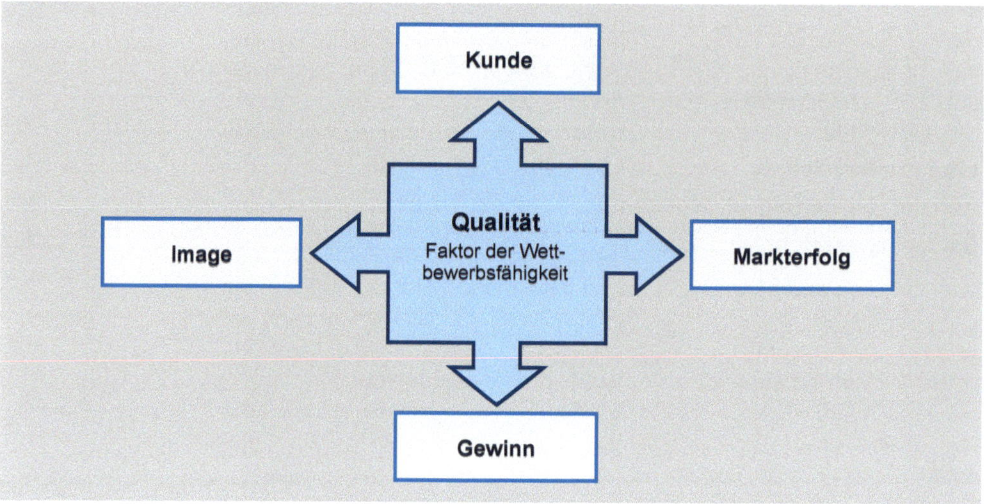

Lernziele:

Qualität ist ein Begriff des täglichen Lebens. Als Verbraucher haben wir aufgrund eigener Erfahrung eine Vorstellung von Qualität. Ihre Bedeutung ist für jeden Einzelnen unterschiedlich ausgeprägt. Trotzdem stellt sie für jeden von uns ein wichtiges Kriterium bei dem Kauf bzw. bei der Verwendung eines Produktes oder der Inanspruchnahme einer Dienstleistung dar. Deswegen muss ein Anbieter bzw. Produzent den Qualitätsaspekt in seiner Marktstrategie berücksichtigen.

Qualität beinhaltet für den Produzenten auch andere Aspekte. Sein primäres Ziel ist, nachhaltig Gewinne zu erwirtschaften, also erfolgreich auf dem Markt zu agieren. Das erfordert Produkte, die den Kundenforderungen entsprechen, eine hohe Wirtschaftlichkeit des Produktentstehungsprozesses und Beachtung der gesellschaftlichen Rahmenbedingungen wie Gesetze, Meinungsbildung usw.

Der Produzent muss demnach eine große Anzahl von Faktoren berücksichtigen, wenn er seine Wettbewerbsfähigkeit erhalten bzw. ausbauen möchte. Im folgenden Kapitel werden unterschiedliche Auswirkungen von Qualität auf Merkmale der Wettbewerbsfähigkeit von Unternehmen aufgezeigt.

1 Bedeutung der Qualität

1.1 Einführung

Globalisierung steigert Konkurrenzdruck.

Die Globalisierung der wirtschaftlichen Beziehungen bietet Chancen und birgt in sich gleichzeitig auch höhere Gefahren für jedes Unternehmen. Ein stetig steigender Konkurrenzdruck, Pandemie und politische Verwerfungen machen sich nicht nur weltweit, sondern auch in der Bundesrepublik Deutschland in allen Bereichen der Wirtschaft sehr stark bemerkbar. Der schnelle Wandel der Informations- und Kommunikationstechniken verändert weltweit die Technologielandschaft. Forschung und Wissenschaft, Industrien und Infrastrukturen, Technologien und Know-how werden zunehmend transparenter und zugänglicher. Andererseits stellen die Absatzmärkte ein wesentlich inhomogeneres Feld dar. Gesellschaftsbedingte Entwicklungen, wie z. B. die gestiegene Verantwortung für die Umwelt und das Klima in den hoch entwickelten Industriestaaten und der einsetzende Konsum in den osteuropäischen, lateinamerikanischen und ostasiatischen Ländern bzw. das Sichern der Lebensgrundlagen in Afrika, stellen unterschiedliche Forderungen an das Produkt und die Produktionsprozesse. Auch die Kunden haben immer individuellere Wünsche.

Volkswirtschaften im Wettbewerb

Dieser Herausforderung stellen sich viele Unternehmen mit Erfolg. In der vom „Institute for Management Development" in Lausanne zusammengestellten Rangliste zur Wettbewerbsfähigkeit stehen die USA, Japan und andere Industrieländer an der Spitze. Deutschland gehört zwar zu den erfolgreichen Ländern, muss sich aber gleichfalls mit negativen Tendenzen auseinandersetzen. Die Gründe dafür sind vielfältig. Um den Anschluss nicht zu verlieren, müssen Strategien verfolgt werden, die in allen Bereichen der Industrie und der Gesellschaft einen Wandel bewirken. Die komplexen gesellschaftlichen Zusammenhänge erfordern eine Vielzahl von Maßnahmen, die die Wettbewerbsfähigkeit der deutschen Unternehmen verbessern und den damit zusammenhängenden Lebensstandard in Deutschland sichern.

Mit gezielten Maßnahmen Wettbewerbsfähigkeit sichern

Zur betrieblich beeinflussbaren Verbesserung der Wettbewerbsfähigkeit gibt es eine Vielzahl von Meinungen, Untersuchungen, Theorien und praktischen Beispielen. Shareholder Value, Lean Management, Reengineering, Kaizen, ISO 9001, Total Quality Management (TQM) usw. sind Philosophien bzw. Strategien, mit deren Hilfe eine hohe Wettbewerbsfähigkeit und damit ein langfristiger Unternehmenserfolg gesichert werden sollen. Die praktische Umsetzung führten z. B. die japanischen Automobilhersteller mit Lean Management oder die Unternehmen wie AUDI, Würth und Levi Strauss im Qualitätsbereich vor, indem ihnen mit der Verleihung des „EFQM Global Excellence Award" der Erfolg bei TQM bescheinigt wurde. In diesem Rahmen sind auch Automobilhersteller wie Tesla, Volkswagen, BYD u. a. zu erwähnen, die in Bezug auf Klimaentwicklung und damit verbundene gesetzliche Vorgaben vollelektrisch angetriebene Fahrzeuge für den Markt entwickelt haben.

Globaler Wandel betrifft alle Unternehmen.

Der globale Wandel betrifft in Deutschland nicht nur die Großkonzerne, die jahrzehntelange Erfahrungen im internationalen Geschäft aufweisen, sondern auch kleine und mittelständische Unternehmen. Die wirtschaftliche Entwicklung in den 1990er-Jahren zeigte, dass die vorhandenen Strukturen, Strategien und Denkweisen in der deutschen Wirtschaft immer weniger den sich rasch ändernden Forderungen standhielten.

Erfolgsfaktoren: Kosten, Zeit und Qualität

Die Erfolgsfaktoren Kosten, Zeit und Qualität standen zwar im Mittelpunkt der Unternehmensanstrengungen, aber deren positive Beeinflussung verzeichnete, wenn überhaupt, nur einen verhaltenen und meist kurzfristigen Erfolg. Bisher erfolgreiche Konzepte verloren an Wert. Umfangreiche Rationalisierungsprogramme und Digitalisierung sollten auf der Kostenseite Entlastung bringen. Eine zunehmende Produktionsverlagerung in Niedriglohnländer und eine auf deren Spur folgende Verlagerung der Entwicklungs- und Konstruktionsarbeiten schloss die Kette zu einem noch härter kalkulierenden Kunden.

In der Zwischenzeit traten Qualität und Innovation deutscher Produkte weltweit in den Vordergrund. Trotz der immer noch hohen Stückkosten sind deutsche Produkte gefragt, sodass Deutschland erneut zu den führenden Exportnationen gehört [GTAI 2021].

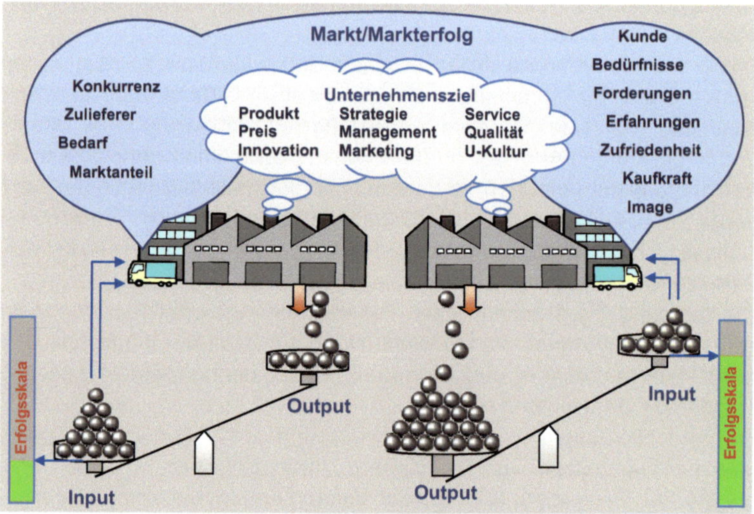

Bild 1.1: Unternehmenserfolg und seine Einflussgrößen

Qualität ist ein komplexer Faktor.

Was ist aber Qualität? Normdefinitionen, Schlagwörter, Modelle bzw. Philosophien versuchen mehr oder weniger erfolgreich, die Qualität zu beschreiben, zu erfassen und deren Bedeutung für das Unternehmen zu erleuchten. Da es sich dabei teilweise um schwer greifbare Werte bzw. um komplexe Abhängigkeiten handelt, deren Parameter ebenfalls nur indirekt bewertbar sind, stellten die Betrachtungsweise der Qualität und ihre Auswirkungen auf die Wettbewerbsfähigkeit nur die jeweilige Sichtrichtung dar. Somit kann der **Wettbewerbsfaktor Qualität** seine Wirkung einbüßen oder sogar kontraproduktiv wirken.

Unternehmen befinden sich offensichtlich in einem Spannungsfeld von externen und internen Einflussgrößen. Die Unternehmensstrategie wird entsprechend den externen Einflussgrößen wie Kundenforderungen, Aktivität der Konkurrenz usw. ausgerichtet (Bild 1.1). Intern steht die Zielsetzung im Vordergrund, die vorhandenen Ressourcen optimal einzusetzen. Entsprechend der Entscheidungs- und Umsetzungsgüte weisen Unternehmen unterschiedliche Ergebnisse auf.
Welche Rolle Qualität spielt und welchen Einfluss sie auf den Unternehmenserfolg ausübt, wird in den folgenden Kapiteln erläutert.

1.2 Qualität als Erfolgsfaktor

In den letzten Jahren gewann die Wettbewerbskomponente „Qualität" neben den traditionellen Wettbewerbsfaktoren „Kosten" und „Zeit" erneut an Bedeutung. Der im überwiegenden Teil der Wirtschaftsbereiche festzustellende Wandel vom Verkäufer- zum Käufermarkt und der damit verbundene Zuwachs an „Marktmacht" für den Kunden haben dazu ebenso beigetragen wie die Globalisierung.

Der Kunde fordert umfassende Unternehmensqualität.

Um als Unternehmen auf dem internationalen Markt wirtschaftlich erfolgreich zu sein, ist es heute nicht mehr ausreichend, „nur" eine hochwertige Produktqualität zu erzeugen. Der Kunde fordert immer mehr eine umfassende Unternehmensqualität. Dazu gehören neben der Flexibilität, auf Kundenwünsche reagieren zu können, ein überdurchschnittlicher Kunden- und Onlineservice in Bezug auf Termin- und Liefertreue, umfassende Kundenbetreuung, das Vertrauen in die Zuverlässigkeit und Innovationsfähigkeit der Unternehmen und die neuerdings immer wichtiger werdende Umwelt- und Klimaverträglichkeit, Sicherung der Lieferketten und der Beschaffung von Rohstoffen und Energieträgern, sowie der Nachhaltigkeit der Produkte und der Produktion.

Qualitätsmanagement – Systemansätze

Zur Erfüllung der Kundenwünsche haben daher viele Unternehmen freiwillig bzw. unfreiwillig ein Qualitätsmanagementsystem eingeführt, das unter anderem das Vertrauen des Kunden in die Qualitätsfähigkeit des Unternehmens stärken soll.

Die am Markt eingeführten Qualitätsmanagement-Systemansätze lassen sich zwei verschiedenen Prinzipien zuordnen: dem **Erfüllen von Forderungen** und dem **Optimieren aller Aktivitäten**.

In Deutschland überwiegen die Ansätze, die sich mit dem Erfüllen von Forderungen befassen. Die Modelle der Normenreihe DIN EN ISO 9000 zur Darlegung von Qualitätsmanagementsystemen sind weltweit in ca. 917.000 zertifizierten Unternehmen [ISO Survey 2020] umgesetzt.

Wie folgende Untersuchung [BeVo1.0] zeigt, ist der Erfolg der zertifizierten Unternehmen nicht eindeutig. Rund 30 % der befragten Unternehmen konnten durch das QM-System die Fehlerverhütungskosten (Kosten für Lieferantenbeurteilungen, Qualitätsförderungsprogramme, Prüfplanungen, Schulungen etc.) reduzieren (Bild 1.2).

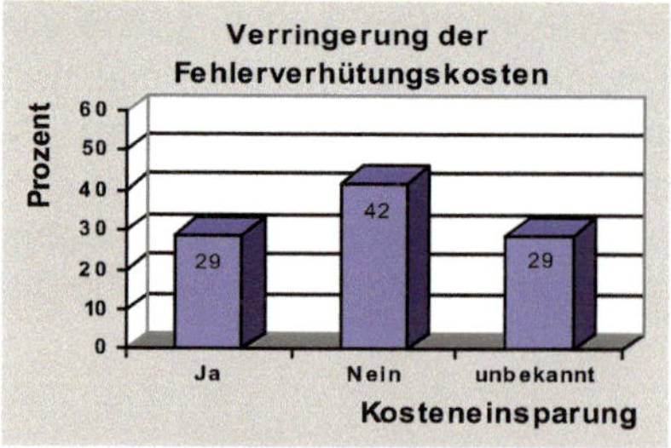

Bild 1.2: Verringerung der Fehlerverhütungskosten

Bei den Prüfkosten zeigte sich noch ein unausgeglicheneres Ergebnis. Nur ca. ein Viertel der Unternehmen konnte eine Verringerung der Prüfkosten verzeichnen (Bild 1.3).

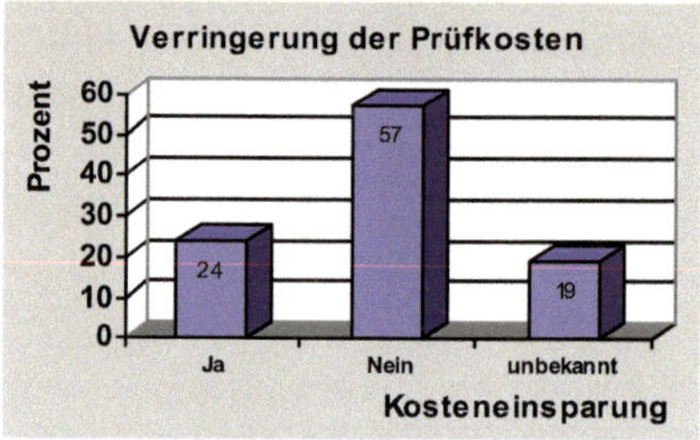

Bild 1.3: Verringerung der Prüfkosten

Der größte Erfolg wurde bei den Fehlerkosten erreicht. Mehr als 50 % der Unternehmen konnten sie aufgrund höherer Qualität senken (Bild 1.4).

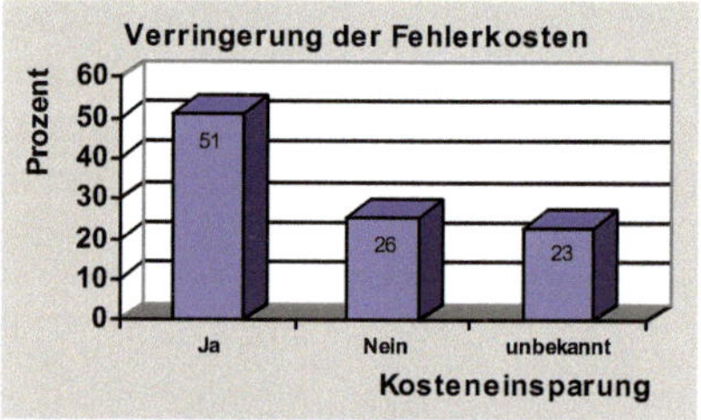

Bild 1.4: Verringerung der Fehlerkosten

Auch bei den Durchlaufzeiten war der Erfolg durchwachsen. Nur ca. ein Drittel verzeichnete messbare Vorteile (Bild 1.5).

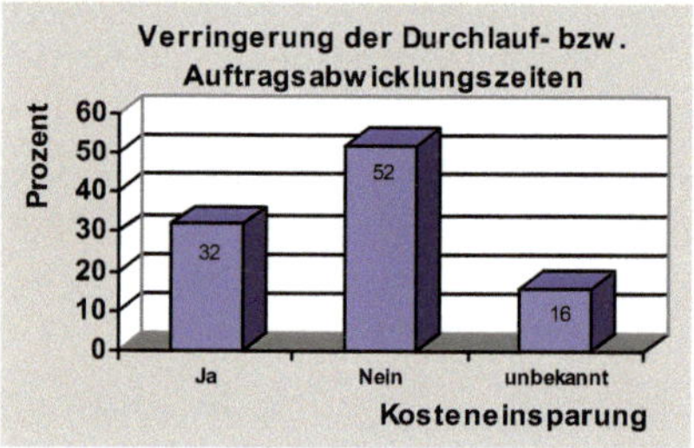

Bild 1.5: Verringerung der Durchlauf- bzw. Auftragsabwicklungszeiten

Es gibt zwei Ursachen für den mäßigen Erfolg der zertifizierten QM-Systeme. Die vordergründige Zielsetzung für die Einführung waren der Kundendruck und der Wettbewerb. Die eigentlichen Qualitätsziele wurden erst in zweiter Linie verfolgt. Trotz dieser in den Erwartungen gedämpften

Ergebnisse ist ein positiver Einfluss auf Kosten und Qualität feststellbar. Aktuelle Erfahrungen zeigen zwar Erfolge bzgl. Qualitätsanstrengungen, aber keine wesentlichen Veränderungen, um „Qualität zu leben". Die Zertifizierung ist zum Standard geworden.

Erster Schritt ist die DIN EN ISO 9001.

Hat ein Unternehmen das Ziel, ein umfassendes Qualitätsmanagement einzuführen bzw. aufzubauen, kann die Normenreihe keine echte Alternative darstellen. Durch das Fehlen wichtiger Aspekte des Total-Quality-Konzepts werden zukünftige Forderungen von Kunden, Markt, Gesellschaft und Mitarbeiter von der Norm nicht ausreichend in Betracht gezogen. Die Einführung eines Total-Quality-Management-Systems (TQM) in Form von Business Excellence beginnt jedoch mit dem Aufbau eines QM-Systems im Unternehmen als erster Schritt nach der Normenreihe DIN EN ISO 9000.

Alle unternehmerischen Tätigkeiten optimieren

Systemansätze, bei denen das Optimieren aller unternehmerischen Tätigkeiten im Vordergrund steht, bezeichnet man als **Total Quality Management (TQM)**. Die konsequente Ausrichtung des Unternehmens auf die Bedürfnisse des internen und externen Kunden ist eines der Hauptziele von TQM.

Tabelle 1.1: Ergebnisse ausgewählter Finalisten des European Quality Awards

Veränderung der Unternehmensergebnisse	Steigerung der Exportumsätze Steigerung der Gewinnspanne Steigerung des Umsatzes Zugewinn von Marktanteilen
Veränderung der qualitätsbezogenen Daten	Rückgang der Rate von Defekten
Veränderung der Durchlaufzeiten	Senkung der Einführungszeit für neue Produkte Senkung der Durchlaufzeit der Produkte
Einfluss auf die Mitarbeiter	Steigerung des Einkommens der Mitarbeiter Steigerung der Mitarbeiterzufriedenheit Senkung der Krankheitsrate Reduzierung der Arbeitsunfälle Steigerung der Mitarbeiterbeteiligung Steigerung von Schulungsmaßnahmen der Mitarbeiter
Einfluss auf Kunden	Kundenzufriedenheit steigt Rückgang der Kundenbeschwerden
Einfluss auf Zulieferer	Zufriedenheit der Lieferanten steigt
Änderung der Kosten	Verringerung der Kosten pro Einheit
Veränderung der Produktivität	Steigerung der Produktivität [ZIP98]

Der TQM-Gedanke

International hat TQM eine weite Verbreitung gefunden. Die praktische Umsetzung von TQM bereitet jedoch vielen Unternehmen aufgrund der Verwirrung, die oftmals bereits in der Begriffsklärungsphase auftritt, Schwierigkeiten. Die Richtlinien der nationalen und internationalen Qualitätspreise geben Hilfestellung zur Umsetzung von TQM.

Qualitätspreise

Die Umsetzung des TQM-Gedankens kann auf der Grundlage der Forderungen der drei wichtigsten Qualitätspreise verwirklicht werden. Es handelt sich um den European Quality Award (EQA/EU), den Malcolm Baldrige National Quality Award (MBNQA/USA) und den Deming Prize (Japan).

Auswirkungen der Qualitätspreise

Die Auswirkungen auf die US-Wirtschaft sind eindeutig. Ab 2016 wurden 113 Auszeichnungen vergeben, die folgende Ergebnisse aufweisen [MBNQA21]. Man schätzt, dass das Verhältnis der Vorteile des Baldrige-Programms zu Programmkosten 820 zu 1 beträgt. Das mediane Umsatzwachstum für zweifache Baldrige-Award-Gewinner beträgt 92 %. Das mittlere Beschäftigungswachstum für zweimalige Baldrige-Award-Gewinner beträgt 63 %. Zwischen 2010 und 2015 repräsentieren Baldrige-Award-Bewerber 567.434 Arbeitsplätze mit über $ 142 Milliarden Umsatz/Budget und rund 449 Millionen Kunden.
Zu den Auswirkungen von EQA liegen keine offiziellen Ergebnisse vor. Folgende Umfrage der Finalisten und Gewinner zeigt [Zip98], dass mit der Umsetzung des umfassenden Qualitätsmanagements ein starker Einfluss auf die Qualität und die Unternehmensergebnisse, genauso wie in den USA, genommen werden kann (Tabelle 1.1).

Zusammenfassend kann festgestellt werden, dass eine konsequente Umsetzung des Qualitätsgedankens wesentliche Vorteile für ein Unternehmen mit sich bringt.

1.3 Nichtqualität als Unternehmensrisiko

Sehr oft werden im „Tagesgeschäft" gewisse Rahmenbedingungen nicht eingehalten. Das Resultat ist vereinfacht in Bild 1.6 dargestellt.
Fehlerhafte Planung, mangelnde Überwachung und Kommunikation, fehlende Motivation und Arbeitsverantwortung sowie Nichtbeachtung der Kundenforderungen führen zum Misserfolg.

Bild 1.6: Qualitätsprobleme

Auswirkungen mangelhafter Produktqualität

Für die Erzeugung von Qualität sind folgende Rahmenbedingungen unerlässlich:

- Qualität ist das Ergebnis klarer Entscheidungen und aller Leistungen.
- Qualität will geplant sein.
- Für das Zusammenspiel aller am Produktionsprozess beteiligten Gruppen müssen Informationswege vorliegen, um den vollen Informationsaustausch zu sichern.
- QM umfasst alle Bereiche.
- Qualität muss gelebt werden.

In Bild 1.7 sind einige praktische Beispiele von Qualitätsproblemen aus der Automobilindustrie aufgezeigt, deren Auswirkungen näher analysiert werden.

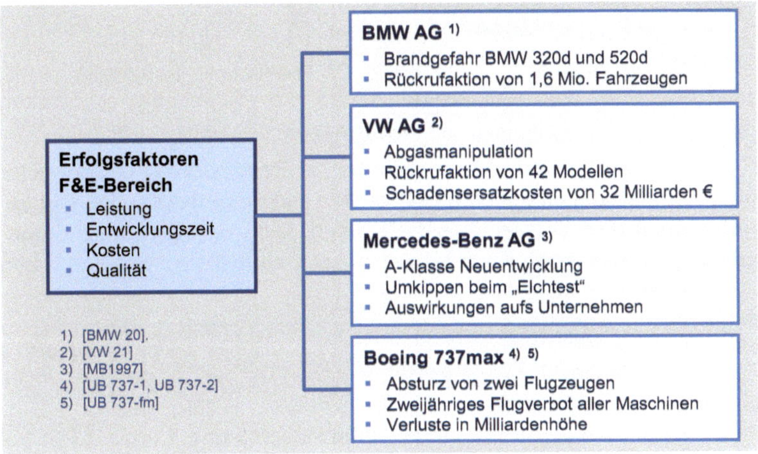

Bild 1.7: Qualitätsprobleme und ihre Auswirkungen

1.3.1 Reklamationen

Reklamationskosten

Aufgrund von mangelhafter Produktqualität ist es 2018 in Südkorea zu Bränden von BMW-Dieselfahrzeugen der Baureihen 320d und 520d gekommen. Undichtheiten am Abgasrückführventil (AGR) führten zum Austreten der Glykol-Kühlflüssigkeit, die den Motor in Brand setzte. Auch in Deutschland wurde Undichtheiten festgestellt. Mehrere Rückrufaktionen von insgesamt 1,6 Millionen Fahrzeugen weltweit führten zu hohen Reklamationskosten. Wegen einer zu spät durchgeführten Rückrufaktion wurde in Südkorea eine Strafe in Millionenhöhe angesetzt [BMW20].

1.3.2 Haftung

Verpflichtungen in der EU

Haftung, als eine weitere Verpflichtung für fehlerhafte Produkte und ihre Auswirkungen, gewinnt in der EU immer mehr an Bedeutung. Zwei Jahre Garantie und die Umkehr der Beweispflicht in einem Haftungsfall nimmt die Hersteller bzw. Endanbieter in die Pflicht. Im Schadensfall muss der

Hersteller nachweisen, dass kein Verschulden seinerseits vorliegt. Die EU-Rechtsprechung wandelt sich zugunsten von Geschädigten.

Bild 1.8: Qualitätsforderungen und Produkthaftung

Extreme Ausmaße hat die amerikanische Rechtsprechung angenommen. Die Haftung für fehlerhafte Produkte und ihre Auswirkungen ist gerade in den USA von enormer Bedeutung. Millionenschwere Forderungen können eine hohe Belastung für jedes Unternehmen bedeuten. Bild 1.9 zeigt einige Beispiele.

Betrag	Fälligkeit	Kläger	Vorwurf
\$ 32 Milliarden	Juli 2021	US-Bundesstaaten gegen Volkswagen	Softwaremäßige Abgasmanipulationen, Überschreitung der EURO-6-Grenzen im Straßentest bei den Fahrzeugen um das 5- bis 35-fache
\$250 Millionen	Juni 2020	Ehepaar Pilliod gegen Bayer	Nach jahrzehntelanger Verwendung des glyphosathaltigen Unkrautvernichters Roundup erkrankte das Ehepaar an Krebs
\$ 1,2 Milliarden	März 2014	Justizministerium gegen Toyota	Klemmendes Gaspedal verursacht schwere Unfälle, Vergleich, um Schadensersatzansprüche zu vermeiden
\$ 1,2 Milliarden	August 1999	Anderson gegen GM	Sechs Insassen erleiden bei einem Unfall im Chevrolet Malibu Verletzungen durch Tankexplosion
\$ 100 Millionen	September 1998	Kiefer gegen Chrysler	Zwei Insassen sterben an den Folgen eines Überschlags in einem Chrysler-Pick-up
\$ 173,9 Millionen	Juli 1998	White gegen Ford	Handbremse-Versagen bei Ford Sport Utility Vehicle: Kind wird aus dem Auto geschleudert und stirbt
\$ 262,5 Millionen	Oktober 1997	Jimenetz gegen Chrysler	Kind wird bei einem Unfall durch die Heckklappe eines Minivans geschleudert und stirbt

Risikospiel: Schadensersatzklagen in den USA

Quelle: angelehnt an auto-motor-sport 19/99, ZEIT ONLINE 19.06.2016

Bild 1.9: Schadensersatz in den USA (angelehnt an auto-motor-sport, 19/99)

1.3.3 Nichteinhaltung von Gesetzen

Schadensersatzansprüche in den USA können für Unternehmen existenzbedrohend werden.

Wegen der klimabezogenen, wirtschaftlichen, rechtlichen und gesellschaftspolitischen Bedeutung für die Gesellschaft wird der VW-Fall bezüglich Nichteinhaltung von Abgasgrenzen für Dieselmotoren erläutert. Die folgenden Ausführungen geben nur verkürzt die Vorgänge wieder, die sich über einen Zeitraum von mehr als sechs Jahren ereignet haben, wobei das Ende von rechtlichen Auswirkungen weltweit zu diesem Zeitpunkt nicht absehbar ist.

Gesetze sind verbindlich.

Die gesetzlich vorgeschriebenen Abgasnormen legen Grenzwerte für anfallende Schadstoffarten fest, die bei der Zulassung eines Pkw einzuhalten sind. Sie sind den Qualitätsmerkmalen eines Fahrzeuges zuzuordnen.

NOx-Katalysator versus SRC-Technologie

Im Zuge der verschärften Abgasforderungen für Pkw hatte der VW-Konzern in den Jahren nach 2000 einige Dieselmotoren mit emissionsärmerer Common-Rail-Technologie entwickelt. Um weiter die Abgaswerte zu reduzieren, bedurfte es einer Abgasreinigung. Hier standen zwei Technologien zu Verfügung. Der kostengünstigere und einfachere NOx-Katalysator und die SRC-Technologie zur Abgasreinigung (selektive katalytische Reduktion) mit Harnstoffeinspritzung [AMS15]. Die Harnstofflösung (AdBlue) wandelt Stickstoffoxide in Wasserdampf und Stickstoff um. Dieses Verfahren ist aufwendiger, kostenintensiver und bedarf eines zusätzlichen Einbauraums für den Harnstofftank.

Im Jahr 2006 traf VW die Entscheidung, Pkw mit dem Motor EA 189 mit dem NOx-Katalysator auszurüsten. Um die Marktchancen in den USA zu erhöhen, wurde der sogenannte „Clean-Diesel“ im Jahr 2007 als „Blutec“ vorgestellt und beworben. Zu einem späteren Zeitpunkt stellte sich heraus, dass die vorgesehene Abgastechnologie sowohl die strengen US-Grenzwerte (LEV II BIN 5) als auch die erwartete Verschärfung der EU-Abgasnormen (Schadstoffklasse Euro 6) nicht erfüllen kann. Also wurde die zuvor als zu aufwendig verworfene SRC-Technologie zur Abgasreinigung eingeführt [AMS15].

Vertrauen versus Prüfverfahren

Für die Zulassung von Fahrzeugtypen in den USA werden nur die Herstellerangaben herangezogen. Es erfolgt keine unabhängige Prüfung wie in der EU. Eine Überprüfung findet nur stichpunktartig statt. Im Rahmen dieser Vorgehensweise untersuchte 2014 das amerikanische Umweltinstitut ICCT (International Council on Clean Transportation) Fahrzeuge mehrerer Hersteller auf dem Prüfstand und auf der Straße, darunter die VW-Modelle Jetta und Passat. Es stellte eine Überschreitung der EURO-6-Grenzen im Straßentest um das 5- bis 35-Fache fest. Bis dahin wurden nach verschiedenen Spezifikationen (FTP, US06 und HWFET) nur Prüfstandtests durchgeführt. Nicht alle untersuchten Fahrzeuge beteiligter Autohersteller überschritten die Grenzwerte. Zum gleichen Zeitpunkt führte die Landesanstalt für Umwelt Baden-Württemberg Tests durch und kam zu ähnlichen Ergebnissen [AMS15].

VW versus Behörden

Aufgrund der negativen Ergebnisse führte VW Verhandlungen mit der amerikanischen Umweltbehörde EPA (Environmental Protection Agency) und der kalifornischen Behörde CARB (Californian Air Resources Board). Sie führten 2014 zu einer freiwilligen Rückrufaktion von 480.000 Fahrzeugen, um ein Software-Update durchzuführen. Allerdings zeigte nachfolgende Untersuchung seitens der CARB unter verschiedenen

Testbedingungen nur geringe Verbesserungen. Nach großen Irritationen zwischen den amerikanischen Behörden und VW wurde seitens VW ein Betrug zugegeben. Am 18.09.2015 veröffentlichten CARB und EPA den Betrugsfall, der 42 VW-Konzernmodelle betraf [AMS15].

Bild 1.10: Abgastest im Fahrbetrieb [KBA 22]

Gründe für Missachtung der Gesetze?

Der Grund für die Umgehung der gesetzlichen Vorgaben war vermutlich folgender:

Damit der Autofahrer wegen des zu kleinen Harnstofftanks nicht unverhältnismäßig oft tanken muss, wurde in der Motorsteuerung eine Funktion zur Erkennung des Fahrzustandes vorgesehen. Im variablen Straßenbetrieb wurde die Harnstoffzufuhr ausgesetzt bzw. minimiert, um Harnstoff zu sparen. Bei stationären Tests auf den Prüfständen, die die installierte Software aufgrund von verschiedenen Funktionen erkannt hatte, wurde der Harnstoff korrekt zugeführt und wurden die geforderten Abgasgrenzwerte eingehalten. Im Gegensatz dazu wurden im Fahrbetrieb unbehandelte Abgase ausgestoßen.

Entscheidungen und ihre Folgen

Die Folgen dieses Handelns waren und sind bis heute für das Unternehmen gravierend. Kosten für Rückrufaktionen, Strafen und Schadensersatzansprüche in Milliardenhöhe, die noch nicht abgeschlossen sind, Rücknahmen von Tausenden von Fahrzeugen, Verfall des Aktienkurses und nicht zuletzt der Verlust an Glaubwürdigkeit.

In diesem Zusammenhang finden in Deutschland Gerichtsverfahren wegen Schadensersatzansprüchen gegen den VW-Konzern (siehe Kap. 10.4), sowie gegen die verantwortlichen Manager (siehe Kap. 10.3) statt. In den USA wurden Haftstrafen verhängt. Nicht zuletzt ist der Verbrennungsmotor trotz seiner Vorteile politisch auf das Abstellgleis geraten.

1.3.4 Unvollständiges Pflichtenheft

Ein weiteres Beispiel für den Einfluss einer nicht ausreichenden Qualität auf Unternehmensergebnisse stellte die nicht ausgereifte Entwicklung der A-Klasse von Mercedes dar. Sie verursachte nicht nur sehr hohe Kosten, sondern mit einer missglückten Markteinführung eine Gefahr für eine möglicherweise fehlgeschlagene Investition von ca. 1,25 Milliarden DM, verbunden mit einem enormen Imageverlust für das Unternehmen.

Die Ursachen für das unsichere Fahrverhalten bei extremer Fahrweise (Bild 1.11) waren vielfältig [MB1997].

Bild 1.11: Unsicheres Fahrverhalten der A-Klasse von Mercedes

Umgang mit der Problemlage

Zeit- und Kostendruck, Unsicherheiten in der Computersimulation des Fahrverhaltens und ein völlig neues Fahrzeugkonzept führten zu der genannten Schwäche (Bild 1.12).

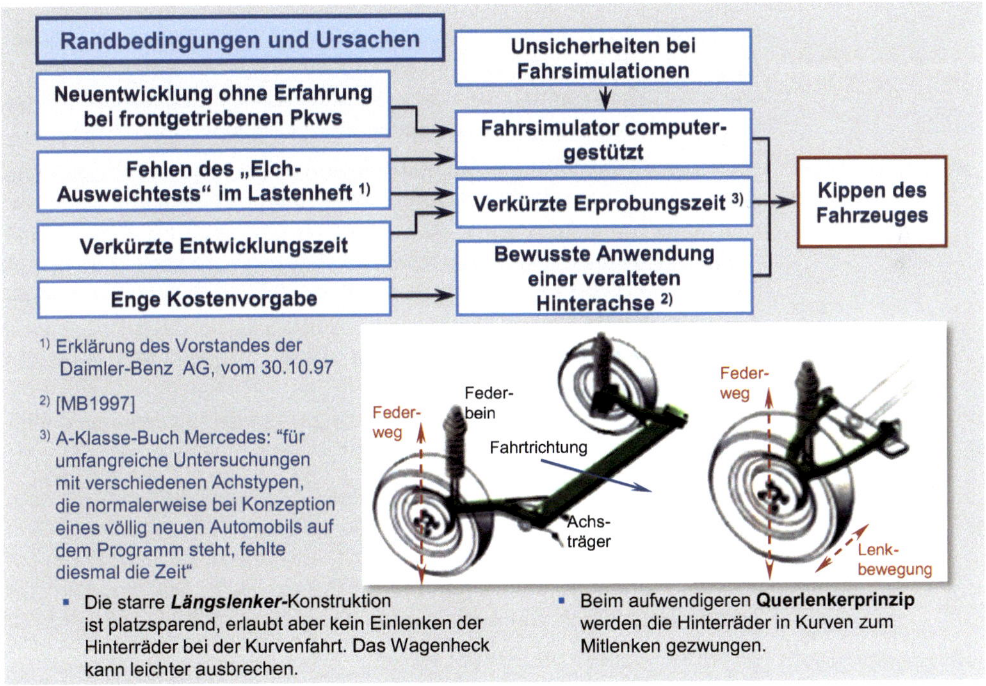

Bild 1.12: Mercedes A-Klasse – Randbedingungen

Auch das anschließende Fehlverhalten des Vorstandes führte zur Verunsicherung der Kunden. Anfängliches Bestreiten des Vorgangs sowie nachträgliche Schuldzuweisungen an den Reifenhersteller stellten die Glaubwürdigkeit des Unternehmens infrage. Eine Notlösung brachte der Einbau von ESP.

Gesamtschaden
Mehrkosten
Imageverlust

Zusätzliche Kosten, entgangener Gewinn für ein aufpreispflichtiges Extra und eine durcheinandergeratene Preispolitik der gesamten Produktpalette waren das Ergebnis. Die Mercedes-Aktie verlor vorübergehend 20 % ihres Wertes. Dank des Markenimages ist die A-Klasse doch noch ein Erfolg geworden.

1.3.5 Kritischer Einsatz einer Software

Die Sicherheit eines Flugzeuges steht an vorderster Stelle. Sie wird durch Sicherheitsmerkmale festgelegt, die durch das Qualitätsmanagement sichergestellt und überwacht werden müssen.

Folgende Ausführungen betreffen das Passagierflugzeug Boeing 737, das 1967 auf den Markt gebracht wurde. Es gehört zu den meistgebauten, strahlgetriebenen Verkehrsflugzeugen und wurde über Jahrzehnte bis heute weiterentwickelt. Auf Druck der konkurrierenden Airbus-A320-Familie, deren Wirtschaftlichkeit und Sicherheit zur Marktführerschaft führten, wurden die aktuellen Typen 737 MAX 8 und 9 im Jahr 2016 auf den Markt gebracht [UB 737-fm].

Im Oktober 2018 (Lion-Air-Flug 610) und März 2019 (Ethiopian-Airlines-Flug 302) stürzten Boeing-737-MAX-8-Maschinen ab, wobei alle Insassen ums Leben kamen. Als Folge wurden weltweit Flugverbote auf die Dauer von zwei Jahren bis November 2020 verhängt [UB 737-dv].

Boeing 737 MAX 8
stürzt ab.

Die Ursache der Abstürze hat tiefer gehende Gründe. Die Entwicklung eines neuen, dem A320 ebenbürtigen Flugzeuges braucht ein Jahrzehnt. Um möglichst schnell ein konkurrenzfähiges Flugzeug auf den Markt bringen zu können, wurde die bestehende Konstruktion der Boeing 737 beibehalten und mit neuen effizienten Triebwerken ausgestattet. Wegen der größeren Abmessungen und der nicht ausreichenden Bodenhöhe mussten die Triebwerke tiefer und weit vor den Tragflächen angebracht werden [UB 737-ff].
Damit wurden die Aerodynamik und das am Flugzeug wirkende Kräfte- und Momenten-Gleichgewicht verändert.

Bei einem Geradeausflug mit konstanter Geschwindigkeit befindet sich das Flugzeug in einer stabilen Lage, und die Kräfte G und A sowie W und S_T befinden sich im Gleichgewicht (Bild 1.13a). Die Konstruktion konventioneller Flugzeuge beruht auf diesem Prinzip. Beim Steigflug wird die Aerodynamik durch den Anstellwinkel α verändert und die Auftriebskraft vergrößert – das Flugzeug steigt.
Aufgrund der veränderten Lage des Triebwerkes entsteht ein zusätzliches Triebwerksmoment M_T, das einen noch steileren Anstieg des

Flugzeuges bis zum Strömungsabriss an den Tragflügeln und einen folgenden Absturz zu Folge haben kann (Bild 1.13b).

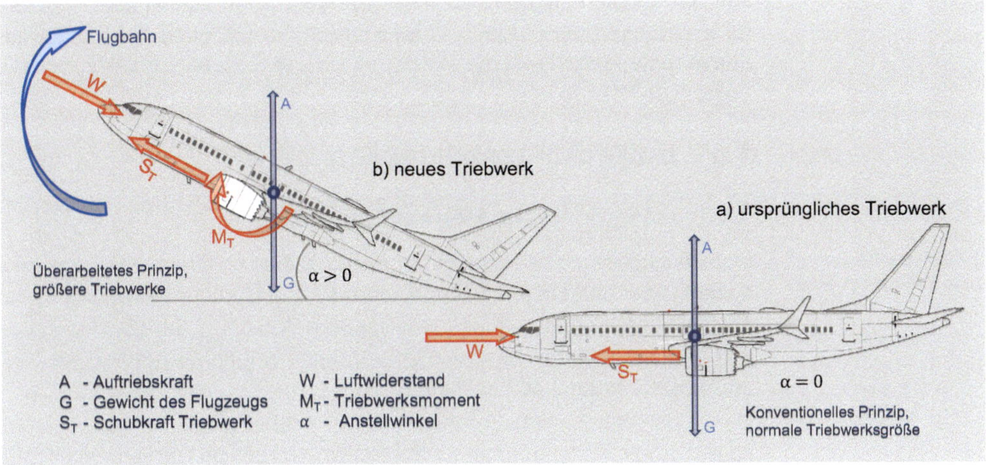

Bild 1.13: Kräfte und Momente am Flugzeug

Um das zu verhindern, wurde eine Software installiert, die die Trimmung der hinteren Leitwerke so weit korrigiert, damit das Flugzeug eine stabile Lage behält [UB 737-ff]. Das Treibwerksmoment M_T wird kompensiert. Die Software vermindert den Anstellwinkel, sie drückt den Bug des Flugzeuges nach unten. Bei der Anpassung der Fluglage spielen Parameter wie Geschwindigkeit, Höhenlage, Anstellwinkel u. Ä. eine Rolle. Die Anforderungen an die Software, das Mess- und das Steuerungssystem sind hoch.

Software übernimmt die Steuerung

Laut Boeing hat die installierte Software MCAS (Maneuvering Characteristics Augmentation System) die Aufgabe, durch eine automatische Steuerung der Leitwerke „sicheres Handling des Flugzeuges selbst im Falle einer Reihe ungewöhnlicher Fluglagen zu gewährleisten bzw. die Piloten bei kritischen Flugzuständen zu unterstützen" [UB 737-bo1]. Die Automatik konnte nur abgeschaltet werden, wenn der Pilot die elektrische Trimmung ganz abschaltete. Die Existenz von MCAS wurde von Boeing verschwiegen [UB 737-bi]. So wurden die Bemühungen der Piloten einen Absturz zu verhindern und das Flugzeug wieder steigen zu lassen aufgrund von fehlerhaften Daten eines einzigen Anstellwinkelsensors von MCAS in den Sturzflug gesteuert.

In der Folgezeit wurde MCAS überarbeitet, die Wahrscheinlichkeit von Sensorversagen verringert und der Pilot in der Steuerung des Flugzeuges priorisiert. Nach zwei Jahren wurde das Flugverbot von Boeing-737-max-8/9 in den USA und in Europa aufgehoben [UB 737-fm, -bo2].

Menschliches Handeln führt zur Katastrophe

Die Ursachen für das Versagen können auf den Faktor Mensch zurückgeführt werden. Die Entscheidung des Boeing-Managements, eine fast 50 Jahre alte Konstruktion des Flugzeuges durch eine problematische konstruktive Anpassung auf den Markt zu bringen, ein sicherheits- und qualitätstechnisch ungenügend erprobtes Steuerungssystem einzusetzen und dessen Existenz zu verschweigen. Nicht zuletzt das institutionelle Versagen der Flugaufsichtsbehörden der USA und der EU. Milliardenverluste, Schadensersatzforderungen und Gerichtsverfahren sind die Folge [UB 737-ts].

1.4 Entwicklungstendenzen

1.4.1 Geschichtliche Betrachtungen

Qualitätssicherung ist keine Erfindung unserer Zeit.

Qualitätssicherung beschäftigt Menschen schon so lange, wie Güter produziert, oder Leistungen erbracht werden. Die Ursache dafür liegt in der spezifischen Eigenschaft aller intelligenten Wesen, Güter gleicher Art zu differenzieren. Der erste objektive Vergleich war möglich durch die Normung von Längen und Gewichten.

Der Begriff der Qualitätsgarantie entsteht. Früher wurde sie durch Siegel, später durch Markennamen für die Käufer ersichtlich. Der neueste Trend sind Gütesiegel wie GS, ISO 9000 und weitere Normen. Überlieferte Schriften aus der archaischen Zeit zeigen, dass es schon damals Verträge bezüglich der Qualität mit Haftungsbedingungen gab.

Codex Hammurabi, ca. 3700 Jahre alt

- Wenn ein Baumeister ein Haus baut für einen Mann und es für ihn vollendet, so soll dieser ihm als Lohn zwei Shekel Silber geben für einen Sar (1 Shekel = 360 Weizenkörner = 9,1 g; 1 Sar = 14,88 qm).
- Wenn ein Baumeister ein Haus baut und macht seine Konstruktion nicht stark, sodass es einstürzt und verursacht den Tod des Bauherrn, dieser Baumeister soll getötet werden. Wenn der Einsturz den Tod eines Sohnes des Bauherrn verursacht, so sollen sie einen Sohn des Baumeisters töten.
- Kommt ein Sklave des Bauherrn dabei um, so gebe der Baumeister einen Sklaven von gleichem Wert.
- Wird beim Einsturz Eigentum zerstört, so stelle der Baumeister auf eigene Kosten wieder her, was immer zerstört wurde.

Bild 1.14: Codex Hammurabi [CoHa 15]

Im Mittelalter wachten die Gilden und Zünfte (Berufsverbände) über die Qualität der Ware und der Dienstleistungen (Bild 1.15). Für die Zünfte war aber die Qualitätssicherung kein gesondertes Thema, weil die Meister bzw. die Gesellen gleichzeitig für die Erstellung sowie die Qualität allein verantwortlich waren.

Trennung der Arbeitsausführung und der Kontrolle.

Beim Einsatz der Industrialisierung im 19. Jahrhundert hemmte die mangelnde Qualifikation der Arbeiter die Produktivität. Taylor definierte seine Idee der Arbeitsteilung und der Produktivitätssteigerung durch systematische Bewegungs- und Zeitstudien. Jeder Arbeiter führte nur wenige Handgriffe aus, für die er gezielt angelernt wurde. Ihre Tätigkeit musste aber anschließend kontrolliert werden. So kam es zur Trennung von Arbeitsausführung und Arbeitskontrolle.

Handwerksverordnung für Gold- und Silberschmiede (Auszug)

- Ebenso hatten die Gold- und Silberschmiede genaue Vorschriften. Alles verarbeitete Silber sollte gutes Kaufmannsgut sein, sodass es des Stadtzeichens wert war.
- Alle sechs Monate bestellte das Handwerk zwei Meister als Gold- und Silberschauer, und diese hatten von Zeit zu Zeit unvermutet in allen Werkstätten herumzugehen, die angefertigten Arbeiten auf ihren Feingehalt zu prüfen und alles, was nicht den vorgeschriebenen Feingehalt hatte, zu zerbrechen und den Meister in Strafe zu nehmen.
- Wer Kupfer, Zinn, Blei, Stahl oder Eisen in Gold oder Silber des Betrugs verbarg, wurde an Leib und Gut bestraft. Wer unedle Metalle als Edelmetalle verkaufte, dem wurden die Hände und Füße zusammengebunden und er dann in der Donau ertränkt.

Bild 1.15: Handwerksverordnung aus dem Mittelalter [Wei81]

Zünfte sicherten die Qualität.

Die Qualitätsstrategie wurde hauptsächlich von den Fabrikanten geprägt. Bekannte Namen wie Bosch, Krupp, Daimler, Siemens, Rolls, Ford usw. standen für die Qualitätsgarantie (Bild 1.16 und 1.17).

General Regulativ (Fa. Friedrich Krupp, 1879)

- Es ist bei allen Anlagen – wie im Betrieb der Werke im Großen, wie im Einzelnen – als das oberste Grundgesetz das Ziel im Auge zu behalten: dass die Firma in der Fabrikation stets das Ausgezeichnetste und möglichst Vollkommene zu leisten habe.
- Um dieses Ziel zu erreichen, sind Rohstoffe und Hilfsmaterialien nie in anderer als der besten Qualität anzuschaffen, und es ist ferner stets darauf sorgfältig Bedacht zu nehmen, dass die zweckmäßigsten Maschinen hergestellt, die möglichst vollkommene Fabrikationsmethode angewandt werde.
- Es ist ferner mit sorgsamer Aufmerksamkeit wie in der Voraussicht so in der Ausführung und Kontrolle darauf zu achten, dass keine Stockungen eintreten und keinerlei Überraschungen vorkommen, dass jedes entstehende Bedürfnis die Befriedigung vorbereitet finde.

Bild 1.16: General Regulativ [rlpmus]

Nicht Qualität prüfen, sondern Qualität erzeugen

Für die Qualität sorgte die Endkontrolle. Dies reichte für die Bedürfnisse eines offenen, ungesättigten Marktes aus (Bild 1.20). Deutliche Verbesserungen im Ausbildungszustand der Arbeiter sowie die geänderte Marktsituation führten in den 1930er-Jahren zum Einsatz statistischer Methoden, die immer kompliziertere und teurere Prüfmethoden verlangten. Nach dem Zweiten Weltkrieg änderte sich die Situation.

Zitat: Robert Bosch

- „Es war mir immer ein unerträglicher Gedanke, es könne jemand bei der Prüfung meiner Erzeugnisse nachweisen, dass ich irgendwie Minderwertiges leiste. Deshalb habe ich stets versucht, nur Arbeit hinauszugeben, die jeder sachlichen Prüfung standhielt, also, sozusagen vom Besten das Beste war“.

Bild 1.17: Zitat von Robert Bosch [RoBo 31]

Die am Boden liegende japanische Industrie wählte mithilfe der Amerikaner Dr. Deming und Dr. Juran einen anderen Weg. Qualität wurde zur Managementaufgabe gemacht. Der wachsende Wohlstand und der damit verbundene Wandel der gesellschaftlichen Ziele (Bild 1.18) rückten die Qualität immer mehr in den Vordergrund.

Qualität beginnt in der Marketing-, Konzept- und Konstruktionsphase.

Erst gegenwärtig wird in Europa die Erkenntnis umgesetzt, dass das Qualitätsmanagement mit der Marketing-, Konzept- und Konstruktionsphase zu beginnen hat. Die rasante Entwicklung der Massenfertigung setzte nach 1945 ein. In der Versorgungsphase definierten die Hersteller die Marktbedingungen und somit die Qualität.

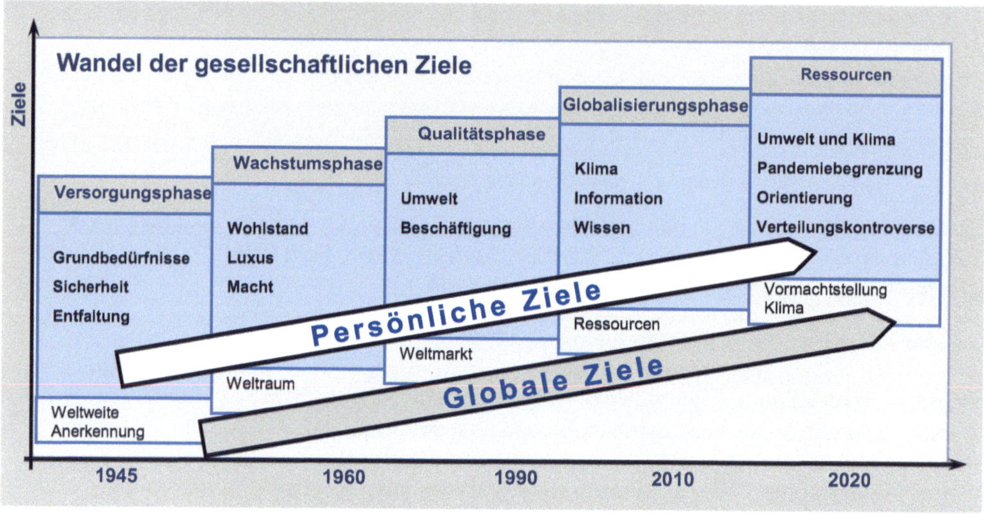

Bild 1.18: Wandel der gesellschaftlichen Ziele in den industriellen Staaten

Mit dem allmählichen Wandel änderte sich auch die Marktsituation (Bild 1.19). Die Qualität gewann immer mehr an Bedeutung. In den Industrieländern entwickelten sich in zeitlicher Abhängigkeit die in Bild 1.18 dargestellten Phasen und damit verbunden die Bedeutung der Qualität.

Qualitätsstrategie marktspezifisch definieren und umsetzen

Trotz zunehmender Globalisierung sind heute zeitgleich alle fünf Phasen weltweit zu finden. Deswegen muss die von Unternehmen verfolgte Qualitätsstrategie marktspezifisch definiert und umgesetzt werden. Eine Qualitätsstrategie, die am Markt vorbei agiert, bleibt von Kunden unbeachtet und verfehlt ihre Zielsetzung.

Qualität und Preiswertigkeit

Nach 1945 lag der Schwerpunkt einzig und allein auf der Produktion und auf den Stückzahlen. Um 1965 beginnt mit gestiegenen Ansprüchen das Verlangen nach differenzierten Angeboten. Der heutige Trend zur hohen Qualität und Preiswertigkeit setzte in den 1970er-Jahren ein (Bild 1.19).

Marktwandel und Qualitätsmanagement

An einem gesättigten Markt bestimmen das Styling und die Qualität das Kaufverhalten. Damit ändert sich auch der Entstehungsfluss der Qualitätsforderung. Im ungesättigten Markt wurde die Qualität durch den Entwickler festgelegt und ist damit ein Teil der Produktspezifikation geworden. Der Kunde hatte kaum eine Möglichkeit, Einfluss zu nehmen. Heute bestimmt der Kunde aufgrund seines Kaufverhaltens nicht nur die Produktspezifikation, sondern auch die Interessen der Allgemeinheit, vertreten durch politische Parteien, Verbände usw.

Marktwandel und Qualitätsmanagement

	Herstellermarkt Ungesättigter Markt	Kundenmarkt Gesättigter Markt	Globaler Markt
Kennzeichen	Produktionsorientierung Mangel Nachfrage	Absatzorientierung Überangebot Konkurrenz	Wirtschaftliche Integration Globale Lieferketten Internationaler Handel
Kaufentscheid	Erhältlichkeit Bedarf	Styling Funktion Qualität Prestige Zusatznutzen	Preis Online-basiert Nachhaltigkeit der Güter Qualität Prestige
Strategie	Optimierung der Produktion	Optimierung der Kundenwunscherfüllung	Entwicklung globaler Wertschöpfungsketten
Vorrang	Stückzahl Rationalisierung	Innovation Qualität und Zuverlässigkeit	Aufbau von planetarischen Absatzmärkten

~1960 ~1970 ~1980 ~2020

Bild 1.19: Marktwandel und Qualitätsmanagement

1.4.2 Qualität im Spannungsfeld der Interessen

Qualität entscheidet über den unternehmerischen Erfolg.

Im Wettbewerb auf nationaler und internationaler Ebene entscheidet, insbesondere für die deutsche Wirtschaft, die Qualität der Dienstleistungen und der Produkte über den unternehmerischen Erfolg und somit über unsere gesellschaftliche Zukunft. Das entscheidende Merkmal von Qualität ist, dass ihre Beurteilung immer von einer ganzheitlichen Betrachtung aller Interessengruppen ausgehen muss.

Einzelinteresse ⟺ Gesamtinteresse

Viele Einzelinteressen (Bild 1.20) knüpfen an die relevanten Eigenschaften eines Produktes an. Diese stehen teilweise auch im Widerspruch zueinander.

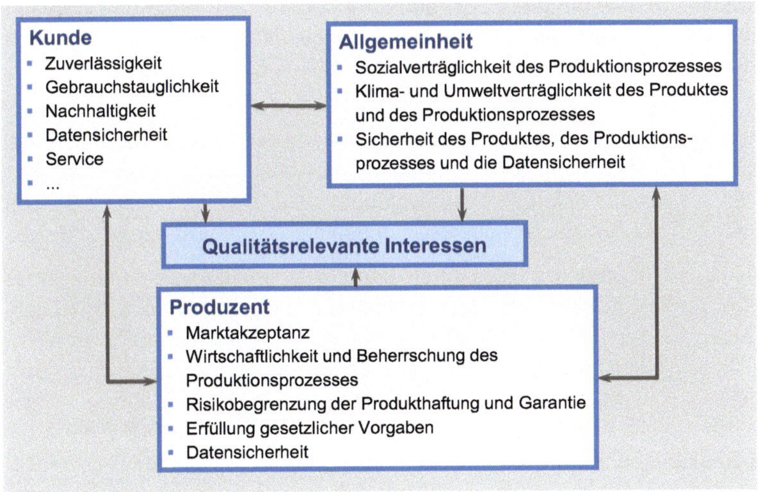

Bild 1.20: Qualitätsrelevante Interessen

Qualität beeinflusst Marktakzeptanz.

Der Kunde möchte ein Produkt, das seinen Vorstellungen entspricht. Zuverlässigkeit, schnelle Verfügbarkeit usw. sind für ihn wichtig. Die Allgemeinheit, vertreten durch den Gesetzgeber, Institutionen, Gewerkschaften u. Ä., achten auf die Sicherheit, das Klima sowie die Sozialbelange der Mitarbeiter (MA).

Für den Hersteller ist die Qualität seiner Produkte und Dienstleistungen aus zwei Gründen von ausschlaggebender Bedeutung. Einerseits beeinflusst sie die Marktakzeptanz seiner Produkte, andererseits die Kosten. Deswegen stehen sowohl die externe als auch die interne Qualität im Vordergrund der betrieblichen Anstrengungen. Folgende Studie zeigt den Einfluss des Qualitätsniveaus auf [Buzzell/Gale 89].

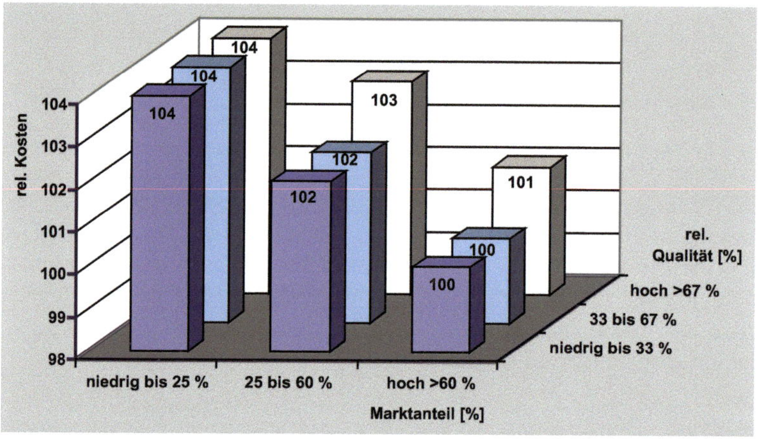

Bild 1.21: Einfluss des Marktanteils und des Qualitätsniveaus auf die Herstellungskosten [Buzzell/Gale 89]

Die interne Qualität beeinflusst in besonderem Maße die Herstellungskosten. Deswegen stellt sich die berechtigte Frage nach dem Einfluss der Qualitätsforderung auf die Herstellungskosten. Bild 1.21 zeigt, dass die Herstellungskosten kaum vom Qualitätsniveau abhängen.

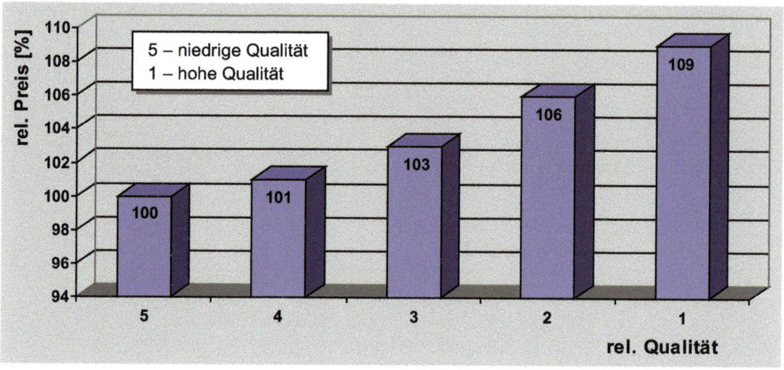

Bild 1.22: Qualität beeinflusst die Preisakzeptanz der Kunden [Buzzell/Gale 89]

Den größten Einflussfaktor stellt der Marktanteil dar, also die Möglichkeit, aufgrund hoher Stückzahlen im Einkauf und in der Produktion kostenoptimiert zu produzieren. Mit einer höheren Produktqualität steigt die Akzeptanz der Kunden, auch einen höheren Preis zu bezahlen (Bild 1.22).

Qualität und Niedrigpreispolitik steigern den Marktanteil.

Also sollte die Strategie zu einer höheren Qualität eingeschlagen werden, um einen höheren Marktpreis erzielen zu können. Dieser Zusammenhang kann auch zu einer umsatzorientierten Strategie genutzt werden, nämlich aufgrund der hohen Qualität und einer Niedrigpreispolitik den Marktanteil kontinuierlich zu steigern, wie es die Lebensmittelkettediscounter praktizieren.

Die beiden Faktoren, Preis und Kosten, beeinflussen das erwirtschaftete Unternehmensergebnis.

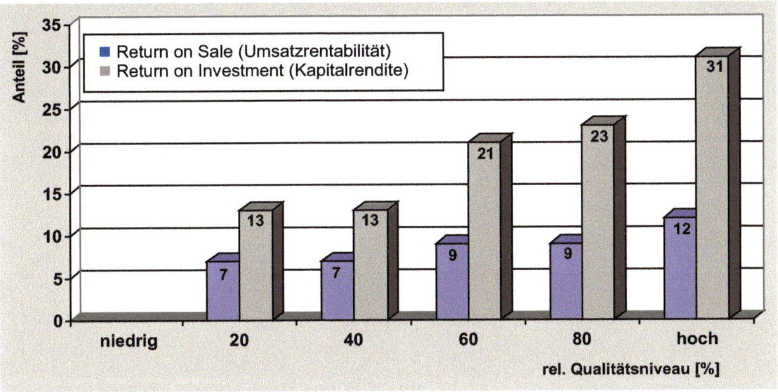

Bild 1.23: Einfluss des Qualitätsniveaus auf Return on Sale und Investment [Buzzell/Gale 89]

Also beeinflusst die Qualität in Verbindung mit dem zu erzielenden Preis, mit den Herstellungskosten und mit dem Umsatz den „Return on Investment“ (Return on Investment: Kapitalrendite, Verhältnis des gesamten investierten Kapitals und des Umsatzes zum Gewinn, Bild 1.23).

1.5 Auswirkungen der Qualität – Qualitätsziele

Betriebswirtschaftliche Auswirkungen

Die Auswirkungen der Qualität sind vielfältig. Die besprochenen Beispiele zeigen nur einen kleinen Ausschnitt aus den Beziehungen zwischen Kunden und Anbietern. Berücksichtigt man auch die interne Prozessqualität in der Leistungserstellung, wie z. B. die Verschrottung oder Nacharbeit von mangelbehafteten Erzeugnissen, kann folgende Zuordnung der negativen bzw. positiven Auswirkungen aus der Sicht des Produzenten bzw. Anbieters aufgestellt werden. Die zeitliche Abgrenzung ist fließend und in allen drei Phasen vernetzt. Auch die langfristigen Aspekte beeinflussen z. B. das Kundenverhalten. Bei kostengünstigen Produkten stellt der Kunde nicht so hohe Forderungen wie bei einem teureren Produkt, bei dem auch geringe Abweichungen von den Kundenforderungen zu Reklamationen führen können.

Tabelle 1.2: Qualitätsauswirkungen und betriebswirtschaftliche Komponenten

Auswirkungen der Qualität aus der Sicht des Produzenten Beeinflussung des Umsatzes und des Gewinns		
kurzfristige	**mittelfristige**	**langfristige**
Reklamationen	Produkthaftung	Image
Garantieleistungen	Rentabilität	Marktanteil
Nacharbeit/Verschrottung	Preisniveau	Wettbewerbsfähigkeit
Rückrufaktionen	Kundenzufriedenheit	Kundenloyalität
Prozesseffizienz	Innovationsfähigkeit	Unternehmensbestand

Prinzipiell kann man feststellen, je später ein Fehler entdeckt wird, umso höher sind seine Folgekosten, siehe Bild 1.24.

Als Faustregel gilt die **Zehnerregel der Fehlerkosten**

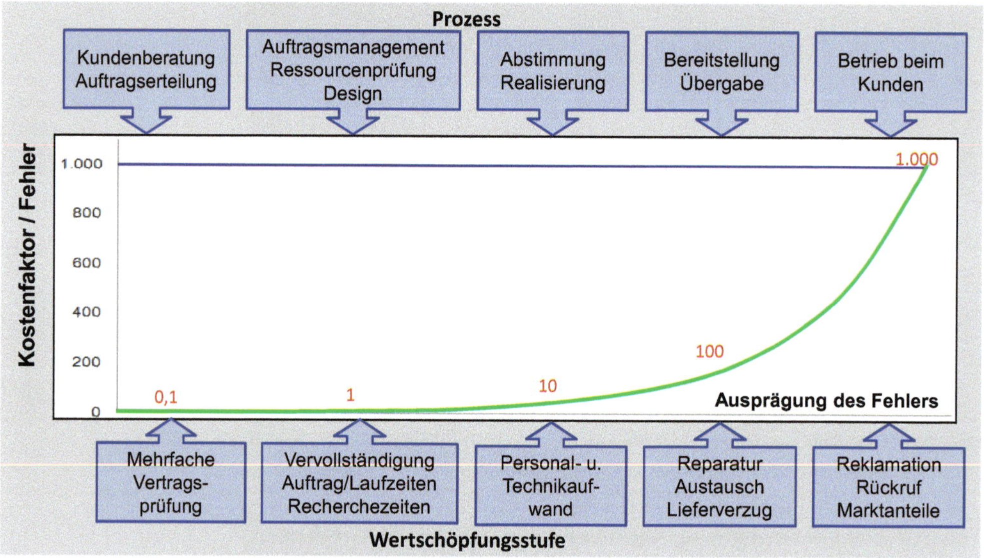

Bild 1.24: Zehnerregel der Fehlerkosten

Zusammenfassend können aus betrieblicher Sicht folgende Ziele definiert werden:

- effiziente und termingerechte Leistungserstellung,
- hohe Wettbewerbsfähigkeit,
- hohe Kundenzufriedenheit/-loyalität.

Globale Sichtweise der Qualität

Aus der globalen Sicht ist Qualität, neben einer Vielzahl von volkswirtschaftlichen Faktoren, auch ein wichtiger Aspekt. Zum Beispiel beeinflusst der Wirkungsgrad eines Kfz-Motors den Kraftstoffverbrauch und damit den Verbrauch der endlichen Ressource Rohöl. Seine Abgase wirken sich auf die Umwelt und nicht zuletzt auf das Klima aus. Andererseits steigert das Kraftfahrzeug unsere Mobilität sowie Verfügbarkeit von Erzeugnissen und beeinflusst damit die Lebensqualität. Bedenkt man, welche Auswirkungen das Versagen der Sicherheitseinrichtungen der Kernkraftwerke Tschernobyl und Fukushima hatte, wird schnell die globale Bedeutung der Qualität ersichtlich.

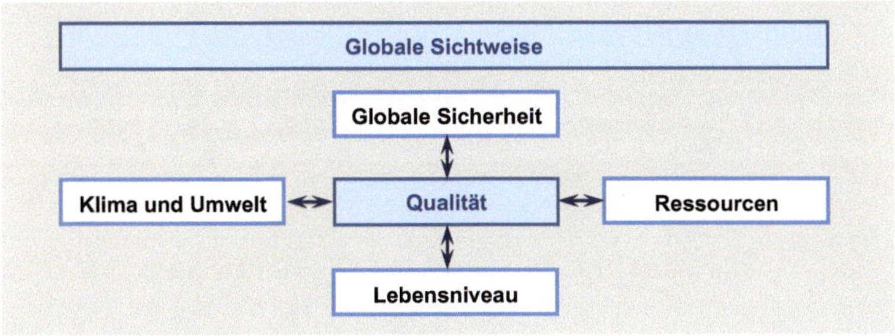

Bild 1.25: Qualität als globaler Einflussfaktor

So können die in Bild 1.26 aufgeführten globalen Sichtweisen als globale Ziele des Qualitäts- und Umweltmanagements betrachtet werden. Sie stehen zwar nicht im Vordergrund der Unternehmensaktivitäten, aber sie werden indirekt aufgrund von Gesetzen und Marktforderungen verfolgt.

☑ Lernerfolg

Zur Prüfung des Lernfortschritts beantworten Sie folgende Fragen:

Fragen zum Kapitel 1:

1. Welchen Forderungen folgt Qualität aufgrund der Globalisierung?
2. Welche qualitätsbezogene Strategie verfolgen Unternehmen, die langfristig Verbesserungen der Unternehmensergebnisse aufweisen?
3. Welche Unternehmen sind vom globalen Wandel betroffen?
4. Nennen Sie die drei Erfolgsfaktoren, die jede Unternehmensstrategie betreffen.
5. Welche Art der Qualität fordert der Kunde?
6. Welches Hauptziel verfolgt TQM?
7. Nennen Sie die Einflussfaktoren auf den Unternehmenserfolg.
8. Welche Rahmenbedingungen sind für die Erzeugung von Qualität unerlässlich?
9. Nennen Sie einige Beispiele von Nichtqualität und ihre Auswirkungen.
10. Welcher Ansatz wurde bei der Industrialisierung der Gesellschaft verfolgt?
11. Welche Folge hatte der Ansatz von Taylor für die Qualität?
12. Erläutern Sie den gesellschaftlichen Wandel der letzten 50 Jahre in den Industrieländern.
13. Nennen Sie die Merkmale eines gesättigten und eines ungesättigten Marktes und erläutern Sie diese.
14. Wie hängt die Qualität mit den Merkmalen des ungesättigten und mit denen des gesättigten Marktes zusammen?
15. Warum reicht die Kontrolle als Qualitätsstrategie nicht aus?
16. Welche Gruppen haben qualitätsrelevante Interessen? Nennen Sie einige Beispiele.
17. Lohnt sich eine hohe Produktqualität? Wenn ja, aus welchen Gründen?
18. Nennen Sie einige kurz-, mittel- und langfristige Auswirkungen von Qualität auf die wichtigsten Unternehmensziele.
19. Welche globalen Auswirkungen verzeichnet Qualität?

Qualität und ihre Eigenschaften

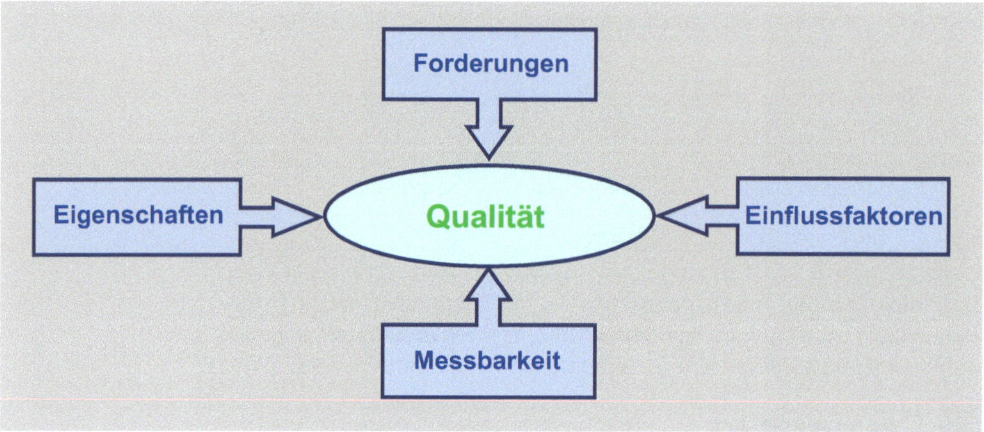

Lernziele:

Was bedeutet Qualität? Kann man sie genau definieren? Wie entsteht Qualität und über welche Eigenschaften verfügt sie? Das sind zentrale Fragen, die erst geklärt werden müssen, bevor man sich Gedanken macht, wie man Qualität verbessern bzw. gezielt erzeugen kann.

Aus eigener Erfahrung wissen wir, dass jeder Verbraucher bzw. Anwender eigene Vorstellungen von Qualität hat. Wie entstehen aber Forderungen an Qualität, damit sie eindeutig und umfassend sind? Wie kann ein Hersteller die nicht immer direkt eindeutigen Aussagen wie z. B. haltbar, sicher, bequem usw. verwerten und in Produkteigenschaften umsetzen?

Nach der Beantwortung dieser Fragen steht man vor der Aufgabe, das Qualitätsniveau entsprechend den gestellten Forderungen zu erreichen. Um geeignete Maßnahmen treffen zu können, müssen erst Einflussfaktoren von Qualität und ihre Rahmenbedingungen erfasst werden. Hierzu gehört die Fähigkeit der Produktionsmittel, des Materials und der Organisation, die an sie gestellten Qualitätsforderungen zu erfüllen. Die besten Produktionsbedingungen reichen aber nicht aus, wenn der Mensch als Fach- und Führungskraft, als Ausführender und Entscheider nicht über die benötigte Kompetenz und Motivation verfügt.

Wegen der großen Vielfalt der Einflussfaktoren muss ein Ordnungssystem gefunden werden, das eine systematische Klassifizierung der Einflussfaktoren erlaubt und eine Visualisierung ihrer Zusammenhänge erleichtert.

Kann man Qualität messen? Das ist eine wichtige Frage, ohne deren Beantwortung ein quantitativer Vergleich der vorgegebenen Ziele mit den erreichten Ergebnissen nicht möglich wäre.

2 Qualität und ihre Eigenschaften

Den Begriff Qualität findet man im Zusammenhang mit einer Fülle von Aussagen wie Qualitätsschokolade, Qualität der Lehre, Qualitätsleistungen usw. Was bedeutet aber Qualität? Vereinfacht könnte man sagen „Qualität ist ..., wenn alles stimmt“. Diese Aussage ist aber so allgemein und subjektiv, dass sie doch einer genauen Spezifizierung bedarf.

2.1 Umfassendes Verständnis der Qualität

Qualitätsverständnis ist der Spiegel der Gesellschaftsentwicklung.

Das Verständnis und damit auch die Definition der Qualität spiegelt sich in der gesellschaftlichen Entwicklung wider (siehe Kapitel 1.4.1). In der Versorgungsphase (ungesättigter Markt) spielt die Qualität eine untergeordnete Rolle. Wichtig ist nur die Beschaffenheit des Produktes. In der Wachstumsphase steht das Image der Produkte im Vordergrund. Erst in der Qualitätsphase entwickelt sich das Qualitätsverständnis stetig. Diese Entwicklung wird anhand der zeitlichen Änderung des genormten Qualitätsbegriffs deutlich.

Entwicklung der Definition von Qualität:

1972 **Qualität** = Beschaffenheit, mit der die Ware dem Verwendungszweck genügt (Deutsche Gesellschaft für Qualität)

1979 **Qualität** = Gesamtheit von Eigenschaften und Merkmalen eines Produktes oder einer Tätigkeit, die sich auf deren Eignung zur Erfüllung gegebener Erfordernisse beziehen (DIN 55350 Teil 11)

1995 **Qualität** = Beschaffenheit einer Einheit bezüglich ihrer Eignung, festgelegte und vorausgesetzte Anforderungen zu erfüllen (DIN EN ISO 8402)

2005 **Qualität** = Grad, in dem ein Satz inhärenter Merkmale alle Anforderungen erfüllt. (DIN EN ISO 9000:2005)

Merkmal	– kennzeichnende Eigenschaft
Anforderungen	– Erfordernis oder Erwartung, das oder die festgelegt, üblicherweise vorausgesetzt oder verpflichtend ist.
inhärent	– „innewohnend“, im Gegensatz zu „zugeordnet“

Genügte es in den Siebzigerjahren, nur die Verwendungsfähigkeit der Ware als Qualität zu betrachten (z. B. Funktionsfähigkeit eines Kraftfahrzeuges), hatte man in den Achtzigerjahren die Definition der Qualität wesentlich weitergezogen (z. B. Sicherheitsaspekte) und die Dienstleistungen (z. B. Servicequalität) mit einbezogen. Mit der zunehmenden Sättigung des Marktes kamen weitere Aspekte hinzu. Um den Kunden an eigene Produkte zu binden, hatte man nicht nur die festgelegten, sondern auch (still) vorausgesetzten Aspekte integriert (z. B. Einhaltung der Liefertermine, kostenloser Kundentransport). Also: Man wollte die Kundenzufriedenheit steigern.

Eine Untersuchung [BeVo1.0] aus dem Jahr 1995 verdeutlicht diese Tendenz. Bild 2.1 zeigt, dass Qualität aus der Sicht der Unternehmen mit einer hohen Kundenzufriedenheit gleichgesetzt wird. Diese Definition ist zwar nicht korrekt, sie erfüllt aber das Ziel – zufriedene Kunden.

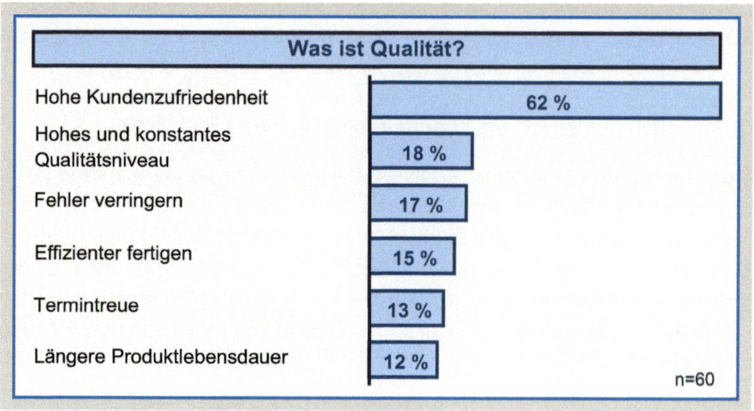

Bild 2.1: Unternehmenssicht der Qualität

Qualität beinhaltet unterschiedliche Sichtweisen.

Die aktuelle Definition der Qualität aus dem Jahr 2005 beseitigt einige Unsicherheiten in ihrer Auslegung. Sie bezieht sich auf den Grad der Erfüllung von inhärenten („innewohnenden") Merkmalen von Forderungen. Ein Teil z. B. kann von seiner Beschaffenheit (Länge, Festigkeit ...) alle Forderungen erfüllen, aber es muss auch rechtzeitig zur Weiterverwendung vorliegen. Die Pünktlichkeit der Anlieferung wird erst dann als Qualitätsmerkmal einbezogen, wenn aus der subjektiven Aussage „Pünktlichkeit" eine messbare Größe wird. Die Pünktlichkeit wird zu einem inhärenten Merkmal, also z. B. mittels einer Festlegung von unterschiedlichen Zeitspannen und einer Punktebewertung. So kann die Qualität eines Produktes aufgrund ihrer harten und weichen Merkmale bewertet werden.

Qualität wird anhand von Merkmalen definiert.

So können bis auf den transzendenten Ansatz, der rein subjektiv ist, die Ansätze der Qualität von Garvin [Gar84] in die aktuelle Definition nach ISO 9000:2005 einbezogen werden (Tabelle 2.1). In verschiedenen Formen findet man sie inhaltlich in den Forderungen an das Produkt, in den wertbezogenen und produktionsbezogenen Forderungen sowie in den Forderungen der internen bzw. externen Kunden.

Praktische Einteilung der Qualität

Für die praktische Anwendung ist folgende Einteilung sinnvoll:

- Produktqualität,
- Prozessqualität,
- Systemqualität.

Tabelle 2.1: Ansätze zur Definition der Qualität nach Garvin

Transzendenter Ansatz	Geht von dem Formvollendeten und Absoluten aus, das von jedem Menschen subjektiv gesehen wird. Es entspricht unserem Empfinden.
Produktbezogener Ansatz	Bezieht sich auf rein messbare, klassifizierbare Eigenschaften wie z. B. den Edelmetallanteil in einem Ring, den Reifegrad eines Käses oder die Anzahl der Lackierschichten.
Kundenbezogener Ansatz	Hier stehen die Forderungen des Kunden im Vordergrund. Es handelt sich um die Merkmale der Qualität, die der Kunde wahrnimmt. Zum Beispiel der Kraftstoffverbrauch eines Kraftfahrzeuges.
Wertbezogener Ansatz	Bezieht sich auf das Verhältnis der Kosten bzw. des Preises zum Nutzen. Beispiel: Das 3-Liter-Auto von VW wurde wegen seines hohen Anschaffungspreises kein Markterfolg.
Produktionsbezogener Ansatz	Definiert Sekundärmerkmale, die für die Erfüllung der produkt-, wert-, und kundenbezogenen Merkmale für die Produktentstehung benötigt werden. Zum Beispiel der Rollwiderstand, der sich auf den Kraftstoffverbrauch auswirkt.

Sie erfasst alle im Gebrauch auftretenden Arten von Qualität. Häufig benutzte Begriffe wie z. B. Servicequalität, Dienstleistungsqualität, Materialqualität usw. sind nur spezielle Bestandteile der drei Qualitätsarten. Interne Forderungen aus der Kosten- und der Produktionssicht und die externen Forderungen aus der Kundensicht führen zum umfassenden Verständnis der Qualität.

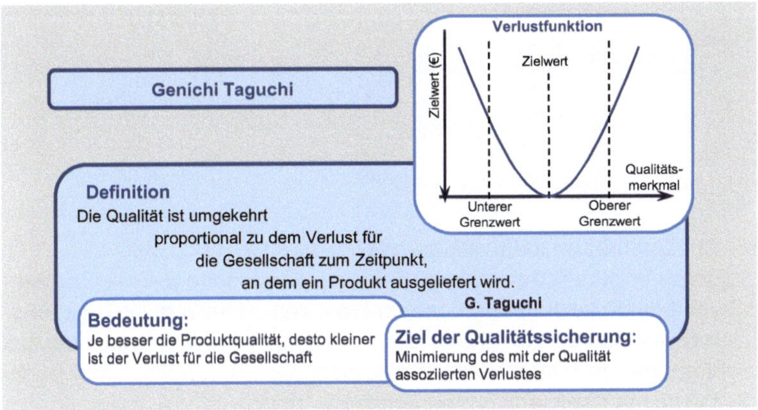

Bild 2.2: Qualitätsdefinition nach Taguchi

Qualität aus Sicht des Genichi Taguchi

Eine andere Sicht der Qualität liefert die Definition der Qualität nach Taguchi (Genichi Taguchi entwickelte eine mathematisch erfassbare Definition der Qualität sowie eine Methode zur statistischen Versuchsplanung). Sie geht davon aus, dass jede Abweichung vom Sollwert als ein Fehler zu bewerten ist, der einen finanziellen Verlust verursacht.

Dieser finanzielle Verlust wird anhand der sogenannten Verlustfunktion (Bild 2.2), dargestellt durch eine Parabel, beschrieben. Das bedeutet, dass sich der Verlust quadratisch mit der Abweichung verändert.

Diese Definition zieht nicht nur die Verluste für den Produzenten bei der Produktion der Produkte mit ein, sondern auch die Verluste für die Gesellschaft. Sie ist wesentlich globaler als die genormte Definition.

Ausgehend von dieser Betrachtung schlägt er eine Änderung [Mon91] der traditionellen Methodik der Produktentwicklung, bei der die Festlegung von Toleranzen im Vordergrund steht, vor.

2.2 Eigenschaften der Qualität

Die Qualität kann von sich aus nicht definiert werden. Sie kann allerdings aufgrund ihrer Eigenschaften wie folgt beschrieben werden:

Qualität ist nichts Absolutes.

- **Die Qualität ist nichts Absolutes.**
  Sie bezieht sich auf gegebene Erfordernisse oder auf vorgegebene Forderungen, die jedoch nicht die Qualität darstellen (z. B. Länge).

  Qualität bei einem Produkt, wie z. B. Bier, setzt sich aus dessen chemischen Elementen und dem daraus resultierenden, subjektiv bewertbaren Geschmack zusammen. Auch ein Dienstleistungsprozess, z. B. die Verkostung und der Verkauf von Wein, beinhaltet verschiedene Forderungen. Erst die Summe der einzelnen Forderungen ergibt die gewünschte Qualität.

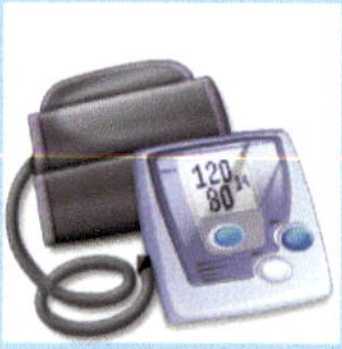

Beispiel:
Das Ergebnis einer Blutdruckmessung lautet 120/80 mm Hg. Diese quantitative Feststellung bezieht sich auf die Qualität „Blutdruck", der in der Maßeinheit mm Hg (Millimeter Quecksilbersäule) angegeben ist. Diese Feststellung beinhaltet den qualitativen Aspekt:
„Blutdruck liegt im Normalbereich".

Qualität ist keine physikalische Größe.

- **Die Qualität ist keine physikalische Größe,**
  deren Werte messbar sind, da es sich vorwiegend um eine Vielzahl von Merkmalen und Eigenschaften handelt. Allerdings muss es möglich sein, Merkmale, deren Werte qualitativ erfasst wurden, mit den Vorgaben vergleichen zu können.
  Die Objekte selbst, z. B. Gegenstände, Vorgänge oder Zustände, wie auch nicht quantifizierbare Merkmale, wie:

  - Oberflächenrauigkeit einer Welle,
  - Liefertreue (Zulieferer),
  - Geschmack (Bier),
  - Passform (von Schuhen),
  - Erreichbarkeit (eines Griffes),
  - Reparaturfreundlichkeit (eines Gerätes),
  - Aussagefähigkeit (eines Prospektes),

  sind keine physikalischen Größen.

Beispiel:
Frage: Wie ist die Oberflächenqualität dieses Gegenstandes?
- Antwort 1: rau.
- Antwort 2: zufriedenstellend.

Die erste Antwort beschränkt sich auf eine reine Beschreibung der Oberflächeneigenschaft, die zweite dagegen bewertet die Eignung des Objektes.
Geht man davon aus, dass keine Definition der zu beobachtenden Merkmale erfolgte, sind beide Antworten zulässig.

Qualität – kein binärer Begriff

- **Die Qualität ist kein binärer Begriff** (ja/nein), sondern weist eine kontinuierliche Struktur auf, z. B.:
  - Sauberkeit eines Raumes,
  - Streuung der Maße eines Produktes.

Jede Qualitätseigenschaft wirkt sich kontinuierlich auf die Gesamtqualität aus.

- **Jede Qualitätseigenschaft** eines Produktes oder einer Tätigkeit kann sich meist kontinuierlich auf die Gesamtheit der Qualität zwischen sehr gut und sehr schlecht auswirken, z. B.:
  - Liefertreue eines Zulieferers auf die Lieferfähigkeit des Endherstellers,
  - Gebäudereinigung auf die Zufriedenheit der Hotelgäste.

Die Konsequenz, die aufgrund dieser Eigenschaften gezogen werden muss, ist weitreichend. Es müssen unterschiedliche und umfassende Aspekte, die von der Zielsetzung, vom Zeitpunkt und der Interessengruppe abhängig sind, berücksichtigt werden. Die Aspekte sind einem ständigen Wandel unterzogen.

- Qualität besitzt Qualitätsmerkmale, mit deren Hilfe sie beschrieben und definiert werden kann. Sie sind in zwei Gruppen eingeteilt:
  - harte Q-Merkmale: In die Gruppe der harten Q-Merkmale gehören physikalische Größen, die messbar sind (z. B. Länge, elektrische Spannung usw.).
  - weiche Q-Merkmale: Bei den weichen Q-Merkmalen handelt es sich um alle nichtphysikalischen Größen. Dieses Feld ist sehr umfangreich und kaum einzugrenzen. Sie können die äußere Beschaffenheit eines Produktes wie „schön sein“ betreffen, das menschliche Verhalten wie Arbeitsverantwortung oder Aussagen wie Wirtschaftlichkeit beschreiben.

Woher kommen Forderungen an die Qualität?

Die **Allgemeinheit** stellt an den Produzenten **Forderungen**, die sich in der Qualitätspolitik des Unternehmens niederschlagen.

Allgemeinheit gibt Rahmenbedingungen vor.

Gesetzliche Vorschriften, soziale Aspekte und Umweltschutz sind Rahmenbedingungen, die die Unternehmen in ihren Leistungen (Produkte, Dienstleistungen) und Prozessen beachten müssen. Arbeitszeiten, Sicherheit, Arbeitsbedingungen, Umweltvorschriften, Lärmvorschriften u. a. stellen nur einige Beispiele dar.

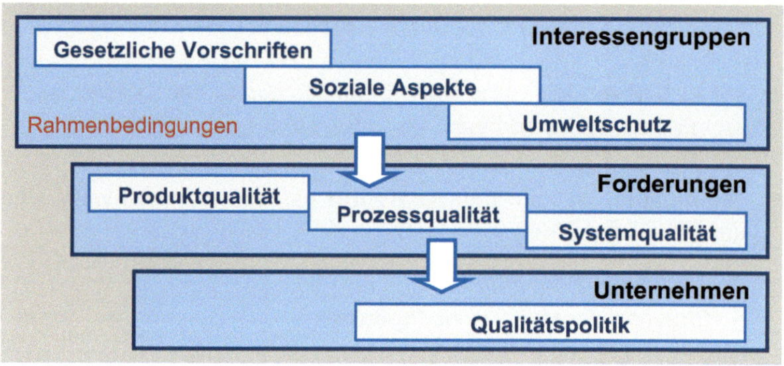

Bild 2.3: Qualität aus der Sicht der Allgemeinheit

Der Kunde gibt die Qualitätsforderungen vor.

Der Kunde und die Marktgegebenheiten stellen ebenfalls Qualitätsforderungen an die Qualitätspolitik des Unternehmens (Bild 2.4). Das Bestreben der Konkurrenz und die direkten Kundenforderungen stellen einen Zwang dar, dem sich das Unternehmen stellen muss.

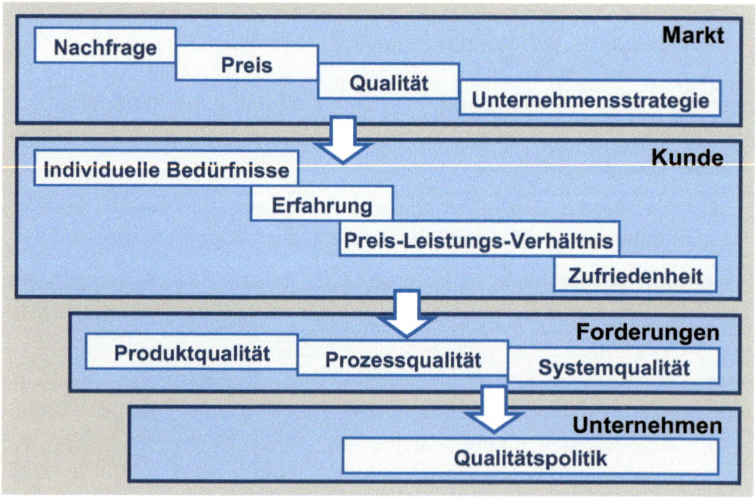

Bild 2.4: Qualität aus Kundensicht

Forderungen an den Produzenten

Die von außerhalb gestellten Forderungen an den Produzenten müssen durch interne Maßnahmen so erfüllt werden, dass das Unternehmen wettbewerbsfähig bleibt (Bild 2.5). Hinzu kommen seine Eigeninteressen, nämlich die Produktionsprozesse so zu beherrschen, dass die Qualitätsaufwendungen in der gewünschten Relation zu dem erwarteten Nutzen stehen. Die Qualität der Leistungen und der Prozesse ist von der

Kompetenz des Managements und der Mitarbeiter, von der Qualitätspolitik, von den betrieblichen Strukturen sowie der Qualität der Produktionsmittel abhängig.

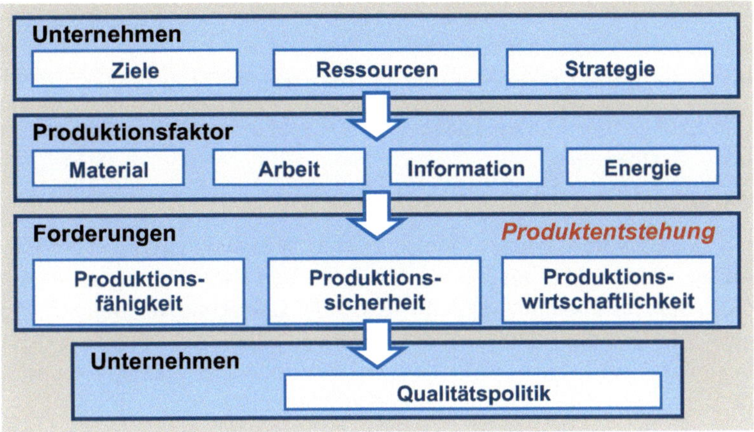

Bild 2.5: Qualität aus Unternehmenssicht

Eine Möglichkeit, die unterschiedlichen Arten der externen und internen Kundenwünsche (Forderungen) bei der Produktentwicklung berücksichtigen zu können, bietet das **Kano-Modell** [Kano84].

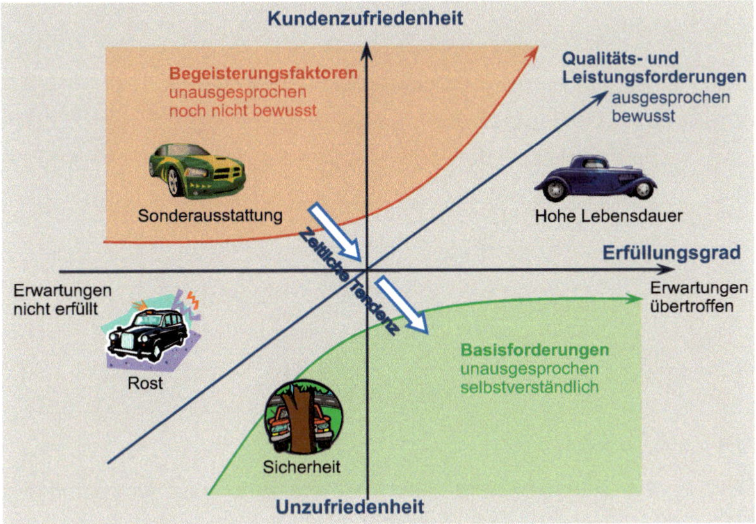

Bild 2.6: Kano-Modell

Es basiert auf der Hypothese: Je höher die Erfüllung der Kundenwünsche, umso größer die Kundenzufriedenheit. Da sich die Erfüllung der einzelnen Merkmale auf die Kundenzufriedenheit unterschiedlich stark auswirkt, wird nach vier Merkmalsklassen unterschieden.

- **Basismerkmale:** Sind grundlegend und selbstverständlich, der Kunde nimmt sie nur unbewusst wahr (implizite Erwartungen).
- **Leistungsmerkmale:** Sind dem Kunden bewusst.
- **Begeisterungsmerkmale:** Sind Nutzen stiftende Merkmale, mit denen der Kunde nicht rechnet.
- **Unerhebliche Merkmale:** Sind für den Kunden ohne Belang.

Der Einfluss der Merkmalsklassen auf die Kundenzufriedenheit ist im Bild 2.6 dargestellt.

Wo entsteht Qualität?

Die Betriebsstruktur beeinflusst die Qualität.

Die Qualität wird von allen Tätigkeiten im Unternehmen geprägt. Die Elemente, die Qualität beeinflussen, wurden von Prof. Masing zu einem Qualitätskreis zusammengeführt (Bild 2.7). Bei genauerer Betrachtung stellt man fest, dass die Qualität durch alle Elemente der Betriebsstruktur beeinflusst wird. Es handelt sich um eine bewusst erzeugte Qualität (z. B. im Servicebereich: Schulung der Mitarbeiter).

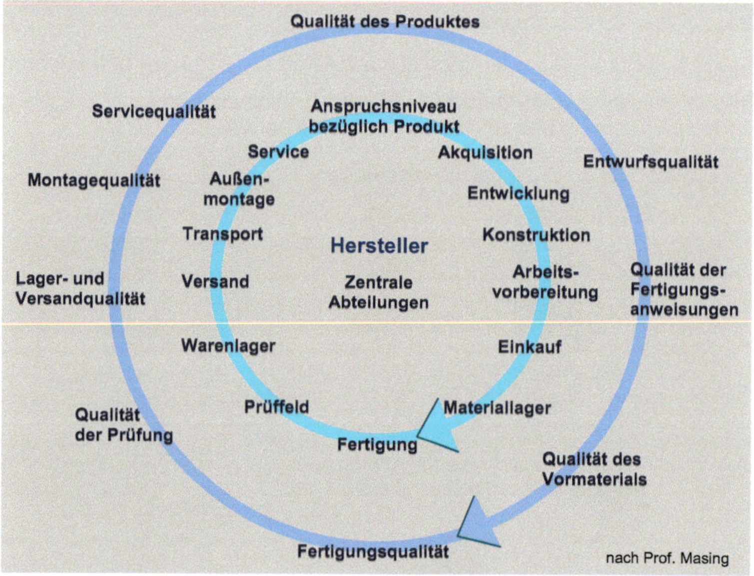

Bild 2.7: Qualitätskreis

Die Einzelmaßnahmen bilden eine geschlossene Folge, weil die in den einzelnen Phasen des Qualitätskreises gewonnenen Ergebnisse voneinander abhängen. Der tatsächliche Qualitätskreis eines Produktes muss für jeden neuen Fall neu entworfen werden. Der Qualitätskreis hängt von dem Kreis der Auftragsabwicklung ab (innerer Kreis).

Zusammengefasst kann Folgendes festgehalten werden. Qualität wird in jedem Bereich eines Unternehmens beeinflusst bzw. erzeugt. Deswegen müssen alle Bereiche in die qualitätsbezogenen Anstrengungen einbezogen werden.

Wie kann Qualität gezielt erzeugt werden?

Die Forderungen an die Qualität, die Beherrschung ihrer Einflussfaktoren und die Erzeugung der Qualität bedürfen einer systematischen Vorgehensweise, des Qualitätsmanagements (QM). Das Qualitätsmanagement führt alle Aktivitäten zur Erreichung der von der Geschäftsleitung vorgegebenen Ziele durch. Um die komplexen Aufgaben des Qualitätsmanagements umsetzen zu können, bedarf es einer Organisationseinheit, eines Qualitätsmanagementsystems (QMS).

2.3 Einflussfaktoren der Qualität

Ein Faktor kann eine positive Einschätzung zunichtemachen.

Jeder von uns hat im täglichen Leben Erfahrungen mit verschiedenen Ausprägungen der Qualität gesammelt. Das fängt bei alltäglichen Dingen wie z. B. einer Fahrt mit dem ICE an. Ein angenehmes Ambiente, bequeme Sitze, kaum wahrnehmbares Fahrgeräusch lassen uns zufrieden die Fahrt genießen. Auch der Kaffee, gereicht vom freundlichen Personal, trägt zu unserer Zufriedenheit bei. Der Zug hat Verspätung, und der Anschlusszug wartet nicht. Verärgert warten wir auf den nächsten Zug und stufen die Qualität der DB-Leistung als schlecht ein.

Bild 2.8: Aspekte einer Zugverspätung

Bei der Beurteilung hatten wir zuerst die Eigenschaften des Zuges (Maschine) und des Personals (Mensch) wahrgenommen. Anschließend kam ein organisatorischer Aspekt (Methode) in Form der zu kurzen Wartezeit des Anschlusszuges hinzu. Die vorerst positive Beurteilung wurde nur durch einen einzigen Faktor zunichtegemacht. Das Ziel, die Reise zu einem bestimmten Zeitpunkt zu beenden, wurde nicht erfüllt. Dieses einfache Beispiel führt zu folgenden Aussagen:

- Qualität ist von mehreren Einflussfaktoren abhängig. Sie sind allgemein unter dem Stichwort 7 M zusammengefasst.
- Alle Einflussfaktoren müssen gleichzeitig und voneinander unabhängig den Forderungen entsprechen.
- Die Nichterfüllung eines einzigen Faktors kann zu einer nicht ausreichenden Qualität führen.

Sie stellen konkrete Forderungen an die Qualität und ermöglichen, mithilfe der Klassifizierung der Einflussfaktoren, ihren Einfluss zu analysieren.

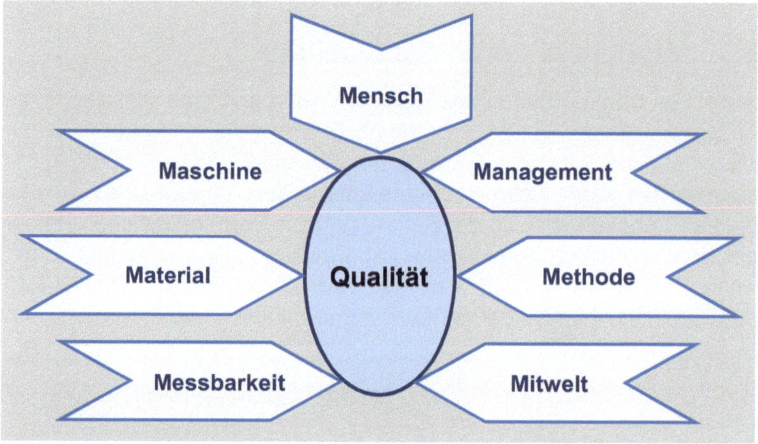

Bild 2.9: Qualität und ihre sieben Einflussfaktoren (7 M)

7 M – sieben Einflussfaktoren der Qualität

Die in Bild 2.9 dargestellten sieben Faktoren beeinflussen nicht nur das tägliche Leben, sondern sie stellen auch die Ausgangsbasis für die Festlegung und gezielte Beeinflussung (Lenkung) der Qualitätsmerkmale im Industrie- und Dienstleistungsbereich dar.

Der Einfluss der sieben Faktoren ist vielschichtig und muss bei jeder Aufgabe speziell untersucht werden. Sie können mithilfe der in den Kapiteln 6 und 7 aufgeführten Qualitätswerkzeuge analysiert werden. Folgende Ausführungen geben einen Überblick über die 7 M.

2.3.1 Mensch

Über die Bedeutung des Menschen für die Qualität und für den Unternehmenserfolg ist man sich weitestgehend einig. Erfahrungen aus dem betrieblichen Alltag sowie zahlreiche Untersuchungen [ILOI97] zeigen, dass ohne das notwendige Engagement der Mitarbeiter, die vom Unternehmen angestrebten Ziele überhaupt nicht bzw. nicht mit der erwarteten Effizienz erreicht werden können. Trotzdem bleibt dieser Aspekt in der Praxis weitgehend unberücksichtigt.

Vonseiten der Wirtschaft wird beispielsweise kontinuierlich aus Gründen der Wettbewerbsfähigkeit versucht, die Stückkosten zu senken. Wie eine Studie [PrCo01] aufzeigt, könnte dies durch eine bessere Nutzung des vorhandenen Arbeitspotenzials der Mitarbeiter erzielt werden.

Die in den führenden Industrieländern durchgeführte Studie bestätigt die zuvor getroffene Aussage. Von 220 Arbeitstagen gehen in Deutschland ca. 40 % als Blindleistung verloren. Mangelnde Planung, unzureichendes Management und unzureichende Kommunikation sowie mangelnde Arbeitsmoral stehen bei den Ursachen für Produktivitätsverluste im Vordergrund (Bild 2.10).

Management- und mitarbeiterbedingte Schwächen verursachen Produktivitätsverluste.

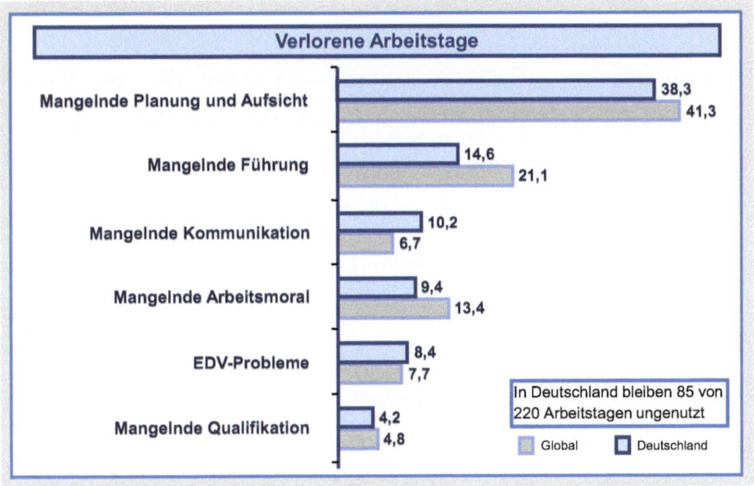

Bild 2.10: Ursachen für Produktivitätsverluste

Ein ähnliches Bild zeigt sich im Bereich des Qualitäts- und Prozessmanagements, wo ein hoher Anteil an Blindleistung zu verzeichnen ist [PhBe09]. Obwohl die Unternehmen in den letzten Jahren massiv in Maschinen und Strukturen investiert haben [BeSu04], bleiben die erzielten Ergebnisse weit hinter den Erwartungen zurück.

Daher ist es unumgänglich, den Einfluss des Verhaltens, der Motivation und der Kompetenz der Mitarbeiter auf die betrieblichen Erfolgsfaktoren und insbesondere auf die Qualität zu kennen.

2.3.1.1 Rahmenbedingungen für Unternehmen und Mitarbeiter

Unsere Zeit ist gekennzeichnet von einem rasanten wirtschaftlichen Wandel. Die Innovationsgeschwindigkeit der Informations- und Kommunikationstechniken verändert weltweit die Technologielandschaft. Forschung und Wissenschaft, Industrien und Infrastrukturen, Technologien und Know-how werden zunehmend transparenter und zugänglicher.

Globalisierung wirkt sich auch auf den Personalbereich aus.

Die Globalisierung der Märkte, das Wachstum und die Entwicklung zu global agierenden Unternehmen sind die äußeren Merkmale dieser Entwicklung (Bild 2.11).

Auch der Personalbereich ist starken Veränderungen ausgesetzt. Manager und Mitarbeiter unterschiedlicher Kulturkreise beeinflussen aufgrund ihrer Verhaltensweisen und Wertvorstellungen die zwischenmenschlichen Beziehungen und damit letztlich auch die Auswirkungen des Humanfaktors auf die Unternehmensergebnisse.

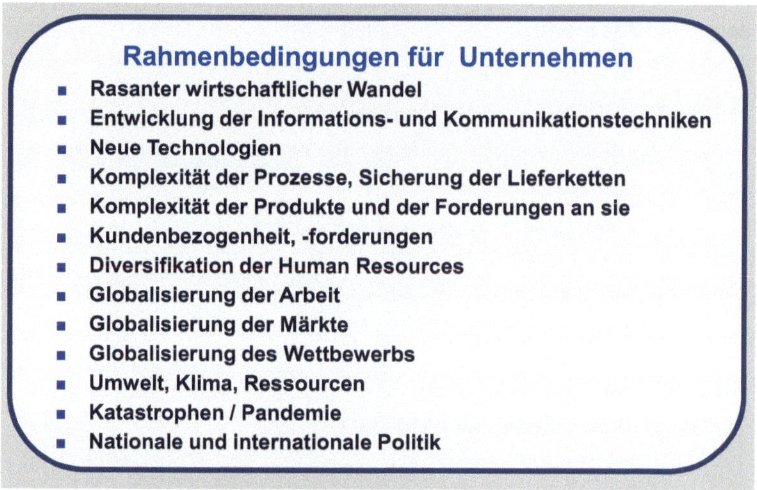

Bild 2.11: Unternehmensbezogenes Umfeld

Hinzu kommen temporäre Einflüsse, die aufgrund wirtschaftlicher, finanzieller und politischer Lage weitere Aspekte darstellen. Wegen der Globalisierung verändern sich nicht nur einzelne Unternehmen, sondern es wandeln sich ganze Volkswirtschaften. Welche Auswirkungen dieser Wandel tatsächlich hat, kann man am Beispiel von Großbritannien sehen (Bild 2.12). Die Wiege des Industriezeitalters erwirtschaftet heute ca. 16,9 % ihres inländischen Bruttosozialprodukte in der Industrie und 72,8 % im Dienstleistungsbereich.

Bild 2.12: Wandel der industriellen Gesellschaft [WoFa13]

Auf die Herausforderungen des rapiden, stetigen Wandels der unternehmerischen Umfeldbedingungen reagieren die Unternehmen mit einer Vielzahl unterschiedlicher Managementkonzepte. Diese weisen aber einen gemeinsamen Nenner auf. Sie verändern die Unternehmensstrukturen und die Arbeitsinhalte der Mitarbeiter.

Der stetige Wandel fordert eine Vielzahl von Managementkonzepten.

Die rasante Entwicklung der **Kommunikations- und Informationstechnologie** greift ebenfalls in alle berufsbezogenen Bereiche ein und stellt sowohl an das Management als auch an die Mitarbeiter stetig steigende Forderungen an ihr Wissen und ihre Kompetenz (Bild 2.13). Die Mitarbeiter und das Management partizipieren in diesem Umfeld.

Forderungen an den Humanfaktor

- **Informationsbeschaffung, -verarbeitung und -analysen**
- **hohe Wissens- und Technologieforderungen**
- **steigende Interdisziplinarität der Aufgaben**
- **hohe Komplexität der Aufgaben**
- **stetig steigende Ergebnisforderungen**
- **Kosten- und Zeitdruck**
- **Globalisierung der Arbeit**
- **schneller Wandel der Arbeitstechniken und -mittel**
- **interkulturelle Arbeitsteilung**
- **Wertewandel**
- **eine hohe Flexibilität und Verfügbarkeit**

Bild 2.13: Betriebliche Forderungen an Mitarbeiter und Management

Aufgrund der Komplexität des heutigen Arbeitsumfeldes können die gesteckten Ziele nur durch aktiven Einsatz der Belegschaft erreicht werden (Bild 2.14).

Bereitschaft und Fähigkeit der Mitarbeiter, den Unternehmenszielen zu folgen, ist wichtig.

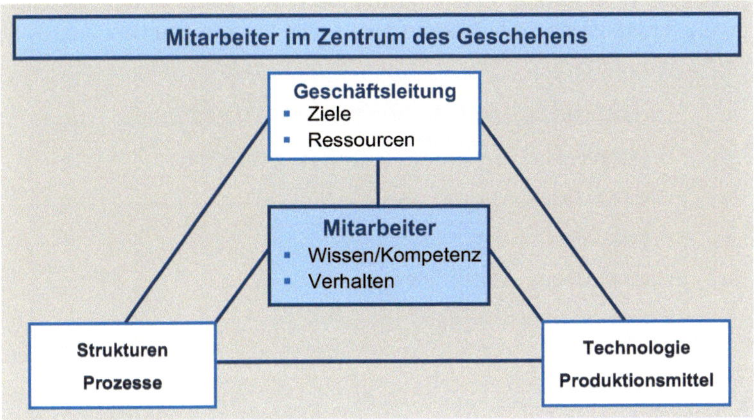

Bild 2.14: Bedeutung der Mitarbeiter

Sind die Mitarbeiter aber dazu bereit und wenn ja, unter welchen Voraussetzungen? Meistens sind sie ihre Arbeit gewohnt, sie beherrschen ihre Aufgaben und fühlen sich sicher. Warum dann Veränderungen? Unter diesen Gegebenheiten sollte sich für das Management die Frage nach Einbeziehung und Motivation der Mitarbeiter für die anstehenden Herausforderungen stellen.

2.3.1.2 Erwartungen der Mitarbeiter an ihren Arbeitsplatz

Die gegenseitige Beziehung des Nehmens und Gebens bestimmt unser Leben. Danach richten sich auch die Leistungsfähigkeit und -bereitschaft der Mitarbeiter. Um diese beiden Kriterien optimal zur Entfaltung zu bringen, ist es zunächst erforderlich, die Mitarbeitererwartungen in Erfahrung zu bringen und sie zu bewerten. Dieses Thema ist Gegenstand zahlreicher wissenschaftlicher Studien, deren Ansätze von der Persönlichkeitsbildung über die Zugehörigkeit zu einem Kulturkreis bis hin zur Mitarbeiterzufriedenheit reichen.

Die komplizierten psychologischen und arbeitswissenschaftlichen Zusammenhänge werden durch unterschiedliche Thesen und Modelle belegt. Eine internationale Studie [GeCo98] zeigt allerdings, dass es für die Industrieländer, vertreten durch die USA, EU, Japan und Russland, ein quasi einheitliches Bild über die Forderungen an einen Arbeitsplatz gibt. Für alle Kulturkreise standen die gleichen Kriterien an erster Stelle (Bild 2.15).

Ein besonderer Schwerpunkt lag auf den Entwicklungschancen und der Möglichkeit, Fähigkeiten auszubauen und damit die Stellensicherheit zu erhöhen. Die Gewichtung der einzelnen Erwartungen verändert sich und ist von der jeweiligen Wirtschaftslage und den persönlichen Gegebenheiten abhängig.

Müssen Mitarbeiterwünsche berücksichtigt werden?

Unternehmen müssen sich die Frage stellen, inwieweit die Wünsche der Mitarbeiter erfüllt werden bzw. welche Barrieren es zu überwinden gilt, um die Mitarbeiter für die Unternehmensziele zu gewinnen.

Mitarbeitererwartungen an ihren Arbeitsplatz

- **Berufs- und Privatleben in Einklang zu bringen**
- **Echte Freude an der Arbeit**
- **Zukunftssicherheit**
- **Gute Löhne und Gehälter**
- **Angenehme Kollegen**

Bild 2.15: Mitarbeitererwartungen [GeCo98]

2.3.1.3 Erfolgsfaktoren und Barrieren organisatorischer Veränderungsprojekte

Der Schlüssel für die zukünftige Überlebens- und Wettbewerbsfähigkeit von Unternehmen liegt zunehmend darin, eine hohe Lern-, Innovations- und Wandlungsfähigkeit zu schaffen und zu entfalten. Diese Kriterien sind aber eindeutig von der Bereitschaft der Mitarbeiter abhängig.

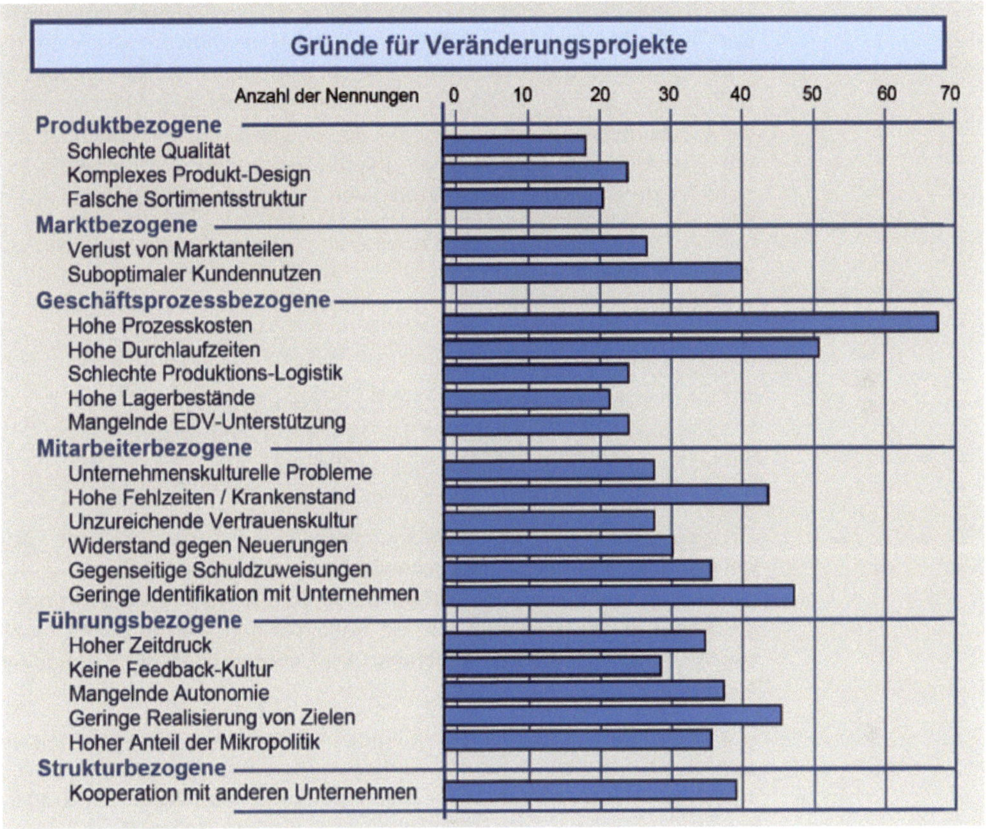

Bild 2.16: Gründe für Veränderungsprojekte [ILO97]

Daher sollen die folgenden Ausführungen den Einfluss der Mitarbeiterbereitschaft bzw. der Widerstände bei der Durchführung von Veränderungsprojekten aufzeigen.

Gründe für Veränderungsprojekte sind auch mitarbeiterbedingt.

Die Gründe [ILOI97] für die Durchführung von Veränderungsprojekten zeigt Bild 2.16. Die Anzahl der Nennungen zeigt, dass die am häufigsten auftretenden Gründe die hohen Prozesskosten, die hohen Durchlaufzeiten, die hohen Fehlzeiten, die geringe Identifikation mit dem Unternehmen und die geringe Realisierung von Zielen sind. Drei davon betreffen die Leistungs- und Bereitschaftsfähigkeit der Mitarbeiter.

Mehr als 50 % der aufgeführten Gründe betreffen direkt die betriebliche Mitarbeitereinstellung. Erstaunlich ist aber, dass offensichtlich weniger die mangelnde Leistung, als vielmehr der allgemeine zwischenmenschliche Umgang miteinander das ursächliche Problem darstellt.

Bei den abgeschlossenen Projekten belief sich der Anteil der „nicht erfolgreichen Projekte" auf 43 %. Sie erreichten weniger als 80 % des Umsetzungserfolgsgrads ihrer Zielsetzung wie Kostensenkung, kürzere Durchlaufzeiten, Qualitätsverbesserungen usw.

Die Gründe für das unerfreuliche Ergebnis liegen einerseits am fehlenden Controlling bzw. sind auf das fehlende Know-how bei der Planung und Durchführung zurückzuführen. Die überwiegenden Gründe aber betreffen erneut den Mitarbeiter bzw. den zwischenmenschlichen Umgang. Mitarbeiterbezogene Kriterien stellen die zentrale Problematik bei der Durchführung von Veränderungsprozessen dar. Mitarbeiterbezogene Barrieren bei der Durchführung von Veränderungsprojekten weisen folgende Merkmale auf:

- mangelndes Engagement,
- fehlende Motivation,
- Angst vor Neuerungen,
- Verlust bekannter Abläufe,
- Verlust von Gewohnheiten und Besitzständen,
- negative Erfahrungen mit vergangenen Veränderungen,
- fehlende Lern- und Änderungsbereitschaft,
- fehlende Identifikation und Kommunikation.

Ein gewichtiges, im gleichen Umfeld angesiedeltes Kriterium ist das Fehlen schneller Realisierungserfolge. 37 % der Befragten geben mangelndes Engagement, fehlende Motivation sowie die Angst vor Neuerungen an. Für 66 % der Befragten sind die Angst vor dem Verlust von bekannten Arbeitsabläufen, Gewohnheiten und Besitzständen die wichtigsten Kriterien.

Die Unternehmenskultur bestimmt den zwischenmenschlichen Umgang. Sie ist gleichermaßen für das Gelingen bzw. Scheitern von Veränderungsprojekten verantwortlich. Folgende Kriterien haben sich als charakteristische Merkmale der Unternehmenskultur herausgestellt:

- allgemeine Veränderungsbereitschaft der Mitarbeiter,
- Grad der gewährten Eigenverantwortung im Unternehmen,
- vorherrschende Vertrauenskultur,
- Einstellung der Mitarbeiter gegenüber Konflikten,
- Leistungsbereitschaft und -förderung,
- allgemeiner Umgang miteinander.

Mangelnde „Eigenverantwortung" behindert Veränderungsprojekte.

Eine besonders wichtige Rolle spielt die „Veränderungsbereitschaft" der Mitarbeiter. Diese ist gerade bei erfolgreichen Projekten ausgeprägt. Auch die mangelnde „Eigenverantwortung" der Mitarbeiter zeigt sich als entscheidendes Hindernis bei der Umsetzung der Veränderungsprojekte. Das Resultat einer relativ stark ausgeprägten „Vertrauenskultur" zeigt, dass die Veränderungsprozesse auf eine breite Unterstützung stoßen und somit von der Mehrheit der Mitarbeiter getragen werden. Gute Lösungen benötigen einen offenen und konstruktiven „Umgang mit Konflikten“. Diese Ausprägung weisen die erfolgreichen Projekte auf.

2.3.1.4 Auswirkungen des Erfüllungsgrades der Mitarbeiterwünsche

Erfüllung von Mitarbeiterwünschen fördert die Zielerreichung.

Eine Gegenüberstellung der Erfolgsfaktoren, der Barrieren und der Mitarbeitererwartungen ergibt einen Aufschluss über die Motivationsmerkmale (Bild 2.17). Der Grad der Erfüllung der Mitarbeiterwünsche beeinflusst die Durchführung der Veränderungsprozesse und führt zum Erfolg bzw. zur Entstehung von Widerständen und damit zum Verfehlen der gesteckten Zielsetzung. Damit steht fest, dass die Erfolgsfaktoren der betrieblichen Veränderungsprozesse in Übereinstimmung mit den Mitarbeiterwünschen stehen müssen. Das Ergebnis spiegelt ebenfalls den aus der Arbeitspsychologie bekannten **Human-Relations-Ansatz** für die Arbeitsmotivation wider.

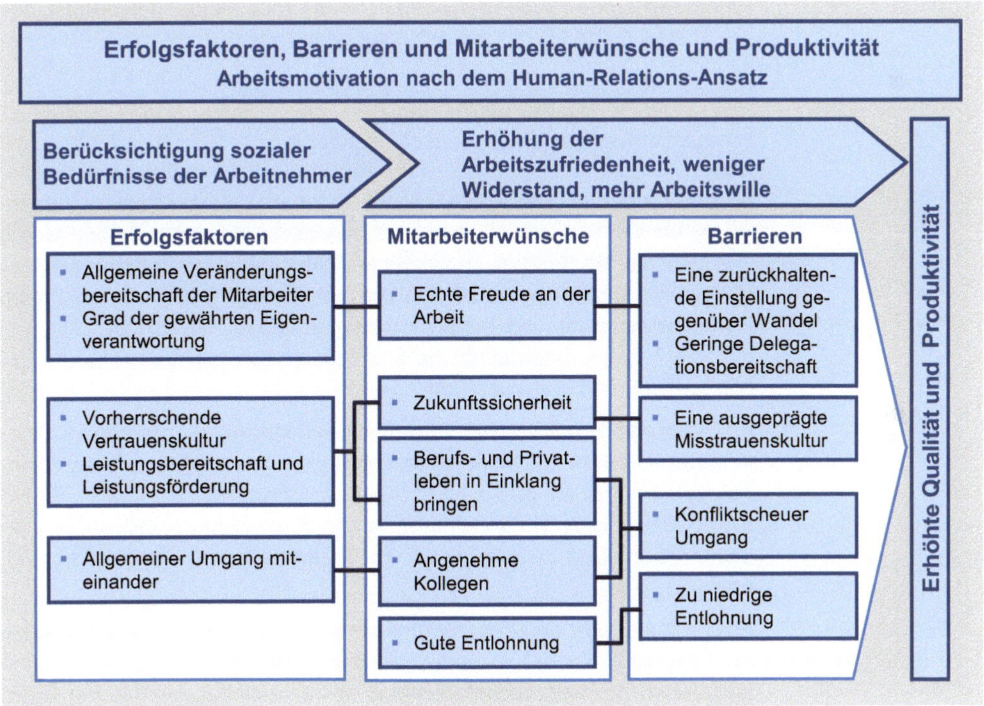

Bild 2.17: Der Zusammenhang zwischen Erfolgsfaktoren, Barrieren und Mitarbeiterwünschen

Außer diesem Ansatz liefert die Verhaltens- und Arbeitspsychologie eine Reihe von Verhaltensmodellen, wie die Bedürfnispyramide nach Maslow, die Faktoren der Zufriedenheit bzw. Unzufriedenheit bei der Arbeit nach Herzberg sowie Hypothesen neueren Ursprungs, wie mehrdimensionale Motivationsmodelle oder aus der experimentellen Psychologie (z. B. die Theorie der Persönlichkeits-Systeme-Interaktionen, „PSI-Theorie“, von Dietrich Dörner oder Julius Kuhl).

Der Mensch steht im Mittelpunkt.

Es wurde gezeigt, dass die Berücksichtigung sozialer Bedürfnisse der Arbeitnehmer eine der wichtigsten Voraussetzungen für den Unternehmenserfolg ist. Der Mensch, als einer der drei Produktionsfaktoren, steht als Initiativfaktor im Mittelpunkt. Von ihm gehen die Impulse aus, er ist an der Wertschöpfung direkt oder indirekt beteiligt und er trägt die Verantwortung. Also müsste, wie die Produktionsfaktoren Betriebsmittel und Material auch der Humanfaktor gesteuert werden. Da dies nicht möglich ist, wird mithilfe einer mehr oder weniger ausgeprägten Personalpolitik versucht, den Produktionsfaktor Mensch im Sinne der Unternehmensziele zu beeinflussen.

Als Werkzeug hierfür dient in der Regel ein leistungs- und verantwortungsbezogenes Entlohnungssystem in verschiedenen Formen. Auch andere Anreize wie Weiterbildungsmaßnahmen, Statussymbole wie Dienstwagen u. Ä. sollen zur Steigerung der Mitarbeiterzufriedenheit, seiner Motivation und Einsatzbereitschaft beitragen.

2.3.1.5 Mensch und betriebliche Managementsysteme

Produktion wird von den Produktionsfaktoren **Arbeit, Betriebsmittel** und **Material** bestimmt. Der Einfluss der Betriebsmittel und des Materials auf die unternehmerischen Erfolgsfaktoren kann mithilfe von Kosten-Nutzen-Analysen sehr gut erfasst, bewertet und gesteuert werden. Dies ist ein wesentlicher Bestandteil der heutigen Managementaufgaben. Die zur Verfügung stehenden Methoden und Werkzeuge haben einen hohen Reifegrad erreicht und bieten bei konsequenter Anwendung ein wirkungsvolles Instrumentarium zur Steuerung der Produktionsfaktoren **Betriebsmittel** und **Material** (Bild 2.18).

Im Gegensatz dazu fehlt beim Produktionsfaktor **Arbeit** jegliche Möglichkeit, seinen Einfluss mithilfe einer Kosten-Nutzen-Analyse tatsächlich zu belegen und mithilfe geeigneter Managementsysteme zu steuern. So basieren die meisten Personalmaßnahmen überwiegend auf Erfahrungen und Intuition ohne die Möglichkeit, ihre Auswirkungen überprüfen zu können.

Entwicklung und Förderung des Personals oft nicht ausreichend

Erfahrungen aus der Zusammenarbeit mit der Industrie zeigen, dass trotz der bis in die 1920er-Jahre reichenden wissenschaftlichen Arbeiten im Bereich der Verhaltensforschung im betrieblichen Umfeld die in der Praxis angewendeten Verfahren bzw. Systeme ungeeignet sind, die Mitarbeiter gezielt und langfristig für spezifische Ziele zu motivieren. Wenn überhaupt, gelingt dies nur kurzfristig für Sonderaktionen. Auch die Auswirkungen solcher Maßnahmen sind eher zufällig, da die Zusammenhänge nicht bekannt und somit auch wirtschaftlich kaum zu bewerten sind.

Dass die auf diese Art und Weise durchgeführten Maßnahmen in ihrer Wirkung nur mehr oder weniger greifen, ist ersichtlich. Die von Unternehmen betriebenen Förderprogramme sind überwiegend allgemeiner Art und nicht auf Qualitätsaspekte ausgerichtet.

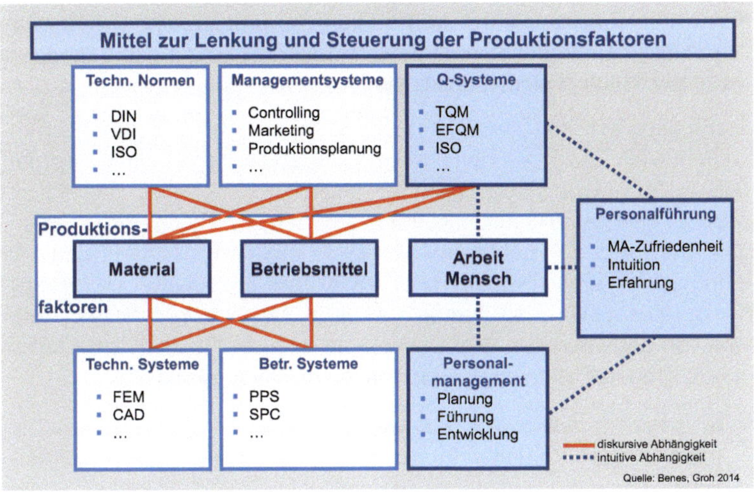

Bild 2.18: Mittel zur Lenkung und Steuerung der Produktionsfaktoren [BeLu02]

Der beschriebene Zustand ist gerade für den Bereich Qualität exemplarisch. Normen wie die ISO 9001 u. a. legen die Rahmenbedingungen für QM-Systeme fest und schreiben teilweise Methoden und Verfahren zum Prüfen, Beurteilen bzw. zum Nachweis der Qualität vor. Verfahrensanweisungen und Lenkungsmaßnahmen schließen den Kreis der Steuerung der Produktionsfaktoren Betriebsmittel und Material.

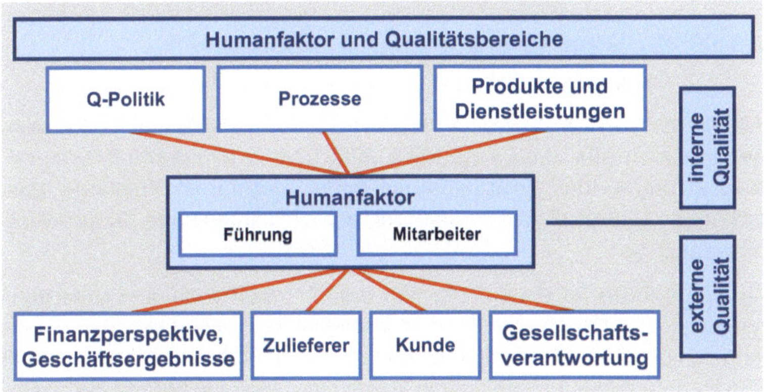

Bild 2.19: Einflussbereiche des Humanfaktors [BeLu02]

Der Produktionsfaktor Mensch wird nur am Rande berührt. Die Auswirkungen sogenannter fördernder Maßnahmen werden meist nur indirekt mittels des Merkmals Mitarbeiterzufriedenheit beurteilt, ohne dass ihr tatsächlicher Einfluss auf die Qualität überhaupt bekannt ist. Einzig das

Der Produktionsfaktor Mensch wird nur am Rande berührt.

EFQM-Modell [EFQM2020] bzw. der Ludwig-Erhard-Preis (Deutscher Qualitätspreis) bezieht den Humanfaktor mit ein.

In der Praxis hat sich gezeigt, dass gerade Unternehmen mit einem sehr hohen Qualitätsniveau zu der Erkenntnis gelangen, dass weitere Qualitätsverbesserungen, die mit der Erhaltung bzw. Steigerung der Konkurrenzfähigkeit einhergehen, ohne eine stärkere Einbindung des Produktionsfaktors Mensch nicht möglich sind.

Unabhängig von den jeweiligen Normen bzw. in den Unternehmen implementierten QM-Systemen können Qualitätsbereiche definiert werden (Bild 2.19), die der Mensch im betrieblichen Geschehen beeinflusst. Nicht nur die interne Qualität, sondern auch die Beziehungen zu Kunden, Zulieferern und das betriebliche Ergebnis stehen im Vordergrund. Als Führungskraft entscheidet er über die Anzahl der Arbeits- und Ausbildungsplätze usw. Also handelt es sich um ein komplexes Netzwerk von gegenseitigen Beziehungen, in dem die Qualität zum Tragen kommt. Generell stehen folgende Fragen im Vordergrund:

- In welchem Maße und auf welche Weise sind Unterschiede im menschlichen Verhalten für den Erfolg des Unternehmens maßgeblich?
- Welche Rolle spielt „der Mensch“ tatsächlich – als Fachkraft und Führungskraft, als Ausführender und Entscheider?
- Gibt es eindeutige Zusammenhänge zwischen Merkmalen menschlichen Verhaltens und handfesten Qualitätsmerkmalen wie Fehlerhäufigkeiten, Durchlaufzeiten usw.?

In den folgenden Kapiteln wird auf die Beziehung Mensch, Qualitätspolitik, Prozesse und Finanzperspektive eingegangen.

2.3.1.6 Beziehung Management, Mitarbeiter und Qualitätspolitik

Mitarbeiterzufriedenheit fördert das Erreichen hoher Qualität.

Alle normativen QM-Systeme von der ISO 9001 bis zum EFQM-Modell gehen davon aus, dass eine hohe **Mitarbeiterzufriedenheit** eine Voraussetzung für das Erreichen einer hohen Qualität ist. Folgende Ausführungen [BeLu01] zeigen aber, dass eine differenzierte Betrachtung notwendig ist.

Qualitätspolitik ist ein Teil der von Unternehmen verfolgten Unternehmenspolitik, mit der die Unternehmensziele erreicht werden sollen. Diese wird von der Geschäftsleitung festgelegt. Sie bestimmt die Qualitätsziele und Rahmenbedingungen für die Handlungsweise der Mitarbeiter. Dazu gehören z. B. die internen Strukturen, der Grad der Verantwortung, Entscheidungsfreiheit usw. Die von den Mitarbeitern tatsächlich wahrgenommenen Merkmale der Qualitätspolitik sind von dem Führungsverhalten des Managements geprägt.

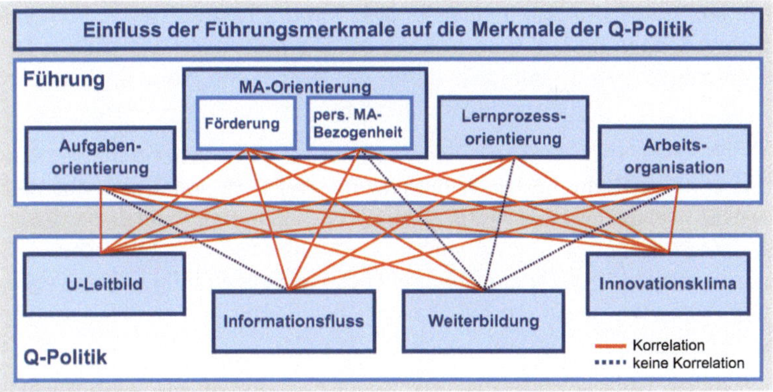

Bild 2.20: Die Korrelation der Führungs- und Q-Politikmerkmale [BeLu01]

Sie korrelieren wesentlich mit den Merkmalen der Q-Politik (Bild 2.20). Ihre Wirksamkeit und Akzeptanz durch die Mitarbeiter hängen also wesentlich vom persönlichen Verhalten des Managements ab und prägen damit das Maß seiner Glaubwürdigkeit. Im Vordergrund steht die Mitarbeiterorientierung als Voraussetzung für die Bildung des Innovationsklimas.

Führungsverhalten beeinflusst die Wahrnehmung der Qualitätspolitik.

Die Q-Politik und das eigentliche Führungsverhalten der Vorgesetzten beeinflussen die Einstellung und das Verhalten der Mitarbeiter. Dabei stehen die „Mitarbeiter-“ und die „Lernprozessorientierung“ im Vordergrund (Bild 2.21).

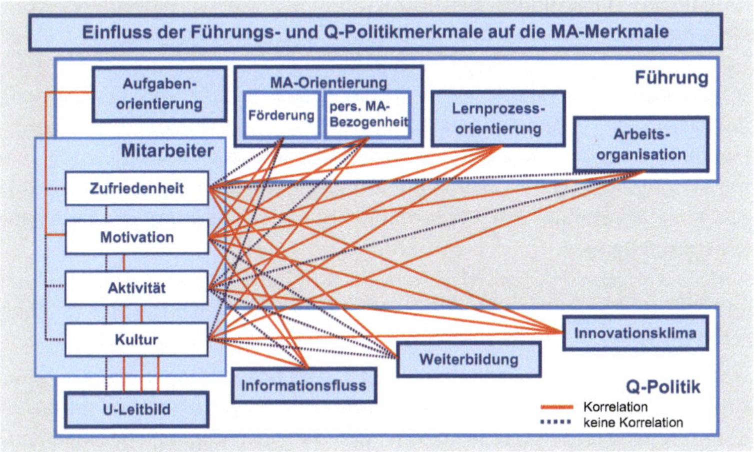

Bild 2.21: Die Korrelationen der Führungs- und Q-Politikmerkmale mit den MA-Merkmalen [BeLu01]

Die beratende Unterstützung des Vorgesetzten ist sowohl in fachlichen als auch in zwischenmenschlichen Belangen von großer Bedeutung für den Mitarbeiter. Seine Motivation, Zufriedenheit und sein Wohlgefühl im gegenseitigen Umgang mit Kollegen und Vorgesetzten, also die inner-

Beratende Unterstützung des Vorgesetzten ist von großer Bedeutung.

betriebliche Kultur, hängen wesentlich von der Lernprozess- und Mitarbeiterorientierung des Vorgesetzten ab. Die Motivation des Mitarbeiters wird allerdings am stärksten durch die Aufgabenorientierung, also im Wesentlichen durch den Leistungsanspruch des Vorgesetzten, beeinflusst.

Die von der Führungsebene praktizierte „Q-Politik" wirkt sich ebenfalls auf die mentalkulturellen Mitarbeiterfaktoren aus. Besonders ausgeprägt ist der Einfluss des Innovationsklimas im Unternehmen. Freier Informationsaustausch, systematische und kritische Beleuchtung von vorliegenden Aufgaben sowie die Möglichkeit, aktiv Ideen und Verbesserungen einzubringen, sind die wesentlichsten Aspekte.

Mit der im Unternehmen gelebten Kultur korrespondieren auch die Aktivität bei Projekten, das Maß an Projektzielerreichung und die Arbeitsmotivation. Das Ganze spiegelt sich im Unternehmensleitbild (U-Leitbild), das als Vision das angestrebte Ziel definiert, wider.

2.3.1.7 Beziehung Management, Mitarbeiter und Prozessqualität

Der Einsatz und die Wirkungsweise von Maschinen, Methoden usw. bilden als Ergebnis die Einstellung und Verhaltensweise des Menschen als Entscheidungsträger bzw. als Auszuführender in den Prozessabläufen ab.

Die Lernprozessorientierung fördert die Prozessparameter.

Als wichtigstes Führungsmerkmal tritt erneut die Lernprozessorientierung in den Vordergrund (Bild 2.22). Sie unterstützt die Aktivität des Qualitätsmanagements und beeinflusst die Durchlaufzeiten und die Fehlerhäufigkeit. Durch Coaching, Partizipation und zielgerichtete Führung der Vorgesetzten verändern sich nicht nur die Motivation und das Befinden der Mitarbeiter, vielmehr werden die Grundlagen für qualitäts-bezogene Handlungs- und Denkstrukturen bei den Mitarbeitern gelegt. Arbeitsmethodik und Organisation bilden die Rahmenbedingungen für die Lenkung der Hauptmerkmale der Prozessqualität, die Fehlerhäufigkeit und die Durchlaufzeiten.

Darüber hinaus stärkt die Lernprozessorientierung die lenkenden Maßnahmen des Qualitätsmanagements erheblich.

Dass sowohl die Aufgabenorientierung, die Lernprozessorientierung und Arbeitsorganisation als auch die Förderung als ein Bestandteil der Mitarbeiterorientierung gleichermaßen die Fehlerhäufigkeit beeinflussen, zeigt erneut den strukturbildenden Einfluss des Führungsverhaltens des Managements.

Die einflussnehmenden Faktoren sind sehr vielfältig.

Der Mitarbeitereinfluss stellt sich wie folgt dar. Motivation und Aktivität korrelieren mit allen Prozessmerkmalen und stellen somit die zentralen Faktoren dar. Die Mitarbeiterzufriedenheit hat einzig auf die Fehlerhäufigkeit keinen Einfluss. Auf diesen Aspekt wird im nächsten Kapitel eingegangen. Die innerbetriebliche Kultur korreliert abgesehen vom Qualitätsmanagement mit der Fehlerhäufigkeit und den Durchlaufzeiten.

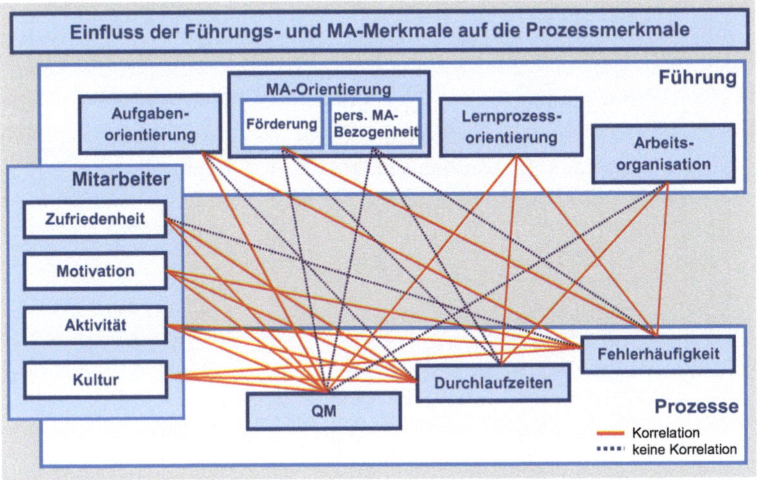

Bild 2.22: Die Korrelationen der Führungs- und Mitarbeitermerkmale mit den Prozessmerkmalen [BeLu01]

Die Motivation der Mitarbeiter, ihre Aktivität und zwischenmenschlichen Beziehungen, wie Vertrauen und Verbundenheit zu Kollegen, ihre Bereitschaft zur Konfliktaustragung einerseits sowie fachliches und soziales Selbstvertrauen und Verantwortung andererseits, bilden die Grundlage für die Bildung von Qualität.

2.3.1.8 Mitarbeiterverhalten und Qualität

Mitarbeiterzufriedenheitsmessungen sind hilfreich, aber kritisch zu hinterfragen.

Der Ansatz, bei der Implementierung und Umsetzung von Qualitätsmanagementsystemen neben technischen und ökonomischen Parametern auch den Mitarbeiter in Form von Mitarbeiterzufriedenheitsmessungen zu berücksichtigen, scheint bei weiterer Betrachtung allerdings etwas halbherzig. Zum einen gibt es keine normativen Vorgaben „wie", also mit welchen Testverfahren, die Mitarbeiterzufriedenheit erhoben werden soll. Daraus resultiert eine nur eingeschränkte Vergleichbarkeit der erfassten Werte. Die Aussagekraft der Mitarbeiterzufriedenheit wurde darüber hinaus schon in der Vergangenheit innerhalb der Arbeits- und Organisationspsychologie kritisch diskutiert [BeSa81].

Zum anderen werden nur geringe Zusammenhänge zwischen der Mitarbeiterzufriedenheit und Qualitätsmerkmalen nachgewiesen [BeLu01], oder aber der Zusammenhang bestand nur für bestimmte Personengruppen [BeSu04] im Unternehmen (Bild 2.23).

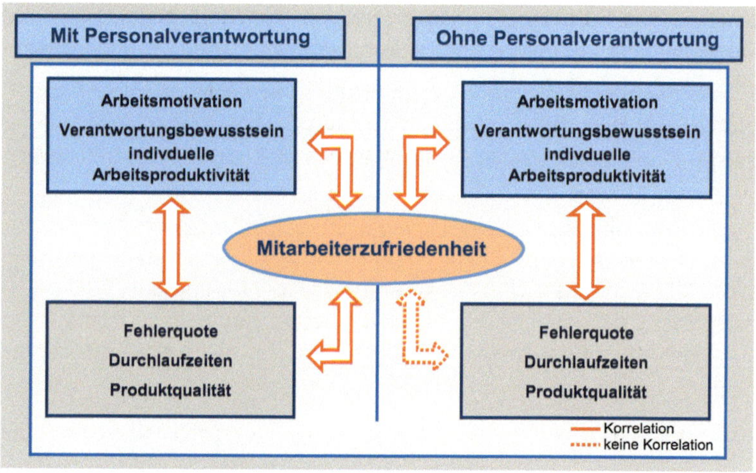

Bild 2.23: Differenzierte Betrachtung der Mitarbeiterzufriedenheit [BeSu04]

Ein direkter Zusammenhang zwischen der Mitarbeiterzufriedenheit und den Qualitätsmerkmalen Fehlerquote, Durchlaufzeiten und Produktqualität konnte nur bei den Mitarbeitern mit Personalverantwortung nachgewiesen werden. Bei den Mitarbeitern ohne Personalverantwortung korrelierte die Mitarbeiterzufriedenheit nicht mit den Qualitätsmerkmalen.

Es sind andere Faktoren, die wesentlich die Produktqualität, Fehlerquote und die Durchlaufzeiten beeinflussen (Bild 2.24).

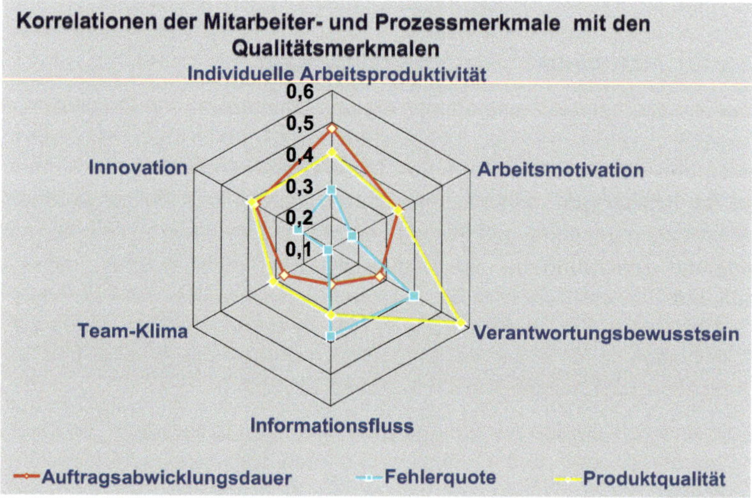

Bild 2.24: Beziehung Mitarbeiterverhalten und Merkmale der Qualität [BeSu04]

Hinsichtlich der Fehlerquote sind es die ausgeprägten Zusammenhänge mit Verantwortungsbewusstsein und mit dem Informationsfluss. Die Auftragsabwicklungsdauer hingegen steht am stärksten mit der individuellen Arbeitsproduktivität in Beziehung. Die höchste Korrelation herrscht aber zwischen der Produktqualität und dem Verantwortungsbewusstsein der Mitarbeiter.

Es gibt folglich nicht „das eine“ qualitätsrelevante Mitarbeitermerkmal. Vielmehr ist eine differenzierte Betrachtung erforderlich, da die jeweiligen Mitarbeiterfaktoren in ihren Auswirkungen auf die verschiedenen Qualitätsmerkmale variieren.

Der Faktor Fairness ist bei den drei Mitarbeitermerkmalen (Bild 2.25) besonders stark ausgeprägt. Der gerechte Umgang mit den Mitarbeitern stellt demnach eine zentrale Forderung an die Führung dar. Die Belohnung der Arbeit (Wertschätzung und Anerkennung) durch den Vorgesetzten ist dagegen in diesem Bezug scheinbar von geringerer Bedeutung.

Gerechter Umgang mit den Mitarbeitern stellt eine zentrale Forderung an die Führung dar.

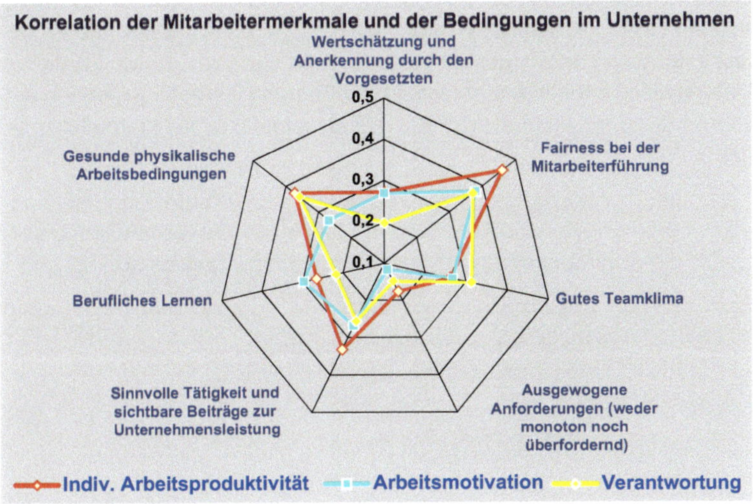

Bild 2.25: Beziehungen der Mitarbeitermerkmale und der Bedingungen im Unternehmen [BeSu04]

Die Rahmenbedingungen im Unternehmen sind von nicht zu vernachlässigender Bedeutung, da sich die Menschen an sozialen Strukturen orientieren.

Zu weiteren wichtigen Rahmenbedingungen, die mit den Mitarbeitermerkmalen in enger Beziehung stehen, gehören das Vorhandensein gesunder physikalischer Arbeitsbedingungen sowie eine sinnvolle Tätigkeit und die Transparenz des eigenen Beitrags zur Unternehmensleistung.

In dem Zusammenhang stellt sich die Frage, ob das Ausmaß, mit dem die Mitarbeiter den Anteil ihrer eigenen Arbeit zur Unternehmensleistung wahrnehmen, nicht auch von der Qualität ihrer Führung abhängt. Nur wenn der unmittelbare Vorgesetzte dem jeweiligen Mitarbeiter individuelle und auf den Arbeitsplatz bezogene Informationen zurückmeldet, kann dieser seine Arbeitsleistung und deren Stellenwert für die Unternehmensleistung einordnen. Die Qualität der Führung stellt in diesem

Zusammenhang somit die zentrale Rahmenbedingung für die Ausprägung qualitätsrelevanter Mitarbeitereigenschaften dar.

2.3.1.9 Führungsverhalten und Unternehmenserfolg

In den vorausgegangenen Kapiteln wurde die Bedeutung des Führungsverhaltens und der Qualitätspolitik für den Mitarbeiter und für die Qualität aufgezeigt. Aber auch die Finanzperspektive des Unternehmens bleibt nicht unberührt.

Die Ergebnisse einer größeren Anzahl von Dienstleistungsunternehmen, ohne jeglichen Einfluss von Maschinen bzw. Material und einem vergleichbaren Produktportfolio, zeigen einen eindeutigen Trend. Eine positive Differenz im Umsatz mit neuen Produkten, im Umsatzwachstum, in der Umsatzrendite und im Umsatz pro Kopf kennzeichnet die erfolgreichen Unternehmen (Bild 2.26). Die Bezugsgrößen stellen die Ergebnisse der wenig erfolgreichen Unternehmen dar. Die Gründe für diesen Unterschied liegen in erster Linie in der Führungskompetenz, den Investitionen in das Führungsverhalten, in Prozessen und im Mitarbeiterengagement.

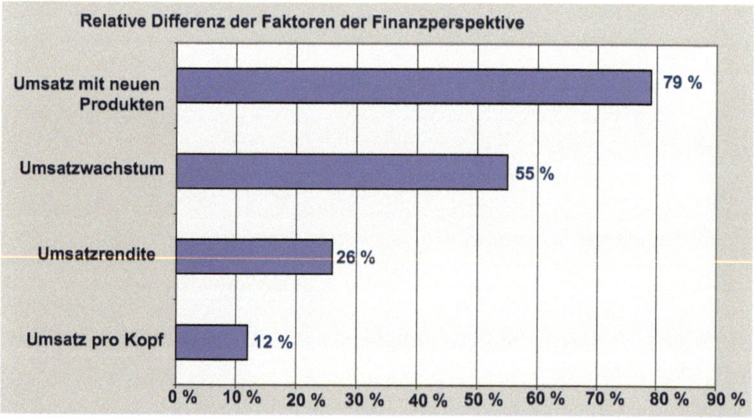

Bild 2.26: Vorsprung der erfolgreichen Unternehmen in der Finanzperspektive [BeSuVo05]

Die Führungseigenschaften des Vorgesetzten stellen einen wesentlichen Faktor des Unternehmenserfolgs dar. Die Unterschiede bezüglich der als erstrebenswert geltenden Führungseigenschaften sind beträchtlich.

Bild 2.27 zeigt die von den Mitarbeitern wahrgenommenen Unterschiede im Führungsstil ihrer Vorgesetzten. Coaching, Partizipation, berufliche Förderung, Leistungsrückmeldung, Vertrauen, Anerkennung usw. sind alles Führungseigenschaften, die als anstrebenswert gelten.

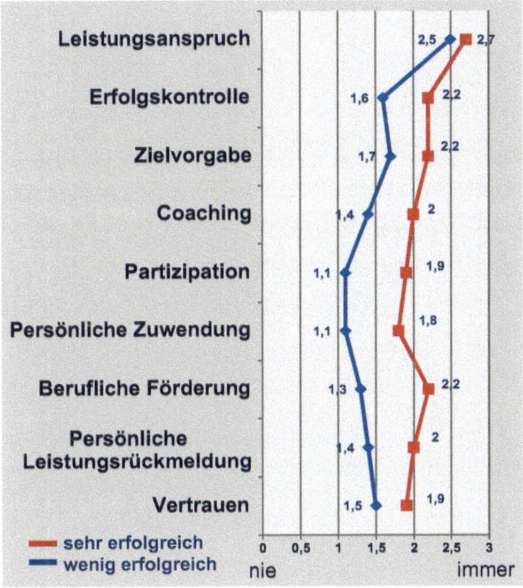

Bild 2.27: Führungsverhalten erfolgreicher und weniger erfolgreicher Unternehmen im Vergleich [BeSuVo05]

Gerade die erfolgreichen Vorgesetzten räumen ihren Mitarbeitern größere Freiräume ein und investieren mehr Zeit auch für die persönlichen Belange der Mitarbeiter. Dass die Entwicklung des partizipativen Führungsverhaltens auch gefördert werden kann, zeigt die doppelt so hohe Teilnahme des Managements der erfolgreichen Unternehmen an Workshops zur Förderung des Führungsverhaltens. Trotz Seminarkosten und geopferter Zeit erreichten die Unternehmen beachtliche Erfolge.

Partizipativer Führungsstil fördert den Unternehmenserfolg.

Besonders auffällig ist in diesem Zusammenhang, dass der Umsatz mit neuen Produkten in Unternehmen mit partizipativem Führungsstil fast doppelt so hoch ist wie bei den anderen Unternehmen. Aber nicht nur das. Die Bekanntheit des Leistungsspektrums ist bei den erfolgreichen Unternehmen auch wesentlich höher als das der anderen Gruppe. In partizipativ geführten Unternehmen wird Projektarbeit verstärkt eingesetzt, und Projektziele werden hier mehrheitlich auch erreicht.

Auf die hierfür notwendigen sozialen Kompetenzen wird in deutschen Unternehmen allerdings wenig Wert gelegt. Wie das Excellence Barometer [ExBa03] aufzeigt, nennt jedes zweite Unternehmen bei der Bewerberauswahl für Führungspositionen das Vorhandensein von sozialen Kompetenzen an letzter Stelle, hinter den fachlichen und kaufmännischen Kompetenzen. Welche Bedeutung dem Humanfaktor tatsächlich zugestanden wird, zeigen auch die Angaben über die geleisteten Investitionen (Bild 2.28).

Den höchsten Anteil an mittleren und hohen Investitionen verzeichnet die Förderung der fachlichen Kompetenz, also der Investitionen in die Methoden des unmittelbaren Tätigkeitsbereiches. Ein nahezu identischer Anteil wird in das Prozess- und Qualitätsmanagement, also in Systeme, investiert. An dritter Stelle befinden sich Maschineninvestitionen.

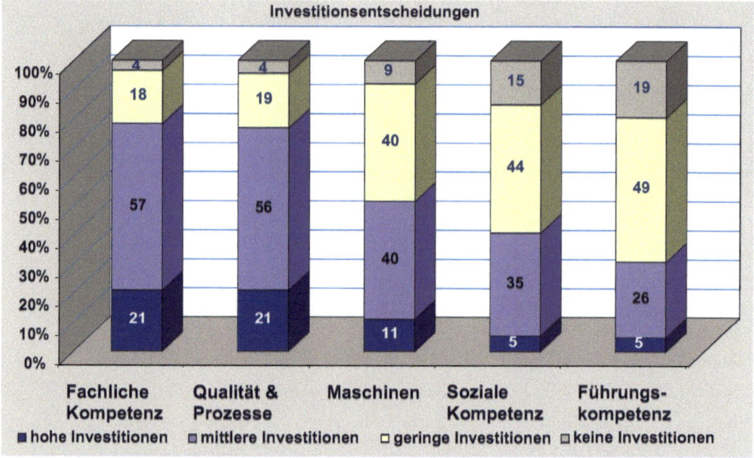

Bild 2.28: Verteilung der Investitionen in Deutschland [BeSuVo05]

Die Investitionen zur Förderung der sozialen Kompetenz, also z. B. lösungsorientierte Teambildungsmaßnahmen, Kommunikationstrainings etc., sowie in die Führungsfähigkeit der Vorgesetzten stehen hintenan.

Führen muss gelernt sein.

Die allgemein anerkannte Tatsache, dass der menschliche Faktor die betrieblichen Vorgänge sowie Ergebnisse beeinflusst, reicht nicht aus, um ihn gezielt und effizient einzusetzen. Dazu muss sein Einfluss berücksichtigt werden. Um den Humanfaktor in die Unternehmensbelange richtig einzubeziehen, sollten die im Bild 2.29 aufgestellten Leitkriterien für die Mitarbeiterführung befolgt werden.

- **Mit Coaching führen**
  Beratende Unterstützung einer Führungskraft bei der Lösung eines fachlichen oder zwischenmenschlichen Problems eines Mitarbeiters
- **Mit Zielen motivieren**
  Eine Aufgabenorientierung der Führungskraft nach Zielvorgaben, Planung und Ergebniskontrolle sowie Leistungsanspruch
- **Qualitätspolitik aktiv betreiben**
  Die Bereitschaft der Führungskräfte, bestehende Arbeitsprozesse sowohl zu hinterfragen als auch im Hinblick auf das Innovationsklima zu verbessern und einen reibungslosen Informationsfluss zu gewährleisten
- **Unternehmenskultur prägen**
  Das Unternehmensleitbild und die gelebte Unternehmenskultur prägen das soziale Selbstvertrauen und die Unternehmensbindung
- **Humanfaktor lenken**
  Ressourcen entsprechend ihrer Eignung und der Zielsetzung einsetzen

Bild 2.29: Leitkriterien für die Mitarbeiterführung [BeLu02]

2.3.2 Maschine

Maschinen wurden entwickelt, um Menschen ihre Tätigkeit zu erleichtern. Durch Zusammenfügen von einzelnen Gegenständen wie Hebel, Rad, Bolzen usw., genannt Maschinenelemente, wurden sie zu immer komplexeren Gebilden, den Maschinen (Bild 2.30).

Die Richtlinie 2006/42/EG [EuPa06] besagt:

Eine Maschine ist eine Gesamtheit von miteinander verbundenen Teilen oder Vorrichtungen, von denen mindestens eines beweglich ist, sowie gegebenenfalls von Betätigungsgeräten, Steuer- und Energiekreisen usw., die für eine bestimmte Anwendung, wie die Verarbeitung, die Behandlung, die Fortbewegung und die Aufbereitung eines Werkstoffes zusammengefügt sind.

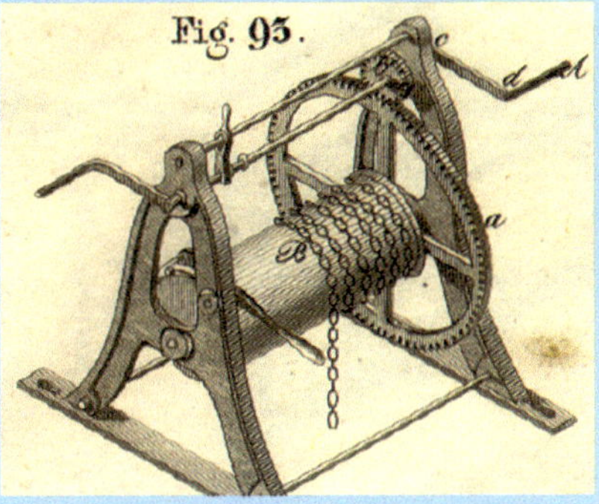

Bild 2.30: Hebemaschine [RiBu1830]

Prinzipiell können Maschinen entsprechend ihrer Wirkung in zwei Gruppen eingeteilt werden:

- Antriebsmaschinen und
- Arbeitsmaschinen.

Antriebsmaschinen wandeln die zugeführte Energie in kinetische Energie um (z. B. eine Dampfturbine).

Arbeitsmaschinen wandeln die zugeführte kinetische Energie in verschiedene Energiearten um (z. B. eine Pumpe). Bei auftretenden Mängeln (Minderleistung) verschlechtert sich in beiden Fällen das Verhältnis der Energieumwandlung (Wirkungsgrad ist das Verhältnis der abgeführten zu der zugeführten Leistung) bzw. die Maschine fällt aus. Maschinen können weiter, entsprechend einer Vielzahl von Aspekten, aufgeteilt werden.

Der Wirkungsgrad bei Maschinen ist ein Qualitätsmerkmal.

Bei der Betrachtung der Qualitätsforderungen stehen nicht nur die Energieumwandlung, sondern auch weitere Kriterien im Vordergrund. Zum Beispiel bei einer Werkzeugmaschine (Bild 2.31) sind das die Forderungen an die Genauigkeit, Maschinenfähigkeit, Wartungsintensität usw.

Bild 2.31: Werkzeugmaschine (Foto THM, FB WI)

Bei einer Maschinenauswahl sollten folgende Aspekte berücksichtigt werden:

- Eignung für den Verwendungszweck,
- Erfüllung der technischen und betriebswirtschaftlichen Forderungen,
- Betriebssicherheit,
- Sozialverträglichkeit,
- Umweltverträglichkeit.

2.3.3 Material

Material dient zur stofflichen Verwirklichung von Gegenständen des täglichen Gebrauchs, zum Bau von Maschinen, Transportmitteln usw. Material liegt entweder als Grundstoff zur weiteren Verarbeitung (z. B. Eisenerz) oder direkt zur Endverarbeitung (z. B. Beton) vor. In der industriellen Anwendung kann folgende Klassifizierung vorgenommen werden:

Materialeigenschaften sind für das fertige Produkt von entscheidender Bedeutung.

- Rohstoffe (z. B. Rohöl),
- Werkstoffe (z. B. Stahl),
- Halbzeuge (z. B. Blech),
- Hilfsstoffe (z. B. Schweißdraht),
- Betriebsstoffe (z. B. Schmiermittel).

Für die Anwendung des fertigen Produkts bzw. seine Herstellung sind die Materialeigenschaften von ausschlaggebender Bedeutung. Man unterscheidet zwischen:

- physikalischen Eigenschaften (z. B. elektrische Eigenschaften wie Leitfähigkeit),
- chemischen Eigenschaften (z. B. Säurebeständigkeit),
- technologischen Eigenschaften (z. B. Umformbarkeit),
- ökologischen Eigenschaften (z. B. Recyclingfähigkeit).

Beispiel:

Die Qualität und die Merkmale der Endprodukte hängen direkt von der richtigen Wahl des Materials, also von deren Eigenschaften, ab. Dieses zeigt der folgende Fall:

Während des Einsatzes von ICE-3-Zügen der Deutschen Bahn sind Radsatzwellen gebrochen. Die Wellen, als sicherheitsrelevante Bauteile, müssen dauerfest sein. Das bedeutet, dass sie uneingeschränkt lange halten müssen.

Bild 2.32: Ultraschallprüfung einer ICE-Radsatzwelle (Foto: BAM)

Als sicherheitsrelevante Bauteile müssen sie trotzdem einer regelmäßigen Prüfung unterzogen werden (Bild 2.32).

Trotz der rechnerischen Auslegung auf Betriebsfestigkeit und der Kontrollen kam es zu einem frühzeitigen Versagen des Materials.

Das Schadensbild (Bild 2.33) zeigt einen Ermüdungsbruch, der bei einer korrekten Auslegung nicht auftreten dürfte.

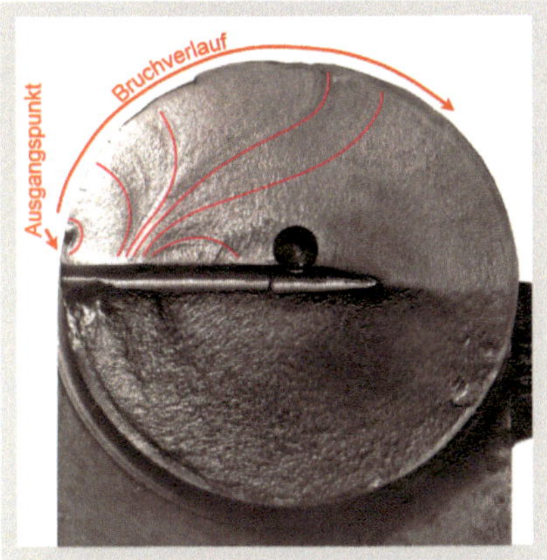

Bild 2.33: Schadensbild einer gebrochenen Welle (Foto: THM, FB WI)

Allerdings ist die Betriebsfestigkeit von vielen Parametern wie Beanspruchungsart und -höhe, von der Bauteilform, der Oberflächenbeschaffenheit und nicht zuletzt von den Materialeigenschaften abhängig. Deswegen müssen bei der Berechnung alle Faktoren und ihr Einfluss bekannt sein. Bild 2.34 zeigt Einflüsse, die bei einem Wellenausfall eine Rolle spielen.

Die primäre Ursache dürfte in der Materialauswahl liegen. Bei der Konstruktion des ICE 3 (Intercity-Express) hatte man einen hochfesten, aber kerbempfindlicheren Werkstoff gewählt.

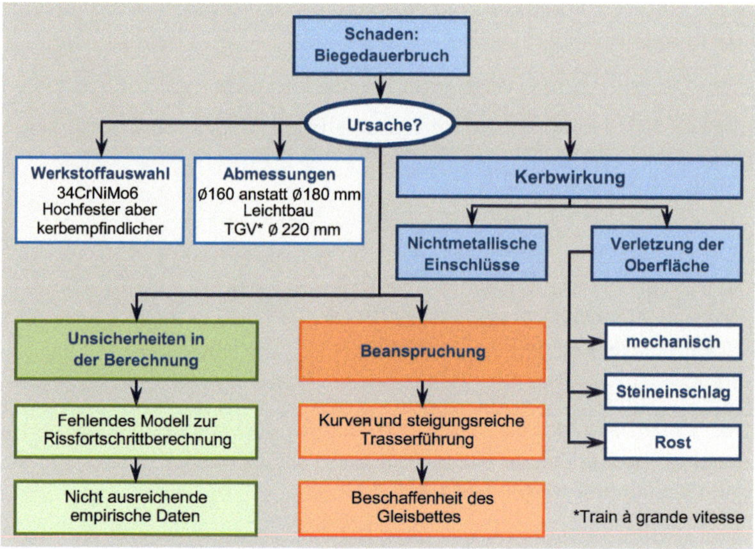

Bild 2.34: Mögliche Ursachen für den Dauerbruch der ICE-Radsatzwellen

So konnte man den Wellendurchmesser von 180 mm auf 160 mm verkleinern. Offensichtlich hatten sich ein oder mehrere Faktoren aufgrund der höheren Kerbempfindlichkeit (spröde Werkstoffe reagieren auf Kerben bzw. Verletzungen der Oberfläche mit einem starken Anstieg der Spannungen) stärker als vorausgesetzt auf die Betriebsfestigkeit der Welle ausgewirkt und sie ging zu Bruch.

Bei einer Materialauswahl sollten folgende Aspekte berücksichtigt werden:

Werkstoffe können sich unerwartet verhalten.

- Eignung für den Verwendungszweck,
- Betriebsfestigkeit und -sicherheit,
- Produktionsfähigkeit,
- Umweltverträglichkeit.

Wie bei den restlichen sechs der „7 M“s (siehe Kapitel 6) spielen die Kosten eine wichtige Rolle. Im Falle des ICE waren das die Kosten für die Ausfallzeiten infolge der stark herabgesetzten Inspektionsintervalle. In der Zwischenzeit wurden die Radsatzwellen erneuert (etwa 1.200 Stück) und die Verfügbarkeit der ICEs gesteigert.

2.3.4 Methode

Das bewusste menschliche Handeln kann entweder impulsiv oder entsprechend einer systematischen Vorgehensweise unter Abwägung verschiedener Kriterien erfolgen. Die Handlung verfolgt immer ein bestimmtes Ziel. Zum Beispiel stellt ein Kochrezept eine Methode zur Vorbereitung einer Speise dar.

Unter Methode versteht man eine planmäßige, folgerichtige Vorgehensweise, um ein Ziel zu erreichen.

In der Praxis wurden Methoden für alle Berufszweige entwickelt. Anbei einige Beispiele:

Methoden wurden für nahezu alle Berufszweige entwickelt.

- Heilungsmethoden im Gesundheitswesen,
- Programmiermethoden im IT-Bereich,
- Lernmethoden im Bildungsbereich,
- Lösungsmethoden in der Mathematik,
- Konstruktionsmethoden im Entwicklungsbereich,
- Produktionsmethoden usw.

Der Zweck einer Methode ist, unter geringsten Verlusten bzw. Nachteilen das angestrebte Ziel zu erreichen.

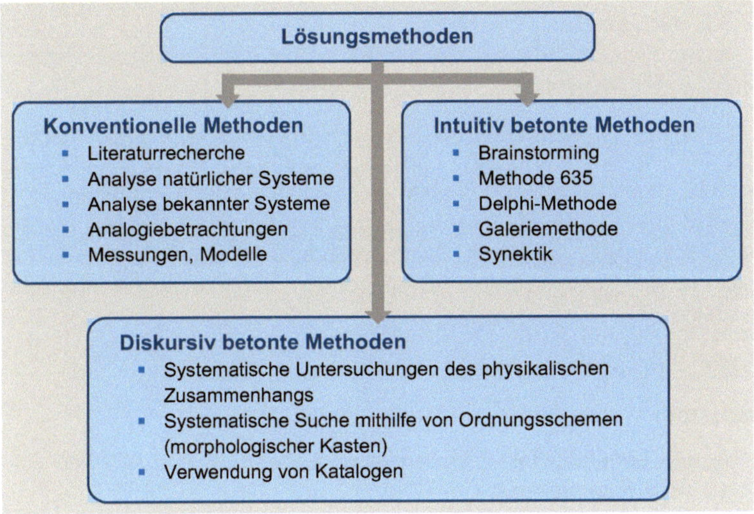

Bild 2.35: Auswahl der Lösungsmethoden aus dem Konstruktionsbereich

Am Beispiel der Lösungsmethoden aus dem Konstruktionsbereich (Bild 2.35) können die unterschiedlichen Vorgehensweisen zur Lösungsfindung einer Konstruktionsaufgabe aufgezeigt werden.

In der Praxis finden sie häufig als Kombination eine Anwendung.

Der Erfolg einer Methode hängt wesentlich von ihrer Eignung für die Lösung der vorliegenden Aufgabe ab. Deshalb muss bei der Wahl der zu verwendenden Methode größte Sorgfalt gewahrt werden.

Eignung der Methode ist ausschlaggebend.

Beispiel:
Eine immer wieder auftretende Undichtheit an Rohrleitungen soll konstruktiv behoben werden. Um eine Maßnahme treffen zu können, wird ein Versuch durchgeführt. Es werden die Betriebsbedingungen wie Temperatur, Druck, Schwingungen usw. gemessen. Aufgrund der ermittelten Daten und einer Analogiebetrachtung von dichten Verbindungen wird nach einer Lösung gesucht – **konventionelle Methoden**.
Einen anderen Ansatz liefert z. B. der morphologische Kasten [Pa-Be03]. Der Bereich der undichten Stelle (Flansch, Dichtung, Oberflächenbeschaffenheit, Schrauben usw.) wird in seine Grundfunktionen zerlegt, und deren Einfluss auf die Funktionsfähigkeit der Dichtung wird bewertet. Das Ergebnis liefert den Ansatz zur Problemlösung – **Methode Ordnungsschema**.

2.3.5 Messen und Bewerten

2.3.5.1 Messbarkeit

Produkte oder Dienstleistungen werden auf die Einhaltung ihrer Eigenschaften hin geprüft.

Eine wichtige Aufgabe im Produktentstehungsprozess, der sich von der Entwicklung und Konstruktion bis zur Auslieferung an den Kunden erstreckt, ist es, Informationen über die Qualitätslage von Produkten, Prozessen oder Dienstleistungen in Form von Prüf- und Messdaten oder einer Bewertung zu gewinnen. Dabei beschränkt sich die Datengewinnung nicht auf rein technische Verfahren, sondern auch auf organisatorische Aspekte.

2.3.5.2 Grundbegriffe zum Messen und Bewerten

Messung

Messung bedeutet das Erfassen einer Messgröße und ist nach DIN 1319-1 wie folgt definiert:

„Ausführen von geplanten Tätigkeiten zum quantitativen Vergleich der Messgröße mit einer Einheit."

Messen ist ein experimenteller Vorgang.

Das **Messen** ist ein experimenteller Vorgang, bei dem mithilfe eines geeigneten Messgerätes eine **Messgröße** des zu messenden Objektes mit einer Bezugsgröße verglichen wird. Diese Bezugsgröße sollte ein genauer, eindeutig definierter, möglichst international anerkannter Standard sein [KaUm08].

Zum Messergebnis gehören allerdings noch Angaben über die Bedingungen, unter denen die Messung getätigt wurde, ebenso aber auch Angaben über die **Messunsicherheit**.

In Selbstverwaltung hat sich die Industrie unter Mitwirkung interessierter behördlicher Stellen ein System von Standards und Einheiten geschaffen. Im Internationalen Einheitensystem, kurz SI (frz.: Système International d'Unités), sind diese definiert und zur Veröffentlichung dargestellt. Das SI beruht auf sieben, per Konvention festgelegten Basiseinheiten zu entsprechenden Basisgrößen. Dieses 1960 eingeführte metrische, dezimale und kohärente Einheitensystem für physikalische Größen ist heute weltweit am weitesten verbreitet.

Die Industrie entwickelte ein System von Standards und Einheiten.

Beispiel:
In der Fertigung werden häufig 3-D-Koordinatenmessgeräte eingesetzt. Durch Antasten mit Tastköpfen und Tastern werden Koordinaten der Antastpunkte gemessen, gespeichert und digital verarbeitet. Aufgrund der gemessenen Koordinaten können Längen, Durchmesser, Flächen und ihre Abweichungen von den Sollvorgaben ermittelt werden (Bild 2.36).

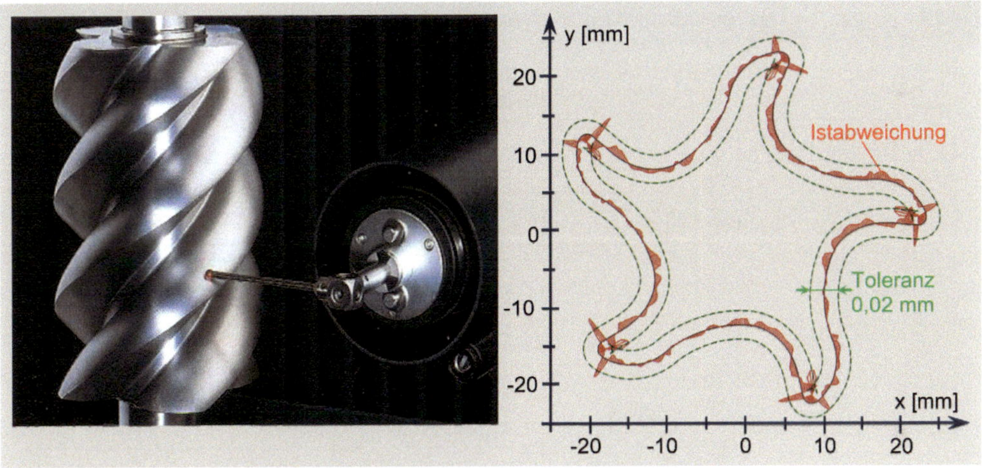

Bild 2.36: Ermittlung der Istabweichung des Profils eines Schraubenverdichterrotors (Foto: Messtechnik Wetzlar)

Bewertung

Die Bewertung erfolgt anhand von Merkmalen, Forderungen bzw. Begriffen. Sie sind z. B. in den Qualitätsmanagementnormen der Normfamilie EN ISO 9000-9004 oder den VDA-Schriften (Verband der Automobilindustrie) festgelegt.

Unter Bewertung versteht man die Einschätzung des Wertes oder der Bedeutung eines Sachverhaltes oder Gegenstandes.

Im Qualitätsmanagement werden in organisierter Form die sogenannten **weichen Merkmale** der Qualität wie z. B. Kundenzufriedenheit, Liefertreue, Servicequalität usw. bewertet. Die Konsequenz dieser Bewertung ist die Generierung von Verbesserungspotenzialen.

Beispiel:
In einer Studie sollten die Mitarbeiter angeben, wie stark sich nach ihrer Ansicht die Einführung des Qualitätsmanagementsystems auf den Faktor Informationsfluss ausgewirkt hat. Als Antwort waren folgende Kategorien vorgegeben:

1 = negative Wirkung
2 = keine Wirkung
3 = leicht positive Wirkung
4 = stark positive Wirkung

Das Ergebnis zeigt, dass die Auswirkungen des Qualitätsmanagementsystems auf den Informationsfluss überwiegend nur leicht positiv beurteilt wurden (Bild 2.37). Eine Aussage, welche Auswirkungen die Einführung tatsächlich haben könnte, gewinnt man erst im Vergleich zu „andere Unternehmen" oder im Rückschluss auf Bewertungen des Informationsflusses aus vorherigen Umfragen.

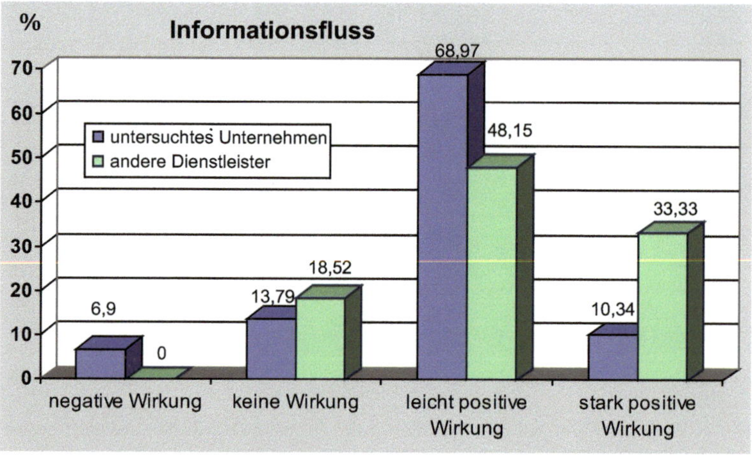

Bild 2.37: Bewertung und Vergleich des Einflusses der Einführung eines QM-Systems auf den Informationsfluss

Kriterien zur Durchführung einer Bewertung

Bei der Durchführung einer Bewertung sollten folgende Kriterien beachtet werden:

- Forderungen der Statistik,
- Erhebungsverfahren,
- Durchführung der Bewertung,
- Rahmenbedingungen im Unternehmen und in der Gesellschaft,
- Kontrollmerkmale bzw. Fragen,
- vergleichende Bewertungen,
- eindeutige Spezifizierung der Bewertungskriterien.

Eine Bewertung ist nur relativ und wird aus der augenblicklichen Sicht der Befragten durchgeführt. Deswegen müssen Bewertungen im Kontext mit den inner- und außerbetrieblichen Bedingungen betrachtet werden.

2.3.5.3 Messgrößen

Die Bedeutung der Messgrößen war seit eh und je wichtig.

> **Man sollte messen, was sich messen lässt, und das, was sich nicht messen lässt, messbar machen.**
>
> Galileo Galilei (1742–1799)

Ausgangspunkt für die aktuelle Definition von Messgrößen ist das internationale Maßsystem.

Auf Anregung der Generalkonferenz für Maß und Gewicht (CGMP) wurde 1960 das Einheitensystem SI (Système International d'Unités) geschaffen. Ihm liegen 7 physikalische Basiseinheiten zugrunde:

Tabelle 2.2: Basiseinheiten von Messgrößen

Physikalische Größen		Einheit
Länge	Meter	m
Masse	Kilogramm	kg
Zeit	Sekunde	s
Elektrische Stromstärke	Ampere	A
Temperatur	Kelvin	K
Stoffmenge	Mol	mol
Lichtstärke	Candela	cd

Sieben physikalische Basiseinheiten bilden das Einheitensystem „SI".

Aus diesen Basiseinheiten werden alle weiteren SI-Einheiten abgeleitet (siehe dazu die einschlägige Physikliteratur).

Die Messgröße ist gemäß der DIN 1319 diejenige physikalische Größe, der eine Messung gilt [DIN 131].

Hier wird noch zwischen „Messgrößen im allgemeinen Sinn" und „speziellen Messgrößen" unterschieden.

Messgrößen sind vielfältig.

- Als Messgrößen im allgemeinen Sinn gelten die physikalischen Größen, entsprechend der Tabelle 2.2, die Ziel einer Messung sind.
- Spezielle Größen sind z. B. das Volumen eines Körpers, der elektrische Widerstand eines Kupferdrahtes bei einer vorgegebenen Temperatur oder die mittlere Anzahl von Zerfällen einer radioaktiven Probe über einer vorgegebenen Zeitspanne.

Den von einem Messgerät oder einer Messeinrichtung gelieferten Wert nennt man **Messwert**. Er setzt sich aus einem Zahlenwert und einer Maßeinheit zusammen. Das Ziel einer Messung ist es, den wahren Wert der Messgröße zu ermitteln, dieses Ergebnis nennt man **Messergebnis**.

Messgrößen können auch Eigenschaften eines Vorgangs sein.

Die Messgröße muss nicht unmittelbarer Gegenstand der Messung sein. Sie kann auch indirekt über bekannte physikalische oder festgelegte mathematische Beziehungen mit denjenigen Größen zusammenhängen, denen unmittelbare Messungen gelten [DIN 132].

Die Messgröße wird häufig ein Merkmal eines Körpers sein, sie kann aber auch Eigenschaften eines Vorganges (z. B. einer radioaktiven Strahlung) oder eines Zustandes (z. B. eines magnetischen Feldes) repräsentieren [DIN 133].

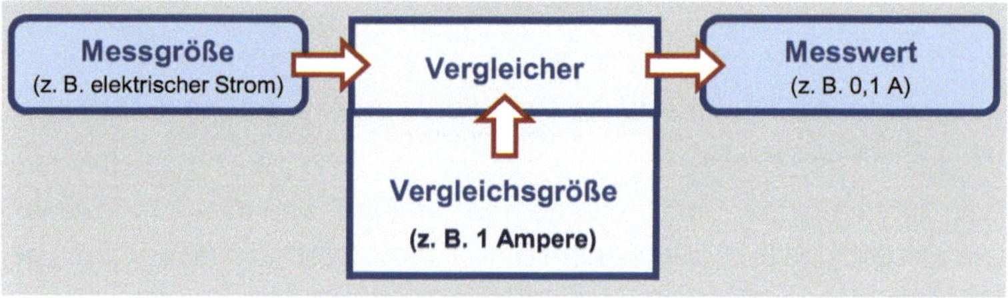

Bild 2.38: Prinzip einer Messeinrichtung

Außerdem wird unterschieden zwischen:

- dimensionslosen Messgrößen (Winkel, Brechzahlen ...), deren Wert eine rationale Zahl ist und
- dimensionsbehafteten Messgrößen (Dichte, Ladung, Geschwindigkeit ...), deren Wert mit einer Dimension verkettet ist.

Weitere Definitionen:

Messgerät:

Definitionen sind nötig, damit kommunikativ keine Missverständnisse entstehen.

Gerät, das allein oder in Verbindung mit anderen Einrichtungen für die Messung einer Messgröße vorgesehen ist. Ein Messgerät kann Bestandteil einer Messeinrichtung sein, die definiert wird als „Gesamtheit aller Messgeräte und zusätzlicher Einrichtungen zur Erzielung eines Messergebnisses". (DIN 1319-1)

Messmethode:

Die Messmethode ist eine spezielle, vom Messprinzip unabhängige Art des Vorgehens bei der Messung. (DIN 1319-1)

Messverfahren:

Praktische Anwendung eines Messprinzips und einer Messmethode. (DIN 1319-1)

Messobjekt:

Träger der Messgröße. (DIN 1319-1)

2.3.5.4 Einflussfaktoren auf das Messergebnis

Das Ergebnis einer maßlichen Messung nennt man **Messergebnis**.

Nicht nur an den hergestellten Produkten gibt es Abweichungen, auch die Messtechnik beinhaltet eine Reihe von Einflussfaktoren, da diese ebenfalls in einem Herstellungsprozess entstanden sind. In Bild 2.39 ist zusammengefasst, was bei der Entstehung des Prüfergebnisses und dessen Bewertung zu beachten ist.

Auch die Messtechnik unterliegt Einflussfaktoren.

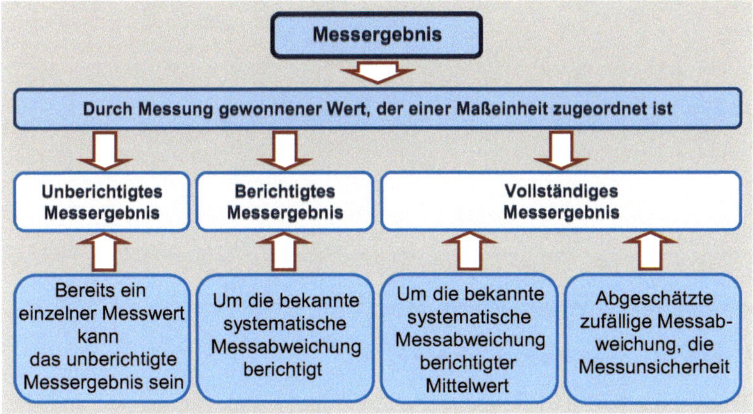

Bild 2.39: Das Messergebnis [KaUm08]

Der so ermittelte Messwert stellt den **Istwert**, das Maß, das an einem fertigen Produktmerkmal tatsächlich vorhanden ist, dar. Dieser soll nun idealerweise innerhalb der vorgegebenen **Toleranz** um den **Nennwert**, den mathematisch genauen Abstand zwischen zwei Mess- bzw. Konstruktionsbezugspunkten, liegen.

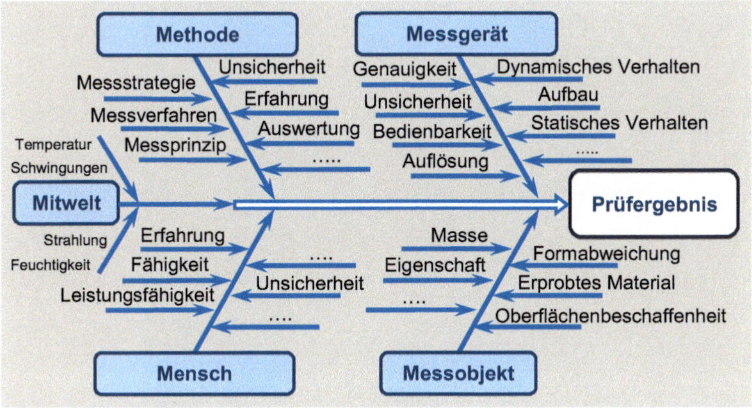

Bild 2.40: Einflussfaktoren auf das Messergebnis

2.3.5.5 Messabweichungen

Fehlerfreies Messen ist nicht möglich.

Grundsächlich ist es nicht möglich, fehlerfrei zu messen. Bedingt durch die Einflussfaktoren (Bild 2.40) ergeben sich Abweichungen in Bezug auf das Messergebnis. Diese Abweichungen können systematischer oder zufälliger Art sein. Also sind die Ursachen für die Entstehung von systematischen oder zufälligen Messabweichungen (Bild 2.41) die **systematischen** bzw. **zufälligen Einflussgrößen.**

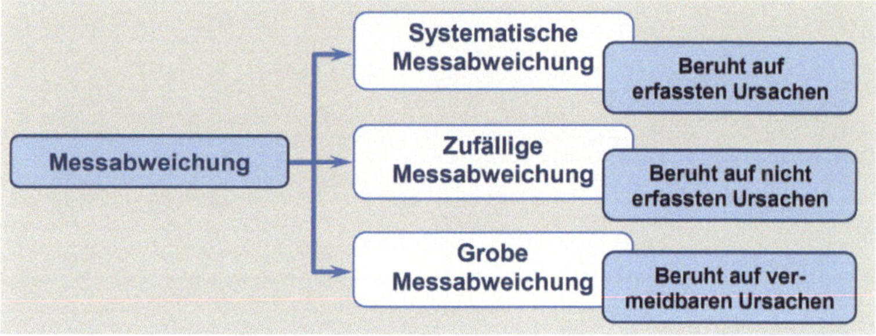

Bild 2.41: Arten von Messabweichungen

Systematische Messabweichung

Die systematische Messabweichung tritt fast immer auf.

Die systematische Messabweichung u_s ist die Differenz zwischen dem aus Messungen gewonnenen arithmetischen Mittelwert $\bar{x}$ und dem wahren Wert x_w. [KaUm08]

$$u_s = \bar{x} - x_w$$

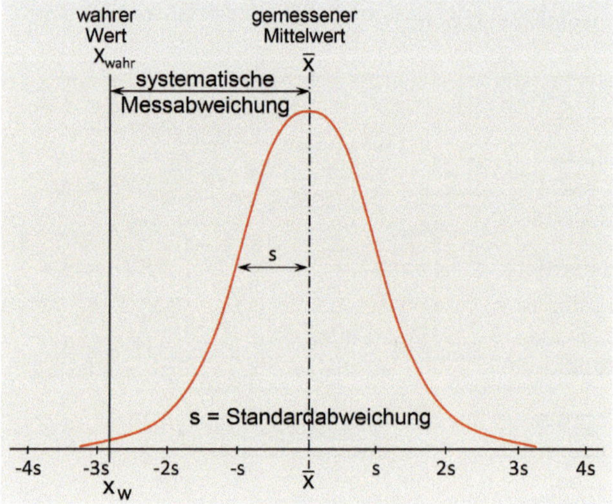

Bild 2.42: Systematische Messabweichung

Der arithmetische Mittelwert ist unter Wiederholbedingungen zu ermitteln. Diese Bedingungen liegen vor, wenn unter gleichen Umweltbedingungen, an gleichem Ort, nach einem festgelegten Messverfahren, vom gleichen Prüfer, mit dem gleichen Prüfmittel dasselbe Merkmal des Prüflings in kurzen Zeitabständen gemessen wird.

Ein Messergebnis kann um die systematische Abweichung korrigiert werden. Systematische Einflussgrößen, also Ursachen für die Abweichung, können sein:

- Temperaturabweichung,
- Messdynamik,
- Teilungsfehler,
- Lage,
- Fremdfelder,
- ...

Messergebnisse können systematisch korrigiert werden.

Diese Größen verursachen allerdings auch dann systematische Abweichungen, wenn sie nicht erfasst/erkannt wurden!

Zufällige Messabweichung

Wiederholungen der Messung unter identischen Messbedingungen führen nicht immer zu gleichen Messwerten. Oft treten Abweichungen auf, die zufallsbedingt nach Betrag und Vorzeichen schwanken.

> **Zufällige Messabweichungen u_z sind Abweichungen des unberichtigten Messergebnisses vom Erwartungswert.** [KaUm08]

Das Ausgleichen der zufälligen Messabweichungen ist daher nicht möglich.

Zufällige Fehler werden hervorgerufen durch nicht erfassbare Änderungen infolge von zufälligen Einflussgrößen:

- der Messgeräte,
- des Messgegenstandes,
- der Umwelt,
- der Beobachter,
- ...

Veränderungen verursachen zufällige Fehler.

Die Messunsicherheit

Zur Bewertung des Messergebnisses stellt sich die Frage, wie genau bzw. ungenau ein Messgerät misst. Die **Messunsicherheit** gibt die entsprechende Aussage.

> **Die Messunsicherheit *u* wird auf der Grundlage von Messwerten und Kenntnissen über vorliegende systematische Messabweichungen u_s, aber auch von bekannten physikalischen Beziehungen gewonnen.**

Die Messunsicherheit setzt sich aus systematischen und zufälligen Komponenten zusammen.

Die Messunsicherheit u setzt sich also aus einer systematischen Komponente u_s und einer Zufallskomponente u_z zusammen.

$$u = u_s + u_z$$

Ist M das Messergebnis und u die quantitativ ermittelte Messunsicherheit, so ergibt sich für den wahren Wert x_w die Untergrenze $M - u$ und für die Obergrenze $M + u$. Es wird erwartet, dass dieser Wertebereich den wahren Wert enthält. Es kann also angenommen werden, dass für den Betrag des Messergebnisses $|M - x_w| \leq u$ ist.

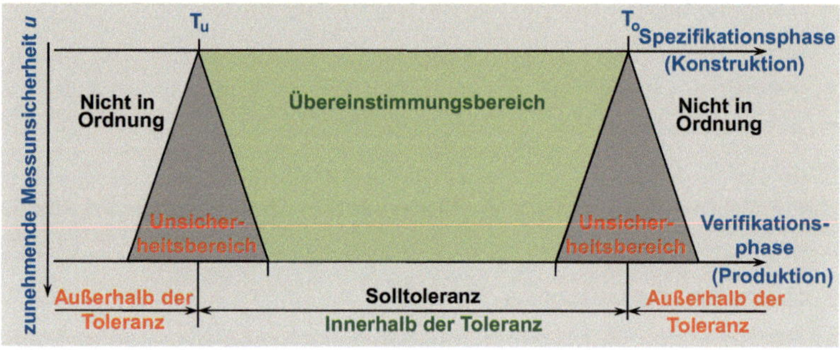

Bild 2.43: Messunsicherheit und Übereinstimmungsbereich [KaUm08]

Grobe Messabweichungen (Fehler)

In der Messtechnik und in den Naturwissenschaften wird als grober Fehler ein Messfehler bezeichnet, der durch Irrtum, Missverständnis, ein Versehen oder einen äußeren Einfluss die übliche Streuung der Messwerte deutlich übersteigt.

Irrtümer und äußere Einflüsse erzeugen grobe Messabweichungen.

Typische Beispiele sind:

- Verfälschungen durch Irrtümer des Beobachters,
- Verfälschungen durch Wahl ungeeigneter Mess- und Auswerteverfahren,
- Verfälschungen durch Nichtbeachtung bekannter Störgrößen,
- Ablesefehler,

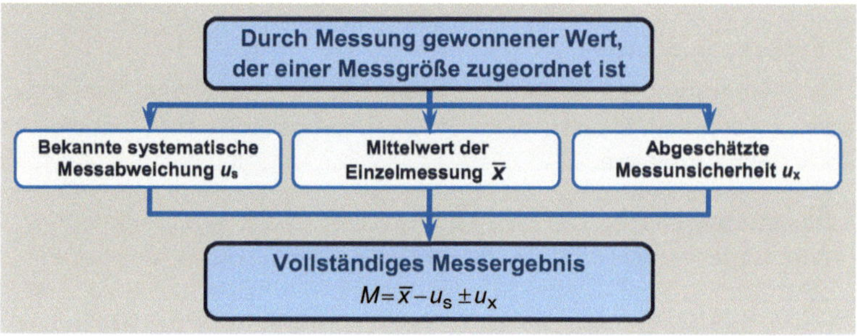

Bild 2.44: Bestandteile des vollständigen Messergebnisses [KaUm08]

Toleranz

Die Toleranz ist eine definierte Abweichung vom Normalzustand, in der keine Gegenregulierung notwendig ist.

Maßtoleranz

Die Maßtoleranzen begrenzen die zulässige Abweichung vom Nennwert der Bauteilabmessungen. Diese „zulässige Abweichung" ist die Differenz zwischen dem **oberen Grenzwert OGW** (obere Toleranzgrenze) und dem **unteren Grenzwert UGW** (untere Toleranzgrenze).

Maßtoleranzen sind „zulässige Abweichungen".

2.3.6 Management

Ein Unternehmen hat das primäre Ziel, mithilfe des eingesetzten Kapitals Gewinn zu erwirtschaften. Die Verantwortung hierfür obliegt der **Unternehmensleitung**. Die Führungsaufgaben auf allen Unternehmensebenen werden durch das Management erfüllt.

Unter Management versteht man alle unternehmerischen und betrieblichen Steuerungs- und Koordinierungsaufgaben.

Manager müssen Management lernen.

Praktisch müssen

- viele Menschen,
- in wechselnden Situationen,
- unter wechselnden Bedingungen,
- bei knappen Mitteln (Wirtschaftlichkeit!),
- bei notwendigsten Informationen,
- im Rahmen einer vorgegebenen Organisationsform

so gelenkt werden, dass der Betriebszweck optimal erfüllt wird.

Management ist also etwas, das professionell gehandhabt werden sollte [PeCo98].

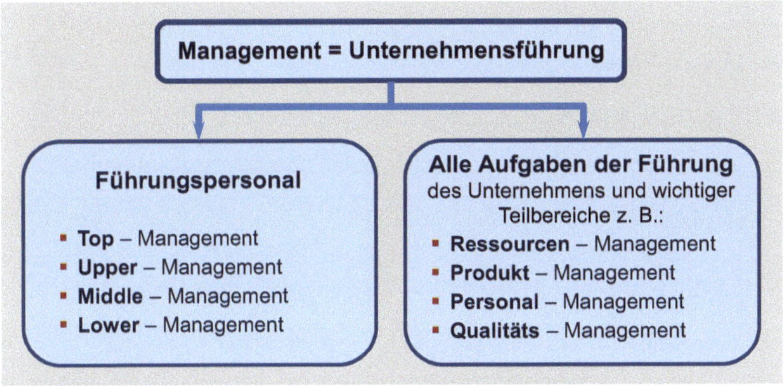

Bild 2.45: Gliederung der Managementaufgaben [NoKö06]

Das Management gliedert man funktional nach Ebenen, und zwar in:

Differenziertes Management

- normative,
- strategische und
- operative.

Unternehmensleitung gehört zum normativen Management.

Zum **normativen Management** (normgebend) gehört die Unternehmensleitung. Sie entwickelt und vertritt argumentativ ihre Unternehmenspolitik und -philosophie, Leitsätze/Leitlinien, Grundsätze und Unternehmensstandards. Vergleiche hierzu auch „Verantwortung der obersten Leitung" in DIN EN ISO 9000/9001.

Damit wird die nötige Akzeptanz bei allen Mitarbeitern geschaffen. Dies ermöglicht ihnen, sich mit dem Unternehmen und dessen Zielen zu identifizieren. Die zentrale Frage lautet:

Tun wir die richtigen Dinge? Was wollen wir erreichen – wie wollen wir das erreichen?

Beispiel:
Die Unternehmensleitung beschließt, um auf dem Markt weiterhin bestehen zu können, die Qualität ihrer Leistungen (Produkte und Dienstleistungen) zu verbessern sowie die interne Struktur und deren Ablauforganisation zu optimieren. Um das Ziel zu erreichen, entscheidet sie sich, ein umfassendes Qualitätsmanagement einzuführen.

Mittleres Management bildet das strategische Management.

Das **strategische Management** ist die mittlere der drei Managementebenen. Hier entwickelt eine Organisation Vorgehensweisen, um ihre im normativen Management definierten Leitsätze zu verfolgen und Ziele zu erreichen. Es werden die nötigen Teilkonzepte entwickelt und verfeinert, Strategien projektiert und in Pläne umgewandelt. Ziel ist es, die angestrebten Unternehmensziele so effektiv wie möglich zu erreichen.

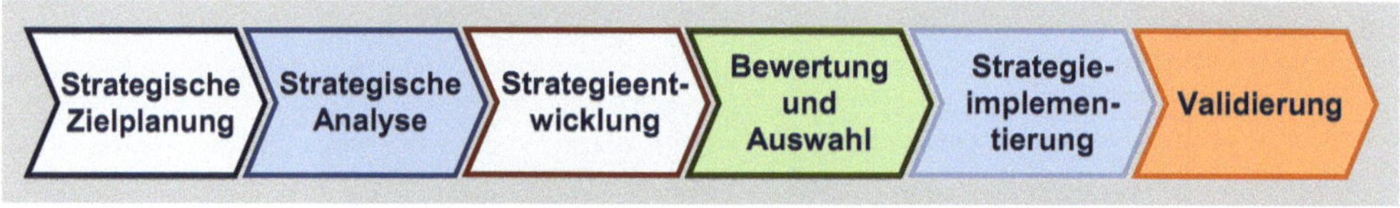

Bild 2.46: Prozessablauf des strategischen Managements

Die Umsetzung der Strategien obliegt dem operativen Management.

Beispiel:
Der Qualitätsmanagementbeauftragte der Unternehmensleitung baut mit Unterstützung eines Unternehmensberaters eine neue Abteilung mit der Bezeichnung „TQM" (Total Quality Management) auf. Diese hat die Aufgabe, die Problemzonen, Defizite und Verbesserungspotenziale im Unternehmen zu identifizieren. Danach soll mit geeigneten Projektplänen der Verbesserungsprozess gestartet werden.

Das **operative Management** ist die unterste der drei Managementebenen. Sie umfasst Prozesse der Mitarbeiterführung, der finanziellen Führung und des Qualitätsmanagements. Hier werden die grob strukturierten Inhalte des strategischen Entwicklungsprozesses in unmittelbare betriebliche Prozesse umgesetzt.

Auf der operativen Managementebene einer Organisation erfolgen die Führung der Mitarbeiter, die Bereitstellung der Mittel (Ressourcen) sowie die Planung, Steuerung und Überwachung der Geschäftsprozesse.

Untere Managementebene bildet das operative Management.

Das operative Management betreut auch den sozialen Aspekt des Mitarbeiterverhaltens, welcher im kooperativen Verhalten sowie in der vertikalen und horizontalen Kommunikation eine Rolle spielt.

Beispiel:

Ein wesentliches Verbesserungspotenzial zeigte sich bei den internen Prozessen.

Von der Abteilungsleiterebene werden Prozessteams initiiert, die eigenverantwortlich die vorhandenen Prozesse analysieren, restrukturieren und dokumentieren. Das Ziel ist, die Effizienz der Prozesse zu verbessern. Dazu ist jedes Prozessteam paritätisch besetzt.

2.3.7 Mitwelt

Die Mitwelt (auch Milieu) stellt eine charakteristische Konfiguration von Umgebungsfaktoren dar. Ein Objekt, z. B. ein Messmittel oder ein Prozess, wird von der Mitwelt umschlossen, die meist auch für seine Existenz relevant ist.

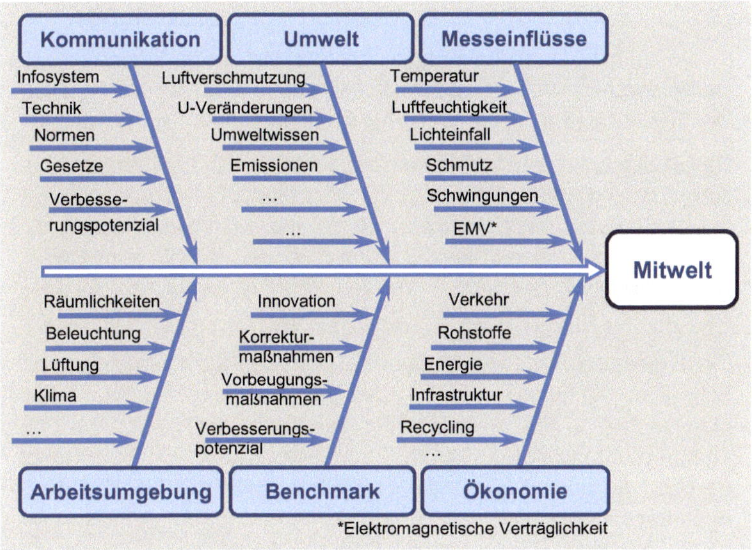

Bild 2.47: Einflussfaktoren der Mitwelt

Umweltfaktoren beeinflussen Objekte.

Die Mitwelt beinhaltet eine unerschöpfliche Anzahl von Faktoren, die auf einen Untersuchungsgegenstand oder ein beschriebenes Objekt einwirken können.

Das abgewandelte Ursache-Wirkungs-Diagramm (Bild 2.47) zeigt mögliche Kausalitätsbeziehungen auf.

Beispiel:
Der Ausbruch des Eyjafjallajökull-Vulkans in Island erzeugte eine Aschewolke, die sich innerhalb einer kurzen Zeit über große Gebiete Europas verbreitete (Bild 2.48). Wegen der Gefährdung des Luftverkehrs wurden große Teile des europäischen Luftraums gesperrt.

Bild 2.48: Vulkanausbruch des Eyjafjallajökull (Fotos: Árni Friöriksson/GNu FDL, ESA)

Das wichtigste Qualitätsmerkmal der Luftfahrt ist die Sicherheit. Sie wurde durch die vulkanische Asche, die aus mineralischen Partikeln wie Silizium und anderen Elementen bestand, stark beeinträchtigt.

Das Beaufschlagen von Partikeln auf die Messwerterfassungen hätte zum Ausfall der zum Führen eines Flugzeuges benötigten Navigationsinstrumente führen können. Auch die Funktionsfähigkeit der Triebwerke hätte beeinträchtigt werden können, bis hin zum Ausfall, wie es bei einer Boeing 747-200 der British Airways 1982 der Fall war.

Die angesaugten harten Partikel beschädigen die Oberflächen der Schaufeln und führen zum Abriss der Strömung und somit zum Leistungsverlust. In der Brennkammer des Triebwerkes kommt es bei Temperaturen von bis zu 2000 °C zum Schmelzen der mineralischen Partikel, die anschließend die Turbinenbauteile verkleben und zur Beeinträchtigung des Brennvorganges führen. Innerhalb einiger Minuten können die Triebwerke ausfallen (Bild 2.49).

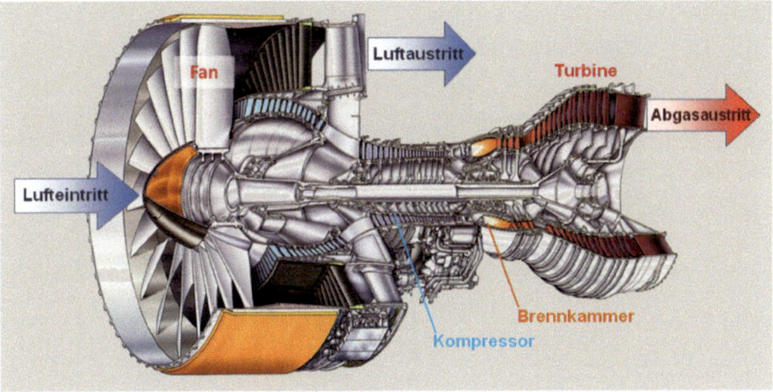

Bild 2.49: Flugzeugtriebwerk (Bild: MTU/Engine Alliance/Pratt & Whitney)

Die Beeinträchtigung des Qualitätsmerkmals „Sicherheit" führte zum Ausfall von ca. 63.000 Flügen mit entsprechenden Auswirkungen auf die Flugpassagiere, die Luftfracht, die wirtschaftliche Lage der Fluggesellschaften und nicht zuletzt auch Teile von Industrie und Handel.

2.4 Bewertungsprinzip der Qualität

Bewertungen sind subjektiv.

Die Bewertung im Qualitätsmanagement stellt ein wesentliches Element des Prozesses dar, der zur Verbesserung der Qualität führen soll. Sie kann nach unterschiedlichen Kriterien vorgenommen werden. Allerdings können diese wiederum je nach situativem Zusammenhang, kulturellen Besonderheiten und der Art des zu bewertenden Elements, z. B. eines Produkts, jeweils von unterschiedlicher Bedeutung sein.

2.4.1 Bewertungssegmente

Ein Unternehmen muss in der Lage sein, seine eigene Position bezüglich des Qualitätsstandards treffsicher einzuschätzen.

Einschätzung der Qualitätsleistung

Dazu ist es unumgänglich, die qualitätsbezogene Gesamtleistung des Unternehmens und alle ihrer Bestandteile nachvollziehbar zu bewerten. Die qualitätsbezogenen Aktivitäten lassen sich in der Regel in vier Bewertungssegmente aufteilen (Bild 2.50).

Sie betreffen nicht nur die Erfüllung der an das Produkt gestellten Forderungen, sondern alle zu seiner Verwirklichung notwendigen Aktivitäten, Wirtschaftlichkeitsaspekte usw.

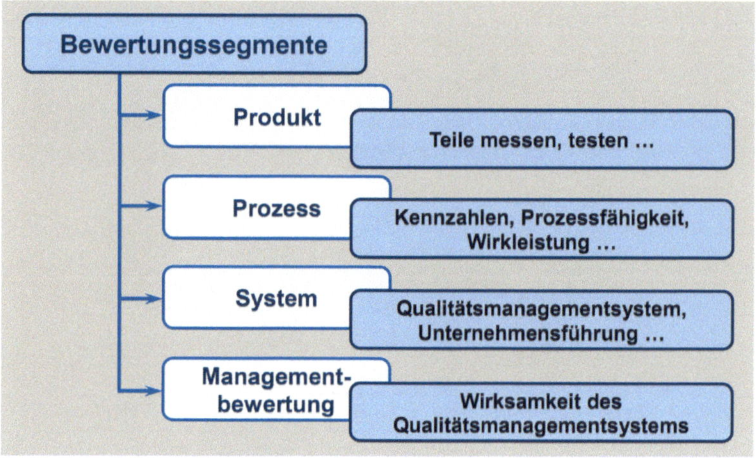

Bild 2.50: Bewertungssegmente

2.4.2 Bewertungsmethode

Bei den zu bewertenden Qualitätselementen kann es sich um einzelne Merkmale (z. B. das Einhalten der Toleranz eines Längenmaßes) oder auch um komplexe Qualitätselemente (z. B. Produktqualität) handeln. Qualität wird anhand von Qualitätsmerkmalen definiert, die unterschiedliche Eigenschaften und Beschaffenheiten aufweisen.

Da ein übergreifendes Ergebnis gefordert wird, eine Aussage zur erreichten Qualität, müssen die Aussagen über den Zustand der einzelnen Qualitätsmerkmale auf einen gemeinsamen Nenner gebracht werden.

Vielfalt der Merkmale auf gemeinsamen Nenner bringen.

Dieses erfolgt für die **harten** und **weichen Merkmale** auf unterschiedliche Weise (Bild 2.51). Harte Merkmale werden gemessen und geprüft, ob sie den Forderungen entsprechen. Dieser Schritt entfällt bei den weichen Merkmalen. Für beide wird anschließend einzeln eine Bewertung und Gewichtung durchgeführt, bevor die Ergebnisse in die Gesamtbewertung einfließen.

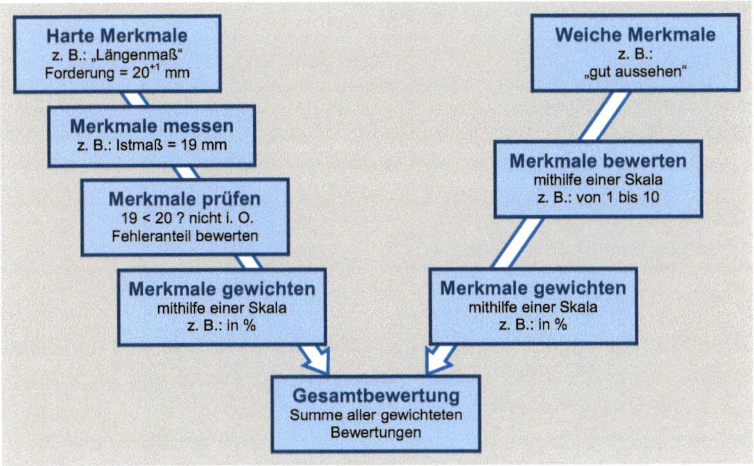

Bild 2.51: Vorgehensweise bei der Bewertung der erreichten Qualität

2.4.3 Beispiel einer Bewertung

Lieferanten sind zu bewerten und zu klassifizieren.

Die Systematik einer Bewertung soll am Beispiel der Lieferantenbewertung (LB) erläutert werden. Die Lieferantenbewertung ist eine Methode des Qualitätsmanagements zur systematischen Beurteilung des Qualitätsniveaus von Zulieferteilen. Auf der Grundlage der Bewertung erfolgen eine Einstufung des Lieferanten und eine Aufnahme in den Lieferantenpool.

Durchführung einer Lieferantenbewertung

Die LB beschränkt sich auf Lieferanten, die mehrere Lieferungen im Jahr durchführen und nach den Forderungen der Qualitätssicherungsvereinbarung (QSV) zugelassen sind. Mindestens einmal halbjährlich findet eine offizielle LB statt. Die Gesamtbeurteilung eines Lieferanten erfolgt auf der Basis einer 12-Monatsauswertung über die Kriterien:

- Qualität,
- Logistik (Liefer- und Mengentreue).

Beurteilungskriterien

Die Vorgehensweise der Bewertung ist festzuschreiben.

Die Bewertung wird anhand eines Gewichtungsschlüssels für die Teilkriterien durchgeführt (Tabelle 2.3 und Tabelle 2.5). Die errechnete Punktezahl ergibt die Gesamteinstufung des Lieferanten (Tabelle 2.6). Die Bewertungskriterien werden von Unternehmen individuell festgelegt.

Qualität:

Die Qualität wird anhand von vier Teilkriterien erfasst.

Die Teilkriterien werden mithilfe von Q-Kennzahlen bewertet und anschließend entsprechend gewichtet (Tabelle 2.3).

Tabelle 2.3: Teilkriterien für die Qualität

Lieferantenbewertungen müssen unternehmensspezifisch angepasst werden.

Teilkriterium	Gewichtung der Teileinstufung
QZ1 – Anzahl Serie	0,5
QZ2 – ppm-Serie	0,3
QZ3 – Zertifizierung	0,1
QZ4 – Muster (Prototypen und Erstmuster)	0,1

- **QZ1 – Anzahl Serie**

Diese Kennzahl gibt eine Information über die Beschaffenheit der Zulieferteile, wobei alle Fehler (vom Lieferanten anerkannt und nicht anerkannt) berücksichtigt werden.

$$\text{QZ1-Serie} = 100 - S \cdot \frac{\text{Anzahl Mängelrüge Serie}}{\text{Anzahl Liefermenge Serie}} \quad [\text{Punkte}]$$

S = Serienfaktor (Standardwert = 2.000) wird firmenintern festgelegt und dient zur stärkeren Differenzierung.

- **QZ2 – ppm-Serie**

Es ist wichtig, die richtigen Bewertungskriterien festzulegen.

Die ppm-Bewertung wird ausführlich in einer Qualitätsrichtlinie „Behandlung fehlerhafter Produkte“ beschrieben und erfolgt auf der Basis der gelieferten bzw. der reklamierten Mengen in einem Bewertungszeitraum. Unterschiedliche Mengeneinheiten einiger Lieferanten werden auf die Basiseinheiten kg, m, m^2, l, Stück zurückgeführt. Der ppm-Wert wird wie folgt ermittelt:

$$\text{ppm-Wert} = \frac{\text{Beanstandete Liefermengen Serie}}{\text{Liefermenge Serie}} \cdot 1\,000\,000 \ [\text{ppm}]$$

Der englische Ausdruck parts per million (ppm, zu Deutsch „Teile von einer Million“) steht für die Zahl 10^{-6} und wird in der Praxis für den millionsten Teil verwendet.

Die beanstandenden Teile pro einer Million fließen in die Bewertung mit ein.

Hierbei werden nur die abgeschlossenen und berechtigten Beanstandungen berücksichtigt. Als Bezug gilt das Abschlussdatum der Beanstandungen. Die Rückmeldungen der Lieferanten bezüglich der tatsächlichen Beanstandungsmengen werden im Allgemeinen innerhalb eines Monats berücksichtigt. Die Qualitätszahl wird anhand der folgenden Beziehung ermittelt:

$$\text{QZ2-ppm-Serie} = 100 \cdot E \cdot B \cdot \frac{\text{ppm-Wert}}{1000} \quad [\text{Punkte}]$$

E = Entwicklungsfaktor (Standardwert 1) legt die Forderungen an die Qualitätsfähigkeit fest und kann bei Bedarf verschärft werden.

B = Branchenfaktor (Standardwert 4) berücksichtigt produktgruppenspezifische Qualitätsabweichungen.

Die Faktoren *E* und *B* werden normalerweise für ein Lieferjahr vom Qualitätsmanagement festgelegt.

- **QZ3 – Zertifizierung**

Der Stand des QM-Systems des Zulieferers dokumentiert die Sicherheit, mit der die Zulieferteile produziert werden.

Tabelle 2.4: QZ3 – Zertifizierung

QM – Systemnachweise der Lieferanten	Punkte
ISO/TS 16949, VDA 6.1, AVSQ94	100
ISO 9000:2015 plus ISO 14001 oder EMAS	90
ISO/TS 16949, VDA 6.1	80
ISO 9001:2015	70
Prozessaudit nach VDA 6.3	60
Kundenaudit	30
Kein QM-System vorhanden oder Zertifikat abgelaufen	1
Nicht bewertet	0

Nicht alle Zertifizierungsnormen sind gleichwertig.

- **QZ4 – Anzahl der Muster**

Mithilfe der Muster wird die Qualität der Serienvorbereitung geprüft.

$$\text{QZ4-Muster} = 100 - M \cdot \frac{\text{Anzahl Mängelrügen Muster}}{\text{Anzahl Muster gesamt}} \quad \text{[Punkte]}$$

M = Musterfaktor (Standardwert = 1 000) dient zur stärkeren Differenzierung

Logistik:

Mit dem Faktor „Logistik“ wird die Erfüllung der Liefertermine bewertet.

Als rechtzeitig werden alle Lieferungen innerhalb einer vertraglich festgelegten Zeitspanne eingestuft.

$$\text{Logistik} = \frac{\text{Anzahl rechtzeitig gelieferter Lieferungen}}{\text{Anzahl Lieferungen gesamt}} \cdot 100 \quad \text{[Punkte]}$$

Gesamtbewertung:

Die abschließende Gesamtbeurteilung erfolgt anhand eines Gewichtungsschlüssels.

Tabelle 2.5: Gewichtungsschlüssel für die Einzelkriterien

Einzelbewertung	Gewichtung für Gesamteinstufung
Qualität	0,65
Logistik	0,35

Aus der errechneten Punktezahl erfolgt die Gesamteinstufung des Lieferanten. Bei der Auftragsvergabe werden die A-Lieferanten herangezogen.

Tabelle 2.6: Gesamteinstufung

Punkte	Einstufung
100 bis 90	A – Grün
< 90 bis 80	AB – Gelb
< 80 bis 60	B – Rot
< 60	C – Schwarz

Service und Preis:

Außer der beschriebenen Lieferantenbewertung können auch weitere Gesichtspunkte, wie Entwicklungsleistungen, technologisches Know-how, Serviceleistungen usw., zur Auftragsvergabe herangezogen werden. Eines der wichtigsten Kriterien ist natürlich der Preis, der in Verhandlungsgesprächen mit dem Lieferanten ausgehandelt wird. Das Kriterium „Service und Preis" wird nur zur internen Bewertung herangezogen und nicht dem Lieferanten mitgeteilt.

Beispiel: Lieferantenbewertung
Der Einkauf der Maschinen AG führt in Zusammenarbeit mit dem Qualitätsmanagement nach der Konzernrichtlinie/Verfahrensanweisung eine fortlaufende Lieferantenbewertung (LB) durch. Das Bild 2.52 gibt Aufschluss über die Einstufung des Unternehmens Achslagerwerk GmbH im Jahr 2021. Das Unternehmen ist nach ISO 9001 und ISO 14001 zertifiziert und liefert Achslager.

Maschinen AG **MAG**

Bewertungsperiode:	2021/01 bis 2021/12
Lieferant:	456 587.C
Materialgruppe:	Komponenten
Lieferant:	Achslagerwerk GmbH 23456 Überall

Bewertungsgrundlage:

Liefermenge (Stück, t, kg, Meter):	100867
Beanstandete Menge (Stück, t, kg, Meter):	349
Anzahl Mängelrüge Serie	123
Anzahl Mängelrüge Muster	6
Anzahl Muster	402
Rechtzeitige Lieferungen	464
Lieferungen gesamt	483
ppm [(beanst. Liefermenge / Gesamtliefermenge)·10^6]:	3460

Qualitätszahlen	**Ergebnis**	**Wichtung**	**Punkte**
QZ1 - Serie	97,56	0,5	48,78
QZ2 - ppm-Serie	86,16	0,3	25,85
QZ3 - Zertifizierung (Tabelle 2.4)	90,00	0,1	09,00
QZ4 - Muster	85,07	0,1	08,50
Wertungspunktzahl			**92,13**
Logistik			**96,06**
Gesamtbewertung			
Qualität	**92,13**	0,65	59,88
Logistik	**96,06**	0,35	33,62
QZ - Gesamtpunktzahl			**93,50**

Q-Einstufung	**A = 100 ≥ QZ ≥ 90 (grün)**	**A**
	AB = 90 > QZ ≥ 80 (gelb)	
	B = 80 > QZ ≥60 (rot)	
	C = 60 > QZ > 0 (schwarz)	

Bild 2.52: Zusammenfassung der Lieferantenbewertung

Lernerfolg

Zur Prüfung des Lernfortschritts beantworten Sie folgende Fragen:

Fragen zu den Kapiteln 2.1 und 2.2:

1. Welche Aspekte und Faktoren der Qualität sind aus Unternehmenssicht wichtig?
2. Welche Aspekte beinhaltet das heutige Verständnis von Qualität?
3. Welche Arten der Qualität kennen Sie?
4. Welchen Ansatz verfolgt die Definition der Qualität nach Taguchi?
5. Welche Eigenschaften hat Qualität?
6. Woher kommen Forderungen an die Qualität?
7. Nennen Sie die wichtigsten Aspekte der Qualitätsforderungen seitens der Allgemeinheit.
8. Welche Markt- und Kundenmerkmale muss ein Unternehmen in seiner Qualitätspolitik berücksichtigen?
9. Wie kann Einfluss durch den Erfüllungsgrad der Qualitätsforderungen auf die Kundenzufriedenheit genommen werden?
10. Wo entsteht Qualität und wie kann ihre Entstehung systematisch dargestellt werden?

Fragen zu den Kapiteln 2.3 und 2.3.1:

11. Wovon ist Qualität abhängig? Spezifizieren Sie die Abhängigkeit.
12. Was bedeutet 7 M?
13. Welche Rolle spielt der Humanfaktor im Unternehmen?
14. Nennen Sie einige wichtige Rahmenbedingungen für Unternehmen.
15. Nennen Sie einige wichtige Forderungen an die Mitarbeiter.
16. Welche Forderungen stellen Mitarbeiter an ihren Job?
17. Erläutern Sie einige Ursachen für den Widerstand bei Veränderungsprojekten.
18. Erläutern Sie die Arbeitsmotivation nach dem Human-Relations-Ansatz.
19. Nennen Sie Einflussbereiche des Humanfaktors.
20. Wer und auf welche Art gestaltet die Q-Politik?
21. Was beeinflusst wesentlich das Mitarbeiterverhalten bezüglich der Einstellung zur Qualität?
22. Wer hat den größten direkten Einfluss auf die Prozessqualität?
23. Wie kann Einfluss auf die Steigerung der Qualität hinsichtlich des Mitarbeiterverhaltens genommen werden?
24. Welcher Führungsstil fördert den Qualitätserfolg und wie ist er gekennzeichnet?
25. Nennen Sie einige Leitkriterien für die MA-Führung.

Fragen zu Kapitel 2.3.2 bis 2.3.4:

26. Welche Arten von Maschinen kennen Sie? Nennen Sie ein Beispiel.
27. Auf welche Art wirken sich auftretende Mängel auf das Qualitätsniveau einer Maschine aus?
28. Wie kann man Material klassifizieren?
29. Nach welchen Aspekten würden Sie Material auswählen?
30. Was versteht man unter einer Methode?

Fragen zu Kapitel 2.3.5 bis 2.3.7:

31. Die Einheiten des SI sind in der Bundesrepublik Deutschland gesetzliche Einheiten. Nennen Sie die sieben Basiseinheiten für Länge, Masse, Zeit, elektrische Stromstärke, Temperatur, Stoffmenge und Lichtstärke.
32. Erklären Sie den Unterschied zwischen Messen und Bewerten.
33. Beschreiben Sie den Unterschied zwischen qualitativer und quantitativer Merkmalprüfung! Nennen Sie Beispiele.
34. Welche Einflussfaktoren auf ein Messergebnis gibt es?
35. Was ist der Unterschied zwischen Nennwert und Istwert?
36. Was versteht man unter „Übereinstimmungsbereich“?
37. Was ist eine Maßtoleranz?
38. Wie setzt sich ein vollständiges Messergebnis zusammen?
39. Erläutern Sie die drei Managementebenen.
40. Was verstehen Sie unter dem Begriff Mitwelt?

Fragen zum Kapitel 2.4:

41. Welche Bewertungselemente des Qualitätsmanagements kennen Sie?
42. Nennen Sie Beispiele von harten und weichen Merkmalen.
43. Wie würden Sie eine Gesamtbewertung von mehreren harten und weichen Merkmalen durchführen?

Prinzip des Qualitätsmanagements

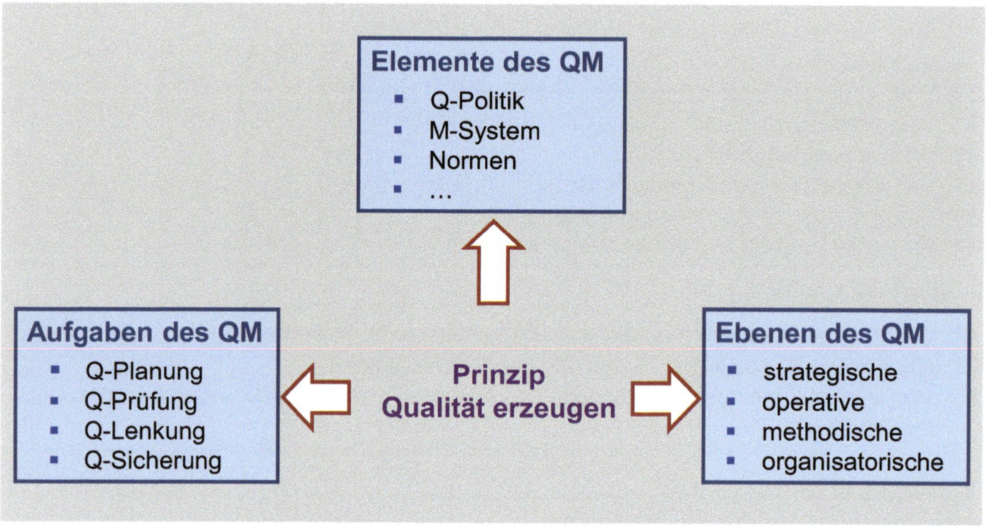

Lernziele:

Die gegenwärtigen Forderungen an Produkte und Dienstleistungen verlangen einen immer höheren Kundennutzen und daraus resultierend eine Kundenzufriedenheit zu möglichst niedrigen Kosten bei geringer Umweltbelastung, klimaneutral und nachhaltig. Dies kann in Bezug auf Qualität nur dann erreicht werden, wenn sie von Anfang an erzeugt wird. Das bedeutet einerseits, für die Produktentstehung und -anwendung Verluste bzw. Verschwendung zu vermeiden, und andererseits, die Qualität den Kundenwünschen entsprechend auszurichten.

Um diese Vorgaben erfüllen zu können, bedarf es eines Management-Know-hows auf strategischer, operativer, methodischer und organisatorischer Ebene. Die Verfolgung der Qualitätsziele, abgeleitet aus der Q-Politik, geschieht mithilfe einer umfangreichen Anzahl von Elementen wie dem QM-System, Normen, Verfahrensanweisungen u. a.

Um das Ziel, Qualität zu erzeugen, erreichen zu können, bedarf es einer systematischen Vorgehensweise der Planung, der Prüfung, der Lenkung und der Sicherung der Qualität. Diese Aufgaben sind die Grundbestandteile des Qualitätsmanagements.

Dieses Kapitel verfolgt das Ziel, eine Übersicht über die Umsetzung der Strategie „Qualität zu erzeugen" und die damit verbundenen Aufgaben des Qualitätsmanagements zu geben.

3 Prinzip des Qualitätsmanagements

Der wachsende Wohlstand und der damit verbundene Wandel der gesellschaftlichen Ziele (siehe auch Kapitel 1.4) sowie die Globalisierung führten zu steigenden Forderungen an die Qualität und zu steigenden Kosten. Die aus den Unternehmenszielen abgeleiteten Qualitätspolitik und Qualitätsstrategie (Bild 3.1) mussten umgesetzt werden.

Qualitätsmanagement dient zur Erreichung der Unternehmensziele.

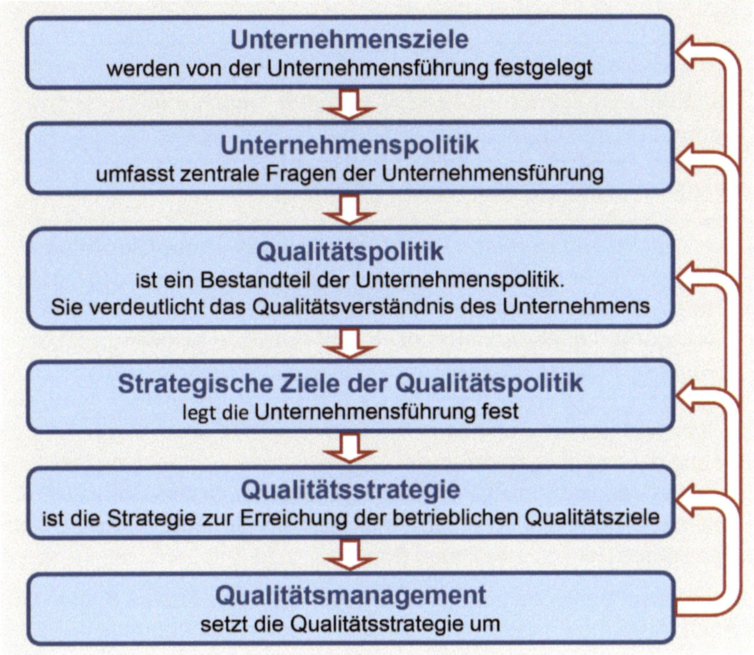

Bild 3.1: Unternehmensziele und Qualitätsmanagement

Die obligatorische Qualitätssicherung, d. h. Prüfen, Aussortieren und Nacharbeiten, konnte die gestiegenen Forderungen nicht mehr bewältigen. So wurde die Qualität zur Managementaufgabe. Sie beruht auf der Strategie:

Qualität nicht erprüfen, sondern Qualität erzeugen.

Qualität wird erzeugt.

Um diese Forderung umsetzen zu können, wurde die vergangenheitsorientierte Betrachtung der Qualitätsmaßnahmen in eine zukunftsorientierte Handlungsweise geändert. Die Einführung von vorbeugenden Maßnahmen und der Lenkung (Lenkungskreise) der Einflussfaktoren führt zu einer gezielt erzeugten Qualität. Die hinzugekommene Forderung nach einer ständigen Verbesserung stärkt die Wettbewerbsfähigkeit der Unternehmen.

Es wurden also zusätzliche Qualitätselemente entwickelt und in betriebliche Strukturen integriert, die zur Bildung des Qualitätsmanagements führten.

Die DIN EN ISO 9000 definiert:

> **Qualitätsmanagement:**
> **Gesamtheit der in einem QM-System verwendeten Prozesse.**

und

Qualitätsmanagement ist umfassend.

> **Umfassendes Qualitätsmanagement:**
> **Qualitätsmanagement einer Organisation, das die gesamte Organisation einschließt.**

Zusammenfassend bedeutet dies:

> **Das Qualitätsmanagement (QM) ist die Gesamtheit aller Aktivitäten zur Sicherung, Lenkung und Weiterentwicklung der Qualität des Konzeptes und der Ausführungsqualität unter Berücksichtigung der Wirtschaftlichkeit und der dazu notwendigen organisatorischen Einheit.**

Zu den wichtigsten Aufgaben des Qualitätsmanagements gehört das Streben nach ständiger Verbesserung sowie nach Vermeidung von Fehlern bzw. Verlusten infolge von Verschwendung. Der größte Anteil der Fehlerentstehung (ca. 75 %) ist in der planerischen Phase des Produktlebenslaufes (Bild 3.2) zu finden [Pfei7.30].

Ursachen für Fehlerentstehung liegen überwiegend im planerischen Bereich.

Je später ein Fehler erkannt und beseitigt wird, desto höhere Kosten entstehen. Auch die Kundenzufriedenheit wird durch das Auftreten von Fehlern negativ beeinflusst. Daher ist die Fehlerverhütung in den frühen Stadien der Produktentstehung besonders wichtig und effektiv.

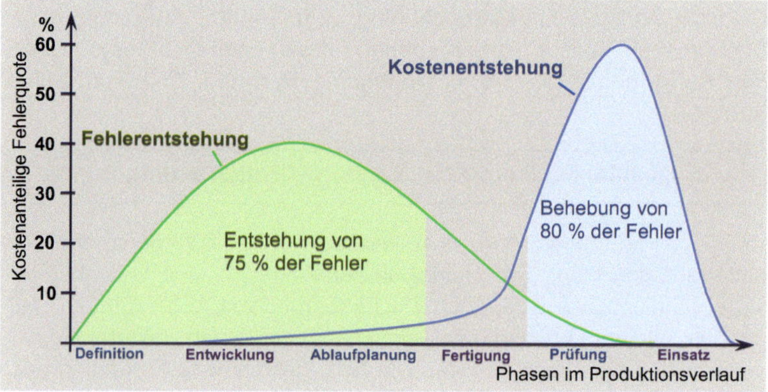

Bild 3.2: Abhängigkeit der Fehlerentstehung und der Folgekosten vom Produktlebenslauf

Die Qualität eines Produktes stellt neben dem Preis einen wichtigen Wettbewerbsfaktor dar. Aus dieser Sicht betrachtet, verursacht das Qualitätsmanagement eigentlich keine Kosten, sondern vermeidet sie und hilft somit dem Unternehmen im Wettbewerb.

Qualitätsmanagement vermeidet Kosten.

Die Aufgabe des Qualitätsmanagements besteht in der Umsetzung der von der Geschäftsleitung festgelegten Qualitätsziele und Qualitätspolitik. Im Einzelnen handelt es sich dabei um:

- Qualitätsplanung,
- Qualitätsprüfung,
- Qualitätslenkung,
- Qualitätssicherung,
- Qualitätsverbesserung,
- Risikoabsicherung.

Qualitätsmanagement erfolgt in sechs Phasen.

Um die notwendigen Aktivitäten wirkungsvoll und wirtschaftlich durchführen zu können, haben sich folgende Merkmale des Qualitätsmanagements als unverzichtbar herausgestellt:

- vorbeugend,
- prozessbezogen,
- sichernd
- lenkend,
- kontinuierlich verbessernd,
- umfassend,
- dezentral,
- selbstverantwortlich,
- kundenbezogen,
- mitarbeiterorientiert,
- Lieferanten berücksichtigend,
- führungsverantwortlich.

Auf die Merkmale des Qualitätsmanagements kommt es an.

Die angestrebte Qualität kann nur erreicht werden, wenn alle qualitätsrelevanten Einflussfaktoren dazu beitragen (Bild 3.3).

In Kapitel 2.3 wurden sieben Faktoren (7 M) und ihre Wirkung auf die Qualität beschrieben. Die Faktoren Mensch, Material, Methode, Maschine, Messbarkeit und Management (6 M) können lenkend gezielt eingesetzt werden. Umwelteinflüsse können kaum beeinflusst werden. Also muss die Wirkung der 6 M geplant, geprüft und gelenkt werden.

Einflussfaktoren müssen gelenkt werden.

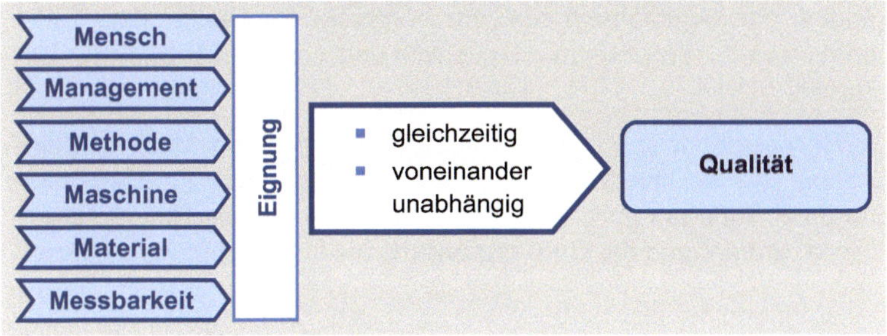

Bild 3.3: Sechs Qualitätsfaktoren (6 M)

3.1 Grundlegende Elemente des Qualitätsmanagements

Das Qualitätsmanagement weist eine Reihe von internen und externen Elementen (Bild 3.4) auf, auf die es zurückgreift. Dazu gehören die notwendige Organisationseinheit, die Qualitätspolitik, Gesetze und Vorschriften, Normung usw.

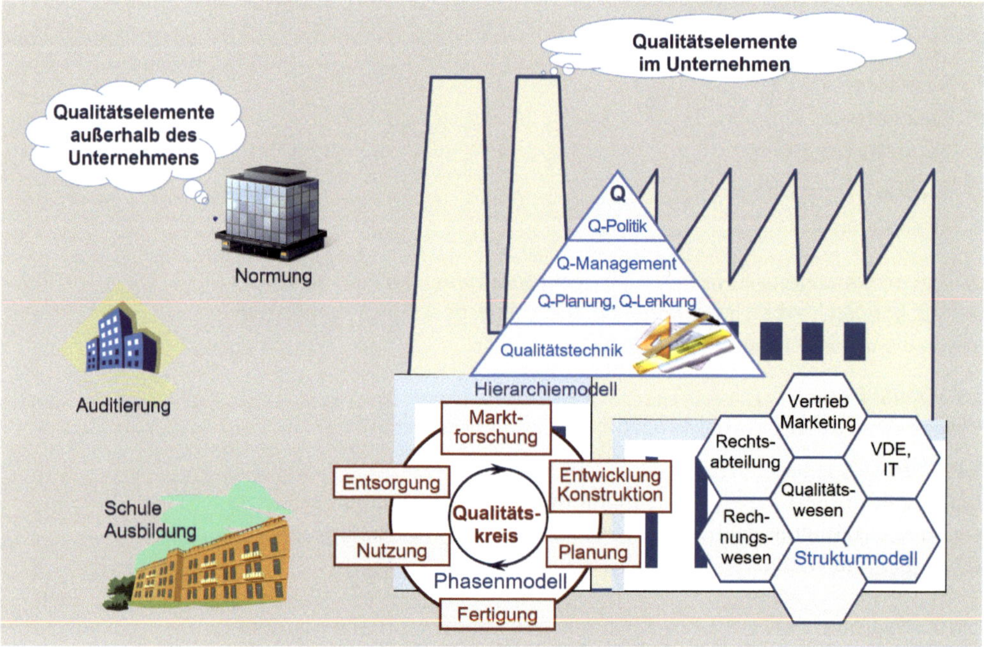

Bild 3.4: Elemente des Qualitätsmanagements

Ohne eine Verknüpfung der internen und externen Elemente wäre ein Qualitätsmanagement kaum durchführbar.

3.1.1 Geschäftsleitung und Qualitätspolitik

Die **Geschäftsleitung** verantwortet die Unternehmensergebnisse gegenüber den Eigentümern des Unternehmens. Sie bestimmt die Unternehmensziele, die Unternehmenspolitik und entscheidet über die Ressourcen.

Geschäftsleitung bestimmt das Geschehen.

Die **Unternehmenspolitik** umfasst zentrale Fragen der Unternehmensführung, wie die Investitionen, die Marktstrategie, das Produktportfolio und unter anderem auch das Qualitätsverständnis des Unternehmens. Dieses wird anhand der **Qualitätspolitik** des Unternehmens deutlich.

Die Aufgaben der Geschäftsleitung bezüglich des Faktors Qualität:

- Gegenüber den Kunden und der Allgemeinheit trägt sie die Hauptverantwortung für die Qualität der Produkte.

- Sie bestimmt die Qualitätspolitik, formuliert die grundlegenden Absichten und Zielsetzungen an die Qualität.
- Sie legt das Qualitätssystem fest.

Der betriebswirtschaftliche Hintergrund für die Formulierung der Qualitätspolitik beruht auf der von Deming definierten Reaktionskette (Bild 3.5) [Dem82]. Sie verdeutlicht die Verbindung zwischen Qualität und ausgewählten betriebswirtschaftlichen Aspekten.

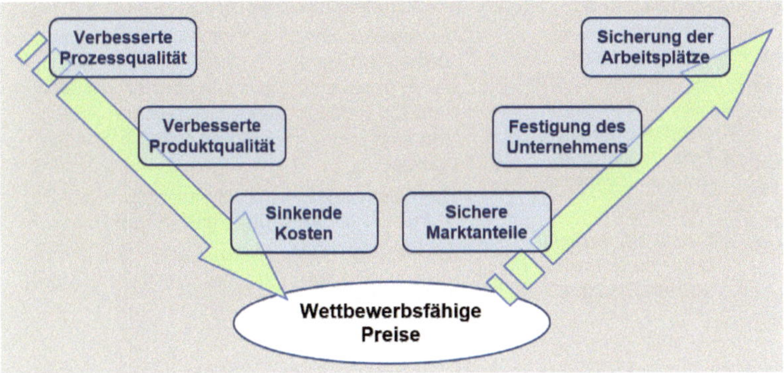

Bild 3.5: Bestandssicherung von Unternehmen und Arbeitsplätzen

Die Qualitätspolitik formuliert die Grundsätze des Unternehmens, die Qualitätsziele und die Beschaffenheit des Qualitätsmanagements. Die ISO 9001:2015 stellt folgende Forderungen an die Definition der Qualitätspolitik. Die Qualitätspolitik muss:

Forderungen an die Qualitätspolitik

- als dokumentierte Information verfügbar sein,
- innerhalb der Organisation bekanntgemacht, verstanden und angewendet werden,
- für relevante interessierte Parteien verfügbar sein,
- sicherstellen, dass das Qualitätsmanagementsystem die Anforderungen der ISO 9001 erfüllt,
- die Integrität des QMS aufrechterhalten.

Je nach Ausprägung folgen die Grundsätze der Qualitätspolitik der „Demingschen Philosophie“, wie das Streben nach ständiger Verbesserung, das richtige Führungsverhalten usw. Wie diese Forderungen in der Praxis umgesetzt werden, verdeutlicht folgendes Beispiel.

Beispiel:

In Tabelle 3.1 ist die Erklärung der Geschäftsleitung eines Salzgebäckherstellers zur Qualitätspolitik mit den „Grundüberzeugungen: Verbraucherfokus, Kundenorientierung, Qualität, Gewinnorientierung, Effektivität, operative Eigenständigkeit und finanzielle Unabhängigkeit“ aufgeführt.

Tabelle 3.1: Auszug einer Erklärung zur Qualitätspolitik

– Qualitätspolitik – INTERSNACK			
Verbraucherfokus	**Kunden-orientie-rung**	**...**	**Qualität** (Mitarbeiter, Prozesse, Produkte)
All unsere Anstrengungen sind darauf ausgerichtet, die Bedürfnisse des Marktes und der Verbraucher zu erfüllen. Die Erwartungen der Verbraucher nach hochwertigen, köstlichen, würzigen und sicheren Produkten, die qualitativ einwandfrei sind, stehen im Mittelpunkt. Wir sind uns der Verantwortung in Bezug auf Produktsicherheit, -legalität und -qualität gegenüber dem Verbraucher ... bewusst.	Wir hören unseren Kunden aufmerksam zu, verstehen ihre Bedürfnisse und Erwartungen, setzen diese um, um die Kundenzufriedenheit zu erhöhen, und erfüllen die vereinbarten Leistungen. Damit sichern wir unseren gemeinsamen Erfolg.	...	Ziel unseres Qualitätsmanagementsystems (QMS) ist es, einen zuverlässigen und hohen Qualitätsstandard aller Produkte ... zu erreichen und sicherzustellen ... Ein wesentlicher Faktor für die Sicherung und Verbesserung der Qualität der Produkte und der Prozesse sind alle Mitarbeiter, die sich dem Qualitätsgedanken verpflichtet fühlen und sich in ihrem Handeln ständig danach richten. Die Geschäftsführung stellt sicher, dass Produkte ... den Anforderungen entsprechen ... Eine stetige Verbesserung des Qualitätsmanagementsystems ist Ziel und Verpflichtung für alle Mitarbeiter ...

3.1.2 Qualitätspolitik und Qualitätsmanagement

Das Qualitätsmanagementhandbuch ist die Bibel des Qualitätsmanagements.

Die von der Geschäftsleitung festgelegte Qualitätspolitik steht als **„Dokumentierte Information"** zur Verfügung, wird von der Geschäftsleitung unterschrieben und kommuniziert.

Die von der ISO 9001 geforderte dokumentierte Information beinhaltet die Erklärung der Geschäftsleitung zur Qualitätspolitik sowie die Beschreibung aller **qualitätsbetreffenden** Maßnahmen. Die Aufgabe des **Qualitätsmanagements** ist, die Qualitätspolitik in greifbaren Merkmalen zu erfassen und mithilfe geeigneter Maßnahmen umzusetzen.

Ergebnisse sind in Reports dokumentiert.

Im Rahmen des **Qualitätscontrollings** werden Daten und Ergebnisse verdichtet und mit Vorgaben verglichen. Über die Zielerreichung wird der Geschäftsleitung in Form von **Reports** berichtet.

Beispiel:
In Bezug auf den Verbraucherfokus in Tabelle 3.1 müssen die Verbrauchererwartungen „nach hochwertigen, köstlichen, würzigen und sicheren Produkten" auf ihre Merkmale, wie z. B. die Qualität der Zutaten, den Gewürzanteil, die Farbe, den Geruch, die Teigbeschaffenheit und die Lebensmittelvorschriften, analysiert und festgelegt werden.
Nach erfolgter Planung (1. Phase) und während bzw. nach Abschluss der Produktion erfolgt die Prüfung (2. Phase) und gegebenenfalls die Anpassung an die Vorgaben (3. Phase). Kontinuierlich in allen Phasen erfolgt die Qualitätsverbesserung (4. Phase).

3.1.3 Qualitätsmanagement und Qualitätsmanagementsystem

Um die Aufgabe des Qualitätsmanagements umsetzen zu können, bedarf es einer Organisationseinheit, eines **Qualitätsmanagementsystems**.

Die DIN EN ISO 9000:2015 definiert:

> **Qualitätsmanagementsystem: System für die Festlegung der Qualitätspolitik und von Qualitätszielen sowie zum Erreichen dieser Ziele.**

mit anderen Worten:

> **Das Qualitätsmanagementsystem (QMS) ist die festgelegte Aufbau- und Ablauforganisation zur Durchführung des Qualitätsmanagements.**

QM-System muss den Forderungen Rechnung tragen.

Die Organisationsstruktur muss den Forderungen der Unternehmenspolitik sowie den Gegebenheiten im Unternehmen Rechnung tragen. Sie entspricht in der Regel nicht der Aufgabengliederung, sondern den qualitätsbezogenen Abläufen im Unternehmen.

Die Beschaffenheit des Qualitätsmanagementsystems ist als **dokumentierte Information** gefordert. Sie gibt die grundsätzliche Einstellung des Managements zur Qualitätspolitik wieder. Weiterhin kommen Festlegungen bezüglich der Organisation, der Planung, der Durchführung und der Lenkung von Prozessen, der geforderten Verfahren zur Umsetzung einzelner Qualitätsmaßnahmen, der Regelungen über Verantwortung und Zuständigkeiten, der Einbeziehung von Mitarbeitern usw. hinzu.

Schnittstellen zwischen Risiko- und Qualitätsmanagement

Das **Risikomanagement** (siehe auch Kapitel 3.3.1.7) befasst sich mit potenziellen Risikogefahren, ihrer Entdeckung, Bewertung und Reduzierung. Das vorbeugende Qualitätsmanagement bietet eine gute Möglichkeit, Risiken zu verringern. Deswegen ist es sinnvoll, den Risikoprozessplan als dokumentierte Information vorzuhalten, da er auch als Vertragsgrundlage zwischen Kunden und Anbietern dient.

Lenkungskreise garantieren ein definiertes Qualitätsniveau.

Zur Durchführung von vorbeugenden und lenkenden Maßnahmen werden **Lenkungskreise** eingesetzt. Durch Einwirkung von Störgrößen weicht der Istwert vom Sollwert eines Merkmals ab. Mithilfe eines Stellgliedes bleibt die Abweichung innerhalb der zulässigen Grenzen.

Audits prüfen die Wirksamkeit.

Eines der wichtigsten Lenkungsinstrumente des Qualitätsmanagements ist die Durchführung von **Audits**. Sie haben die Aufgabe, die Wirksamkeit des QM-Systems bzw. der einzelnen Maßnahmen zu überprüfen.

KVP steigert die Qualität.

Die Anpassung an die ständig steigenden Forderungen gewährleistet die **Kontinuierliche Prozessverbesserung (KVP)**. Sie betrifft alle Unternehmensprozesse.

3.1.4 Gesetzgebung und Normung

Die Gesetzgebung und die Normung sind externe Elemente, die von Unternehmen kaum beeinflussbar sind. Sie drücken die Interessen der Allgemeinheit bezüglich Sicherheit, Umwelt, Handlungsregeln, immaterieller und materieller Leistung usw. aus. Das Qualitätsmanagement ist an die Gesetzeskonformität gebunden.

Gesetzgebung und Normen sind die Eckpfeiler des QMS.

Normen haben zwar nur einen Empfehlungscharakter, sind aber fast immer Gegenstand von vertraglichen Vereinbarungen mit dem Kunden, also auch bindend.

3.1.5 Ausbildung und Weiterbildung

Aus- und Weiterbildung sind zwar überwiegend externe Elemente, aber sie werden durch die Unternehmen stark beeinflusst. Aufgrund der benötigten Ausbildungsart können sie das Wissensniveau der Mitarbeiter steuern.

Aus- und Weiterbildung gewährleisten die Wettbewerbsfähigkeit.

Die regelmäßige Weiterbildung der Mitarbeiter ist für die Bewältigung der ständig steigenden Forderungen unumgänglich. Auch für die Bindung der Mitarbeiter an das Unternehmen und für ihre Motivation ist die Weiterbildung ein wesentlicher Faktor.

3.2 Ebenen des Qualitätsmanagements

Verdichtet man eine Unternehmensstruktur entsprechend der Zielsetzung ihres Wirkens, so kann das Qualitätsmanagement einer strategischen, operativen, methodischen und organisatorischen Ebene zugeordnet werden (Bild 3.6).

Diese Ebenen beeinflussen die Struktur des Qualitätsmanagementsystems wesentlich.

3.2.1 Strategische Ebene

Das strategische Management bildet die mittlere Ebene des Unternehmens. Dazu gehören Geschäfts- und Fachbereichsleiter mit ihren Mitarbeitern.

Q-Strategie macht Q-Politik greifbar.

Entsprechend der von der Geschäftsleitung postulierten Qualitätspolitik werden Strategien entwickelt, projektiert und in Pläne umgewandelt. Dies muss als integrierter Prozess der Geschäftsführung ablaufen, um ein Auseinanderdriften der unterschiedlichen Schwerpunkte der Unternehmenspolitik zu vermeiden.

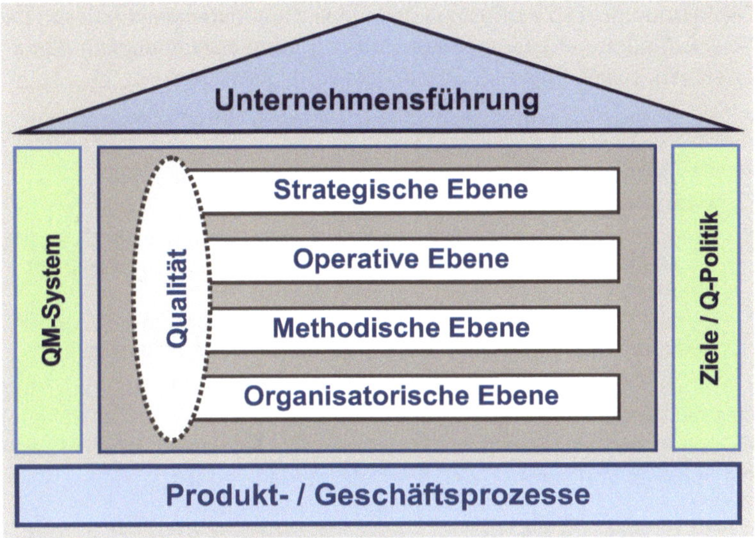

Bild 3.6: Ebenen des Qualitätsmanagements

Die entscheidende Frage lautet:

Welche Voraussetzungen müssen geschaffen werden, damit auf der operativen Ebene die richtigen Dinge getan werden?

Aufgaben des strategischen Managements

Zu den Aufgaben des strategischen Managements gehören:

- Entwicklung und Umsetzung von qualitätsbezogenen Strategien,
- Verfolgung und Analyse der verdichteten operativen Qualitätskennzahlen,
- Entwicklung von neuen Methoden und Qualitätswerkzeugen,
- Beratung und Unterstützung der operativen Einheiten,
- Berichte an die Geschäftsleitung.

Beispiel:
Die Qualitätsforderungen in der Babynahrungsproduktion sind enorm hoch und erfordern hohe Kosten. Daher wurde auf Anregung der Geschäftsleitung ein Projekt mit der Zielsetzung, eine Strategie zur Kostensenkung zu entwickeln, durchgeführt [Kras98]. Eine Kostenstellenanalyse ergab eine umfangreiche Anzahl von Positionen mit Konformitätskosten (siehe Kapitel 9.6.2) und ihren Abhängigkeiten. Eine Strategie zur Senkung dieser Kosten konnte aber wegen der Komplexität nicht entwickelt werden. Erst eine prozessbezogene Betrachtung und die Entwicklung eines Prozesswirkungsgrades (siehe Kapitel 5.4) lieferten eine umsetzbare Strategie. Diese wurde anhand eines Pilotprojektes auf ihre Umsetzbarkeit und Wirkungsfähigkeit geprüft und der Geschäftsleitung sowie den Produktionsbereichen empfohlen.

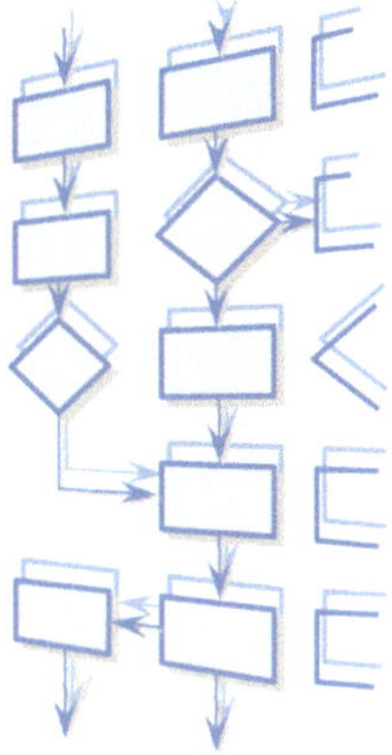

Die Methoden bzw. Werkzeuge des Qualitätsmanagements müssen mit den Methoden der Unternehmensführung übereinstimmen. Um das zu erreichen, sollten folgende Grundsätze verfolgt werden:

Methodische Grundsätze des Qualitätsmanagements

- Qualitätspolitik und Qualitätsziele müssen in Unternehmensstrategien und -ziele integriert sein.
- Es darf nur eine einzige Datensammlung, die die Unternehmenskennzahlen und -daten enthält, geben.
- Projekte und andere zeitlich begrenzte Aktivitäten müssen Bestandteil des Businessplans sein. Nur dann werden sie automatisch mit umgesetzt.
- Es darf nur ein einziges Berichtswesen (Managementreport) geben. Auditberichte, Managementreview-Berichte, Zielerfüllungsberichte etc. müssen integriert sein.

Das Qualitätsmanagement darf kein isoliertes System sein. Sonst findet es neben den bestehenden Systemen keine Akzeptanz, erreicht nicht die geplante Wirksamkeit, und die Ziele werden verfehlt.

3.2.2 Operative Ebene

Das **operative Management** ist die Aufgabe der Abteilungsleiter und der anderen Führungskräfte auf dieser Ebene. Sie leiten aus den normativen und strategischen Konzepten Einzelmaßnahmen ab und setzen diese mit ihren Mitarbeitern um.

Hier lautet die Frage:

Tun wir die Dinge richtig?

Im Einzelnen handelt es sich um:

Strategie wird operativ umgesetzt.

- Umsetzung der Ziele,
- Planen, Prüfen, Analysieren und Lenken der qualitätsbezogenen Aktivitäten,
- Informationsaustausch, Berichterstattung und Datensammlung,
- Durchführung von Audits,
- Einsatz von Methoden zur Qualitätssicherung und -verbesserung,
- Durchführung von Pilotprojekten.

Die einzelnen Aufgaben sind Bestandteil einer systematischen Vorgehensweise, die durch den PDCA-Zyklus [Dem82] definiert ist (Bild 3.7). Der PDCA-Zyklus basiert auf der Abfolge von vier Tätigkeiten: Plan (planen einer Verbesserung), Do (durchführen), Check (Überprüfung der Wirksamkeit) und Act (Umsetzung). Er stellt die Basis für das Sicherstellen und Verbessern der Qualität dar.

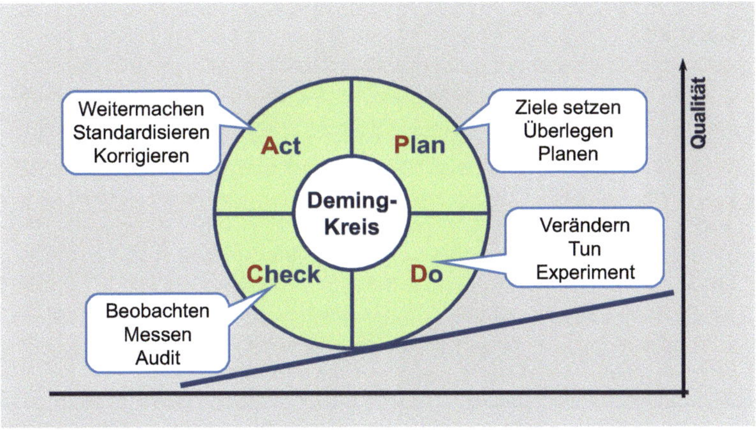

Bild 3.7: PDCA-Zyklus – Deming-Kreis

Beispiel:
Aufgrund der Empfehlung des strategischen Qualitätsmanagements haben die Produktionsbereiche eines Babynahrungsmittelherstellers die Qualitätslenkung auf die Steuerung mittels des Prozesswirkungsgrads umgestellt. So waren sie in der Lage, nicht nur auf eine Abweichung der Kostenziele, verursacht durch z. B. das Auftreten von Fehlern, zeitnah zu reagieren, sondern auch gezielt eine ständige Verbesserung in den Prozessen zu initiieren [BeSc05]. Es wurden z. B. die Menge der produzierten Babynahrung, aufgetretene Fehler, Störungen, durchgeführte Reinigungsarbeiten, Laborprüfungen usw. erfasst, entsprechend den angefallenen Kosten analysiert und Maßnahmen z. B. zur Fehlerbeseitigung durchgeführt.

3.2.3 Methodische Ebene

Ohne Beherrschung von Methoden keine Qualität

Die Umsetzung der Qualitätspolitik in reelle Handlungen erfordert ein weitreichendes Know-how. Entsprechend ihrer Stellung im Unternehmen, müssen alle Mitarbeiter die benötigten Methoden beherrschen und anwenden können. Dies erstreckt sich von der Anwendung statistischer Methoden über den Einsatz von Qualitätstechniken, Kostenbetrachtungen, Prozessoptimierung bis hin zur Steigerung der Kundenzufriedenheit. Um die breit gefächerten Aufgaben erfüllen zu können, bedarf es einer methodischen Vorgehensweise. Die Ziele der methodischen Ebene können wie folgt beschrieben werden:

- Beherrschen von Methoden,
- Kenntnis ihrer Anwendungsmöglichkeiten, ihrer Vorteile und ihrer Nachteile,
- Entwicklung von neuen Methoden,
- Fähigkeit, Methoden praktisch umzusetzen,
- Methoden entsprechend den Forderungen optimal einzusetzen.

Beispiel:
Infolge einer Überlastung der einzigen 3-D-Messmaschine in der Produktion sollte die Anschaffung eines zweiten Messsystems geprüft werden. Die Prozessfähigkeitsanalyse (siehe Kapitel 4.3) (Kennzahlen c_p und c_{pk}) der betroffenen Produktionsbereiche zeigte, dass bei mehr als 30 % der Prozesse eine sehr hohe Sicherheit vorlag. Aufgrund dessen wurde für die entsprechenden Prozesse anstatt der fest vorgegebenen Stichprobenanzahl eine Dynamisierung der Prüfumfänge (siehe Kapitel 3.3.2.4, Anpassung der Prüfhäufigkeit an das Qualitätsniveau) eingeführt. Infolge der frei gewordenen Messkapazität konnte auf die Anschaffung einer zweiten Messmaschine verzichtet werden.

3.2.4 Organisatorische Ebene

Effektive Organisation ist unerlässlich für gute Qualität.

Ein Qualitätsmanagementsystem erfordert einen hohen Grad an Organisation. Das Planen der Qualität, das Erfassen, Analysieren, Verdichten und Weiterleiten von Daten, das Entwickeln und Umsetzen von Anweisungen, die Festlegung von Zuständigkeiten usw. stellen hohe Ansprüche an die Organisationsfähigkeit des Qualitätsmanagements.

Die Organisation des Qualitätsmanagements richtet sich jeweils nach den Unternehmensbedingungen. Deswegen findet man in den Unternehmen unterschiedliche Organisationsstrukturen.

Forderungen an das Qualitätsmanagementsystem

Die normativen Forderungen an die Organisation weisen aus, welche organisatorischen Maßnahmen zu treffen sind:

Normative Forderungen

- wie Ressourcen geplant und bereitgestellt werden,
- wie Ziele festgelegt und überwacht werden,
- wie die Kundenzufriedenheit gemessen und optimiert wird,
- wie Forderungen umgesetzt werden,
- wie Fach- und Führungskräfte weitergebildet werden,
- wie Arbeitsabläufe aufgrund von Erkenntnissen aus dem Fehlermanagement geändert werden.

Außerdem ist festzulegen,

- wer für das Erstellen, Erfüllen und Überwachen der Qualitätsvereinbarungen an Schnittstellen verantwortlich ist,
- wie Ergebnisse des Qualitätsmanagements intern und extern kommuniziert werden,
- wie die Qualitätsmanagementdokumentation bereitgestellt (Intranet), gepflegt und weiterentwickelt wird.

Reife- und Leistungsgrad des Qualitätsmanagementsystems

Für die Bewertung eines modernen Qualitätsmanagements reichen die Normen häufig nicht aus. Denn es muss nicht nur die Umsetzung der normativen Forderungen, sondern vielmehr seine Leistungsfähigkeit überwacht werden. Dazu sollte man:

- den Reifegrad der Geschäftsprozesse überwachen und bewerten,
- die Erfüllung von Prozesskennzahlen, Leistungszielen etc. messen,
- die Umsetzung der normativen Forderungen prüfen,
- die Aktualität und Vollständigkeit der Dokumentation überwachen und
- alle Ergebnisse dokumentieren, visualisieren und berichten.

QM-System muss wirkungsvoll und effektiv sein.

Management-Reviews sind dabei eine ausgezeichnete Methode, in der die Geschäftsleitung in Verbindung mit dem Qualitäts- und dem Prozessmanagement über die Funktions- und Leistungsfähigkeit des Systems zu befinden hat. Eine systematische Bewertung bietet das EFQM-Modell (siehe Kapitel 9).

Beispiel:
Aufgrund der gestiegenen Forderungen an die Qualität wurde die streng hierarchische Struktur des Qualitätsmanagements (QM) vom Werker bis zum Geschäftsführer verlassen. Das strategische QM ist meistens als Stabsabteilung der Geschäftsleitung (GL) unterstellt. Die operativen Bereiche sind alleinig von der Planung bis zur Kontrolle für die Qualität verantwortlich.

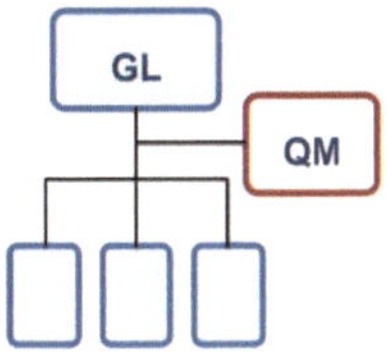

3.3 Aufgaben des Qualitätsmanagements

Das Qualitätsmanagement hat vordergründig die Aufgabe, die Forderungen an die Qualität entsprechend den Unternehmenszielen zu verwirklichen. Die Unternehmensziele beinhalten unter anderem indirekt auch Forderungen an Kosten und Termine. Die Verantwortung für sie obliegt anderen Bereichen des Managements. Da Qualität, Kosten und Termine in gegenseitiger Abhängigkeit stehen, müssen alle Aktivitäten während des Produktlebenszyklus aus gesamtheitlicher Sicht, unabhängig von der Zuständigkeit und der Produktlebensphase, betrachtet und beurteilt werden.

Gesamtheitlicher Fokus auf Qualität, Kosten und Zeit

Diesen Zusammenhang stellt der **QTK-Kreis** dar (Bild 3.8). Er hat drei zentrisch laufende Kreise. Der Kreis der qualitätsbezogenen Tätigkeiten, das Terminmanagement und das Kostenmanagement verlaufen in Abhängigkeit von den Produktlebensphasen. Aufgrund dieser Zusammenhänge berücksichtigt das Qualitätsmanagement sowohl Qualitäts- als auch Termin- und Kostenaspekte.

QM-Aufgaben sind auf den Produktlebenszyklus bezogen

Zu den vordergründigen Aufgaben des Qualitätsmanagements gehören:

- Qualitätsplanung,
- Qualitätsprüfung,
- Qualitätslenkung,
- Qualitätssicherung,
- Qualitätsverbesserung,
- Risikoabsicherung.

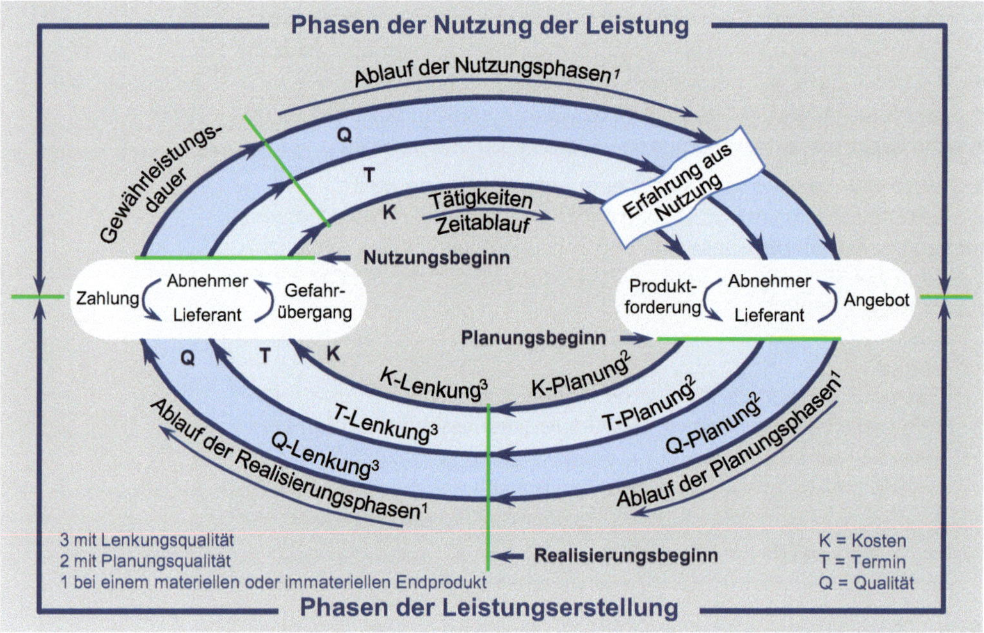

Bild 3.8: Der Qualität-Termin-Kosten-Kreis (QTK-Kreis) im Produktlebens-zyklus [GeKo07]

Produkterstellung als komplexes Netzwerk

Die Aufgaben sind auf den gesamten Produktlebenszyklus bezogen. Bild 3.9 zeigt einzelne Funktionen in einem Unternehmen, die als Prozesse ablaufen. Also betreffen die Aufgaben des Qualitätsmanagements ein komplexes Netzwerk aller Unternehmensbereiche. Qualitätsverbesserung und Prozessoptimierung weisen eine große Schnittstelle auf. Daher werden Sie gemeinsam in Kapitel 5 behandelt.

In den nachfolgenden Kapiteln werden beispielhaft Aktivitäten aufgezeigt. Je nach organisatorischen Gegebenheiten in Unternehmen gibt es Schnittstellen zu anderen Managementsystemen, wie Produktplanung, Prozessmanagement, Risikomanagement, Zuverlässigkeitsmanagement usw.

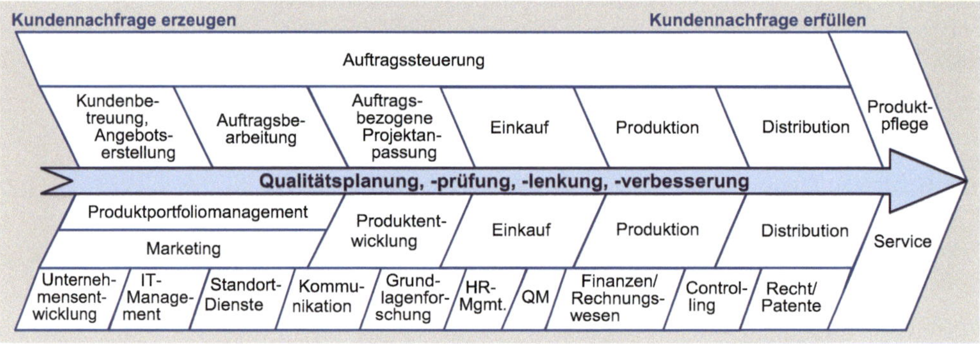

Bild 3.9: Aktivität des Qualitätsmanagements im Unternehmen

3.3.1 Qualitätsplanung

Das primäre Ziel des Qualitätsmanagements ist **„Qualität erzeugen"**. Da Planen eine unabdingbare Voraussetzung für jede strukturierte Tätigkeit ist, muss auch die angestrebte Qualität geplant werden [GeKo07.1].

> **Qualitätsplanung ist der Teil des Qualitätsmanagements, der auf das Festlegen der Qualitätsziele und der notwendigen Ausführungsprozesse sowie der zugehörigen Ressourcen zum Erreichen der Qualitätsziele gerichtet ist [ISO 9000].**

Die Basis für die Planung sind die unterschiedlichsten Arten von **Qualitätsforderungen**. Die ISO 9000 verwendet nur den Ausdruck „Anforderungen", die DGQ unterscheidet zwischen „Forderungen und Anforderungen" [GeKo07.2].

QM-Aufgaben sind sowohl fachbezogen als auch übergreifend.

Die Marktforderungen und die damit verbundene Unternehmenspolitik beeinflusst im Wesentlichen die Auswahl der **Qualitätsmerkmale**. Der Kunde und der Markt, vertreten durch den Gesetzgeber und verschiedene Institutionen (DIN, DGQ, VDI), liefern die Forderungen, die als Teilaufgaben an die Qualitätsplanung weitergegeben werden. Sie geben allgemeingültige Gesetze und Richtlinien für Produkte bzw. Prozesse vor, damit der Benutzer bzw. die Allgemeinheit durch ihren Gebrauch keinen Schaden erleidet (Produkthaftung, Sicherheit, Umwelt) bzw. nicht übervorteilt wird.

> **Als Forderung bezeichnet man die Gesamtheit der betrachteten Einzelforderungen an die Beschaffenheit einer Einheit in der betrachteten Konkretisierungsstufe der Einzelforderung** [DIN 553].

Also dient die Qualitätsplanung sowohl zum Konkretisieren der Markt-, Kunden- und gesetzlichen Forderungen als auch der Realisierbarkeit und der Wirtschaftlichkeit der Produkterzeugung. Die Qualitätsplanung erfolgt jeweils im **Zuständigkeitsbereich der Prozesseigner**.

Externe und interne Forderungen sind bei der Planung mit einzubeziehen.

Die **Aufgabe der Qualitätsplanung** besteht darin, die externen und die internen Forderungen an die Qualität zu operationalisieren. Unabhängig vom Unternehmensbereich beinhaltet die Qualitätsplanung folgenden Tätigkeitskomplex:

- Planung des QM-Systems,
- Planung der Qualitätsforderungen an das Produkt und seine Realisierung.

Folgende Elemente der QM-Planung werden wegen ihrer Bedeutung gesondert behandelt:

- Planung neuer Qualitätsmanagementmethoden und -hilfsmittel,
- Planung der qualitätsbezogenen Dokumentation,

- Zuverlässigkeitsplanung,
- Qualitätsplanung in der Beschaffung,
- Nachweisführung zur Abwehr eventueller Regressforderungen.

Zu den Planungsaufgaben gehört auch die Planung der Prüfung. Sie wird in Kapitel 3.3.2 behandelt.

3.3.1.1 Planung des QM-Systems

Die Gestaltung eines QM-Systems ist jedem Unternehmen freigestellt.

Das QM-System sollte in enger Anlehnung an den **Qualitäts-Termin-Kosten-Kreis** geplant werden, da die drei Faktoren in starker Abhängigkeit zueinander stehen. Unter einem **Qualitätsmanagementsystem** versteht man:

> **die zur Verwirklichung des Qualitätsmanagements erforderliche Organisationsstruktur, Verfahren, Prozesse und Mittel** [ISO 8402].

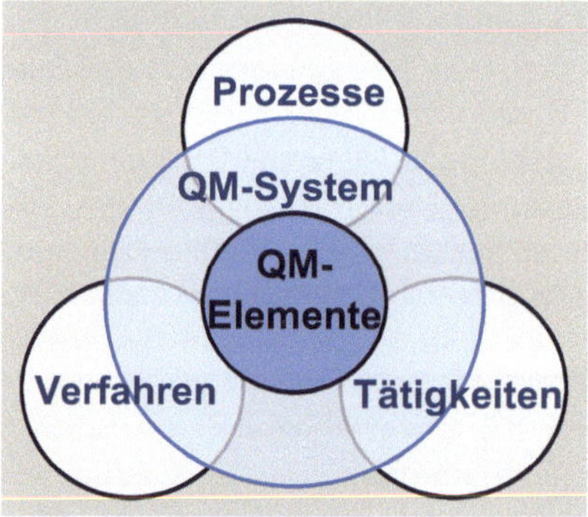

Bild 3.10: Qualitätsbezogene Schnittmengen der qualitätsbezogenen Tätigkeiten, Verfahren, QM-Elemente und QM-Prozesse

Die Organisationen sind bei der Gestaltung ihrer QM-Systeme grundsätzlich frei.

Geplant werden:

Abgrenzung des QM-Systems ist nicht immer eindeutig.

- qualitätsbezogene Verfahren,
- qualitätsbezogene Tätigkeiten,
- QM-Elemente,
- QM-Prozesse.

Wie Bild 3.10 zeigt, gibt es jeweils Schnittmengen zwischen dem QM-System, den Verfahren, der Tätigkeit und den Prozessen im Unternehmen. Diese Schnittmengen sind qualitätsbezogen.

Qualitätsbezogene Verfahren

Verfahrensanweisungen sollten dokumentiert werden.

Es handelt sich dabei um eine festgelegte Art und Weise, eine Abfolge von Tätigkeiten auszuüben. Im Qualitätsmanagement werden sie z. B. in den **Verfahrensanweisungen** festgehalten.

Beispiel:
Eine Fehlerhäufigkeitsanalyse wird mithilfe eines Pareto-Diagramms durchgeführt. Die Fehleranzahl der einzelnen Fehlerarten wird in einem Balkendiagramm z. B. in Excel eingetragen. Anschließend werden die Fehlerarten, angefangen mit der höchsten Häufigkeit, im Verlauf fallend sortiert. Als Ergebnis liegt die Verteilung der Fehlerarten vor. Das erste Drittel der Fehlerarten weist eine Häufigkeit von ca. 75 % aller Fehler auf. Damit ist der Häufigkeitsschwerpunkt des Fehleraufkommens spezifiziert.

Qualitätsbezogene Tätigkeiten

Dabei handelt es sich um Tätigkeiten, die in Verbindung mit Inhalten des Qualitätsmanagements stehen.

QM-Elemente

Ein QM-Element ist ein Teil eines QM-Systems. Es kann sich sowohl um Tätigkeiten als auch um Prozesse handeln.

Beispiel:
In der Tabelle 3.2 sind die wichtigsten Funktionsbereiche in einem Unternehmen zusammengefasst. Ihnen sind Beispiele von QM-Elementen zugeordnet. Sie sind oft bereichs- bzw. prozessübergreifend.

Tabelle 3.2: QM-Elemente in Kernprozessen

<table>
<tr><th>Funktionsbereich</th><th colspan="2">QM-Element</th></tr>
<tr><td>Marketing/Produktportfoliomanagement</td><td>Marktstudien, Konkurrenzvergleich, Kundenmanagement ...</td><td rowspan="8">Qualitätspolitik
Qualitätsziele
Qualitätshandbuch
Verfahrensanweisungen
Audits
Review</td></tr>
<tr><td>Entwicklung/Konstruktion</td><td>Leistungs- und Zuverlässigkeitsnachweis, Design Review ...</td></tr>
<tr><td>Auftragsabwicklung</td><td>Lenkung der Produktion und der Dienstleistungserbringung</td></tr>
<tr><td>Beschaffung</td><td>Lieferantenbeurteilung, Vereinbarung von technischen Lieferbedingungen, Prototypenprüfung, Erstmusterprüfung, Wareneingangsprüfung, aktuelle Serienbeurteilung ...</td></tr>
<tr><td>Produktion</td><td>Prozessfähigkeit, Maschinenfähigkeit, SPC, Zuverlässigkeit</td></tr>
<tr><td>Verkauf/Service</td><td>Produktbeobachtung, Reklamationen, Beschwerdemanagement, Kundenzufriedenheit ...</td></tr>
<tr><td>Finanz- und Rechnungswesen</td><td>Finanzaudit, Garantieleistungen, Qualitätskosten ...</td></tr>
<tr><td>Personal und Organisation</td><td>Mitarbeiterzufriedenheit, Mitarbeiterentwicklung und -planung ...</td></tr>
</table>

QM-Prozesse

Für QM-Prozesse gelten die in Kapitel 5 beschriebenen Eigenschaften. Darüber hinaus können sie entsprechend ihrer Zielsetzung aufgeteilt [GeKo07.3] werden in Prozesse

QM-Prozesse verketten alle Bereiche des Unternehmens.

- zum Planen und Realisieren,
- zum Feststellen des Istzustandes,
- zur Fehlerbehandlung und
- zur Vorbeugung von Fehlern.

Diese Prozesse sind unmittelbar bzw. mittelbar qualitätswirksam.

Beispiel:
Zu den **Planungsprozessen** gehört die Erstellung eines Lastenhefts für das geplante Produkt. Hier werden Kundenforderungen als Qualitätsmerkmale festgeschrieben. Dieser Planungsprozess beinhaltet die Vorgehensweise und den Ablauf, auf deren Grundlage die Qualitätsmerkmale ermittelt werden.

Bei der Durchführung einer Qualitätsprüfung mithilfe einer Messlehre wird der **Istzustand** des geprüften Teiles festgestellt. Wenn das geprüfte Teil fehlerhaft ist, wird es im **Fehlerbehandlungsprozess** nachgebessert oder entsorgt. Damit dieser Fehler nicht auftritt, werden **vorbeugende Maßnahmen** getroffen.

3.3.1.2 Planung der Qualitätsforderungen an das Produkt und seine Realisierung

Um die Forderungen an die Qualität operationalisieren zu können (z. B. gesetzliche Vorgaben, Marktforderungen, Fertigungsgegebenheiten), werden Qualitätsmerkmale festgelegt. Die dazu benötigten Informationen und Einflussfaktoren kommen aus verschiedenen Bereichen (Bild 3.11):

Mit der Identifizierung der Qualitätsmerkmale beginnt der Realisierungsprozess.

- **Marketing, Vertrieb und Kundendienst** liefern Daten über den von den Kunden erwarteten bzw. geforderten Qualitätsstandard.
- **Entwicklung und Konstruktion** legen mit den Produktforderungen im Pflichtenheft die wesentlichen Leistungs- und Qualitätsmerkmale fest.
- Die **Produktion** teilt Informationen über die in der Vergangenheit durchgeführten Aufträge, Ergebnisse und Rahmenbedingungen mit, wie z. B. die vorhandenen Fertigungseinrichtungen und die damit erreichte Qualität.
- **Controlling, Rechnungswesen und Finanzen** stellen Daten wie Kosten, Kostensätze usw. zur Verfügung.
- Das **Qualitätsmanagement** stellt mit Daten über eigengefertigte Produkte und zugekaufte Teile weitere wichtige Informationen bereit.

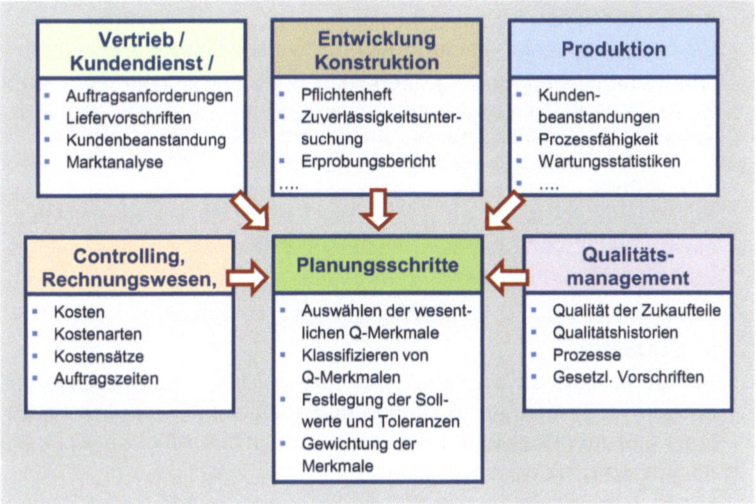

Bild 3.11: Einflussfaktoren auf die Festlegung von Qualitätsmerkmalen

Die richtige Wahl der Qualitätsmerkmale stellt das Fundament dar.

Die Voraussetzung für eine erfolgreiche Umsetzung und das Erreichen der gesteckten Ziele ist eine Zusammenarbeit, die gleich im frühen Stadium der Entwicklung erfolgen muss. Bei fertig ausgearbeiteten Produkten sind nachträgliche Eingriffe nur unter hohem Aufwand und einer Zeitverzögerung möglich. Es könnte sogar ein falsches Konzept vorliegen, das zum Abbruch des Entwicklungsvorhabens führen kann.

Die Qualitätsmerkmale werden im Allgemeinen produktunabhängig und damit langfristig festgelegt. Bei der Auftragsproduktion sind diese Qualitätsmerkmale Bestandteil der vertraglichen Vereinbarungen. Der Begriff Qualitätsmerkmal wird wie folgt spezifiziert.

Merkmal

Ein Merkmal ist eine Eigenschaft, die das Unterscheiden von Elementen einer Grundgesamtheit (z. B. Längenmaß, Gewicht, Geschmack) ermöglicht.

Qualitätsmerkmal

Ein Qualitätsmerkmal ist ein Merkmal, anhand dessen die Qualitätsforderung (z. B. die Lebensdauer eines Gerätes) definiert wird.

Fehler

Ein Fehler ist die Nichterfüllung vorgegebener Forderungen durch einen Merkmalswert (z. B. Nichterreichen der geforderten Lebensdauer).

Qualitätsmerkmale und Fehler sind unzertrennlich.

Die Nichteinhaltung der **Toleranzgrenze** (zulässige Abweichung vom Sollwert) eines Qualitätsmerkmals bezeichnet man als **Fehler**. Da die Auswirkungen eines Fehlers in ihrer Schwere unterschiedlich sein können, werden sie entsprechend ihrer Bedeutung klassifiziert [DIN 55]:

- **Kritischer Fehler**
  Ein kritischer Fehler ist ein Fehler, der voraussichtlich eine gefährliche Situation oder einen großen wirtschaftlichen Schaden hervorrufen kann (z. B. Triebwerksschaden beim Flugzeug, Ausfall des Kühlsystems eines Kernkraftwerkes).

Nicht jeder Fehler bedeutet eine Katastrophe.

- **Hauptfehler**
  Ein Hauptfehler ist ein nicht kritischer Fehler, der voraussichtlich zu einem Ausfall führt oder die Brauchbarkeit für den vorgesehenen Verwendungszweck wesentlich herabsetzt (z. B. Ausfall der Wisch-Anlage eines Kfz).
- **Nebenfehler**
  Ein Nebenfehler ist ein Fehler, der voraussichtlich die Brauchbarkeit für den vorgesehenen Verwendungszweck nicht wesentlich herabsetzt und den Gebrauch oder Betrieb einer Einheit nur geringfügig beeinflusst (z. B. ein Lackfehler).

Diese relativ grobe Einteilung kann detaillierter spezifiziert werden.

Für eine später durchzuführende Prüfung sind die Beschaffenheit der Qualitätsmerkmale und die daraus resultierende Aufteilung von Bedeutung (Tabelle 3.3).

Tabelle 3.3: Quantitative und qualitative Merkmale

Quantitative Merkmale Merkmalswerte sind einer Skala mit definierter Teilung zugeordnet (metrische Skala oder Kardinalskala)		**Nicht quantitative (qualitative) Merkmale** Merkmalswerte sind einer Skala ohne definierte Teilung zugeordnet (topologische Skala)	
Kontinuierliche Merkmale	Diskrete Merkmale	Ordinalmerkmale	Nominalmerkmale
Physikalische Größen z. B.: ▪ Längenmaße ▪ Temperatur ▪ Druck ▪ Wellenlänge	Durch Zählen feststellbar z. B.: ▪ Anzahl der fehlerhaften Teile ▪ Größe einer Stichprobe	Werte sind einer Ordinalskala zugeordnet, d. h., es besteht keine Ordnungsbeziehung z. B.: ▪ UTG, Toleranzbereich, OTG ▪ Note: 1, 2 ... 5 ▪ Bewertung: sehr gut, gut ...	Werte sind einer Nominalskala zugeordnet, d. h., es besteht keine Ordnungsbeziehung z. B.: ▪ Fehlerart: Kratzer ... ▪ Ein Teil ist i. O. oder n. i. O. ▪ Farbe: blau, rot ...
Bemerkung: Quantitative Merkmale können in qualitative (und umgekehrt) überführt werden z. B. der Wert eines Längenmaßes in eine Aussage ist in Ordnung (i. O.) oder nicht in Ordnung (n. i. O.).			

Vorgehensweise bei der Planung

Bei der Planung der Qualitätsforderungen an das Produkt und seine Realisierung sind folgende Schritte durchzuführen:

- Informationsbeschaffung,
- Forderungen definieren,
- Qualitätsmerkmale ableiten und ihre Zielgrößen und Toleranzen festlegen,
- Qualitätsmerkmale klassifizieren,
- Maßnahmen zur Erreichung der Forderungen festlegen,
- Dokumentation.

Umfangreiche Informationen sind nötig, um Qualitätsmerkmale festzulegen.

Beispiel:
Ein Merkmal für die Zuverlässigkeit einer Wasserpumpe ist die zu erwartende **Lebensdauer** ihrer Lager. Als Forderung wird sie in Form der zu erreichenden Betriebsstundenzahl und der zulässigen Ausfallrate festgelegt.
Als Grundlage für die Festlegung der Lebensdauer dienten die Kundenforderungen, Reklamationskosten, Reklamationsraten, Serviceberichte, Abnahmeberichte usw. Das Nichterreichen der Forderung an die Lebensdauer wird als Hauptfehler bzw. für bestimmte Einsatzfälle als kritischer Fehler (Kühlung eines Kernkraftwerks) eingestuft. Die geforderte Lebensdauer wird im Pflichtenheft festgeschrieben.
Als Realisierungsmaßnahmen werden Berechnungen, Produkt- und Prozess-FMEA, Dauertests usw. eingeplant.

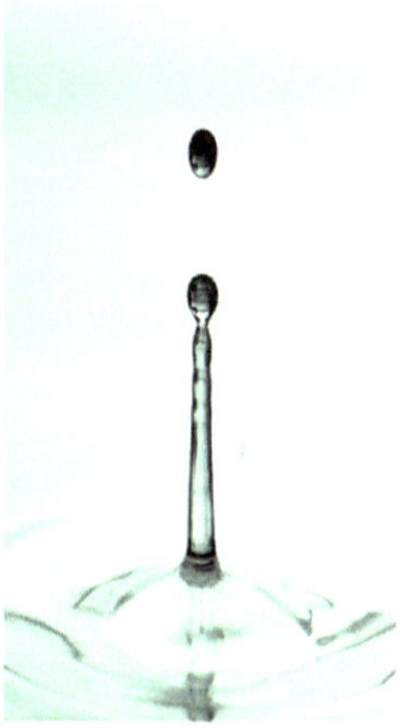

3.3.1.3 Planung neuer Qualitätsmanagementmethoden und -hilfsmittel

Die sich ständig wandelnden Forderungen an die Qualität sowie die infolge von Innovation und KVP entstandenen Änderungen der Produkte und Produktionsmittel fordern den Einsatz von leistungsfähigeren und effizienteren Methoden und Hilfsmitteln. Zum Beispiel wurde **Quality Function Deployment (QFD)** ursprünglich als eine für die Produktentwicklung benötigte Methode eingesetzt. Aktuell findet sie in allen Bereichen der Wirtschaft Anwendung.

3.3.1.4 Planung der qualitätsbezogenen Dokumentation

Für das Qualitätsmanagementsystem ist die Dokumentation sehr wichtig. Es werden alle Ereignisse festgehalten, die in direktem oder indirektem Zusammenhang mit der Qualität stehen. Es handelt sich um:

Ohne Dokumentation kein Qualitätsmanagement

- Spezifikationen (z. B. Messgerätespezifikation),
- Aufzeichnungen (z. B. Fehlerliste),
- Pläne (z. B. Prüfplan),
- Verfahrens- und Tätigkeitsdokumente (z. B. QM-Verfahrensanweisung),

- Protokolle (z. B. Messprotokoll),
- Berichte (z. B. interner Qualitätsbericht) und
- Nachweise (z. B. QM-Nachweisdokument).

Da diese Dokumente jeweils einem bestimmten Zweck dienen, müssen ihr Inhalt, ihre Vollständigkeit, ihre Aktualität, ihr Aufbewahrungszeitraum, ihre Zugänglichkeit, ihre Angemessenheit, ihr Trägermedium und ihre Nachvollziehbarkeit gewährleistet werden. Auch ihre Handhabung wie Erstellung, Genehmigung, Herausgabe, Verteilung, Änderungen und Einzug von Dokumenten muss geplant werden.

3.3.1.5 Planung des Langzeitbetriebsverhaltens

Ohne Zuverlässigkeit kein Vertrauen und kein Erfolg

Das Qualitätsmanagement ist sowohl in die Entwicklung neuer Produkte als auch in die Einführung in die Produktion involviert. Die Forderungen an Zuverlässigkeit, Sicherheit und Langlebigkeit der Produkte können nur dann erfüllt werden, wenn sie konstruktiv berücksichtigt und gleichzeitig produktionstechnisch umgesetzt werden.

> **Langzeitbetriebsverhalten**
>
> **Die Zuverlässigkeit ist Teil der Qualität im Hinblick auf das Verhalten der Einheit während oder nach vorgegebenen Zeitdauern bei vorgegebenen Anwendungsbedingungen [DIN 40].**

Die Definition beinhaltet eigentlich ein breites Spektrum von Forderungen, die man als **Langzeitbetriebsverhalten** bezeichnen kann. Diese Forderungen sind in Tabelle 3.4 [PSM07] zusammengefasst.

Die in Tabelle 3.4 aufgelisteten sechs Merkmale sind eng miteinander verbunden und voneinander abhängig. Infolge der Entwicklung in unterschiedlichen Branchen gibt es eine Reihe von Normen, Begriffen und Definitionen.

Tabelle 3.4: Grundbegriffe zur Spezifikation des Langzeitbetriebsverhaltens

Zuverlässigkeit	**Sicherheit**	**Verfügbarkeit**
Ausfallfreiheit im Betrieb, d. h. keine Beeinträchtigung der Funktion	Ausfallfreiheit im Betrieb, d. h., es entstehen keine sicherheitsgefährdeten Zustände	Berücksichtigt zusätzlich zur Zuverlässigkeit die Ausfalldauer sowie die Standzeit für präventive Wartung
Risiko	**Instandhaltbarkeit**	**Instandhaltung**
Zusätzlich zur Sicherheit wird das Ausmaß an sicherheitsgefährdenden Ausfällen berücksichtigt	Es berücksichtigt die Eignung für die Instandhaltung	Umfasst alle Maßnahmen zur Erhaltung (Wartung) und Wiederherstellung (Instandsetzung) des Normalzustandes

Das Langzeitbetriebsverhalten wird durch die **Ausfallrate $\lambda(t)$** beschrieben. Sie gibt als Funktion der Zeit die in einem Zeitintervall ausgefallenen Einheiten, bezogen auf den zu Beginn dieses Intervalls noch funktionsfähigen Bestand an Einheiten, an [KaBr07].

$$\lambda(t) = \frac{f(t)}{1 - F(t)}$$

$f(t)$ – Dichte der Verteilung

$F(t)$ – Verteilungsfunktion

Statistisch als **Badewannenkurve** dargestellt (Bild 3.12).

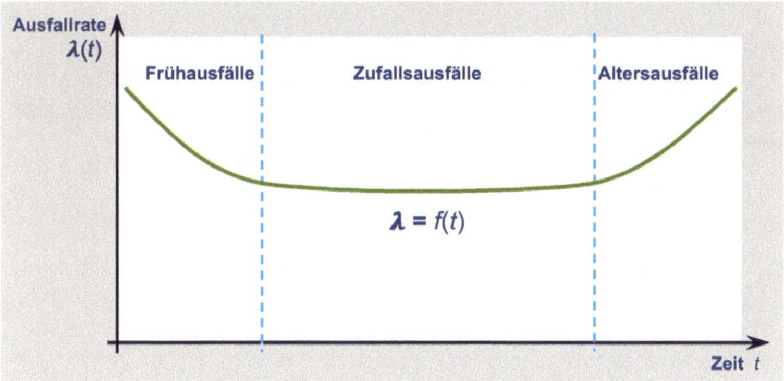

Bild 3.12: Badewannenkurve – Ausfallrate in Abhängigkeit von der Zeit

Höhere Früh- und Spätausfälle sind naturbedingt.

- In der **Frühausfallphase** liegen die Ursachen für eine erhöhte Ausfallrate in der Anpassung der Einzelelemente an das Gesamtsystem. So müssen sich z. B. Gleitlager einlaufen. Geringe Verunreinigungen, maßliche Abweichungen usw. führen zu Ausfällen.
- In der **Nutzungsphase** liegt eine konstante Ausfallrate vor. Die Zuverlässigkeitsfunktion folgt bei konstanter Ausfallrate etwa einer Exponentialverteilung.
- In der **Verschleißphase** kommt es zu Abnutzungsausfällen. Sie sind bedingt durch erhöhten Verschleiß und fortschreitende Alterung.

Zur mathematischen Beschreibung der Ausfallrate eignet sich aufgrund ihrer Parameter die **Weibull-Verteilung**.

Langzeitbetriebsverhalten ist das positive Produktverhalten über den Nutzungszeitraum.

Unter dem Begriff des **Langzeitbetriebsverhaltens** werden diejenigen Eigenschaften zusammengefasst, die das Produktverhalten über den gesamten Nutzungszeitraum beschreiben. Das Produktverhalten unterliegt dem Einfluss einer Vielzahl von zufälligen und teilweise unbekannten Größen. Zur Ermittlung der Verhaltensparameter werden deshalb meist statistische Methoden eingesetzt.

In vielen Fällen sind die zu erprobenden Systeme allerdings so komplex (z. B. Pkw, Software), dass trotz intensiver Erprobung keine vollkommene Fehlerfreiheit gewährleistet werden kann.

Während der Entwicklungsphase eines Produkts werden folgende Maßnahmen durchgeführt:

Praktische Erprobung ist unverzichtbar.

- Dauererprobung im Feld (z. B. Fahrversuche von Fahrzeugen über mehrere Hunderttausend Kilometer),
- Dauererprobung an Prüfständen (z. B. Volllasttests von Motoren),
- Extrembelastungstests (z. B. Versuche unter extremen klimatischen Bedingungen),
- Computergestützte Simulationen (Crashverhalten von Kraftfahrzeugen)
- usw.

Wichtig sind auch eine intensive Feldbeobachtung und ein möglichst rasches Eingreifen. Die Auswirkungen einer späten Fehlerbehebung sind sehr gravierend. Um eine zuverlässige Produktion zu gewährleisten, werden im Vorfeld

- Leistungstests,
- Belastungstests,
- Zuverlässigkeitstests,
- Produktionstests,
- usw.

durchgeführt. Die Vorbereitungsphase für die Einführung eines neuen Produkts in die Produktion ist enorm aufwendig und erfordert die Zusammenarbeit vieler Fachleute.

3.3.1.6 Qualitätsplanung in der Beschaffung

Der **Beschaffungsprozess** ist Teil des Supply Chain Managements. Das **Supply Chain Management** hat die Aufgabe, die Prozesskosten sowie Durchlaufzeiten zu senken und Flexibilität zu steigern, indem Distributions-, Materialbeschaffungs- und Produktionsflüsse optimiert werden (Bild 3.13).

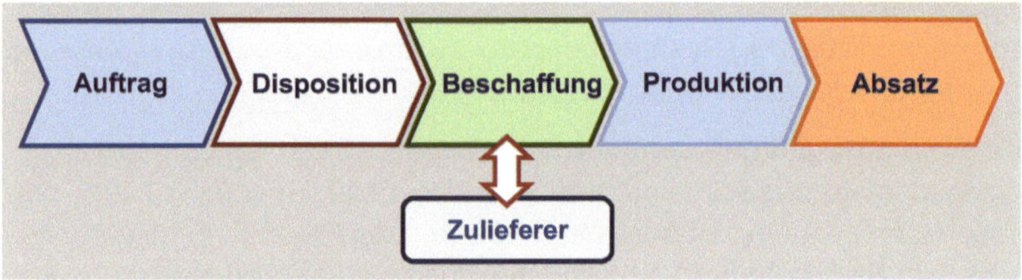

Bild 3.13: Beschaffung als Teil der Supply Chain

Von der Zulieferteilequalität hängt viel ab.

Aufgrund der Arbeitsteilung und Spezialisierung beträgt der Anteil der Zulieferererzeugnisse häufig mehr als 50 %. Aus diesem Grund kommt dem Qualitätsmanagement von Zulieferungen eine große Bedeutung zu.

- Der Kunde kann nicht zwischen den Fehlern des Zulieferers und den des Endproduktherstellers unterscheiden. Der Ausfall eines Zulieferteils führt zum Imageverlust des Endproduktherstellers.
- Die eigene Fertigung ist vor Störungen durch mangelhafte Lieferungen zu schützen.
- Die Gewährleistungsansprüche sind nach dem Handelsrecht dem Lieferanten gegenüber durch eine Mängelrüge darzulegen.
- Im Rahmen der Produkthaftung haftet der Hersteller auch für Zulieferteile.

Die Qualitätsplanung kann folgende QM-Elemente beinhalten:

Lieferantenbewertung vor Auftragsvergabe

Eine solide Lieferantenbewertung sichert zuverlässige Zulieferteile.

- Beurteilung von Preisen und Konditionen,
- Beurteilung von Serviceleistungen,
- Beurteilung von Lieferfähigkeit (Wissen, Kapazität, Know-how),
- Beurteilung des Fortbestands der Unternehmung,
- Beurteilung des QM-Systems des Lieferanten, Zertifizierung,
- Beziehungsintensität – Art der Zusammenarbeit.

Vereinbarung von technischen Lieferbedingungen

Vertragliche Inhalte bezüglich technischer Bedingungen und die Funktionen fixieren die Lieferung der Produkte gemäß technischer Angaben z. B. in technischen Zeichnungen.

Prototypenprüfung

Prüfung, ob die Einheit den Daten der Vereinbarung von technischen Lieferbedingungen entspricht. Prototypen werden oft in Handarbeit in der Werkstatt hergestellt. Sie liefern keine Aussage über die Qualität unter serienmäßigen Produktionsbedingungen. Oft sind in der Prototypenphase noch Konstruktionsänderungen nötig.

Erstmusterprüfung

Prüfung durch den Lieferanten oder den Abnehmer, ob die Einheit den Forderungsdaten der Vereinbarung von technischen Lieferbedingungen z. B. der technischen Zeichnung entspricht. Erstmuster sind diejenigen Produkte, die erstmals unter Serienbedingung entstehen.

Wareneingangsprüfung

Qualität kann nur in Zusammenarbeit mit dem Zulieferer erreicht werden.

Das Handelsrecht fordert vom Abnehmer, die angelieferte Ware zu prüfen, um sich die Gewährleistungsansprüche gegenüber dem Lieferanten zu sichern. Sie ist keine gesetzlich verankerte Pflicht, jedoch Voraussetzung für die Gewährleistungsansprüche. Hierbei ist eine Stichprobenprüfung meist ausreichend und anerkannt. Der Lieferant haftet grundsätzlich nur für die Mängel der Ware, nicht aber für etwaige Folgeschäden. Die Wareneingangsprüfung ist vielfach rechnergestützt. Es wird rechnergestützt erfasst, dokumentiert und ausgewertet.

Lieferantenbewertung während der Serienproduktion

Beurteilung von z. B. Liefertreue, Fertigungssicherheit usw.

Lieferantenaudits

Prüfung des QM-Systems und seiner Ergebnisse im Zulieferunternehmen durch eigene Auditoren.

Die Maßnahmen zur Qualitätssicherung der Zulieferteile und der Leistungen sind sehr umfangreich. Ein Beispiel einer Lieferantenbewertung ist in Kapitel 2.4.3 aufgeführt.

3.3.1.7 Risikoabsicherung

Ungewissheit bedeutet Chance oder Risiko.

Das Ziel des Qualitätsmanagements ist, Qualität zu erzeugen. Es bedeutet unter anderem, vorausschauend und vorbeugend zu agieren. Die Entscheidungen und Aktivitäten, die zur Zielerreichung führen sollen, sind häufig mit einer Ungewissheit, z. B. wegen unvollständiger Datenlage, verbunden. Diese Ungewissheit kann zu einer positiven Abweichung von der Zielsetzung, einer **Chance**, z. B. Marktwachstum, führen. Sie kann ebenfalls eine negative Abweichung verursachen, deren Auswirkung als **Risiko** bezeichnet wird.

Entsprechend dem zu betrachtenden GegenstanQualitätsmanagemend gibt es eine Vielzahl von Risiken wie z. B. Finanzrisiko, Marktrisiko usw. Bei einer Risikobetrachtung erwägt man, was geschehen könnte, welche Auswirkungen es hätte und wie wahrscheinlich es ist.

Die ISO 9001:2015 definiert Risiko als Auswirkung einer Unsicherheit auf ein erwartetes Ergebnis.

Die Norm fordert ein „risikobehaftetes Denken“ und das reicht über rein vorbeugende Maßnahmen hinaus. Damit sollen mögliche Auswirkungen von Ungewissheit bei dem angestrebten Ergebnis mitberücksichtigt werden und eventuell Gegenmaßnahmen vorgesehen werden.

Risikobehaftetes Denken

Die Norm und ihre Anforderungen beziehen sich auf Chancen und Risiken von Produkten sowie entlang ihrer Wertschöpfungskette. Inwieweit eine Abgrenzung zum betrieblichen Risikomanagement, wie es im Fall einer BSE-Pandemie 1987 in Irland der Lieferstopp von Milch an einen Babynahrungshersteller der Fall war, bleibt den Unternehmen überlassen.

In der Praxis wird sich der risikobezogene Fokus auf Produkte und die zu ihrer Planung, Erstellung, Lagerung, Auslieferung, Anwendung und Entsorgung benötigten Prozesse konzentrieren. Die Geschäftsleitung hat die Verpflichtung, den prozessorientierten Ansatz und das risikobasierte Denken zu fördern, also Maßnahmen zu treffen, die zur Erfüllung dieser Verpflichtung führen.

Die ISO 31000 beschreibt einen umfassenden und systematischen Ansatz zur Risikoabsicherung (Bild 3.14). Der Risikomanagementprozess besteht aus folgenden Phasen:

- **Zusammenhang erstellen**
  Der Fokus liegt dabei auf der Sicherung des zukünftigen Unternehmenserfolgs. Aus den übergeordneten Unternehmenszielen z. B. Steigerung des Marktanteiles sollen Risiken bei der Einführung eines neuen Produktes vermieden werden.

- **Risiken identifizieren**
  Das Ziel ist das Finden, Erkennen, Beschreiben und Klassifizieren von Risiken. Hierzu werden Werkzeuge wie Checklisten, SWOT-Analyse, Risiko-Identifikationsmatrix, Baumanalyse, Brainstorming u. a. eingesetzt.

Risiko systematisch beurteilen

- **Risikoanalyse**
  Die Risikoanalyse untersucht Ursachen und Quellen eines Risikos, Wahrscheinlichkeit seines Eintretens und seine Auswirkungen. Sie identifiziert und beschreibt Faktoren, die die Auswirkungen und die Wahrscheinlichkeit beeinflussen und analysiert ihre gegenseitigen Beziehungen. Die Auswirkung von Störereignissen kann wie folgt klassifiziert werden.

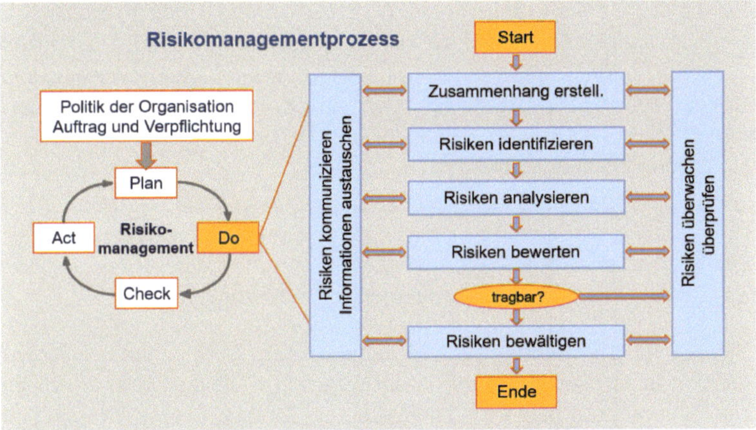

Bild 3.14: Prozessmodell der Risikoabsicherung nach ISO 31000

Tabelle 3.5: Klassifizierung für die Auswirkung von Störeinflüssen [Leid02]

Auswirkungs-klasse	Auswirkung	Schadenaufwand / Forderung (in % des Umsatzes)
1	geringfügig	< 0,01
2	klein	0,01–0,1
3	mittel	0,1–1
4	groß	1–10
5	sehr groß	10–100
6	existenzbedrohend	> 100

Die Eintrittswahrscheinlichkeit kann nach der Eintrittsfrequenz klassifiziert werden. Als Analysewerkzeuge können FMEA, Ursache-Wirkungs-Diagramm, Risiko-Checkliste, Brainstorming u. a. Verwendung finden.

Tabelle 3.6: Klassifizierungssystem zur Einteilung der Eintrittswahrscheinlichkeit von Schadenereignissen [Leid02]

Häufigkeits-klasse	Eintrittswahr-scheinlichkeit	Eintrittsfrequenz (1/a)	Häufigkeit (Anzahl von Ereignissen pro Zeit)
1	außerordentlich unwahrscheinlich	< 0,01	Maximal einmal in 100 Jahren
2	unwahrscheinlich	0,01 – 0,02	Alle 50 bis 100 Jahre ein Mal
3	wenig möglich	0,02 – 0,04	Alle 25 bis 50 Jahre ein Mal
4	möglich	0,04 – 0,10	Alle 10 bis 25 Jahre ein Mal
5	eher möglich	0,1 – 0,2	Alle 5 bis 10 Jahre ein Mal
6	wahrscheinlich	0,2 – 1,0	Alle 1 bis 5 Jahre ein Mal
7	eher wahrscheinlich	1 – 5	1 bis 5 Mal jährlich
8	sehr wahrscheinlich	5 – 10	5 bis 10 Mal jährlich
9	außerordentlich wahrscheinlich	> 10	Mehr als 10 Mal jährlich

- **Risikobewertung**

Das Ziel ist, für das Unternehmen, für Prozesse und Produkte tatsächlich relevante Risiken zu bestimmen. Hierzu müssen das Ausmaß des Risikos und seine Eintrittswahrscheinlichkeit bewertet werden. Zur Bewertung des Risikos können „Top-Down-Methoden", wie z. B. Nutzwertanalyse, **Risikomatrix** (Bild 3.15) u. a. verwendet werden, die von bekannten Risiken und deren Folgen ausgehen.

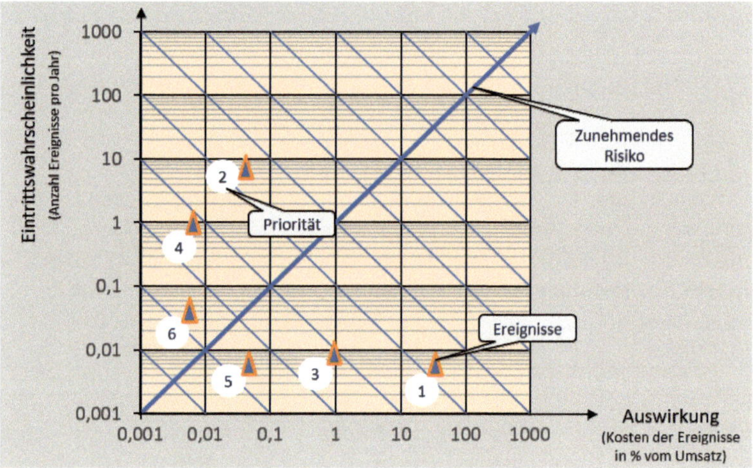

Bild 3.15: Prinzipdarstellung einer Risikomatrix [Leid02]

Die Risikomatrix verdeutlicht das Risiko in Abhängigkeit von der Eintrittswahrscheinlichkeit und den relativen Schadenskosten. Das Risiko wird wie folgt bestimmt:

Risiko greifbar machen

$$R = A \times W$$

R [-] – Risiko
A [1/a] – Auswirkungen des Schadens
W [%] – Eintrittswahrscheinlichkeit

Da das Risiko durch das Produkt von zwei Größen gebildet wird, stellen die quer verlaufenden Linien ein konstantes Risiko bei unterschiedlichen Eintrittswahrscheinlichkeiten und Auswirkungen dar. Der doppeltlogarithmische Maßstab mit gleichen Abständen deckt einen großen Bereich ab.

„Bottom-up-Methoden", wie z. B. Szenarioanalyse, untersuchen die Ursachen der Risiken und die Folgen eines Risikoeintritts.

Bei der Anwendung von Risikomethoden sollte eine realistische Sicht nicht außer Acht gelassen werden.

- **Risikobewältigung**
  Zur Verfügung stehen mehrere Optionen:
  - Risiken vermeiden, indem z. B. auf schwer beherrschbare Technologien verzichtet wird.
  - Beseitigen von Risikoquellen, indem z. B. Machbarkeitsstudien durchgeführt werden.
  - Senken der Eintrittswahrscheinlichkeit z. B. anhand einer FMEA.

Risiko vermeiden oder senken

Welche Ergebnisse eine Risikobetrachtung liefert, zeigt folgender Fall.

Beispiel:
Der Energieversorgungsprozess in einem Produktionswerk soll auf Risiken untersucht werden. Unter anderem sollen das Ausfallrisiko des Heizungssystems und seine Folgen untersucht werden.

Es wird entsprechend dem Prozessmodel der Risikoabsicherung nach ISO 31000 vorgegangen.

- **Zusammenhang erstellen**

Es soll die Versorgung und Absicherung des Produktionsstandortes gewährleistet werden. In den Bereich Energieversorgung fällt die Versorgung mit Heizungswärme. Einbezogen wird das Heizen von Produktionshallen, Büroräumen, als Prozesswärme im Bereich Galvanik, für den Betrieb von Klimaanlagen in Feinmessräumen, EDV und anderen Bereichen sowie der Wasserentsalzungsanlage.

- **Risiken identifizieren**

Für die Risikoidentifizierung wurde eine Istaufnahme durchgeführt, gesamte Dokumentation über das Heizungssystem erfasst, Betriebsbegehung und Interviews durchgeführt.

Ursachen finden ist wichtig

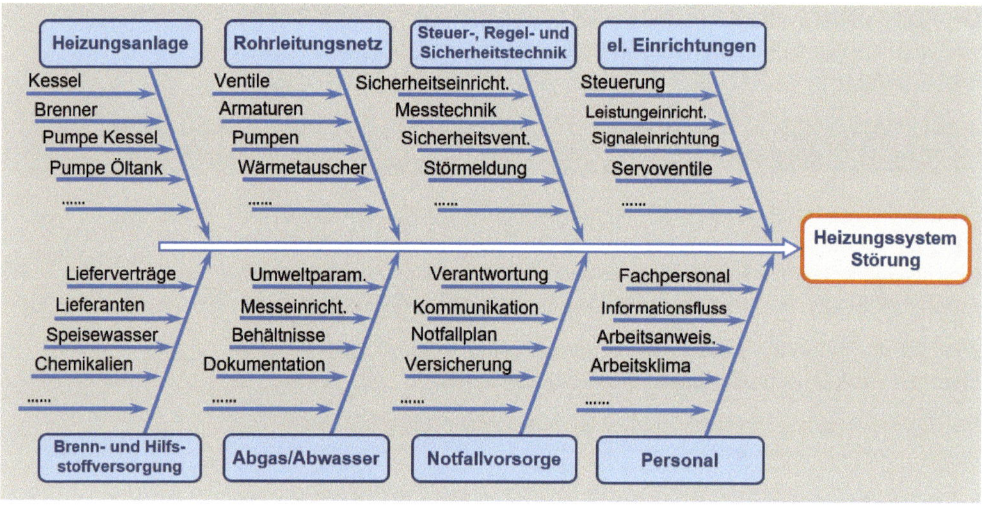

Bild 3.16: Ursache-Wirkungs-Analyse des Heizungssystems (Auszug)

Anhand der gewonnenen Informationen wurde im Brainstorming eine Ursache-Wirkungs-Analyse durchgeführt (Bild 3.16). Um die Analyse operativ zu spezifizieren, wurde eine Risiko-Checkliste (Tabelle 3.7) erarbeitet und wurden vorhandene Mängel abgestellt.

Risikoquellen operationalisieren

Tabelle 3.7: Risiko-Checkliste Heizungssystem (Auszug) [VDMA 24]

Nr.	Risiko-Checkliste: Heizungssystem	Erfüllt?
1	**Dokumente**	
1.1	Wird ein Betriebstagebuch ordnungsgemäß geführt?	✓
1.2	Sind alle Betriebsanweisungen an der Anlage vorhanden?	✓
...	......	✓
2	**Steuer-, Regel- und Sicherheitseinrichtungen**	
2.1	Ist eine einwandfreie Funktion aller Sicherheitseinrichtungen gewährleistet?	✓
2.2	Ist die richtige Einstellung der Daten, wie Temperatur, gewährleistet?	✓
2.3	Ist die Funktion des Ausdehnungsgefäßes gewährleistet?	✓
...	......	
6	**Heizungsanlage**	
6.1	Ist die Funktion der Kessel gewährleistet?	✓
6.2	Ist die Sicherheit der Kessel jederzeit gewährleistet?	✓
...	...	
13	**Notfallvorsorge**	
13.1	Besteht ein Notfallplan für Störungen im Betriebsablauf?	✓
...	......	

- **Risikobewertung**

Anhand der Betriebsaufzeichnungen und der Einschätzung von Mitarbeitern wurden das Risiko und die Schadenseintrittswahrscheinlichkeit anhand von Häufigkeitsklassen (Tabelle 3.6) und ihre Auswirkungen (Tabelle 3.5) eingestuft. Sie wurden in Tabelle 3.8 entsprechend der Einstufung in die Häufigkeitsklassen zusammengefasst.

Tabelle 3.8: Risikoeinschätzung Heizungssystem (Auszug)

Portfolio Nr.	Element des Heizungssystems	Häufigkeitsklasse	Eintrittswahrscheinlichkeit 1/Jahr	Aus-wirkung WINTER	Kommentar zur Risikoeinschätzung
1	Brenner 1, 2, 3	**7**	eher wahrscheinlich	**4**	Groß – problematische Situation ab dem Ausfall von 2 Brennern.
2	E-Leistungsschrank 1, 2, 3	**7**	eher wahrscheinlich	**4**	Groß – Beeinträchtigung bei Ausfall eines E-Leistungsschranks.
3	Abschwemmventil 1, 2, 3	**6**	wahrscheinlich	**4**	Keine Beeinträchtigung bei Ausfall eines Abschwemmventils.
...	......				
6	Kessel	**8**	sehr wahrscheinlich	**5**	Sehr groß – Ausfall eines Kessels verursacht eine Überlastung der übrigen Kessel.
...	......				
10	Ausdehnungsgefäß	**6**	wahrscheinlich	**6**	Existenzbedrohend – kein Ersatz vorhanden. Beim Ausfall kein Betrieb möglich.
...	......				

Um einen Überblick der Risikosituation zu erhalten, wurde ein Risikoportfolio aufgestellt (Bild 3.17). Der Ausfall des Ausdehnungsgefäßes Nr. 10 stellt das größte Risiko für den Ausfall der Heizungsanlage und daraus folgender Unterbrechung der Produktion dar. Auch eine Kesselstörung Nr. 6 stellt ein kritisches Risikopotenzial dar.

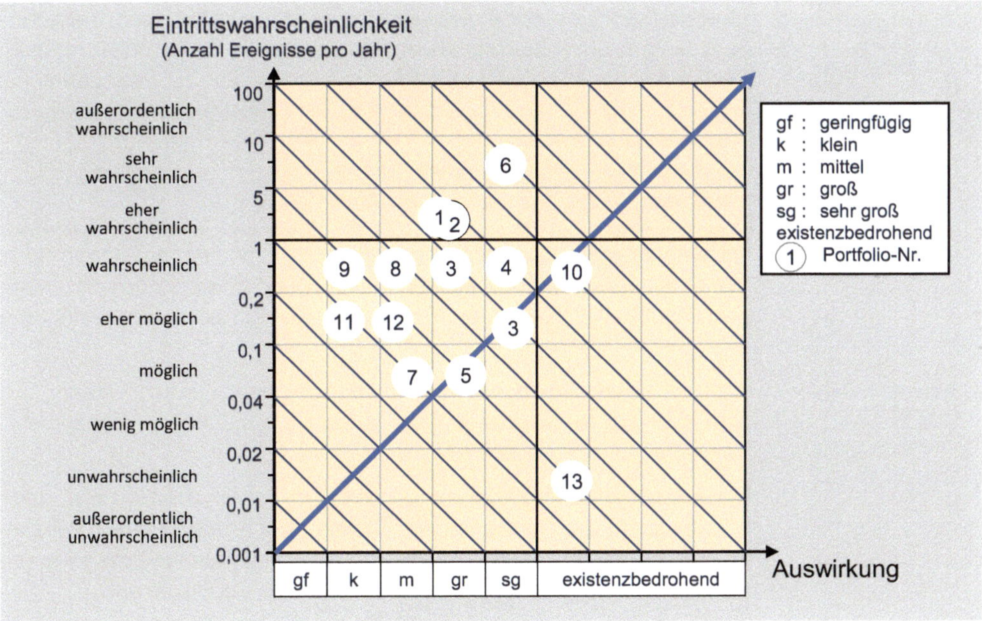

Bild 3.17: Risikoportfolio der Heizungsanlage im Winter

Eine Kalkulation ergab für eine einwöchige Unterbrechung der Produktion 1,7 Mio. Euro an Ausfallkosten. Weitere Folgen wären mögliche Umsatzeinbußen, Vertragsstrafen, Imageverlust und Kundenunzufriedenheit.

- **Risikobewältigung**
  Zur Verfügung stehen mehrere Optionen:

Maßnahmen zur Risikominderung vorschlagen

  - Energie-Contracting würde das Risiko vollständig auf den Contractingpartner abwälzen, der entsprechende Maßnahmen treffen müsste.
  - Investitionen tätigen in parallel geschalteten Einrichtungen.
  - Senken der Eintrittswahrscheinlichkeit auf Grundlage einer vorbeugenden Instandhaltung.

Die Werksleitung kann auf Grundlage des vorliegenden Risikoszenarios und der zu kalkulierenden Kosten für die Varianten der Risikobewältigung eine Entscheidung treffen.

Nachweisführung zur Abwehr eventueller Regressforderungen

Die **Nachweisführung** dient der Dokumentation der verwendeten Bauteile und Verfahren. Sie ist für Großprojekte (z. B. Schiffe, Kraftwerke, Flugzeuge) von enormer Wichtigkeit.

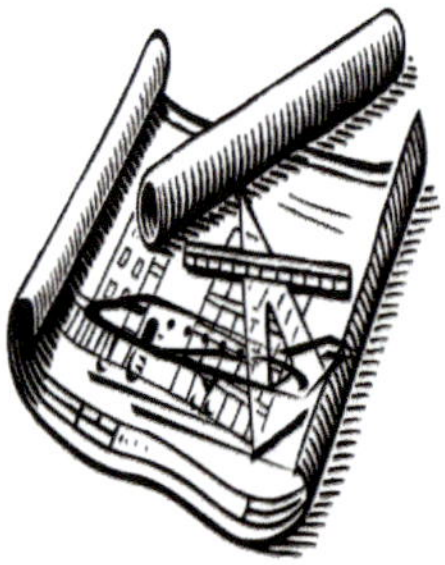

Beispiel:
Es ist gesetzlich vorgeschrieben, dass ein Hersteller von Flugzeugtriebwerken Musterprüfunterlagen für eine Baureihe noch mehrere Jahre über die Außerdienststellung des letzten Triebwerkes aufbewahren muss. Sie beinhalten alle qualitätssichernden Maßnahmen von sicherheitsrelevanten Bauteilen. Der zu betrachtende Zeitraum kann bis zu 80 Jahre betragen. Bei einem Schaden muss der Lebenslauf des betroffenen Bauteiles mit allen seinen qualitätssichernden Maßnahmen (Daten) verfolgt werden können.

Insbesondere bei der Herstellung kritischer Produkte, bei denen hohe Sicherheitsrisiken (Leben von Menschen) und hohe materielle Schäden (wirtschaftliche Risiken) auftreten können, ist die Nachweisführung Pflicht.

Regressforderungen sind nicht zu unterschätzen.

Ähnliche Verpflichtungen, allerdings über einen kürzeren Zeitraum, fordern auch die Automobilhersteller und andere Industriebereiche in den Verträgen mit ihren Zulieferern.

Die Nachweisführung wird meist an einem **Baumuster** in Form einer **Musterprüfung** erbracht. Darüber hinaus müssen die bereits in der Entwicklung durchgeführten Qualitätssicherungsmaßnahmen belegt werden (Abnahmeprüfungen, rechnerische Nachweise, Zertifikate usw.).

3.3.2 Qualitätsprüfung

Die Qualitätsprüfung ist von besonderer Bedeutung. Der Gesetzgeber schreibt allgemeingültig für alle Produkte vor, dass ein Benutzer durch ihren Gebrauch keinen Schaden erleiden darf. Auch die Marktstellung des Unternehmens kann bei fehlerhaften Produkten sehr in Mitleidenschaft gezogen werden.

3.3.2.1 Grundbegriffe

Der Begriff Prüfung wird in mehreren Normen unterschiedlich definiert. Die DIN 1319-1 besagt:

> **„Feststellen, inwieweit ein Prüfobjekt eine Forderung erfüllt.“**

Die DIN EN ISO 9000 führt zu „Prüfung“ aus:

> **„Konformitätsbewertung durch Beobachten und Beurteilen, begleitet – soweit zutreffend – durch Messen, Prüfen oder Vergleichen.“**

Es werden also Teile, Baugruppen, Produkte, Lieferungen oder Dienstleistungen hinsichtlich ihrer Einhaltung mit bestimmten vorgegebenen Eigenschaften verglichen. Die Qualitätsprüfung bezieht sich auf die von der Qualitätsplanung erarbeiteten Qualitätsmerkmale sowie auf Normen, Vorschriften, Lieferantenverträge usw. Sie sind die Grundlage für die Festlegung der Prüfmerkmale.

> **„Ein Prüfmerkmal ist ein Merkmal, anhand dessen eine Prüfung durchgeführt wird.“**

Eine Prüfung kann anhand **quantitativer** oder **nicht quantitativer Merkmalswerte** (= qualitative Merkmale) durchgeführt werden. Ein quantitativer Wert wird durch eine Zahl ausgedrückt. Ein nicht quantitativer Wert wird anhand einer Aussage dokumentiert (Tabelle 3.9).

Prüfung quantitativer oder nicht quantitativer Merkmale

Tabelle 3.9: Prüfung anhand quantitativer oder nicht quantitativer Merkmalswerte

Prüfungsart	Prüfung	Prüfaussage	Prüfergebnis
Quantitative Prüfung	Oberer Grenzwert (o. G.) = 105 Unterer Grenzwert (u. G.) = 100  	100 < 102 < 105	In Ordnung
	Kann umgewandelt werden in		
Nicht quantitative Prüfung	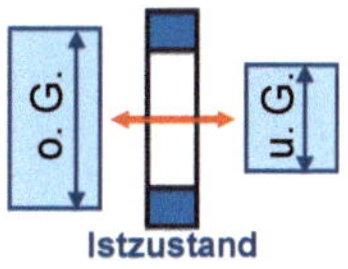 	Istzustand < o. G. → ja Istzustand > u. G. → ja	In Ordnung

Bei der Prüfung findet ein Vergleich des ermittelten Messwertes bzw. Merkmalswertes mit den relevanten Forderungen, z. B. einer Zeichnungsangabe, statt. Mit dem Prüfen ist immer eine Entscheidung bezüglich der Erfüllung der Forderungen verbunden.

Klassifizierung der Merkmale bestimmt die Prüfungsart.

Prüfungen können entsprechend ihren Merkmalen klassifiziert werden (Bild 3.18). Die Klassifizierung wird zur Bestimmung der Prüfungsart und der Prüfstrategie benötigt. Wesentliche Faktoren bei der Auswahl der Prüfungsart sind die Art des Prüfmerkmals und die gestellten Forderungen. Sie sind dafür entscheidend, ob subjektiv oder objektiv geprüft wird (Bild 3.19).

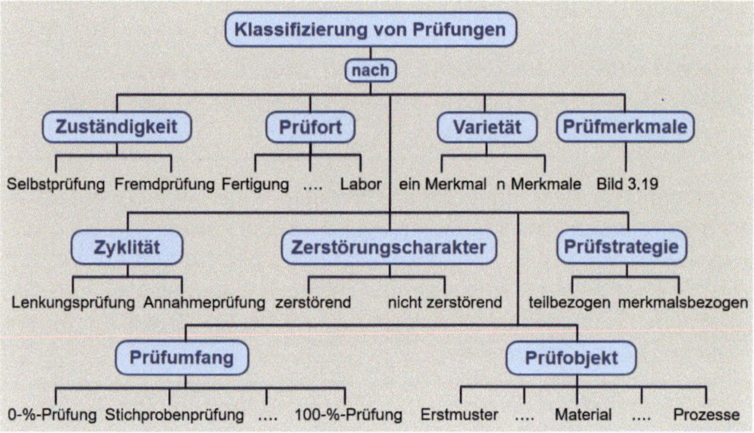

Bild 3.18: Klassifizierung von Prüfungen

Einige Merkmale können nur subjektiv geprüft werden.

Die **subjektive Art von Prüfungen** erfolgt durch Sinneswahrnehmungen des Prüfers ohne Hilfsmittel. Zum Beispiel erkennt er durch Sicht- und Tastprüfung, ob die Gratbildung und Rautiefe am Werkstück zulässig sind. Auch weiche Faktoren wie Mitarbeiterzufriedenheit u. Ä. können nur durch Bewerten subjektiv erfasst und ihre Übereinstimmung mit den Zielwerten geprüft werden.

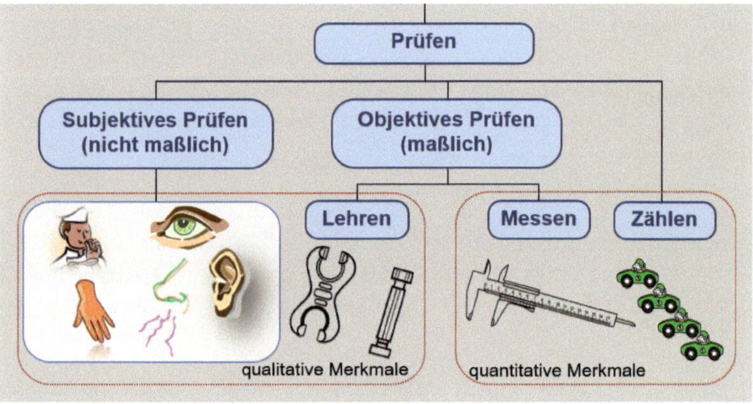

Bild 3.19: Klassifizierung nach Art der Erfassung der Prüfmerkmale

Nachteile:

- Eine objektive Bewertung der Qualität ist nicht möglich.
- Vorurteile oder Unerfahrenheit prägen das Ergebnis.

Die **objektive Art von Prüfungen** findet mithilfe von Prüfmitteln, also mit Messgeräten und Lehren, statt. Messgeräte liefern zur Auswertung einen Messwert, mit Lehren wird nur festgestellt, ob der Prüfkörper gut oder Ausschuss ist.

Objektive Prüfung ist quantifizierbar.

Vorteile:

- Eine objektive Bewertung der Qualität ist möglich, sie ist quantifiziert.
- Konkrete Festlegungen sind die Basis für Annahme oder Ablehnung.

Nachteile:

- Die maßlichen und anderen physikalischen Prüfvorgänge sind mit höheren Kosten verbunden.
- Produktionsfolge häufig unterbrochen.
- Qualifizierung des Personals nötig.

Auch die Prüfarten richten sich nach den **Produktionsstufen**. Sie orientieren sich am Materialfluss im Unternehmen. Die Prüfung erfolgt vom Wareneingang (Rohmaterial, Halbzeuge, Einzelteile, Baugruppen) über verschiedene Stellen im Produktionsprozess (Teileprüfung) bis zur Montage (Baugruppen). Am Ende des Produktionsprozesses erfolgt die Endprüfung, in der das Produkt insgesamt geprüft und abgenommen wird.

3.3.2.2 Prüfung des QM-Systems

Die Prüfung eines QM-Systems wird entsprechend der vorgenommenen Planung mit folgenden Inhalten durchgeführt:

- qualitätsbezogene Verfahren,
- qualitätsbezogene Tätigkeiten,
- QM-Elemente,
- QM-Prozesse.

Für die Durchführung einer Prüfung steht eine Reihe von Bewertungsmethoden zur Verfügung. Sie werden je nach Art der zu prüfenden Merkmale und Elemente eingesetzt.

QM-Systeme werden bewertet

- **Qualitätsprüfungen**

  dienen zum Feststellen, inwieweit eine Produktionseinheit die Qualitätsforderung erfüllt. Die Prüfung findet je nach Einsatzgebiet anhand harter Fakten oder subjektiver Empfindungen mit abschließender Bewertung statt.

- **Beurteilung anhand definierter Merkmale**

  z. B. Lieferantenbewertung

- **Audit**

  (von lat. „Anhörung"), Untersuchungsverfahren, das dazu dient, z. B. Prozesse hinsichtlich der Erfüllung von Forderungen und Richtlinien zu bewerten.

- **Benchmarking**

  ist ein systematischer und kontinuierlicher Prozess des Bewertens und Vergleichens von Produkten, Dienstleistungen und Prozessen im eigenen Unternehmen oder mit einem Partnerunternehmen.

- **Managementreview, auch Managementbewertung**

  wird von der Unternehmensleitung vorgenommen, um die Wirksamkeit und Effizienz des QM-Systems zu prüfen.

- **Selbstbewertung, auch Assessment**

  (deutsch: Einschätzung, Beurteilung, Abwägung), darunter versteht man die Bewertung eines Unternehmens bezüglich des Qualitätsmanagements nach dem EFQM-Modell.

- **Qualitätspreise**

  Verfahren nach dem EFQM-Modell o. ä.

Für das QM-System spielen Audits eine besondere Rolle. Sie werden bei der Einführung, Zertifizierung und Aufrechterhaltung des QM-Systems als eine zentrale Bewertungsmethode eingesetzt.

Ein Audit ist eine systematische, unabhängige Untersuchung, um festzustellen, ob die qualitätsbezogenen Tätigkeiten und die damit zusammenhängenden Ergebnisse

- den geplanten Forderungen entsprechen,
- ob diese Forderungen tatsächlich verwirklicht sind,
- und ob sie geeignet sind, die Ziele zu erreichen.

Audits liefern Informationen über Leistungsfähigkeit, Wirksamkeit und Effizienz des QM-Systems, über die Zielerreichung und über die zu ergreifenden Korrekturmaßnahmen. Unabhängig von Art und Typ der Audits werden sie von entsprechend qualifizierten Personen, den Auditoren, durchgeführt.

Je nach Schwerpunkt (d. h. Betrachtungselement) eines Audits werden folgende Auditarten unterschieden:

Audits sind das zentrale Element des Qualitätsmanagements.

- **Produktaudit**

Es wird eine regelmäßige Überprüfung von Produkten (z. B. Teile, Baugruppen, Dienstleistungen) hinsichtlich der Einhaltung von Produktforderungen (z. B. Maße, Werkstoff, Lieferbedingungen) durchgeführt.

- **Prozessaudit**

Es wird eine regelmäßige Überprüfung von Prozessen (Fertigungs-, Montage- oder Dienstleistungsvorgänge) hinsichtlich der Einhaltung der Vorgaben von Prozesseigenschaften (Parameter, Abläufe oder Organisation) und Prozessbeschreibungen (z. B. Fertigungs-, Prüf- und Wartungspläne) durchgeführt. Gründe für die Durchführung sind unter anderem:

  - Reifegradbewertung bezüglich Produkt- oder Prozessfreigabe
  - Sicherstellung der Produkt- und Prozessanläufe
  - Analyse aufgrund von Produkt- oder Prozessproblemen
  - Schwachstellen- und Risikoanalyse/Prävention

- **Systemaudit**

Es wird eine regelmäßige Überprüfung eines QM-Systems in Bezug auf seine Bestandteile hinsichtlich Bekanntheit und Erfüllung der an das QM-System gestellten Forderungen durchgeführt.

Entsprechend der Zielsetzung und dem Gegenstand des Audits gibt es unter anderem:

  - interne und externe Audits,
  - Lieferantenaudits,
  - Zertifizierungsaudits

Planen und Durchführen eines Audits

Bei der Planung eines Audits werden vom Qualitätsmanagement folgende Merkmale festgelegt:

- das zu auditierende Element (z. B. ein Prozess),
- der verantwortliche Ansprechpartner,
- der Gegenstand des Audits (z. B. hohe Reklamationsrate),
- das Auditoren-Team,
- relevante Dokumente wie das Q-Handbuch, Prozess- und Verfahrensanweisungen usw.,
- der Auditablauf,
- der Audittermin und
- die Bekanntgabe an die Mitarbeiter.

Die Durchführung von Audits folgt einer festgelegten Vorgehensweise.

Beispiel:
Im Prozess Auftragsbearbeitung wurde turnusgemäß bei einem internen Audit eine „Abweichung“ festgestellt.
Sie wird im Auditprotokoll festgehalten und vom Bereichsverantwortlichen gegengezeichnet. Das Auditprotokoll wird zur Anlage des Auditberichts.

Maus - Service	Auditprotokoll Auditnummer.: AM9902	Qualität ist unser Ziel Seite 1 von 1

Darlegungsmodell DIN ISO 9001:2015

☒ Internes Audit ☐ Nachaudit Datum: 10.01.2022

Audit-Relevanz: Ressort, Prozess, ..., Verfahrensanweisung	Prozess im Auftragsmanagement	Prozess: Standort:	Auftragsbearbeitung Industriestrasse 2
Kontaktperson:	I. Müller	Funktion:	Teamleiterin
Telefon:	04321 /9001-315	Fax:	-316
AuditorIn:	K. Heinz	AuditorIn:	F. Becker

Normforderung und Auditfrage:	Feststellung zur Stichprobe vor Ort:
7.5 Dokumentierte Information Wie werden die für die Kundenakte betreffende Qualitätsaufzeichnungen erfasst?	Einige Qualitätsaufzeichnungen sind nicht erfasst (z.B.: Betriebsaufträge, Eskalationsfälle, Eskalationsfaxe, ...). Der Zugriff ist daher nicht gewährleistet, die Vertragsabwicklung ist ggf. gefährdet.

Unterschriften:

Auditoren: K. Heinz; F. Becker Datum: 10.01.2022 Ressortleiter: C. Chef

Bild 3.20: Auszug aus einer Prozessaudit-Dokumentation [Ben9.1]

Ein Audit wird wie folgt durchgeführt:

- Einführungsgespräch mit den Mitarbeitern,
- Abarbeitung der Fragen in Mitarbeitergesprächen,
- Sichten der Arbeitsunterlagen und -ergebnisse wie Abweichungsberichte, Nachweise der Kommunikation usw.,
- Beobachtung von Tätigkeiten und Zuständen,
- Abschlussgespräch über die Ergebnisse und das weitere Vorgehen,
- Erstellung eines Auditberichtes.

Der Verantwortliche für den auditierten Bereich trägt auch die Verantwortung für die Durchführung der im Auditbericht festgelegten Korrekturmaßnahmen.

3.3.2.3 Prüfung der Qualitätsforderungen an das Produkt und seine Realisierung

Soweit es sich um immaterielle Objekte bzw. um eine subjektive Art der Prüfung handelt, werden die in Kapitel 3.3.2.2 beschriebenen Bewertungsmethoden angewandt. Materielle Objekte wie Bauteile, Maschinen usw. werden auf der Grundlage ihrer physikalischen, chemischen u. a. Eigenschaften geprüft.

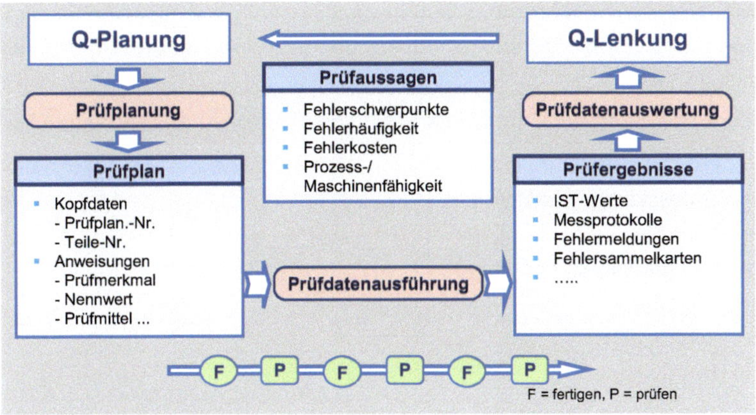

Bild 3.21: Abläufe in der Qualitätsprüfung

Die Qualitätsprüfung ist Teil der internen und externen Lenkungskreise. Sie besteht aus drei Bereichen:

- **Prüfplanung,**
- **Prüfausführung,**
- **Prüfdatenauswertung und Dokumentation.**

Die Qualitätsprüfung ist in den Qualitätslenkungskreis eingebunden (Bild 3.21).

3.3.2.4 Prüfplanung, -ausführung und -auswertung

Zu den Aufgaben der Prüfplanung gehört die Schaffung der technischen und organisatorischen Voraussetzungen, um Qualitätsprüfungen wirkungsvoll ausführen zu können. Dazu zählen folgende Bereiche der Prüfplanung:

Der Ablauf der Prüfung muss eingehalten werden.

- Prüfplanerstellung und -anpassung,
- Lenkung von Überwachungs- und Messmitteln,
- Programmierung von Messeinrichtungen,
- Prüfdatenauswertung und -dokumentation,
- Prüfmittelplanung und Prüfmittelbeschaffung,
- Prüfmethodenplanung.

Für alle Aufgaben der Prüfplanung existieren CAQ-Programme, die über entsprechende Funktionen verfügen. Sie erlauben eine systematische Datenerfassung, -auswertung und Dokumentation. Sie ermöglichen eine schnelle und umfassende Übermittlung aller Informationen an betroffene Stellen im Unternehmen wie den Wareneingang, die Produktion usw.

Prüfplanerstellung und -anpassung
Zu den zentralen Aufgaben gehört die Prüfplanerstellung bzw. ihre Anpassung an neue Gegebenheiten. Eine enge Zusammenarbeit mit der Entwicklung ist von enormer Bedeutung. Ohne konstruktiv bedingte

Möglichkeiten einer Prüfung können Qualitätsvorgaben nicht eingehalten werden. Auch die Versuchsdurchführung erfolgt in Kooperation mit der Prüfplanung.

Zur Festlegung der Prüfmerkmale sind Informationen aus folgenden Bereichen heranzuziehen:

Die Prüfplanerstellung benötigt umfassende Informationen.

- Entwicklung, Konstruktion,
- Vertrieb,
- Kundendienst,
- Marketing,
- Arbeitsvorbereitung,
- Produktion,
- Qualitätsmanagement.

Ein Prüfplan beinhaltet alle relevanten Daten.

Die Prüfplanerstellung erfolgt in derselben Phase wie der Arbeitsplan, also nach Abschluss der konstruktiven Auslegung. Eingangsinformationen sind z. B. Werkstückzeichnungen, Stücklisten, Arbeitspläne, Richtlinien und Kataloge.

Die Prüfplanerstellung erfolgt nach den in Bild 3.22 festgehaltenen Funktionen. Entsprechend der Klassifizierung von Prüfungen (Bild 3.18) wird anhand des festgelegten Prüfmerkmals der Inhalt des Prüfplans, wie Zuständigkeit, Prüfort, Prüfmittel usw., festgelegt.

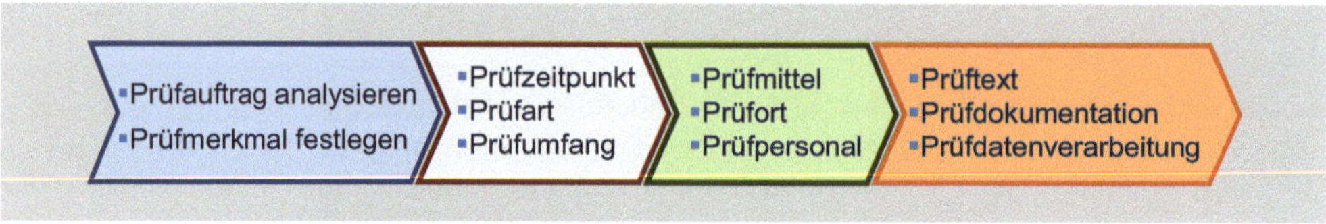

Bild 3.22: Vorgehensweise bei der Prüfplanfestlegung

Prüfmerkmalauswahl

Die Auswahl des Prüfmerkmals beruht auf der **4-W-Vorgehensweise**.

Beispiel
Ein Stift soll in einer Bohrung leicht verschiebbar sein. Das ist die Qualitätsforderung an die Funktionsfähigkeit. Mithilfe der W-Fragen kommt man zu dem Ergebnis, dass die Durchmesser der beiden Teile ein definiertes Spiel aufweisen müssen, also wird bei beiden Teilen eine Spielpassung vorgeschrieben (Tabelle 3.10).
Diese Festlegung wird in der Regel durch den Konstrukteur in der technischen Zeichnung umgesetzt und von der Prüfplanung als Prüfmerkmal übernommen.

Tabelle 3.10: 4-W-Fragen

W-Fragen	Beispiel
Was soll erreicht werden?	leichte Verschiebung zueinander
Wie wird es erreicht	durch ein Spiel zwischen den Teilen
Womit wird es erreicht?	Stiftdurchmesser immer kleiner als Bohrungsdurchmesser
Wie viel ist notwendig?	Es werden das Nennmaß, die Lage und die Toleranz der beiden Teile festgelegt.

Bei der Festlegung der Merkmale müssen noch weitere Aspekte berücksichtigt werden:

- geforderte Toleranzen und deren Strenge relativ zum betrieblichen Qualitätsstandard (meist werden die Toleranzen vom Konstrukteur zu eng gewählt),
- spätere Messbarkeit,
- Möglichkeit systematischer Fehler,
- nachfolgende Produktionsschritte (z. B. bei Herstellung einer Passung auf einer Welle wird beim Drehen ein Aufmaß gelassen. Dieses Aufmaß zu prüfen, ist meist nicht nötig.),
- Erfahrung mit ähnlichen Produkten bzw. Merkmalen,
- Ergebnisse aus durchgeführten Prüfungen (z. B. aus Erstmustern).

Prüfzeitpunkt, Prüfort und Prüfpersonal

Prüfzeitpunkt und -ort greifen in den Prozessablauf ein.

Die Höhe der Herstellungskosten wird durch die Prüfkosten und Ausschusskosten beeinflusst. Daher ist die Wahl des Prüfzeitpunkts von großer Bedeutung. Entscheidend sind die Fragen nach der Beherrschbarkeit des Prozesses, nach der Anzahl der Arbeitsschritte oder nach dem Wertzuwachs zwischen den einzelnen Arbeitsschritten. Liegt nur eine geringe Anzahl von Arbeitsschritten mit einem geringen Wertzuwachs vor, kann auf eine Zwischenprüfung verzichtet werden. Bei einem hohen Wertzuwachs wird eine Zwischenprüfung vorgeschaltet, um nicht noch ein Schrottteil zu veredeln. Ist der Zeitpunkt festgelegt, wird über den Prüfort und das Prüfpersonal entschieden.

Prüfart und Prüfumfang

Prüfart und Prüfumfang beeinflussen die Kosten.

Hier wird die notwendige Anzahl der zu prüfenden Teile ermittelt. Es gibt zwei Arten der Prüfung (Bild 3.23).

- **100-%-Prüfung**

  Hierbei handelt es sich um die sicherste und teuerste Prüfmethode. Sie wird bei kritischen Serienteilen (z. B. Bremsen) oder bei Teilen, deren Versagen einen hohen wirtschaftlichen Schaden nach sich ziehen würde, verwendet. Auch in der Einzelteil- bzw. Kleinserienfertigung findet sie Verwendung.

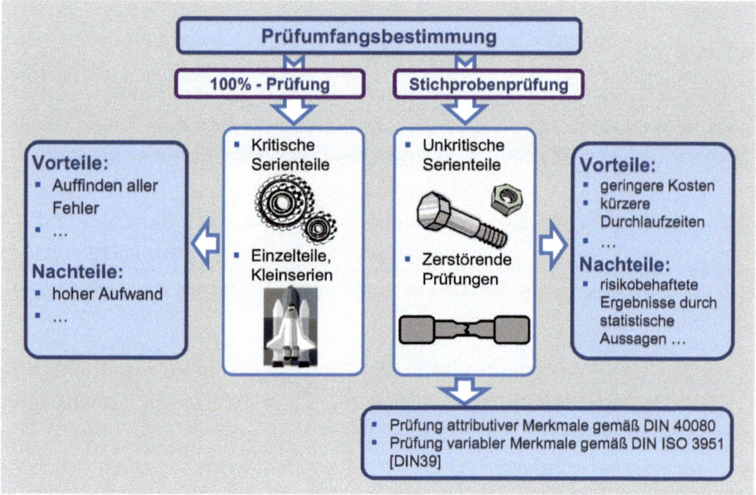

Bild 3.23: Prüfumfangsbestimmung

▪ Stichprobenprüfung

Mithilfe statistischer Methoden werden unkritische Serienteile geprüft. Aus Wirtschaftlichkeitsgründen wird in Kauf genommen, dass ein geringer Anteil eines Loses nicht den gestellten Forderungen entspricht. Die Stichprobenprüfung wird ebenfalls im Bereich der zerstörenden Prüfungen genutzt.

Die Größe der Stichprobe ist unter anderem abhängig von:

- dem Wert des Teils,
- den Kosten der Prüfung,
- dem zu erwartenden Schadensumfang bei Ausfall,
- der zulässigen Toleranz,
- der Funktion des Merkmals,
- der Fertigungssicherheit,
- der Losgröße und dem Wertzuwachs je Fertigungsfortschritt.

Die im Vergleich zur Vollprüfung weniger kostenbehaftete Stichprobenprüfung kann durch eine Dynamisierungsstrategie noch wirtschaftlicher gestaltet werden. Ihr Motto lautet: **Prüfungshäufigkeit am Qualitätsniveau auszurichten**. Das bedeutet, gute Qualität selten oder nie zu prüfen und so den Prüfaufwand und damit die Prüfkosten zu senken.

Dynamisierung des Prüfumfangs korreliert mit dem Qualitätsniveau.

Bei der **Dynamisierung des Prüfumfangs** wird für jedes Prüflos ein neuer Prüfumfang bestimmt, der sich nach dem Niveau der letzten Prüfungen richtet. Nahe an der Toleranzgrenze bedeutet hierbei, mehr zu prüfen, und weit von der Toleranzgrenze entfernt bedeutet, weniger zu prüfen (Bild 3.24).

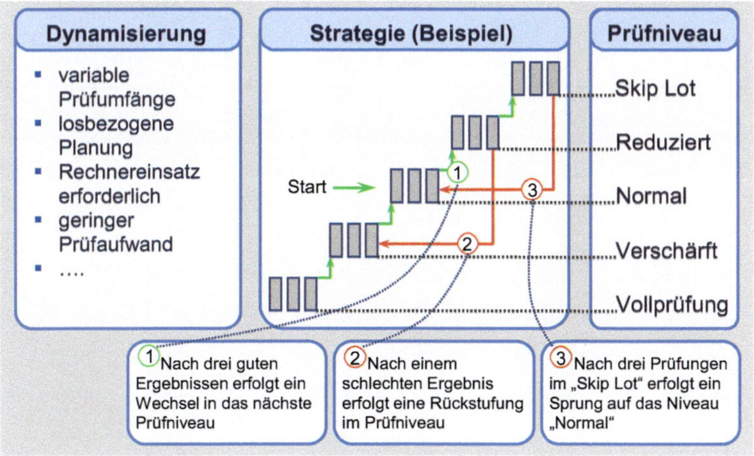

Bild 3.24: Prüfniveaus

Folgende Prüfniveaus sind möglich:

- Skip Lot — Überspringen eines Loses,
- Reduziert — Prüfungsumfang verringert,
- Normal — Prüfungsumfang beibehalten,
- Verschärft — Prüfungsumfang erhöht und
- Vollprüfung — 100-%-Prüfung.

Ablauf der Dynamisierungsstrategie:

Nach drei guten Ergebnissen folgt der Sprung in das nächste Prüfniveau. Nach einem schlechten Ergebnis folgt die Rückstufung in ein normales bzw. verschärftes Prüfniveau. Das Ergebnis der umfangreichen Erstellung eines Prüfplans, wie in Bild 3.25 dargestellt, sieht relativ einfach aus.

Prüfmittelüberwachung

Ohne geeignete Messmittel keine Qualität

Alle Bemühungen um Qualität würden scheitern, wenn man anhand von Messwerten, die mit ungeeigneten oder fehlerhaften Prüf- bzw. Messmitteln ermittelt wurden, Entscheidungen träfe. Daher müssen Prüfmittel so behandelt werden, dass sie verlässliche Ergebnisse liefern und ihre Genauigkeit und Einsatzfähigkeit sichergestellt ist. Überwacht werden die Instandhaltung, Kalibrierung, Justierung und Eichung aller in Entwicklung, Kundendienst und Montage sowie Produktion eingesetzten Prüf- und Messeinrichtungen.

> **Beispiel:**
>
> Bei dem vorliegenden Prüfplan (Bild 3.25) handelt es sich um ein PVC-Spritzguss-Gehäuse für ein Relais. Am Ende der Fertigungsschritte sind die vorgegebenen Maße zu prüfen und in einer Fehlersammelkarte zu dokumentieren.

Maus-Service	Prüfplan	Datei: PP-103 Revision: 02/14 Datum: 12.12.2014 Seite: 1 von 1

Kunde: e-Company	Kunden-Nr.: 08-15	Charge: 124
Zeichnungs-Nr.: 2.312.456.98	Vorgang: Spritzguss	Maschine: 3F.4

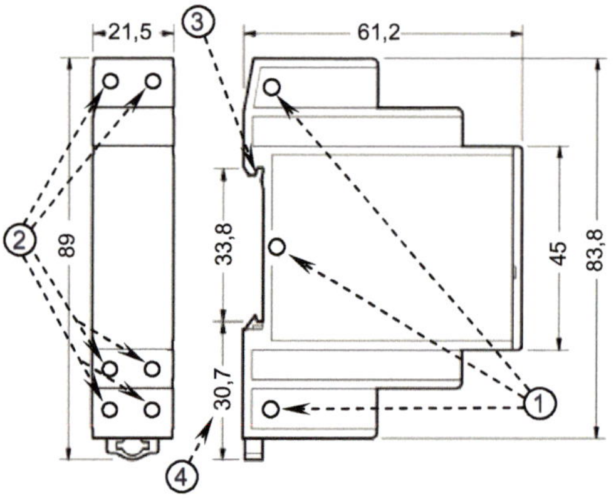

Merkmale:

Nr.	Prüfmerkmal	Soll	Prüffrequenz	Messmittel
1	Durchmesser	∅ 5,0+0,1 3x	2 Teile je Stunde	Lehrdorn
2	Durchmesser	∅ 3,2 H11	2 Teile je Stunde	Lehrdorn
3	Raste	∅ 33,8+0,1	2 Teile je Stunde	Konturlehre
4	Sichtprüfung	Gradfrei	100%	Sicht
5	Alle übrigen Maße	i. O.	3 x pro Schicht	Schieblehre
6				

Bemerkung:

Dokumentation auf Fehlersammelkarte FSK-024 jede Stunde

Erstellt: P. Doku	Geprüft: M. Messer	Freigegeben: M. Revisor

Bild 3.25: Prüfplan eines Relaisgehäuses

Die wichtigsten Forderungen sind:

- genaue Spezifikation und Herkunftsbeschreibung einschließlich technischer Daten wie Messbereich, Genauigkeit, Robustheit, Dauerfestigkeit,
- Anfangskalibrierung vor dem ersten Gebrauch, um die Erfüllung der Forderungen bezüglich Richtigkeit und Präzision zu bestätigen,
- periodischer Rückruf zur Justierung, Reparatur und erneuten Kalibrierung unter Beachtung der Spezifikation des Herstellers,
- dokumentierter Nachweis über die Identifizierung der Geräte, die Häufigkeit der Kalibrierung, den Kalibrierzustand, die Verfahren für

das Rückrufsystem, Handhabung, Lagerung, Einstellung, Reparatur, Kalibrierung, Montage und Benutzung,

- Rückführbarkeit auf Bezugsnormale, bekannte Genauigkeit und Stabilität.

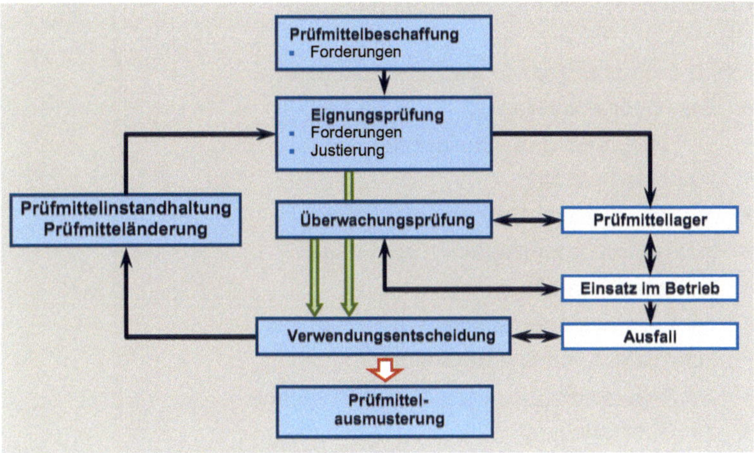

Bild 3.26: Prüfmittelüberwachungsprozess

Um diese Forderungen erfüllen zu können, bedarf es eines Prüfmittelmanagementsystems, das die Erfüllung der Forderungen plant, durchführt, überwacht und dokumentiert. Der Prüfmittelüberwachungsprozess ist in Bild 3.26 dargestellt.

Das Prüfmittelmanagement liefert eine lückenlose Dokumentation über den Lebenslauf der Prüfmittel.

Ohne Prüfmittelmanagement keine geeigneten Messmittel

Programmierung von Messeinrichtungen

Die Programmierung von Messeinrichtungen erfolgt **direkt** (Programmiersprache) oder **indirekt** mit manueller Vorgabe der Qualitätsmerkmale sowie des Ansteuerungsweges.

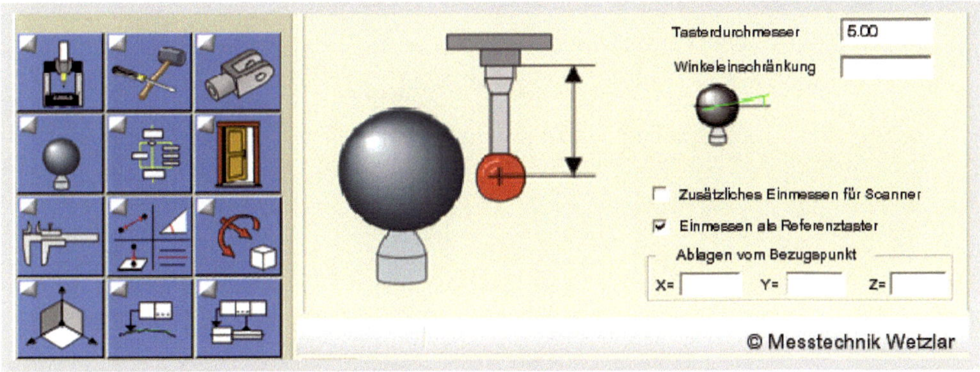

Bild 3.27: Indirekte Programmierung mithilfe von Sinnbildern

Die hoch entwickelte Software der Messeinrichtungen bietet eine große Vielfalt von Messmöglichkeiten bei unterschiedlichen Bedienungs- und Messniveaus (Bild 3.27). Sie erfordert allerdings eine intensive Schulung der Prüfer.

Prüfdatenauswertung und -dokumentation

Die Planung der Prüfdatenauswertung und Dokumentation ist unerlässlich. Sie strebt folgende Ziele bzw. Aussagen an:

Die Prüfdatenauswertung kann an mangelhafter Planung scheitern.

- zum Qualitätsniveau,
- zu Fehlerarten und -häufigkeiten,
- zu Fehlerursachen,
- zur Prozess- und Maschinenfähigkeit,
- zu konstruktiv bedingten Abweichungen,
- zu Lenkungsmaßnahmen,
- zur Lieferantenbewertung,
- zur Analyse von Qualitätskosten,
- zur Analyse der Effizienz von QM-Systemen,
- zur QM-Darlegung.

Schon die Anzahl von Aspekten zeigt, wie komplex die Anforderungen an die Auswertung und Dokumentation sind.

Beispiel
Das Ergebnis der Zylindermessung eines Motorgehäuses ist grafisch in Bild 3.28 dargestellt. Die Messung liefert die benötigten Abmessungen sowie die Abweichung von der idealen Zylinderform.

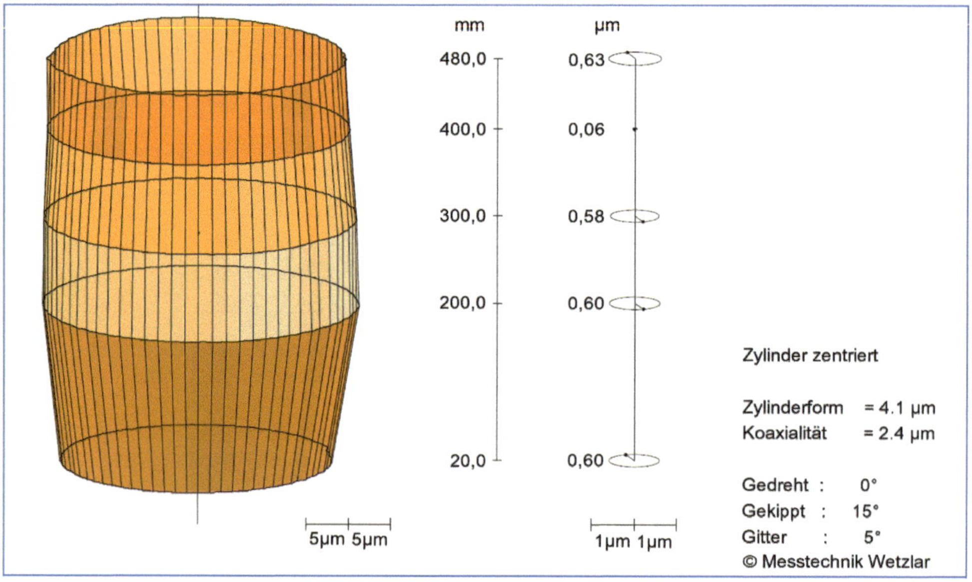

Bild 3.28: Plotbild einer Zylinderform [Messtechnik Wetzlar]

Prüfmittelplanung und -beschaffung

Die Einsatzfähigkeit der Messmittel ist wie bei allen technischen Einrichtungen begrenzt. Verschleiß, umwelt- und betriebsbedingte Einflüsse beeinträchtigen ihre Verwendungsfähigkeit. Daher muss eine rechtzeitige Planung und Beschaffung erfolgen, um die Produktion nicht zu gefährden.

Produktion hängt von der Voraussicht ab.

Prüfmethodenplanung

Diese ist eine langfristige Planung. Es müssen Fragen nach der Technologie der Prüfmethode, ihrer Einsatzfähigkeit für zukünftige Messaufgaben, der Wirtschaftlichkeit ihres Einsatzes, den Investitionen sowie den Forderungen an die Qualifikation der Mitarbeiter berücksichtigt werden.

3.3.2.5 Normalverteilung als Prognosemodell

Beim Bewerten und Prüfen fällt eine große Menge an Daten an, die verarbeitet und zu Aussagen verdichtet werden müssen. Um diese Aufgabe bewältigen zu können, stehen uns **statistische Methoden** zur Verfügung. Sie erlauben es, aus den gewonnenen Messwerten Prognosen und Modelle abzuleiten, die dann wegweisend für die zukünftigen Strategien sind.

Ohne Statistik kommt QM nicht aus.

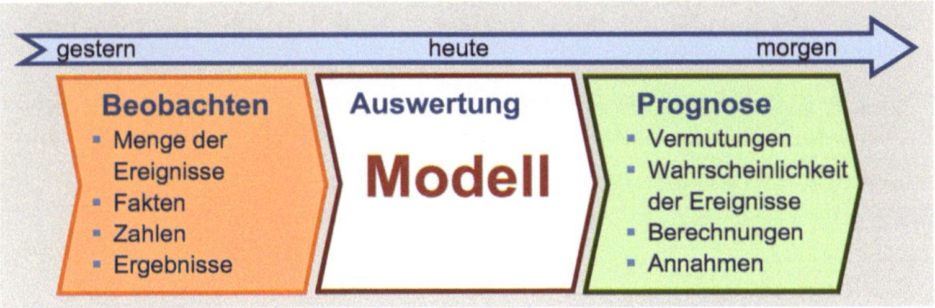

Bild 3.29: Modelle und Prognosen

Die Anwendung statistischer Methoden ist vom Prüfmerkmal oder vom Produktionsverfahren abhängig. Über ihren Einsatz sollte eine Untersuchung der Arbeitsvorgänge befinden. Die Voraussetzung für den Einsatz statistischer Methoden ist das Einwirken vieler Störgrößen wie Temperatur, Luftfeuchtigkeit, Verschleiß ... und eine ausreichende Anzahl von Messdaten. Nur unter diesen Randbedingungen ist eine Anwendung möglich.

Falls die nachfolgenden Bedingungen zutreffen, sollte auf statistische Methoden verzichten werden:

- Einzelaussagen (z. B. bei der Fertigung von Einzelteilen),
- hohe Genauigkeit ist nicht erforderlich,
- eine Sichtprüfung ist ausreichend (Prüfung leicht und ohne Zeitverlust),
- das Auftreten von Fehlern ist nicht zu erwarten (z. B. Lochstanzen).

Die Normalverteilung ist die Grundlage.

In der industriellen Produktion sind Messwerte häufig durch eine Normalverteilung beschreibbar, diese wird somit zu einem wichtigen Prognosemodell.

Normalverteilung

Die Normalverteilung gehört zu den häufigsten auftretenden Verteilungsarten. Sie ist naturbedingt und tritt überall auf. Sie basiert auf der Definition der Wahrscheinlichkeit und der Randbedingung, dass mehrere bzw. viele Einflussgrößen auftreten, die zufallsbedingte Abweichungen verursachen.

Wahrscheinlichkeit *P*(*x*)

$$P(x) = \frac{\text{Zahl günstiger Fälle}}{\text{Zahl aller möglichen Fälle}}$$

Die Wahrscheinlichkeitsdefinition ist auch dann anwendbar, wenn die Wahrscheinlichkeitsverteilung durch eine diskrete Verteilung mit endlichem Losumfang bzw. Stichproben simuliert wird. Falls die Zusammensetzung der Grundgesamtheit unbekannt ist (der Regelfall), muss die Wahrscheinlichkeit durch die mittels Stichproben ermittelte Häufigkeit geschätzt werden. Dies wird (empirische) Wahrscheinlichkeit genannt. Dabei ist die Schätzung umso genauer, je größer der Stichprobenumfang ist.

Die Weibull-Verteilung ist ein universelles Modell.

Für eine mathematische Beschreibung von vielen statistischen Verteilungsproblemen wie die Zuverlässigkeitsverteilung oder auch die Normalverteilung eignet sich ein universelles Verteilungsmodell, die **Weibull-Verteilung**.

Weilbull-Verteilung

$$F(x) = 1 - e^{\left(\frac{x - a_0}{\Phi}\right)^b}$$

Mithilfe der speziellen Parameter a_0, Φ und b können unterschiedliche Verteilungsformen erfasst werden.

Die Kennwerte einer Normalverteilung bestimmen ihren Verlauf.

Auf Basis der Weibull-Verteilung wird die Normalverteilung mithilfe folgender Kenngrößen beschrieben (Bild 3.30). Die **Wahrscheinlichkeitsdichtefunktion f(x)** gibt die Verteilungsform des **Merkmals *x*** (z. B. des Einzelgewichts von 1.000 Schrauben) an. Der **Mittelwert µ** legt die Lage der **Grundgesamtheit n** (Losgröße 1.000 Schrauben, die Grundgesamtheit ist die Menge aller in Betracht gezogenen Einheiten) fest. Die **Standardabweichung σ** (σ^2 = Varianz) ist ein Maß für die Streuung und damit die Breite der Verteilung (die Differenz zwischen dem max. und min. Gewicht ~ 8σ). Mithilfe der **Verteilungsfunktion F(x)** kann der wahrscheinliche Anteil in beliebigen Grenzen von x berechnet werden (z. B. die Anzahl der Schrauben mit einem Gewicht von x_1 bis x_2).

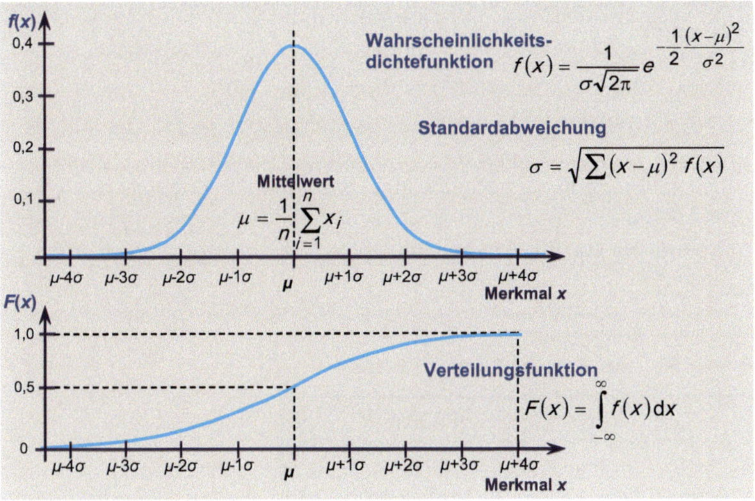

Bild 3.30: Normalverteilung und ihre Kenngrößen

Damit die Wahrscheinlichkeitsdichtefunktion $f(x)$ nicht berechnet werden muss, gibt es sie in standardisierter Form $\varphi(u)$. Mithilfe der Transformationsgleichung werden x-Werte in u-Werte umgerechnet. Dann entsteht die **standardisierte Form der Normalverteilung** mit dem Mittelwert $M = 0$ und der Standardabweichung $\sigma = 1$ (Bild 3.31).

Die standardisierte Normalverteilung erleichtert die Analyse.

Die für diese Standardwerte berechnete **Wahrscheinlichkeitsdichtefunktion $\varphi(u)$** und die **Verteilungsfunktion $\Phi(u)$** liegen in Tabellenform vor und sind ohne Probleme anwendbar. Durch Rücktransformation von u in x erhält man erneut die tatsächlichen Werte [FaLi01].

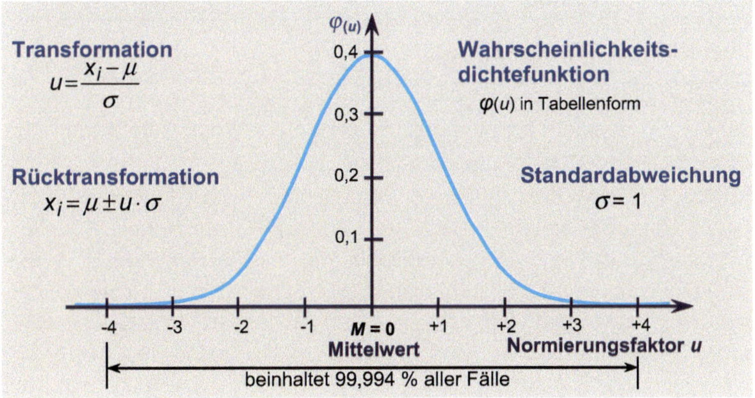

Bild 3.31: Standardisierte Form der Normalverteilung und ihre Kenngrößen

Das Prinzip wird an folgendem Beispiel verdeutlicht.

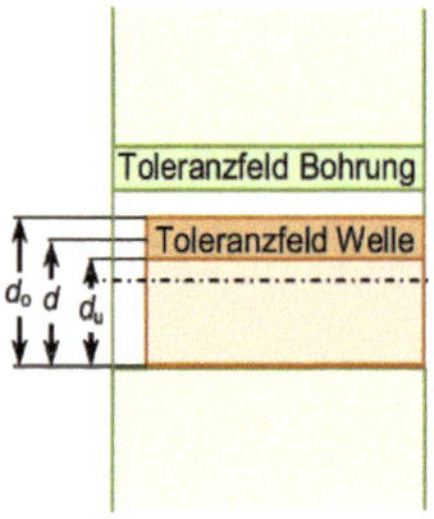

Beispiel

Das Merkmal einer Welle wird mit dem Sollmaß (20,000 ± 0,200) mm (obere Toleranzgrenze *OTG* = 20,200 mm; untere Toleranzgrenze *UTG* = 19,800 mm) hergestellt. Eine Stichprobe ergibt einen Mittelwert μ = 20,000 mm und eine Streuung σ = 0,0689 mm.

Wie viel Prozent des hergestellten Loses können innerhalb der Toleranz liegen? Wie müssten die Toleranzgrenzen für einen zulässigen Fehleranteil von 10 ppm liegen?

Hinweis:

Werte der standardisierten Normalverteilung siehe Tabelle 3.11.

Anteil der Teile innerhalb der Toleranz:

$$u = \frac{OTG - \mu}{\delta} = \frac{20,200 - 20,000\,\text{mm}}{0,0689\,\text{mm}} = 2,9$$

$$\rightarrow u = \pm 2,9$$

Aus der Tabelle 3.7 ergibt sich für u = 2,9 ein $\Delta\Phi$ (u = 2,9) = 99,63 %. Das heißt, es sind wahrscheinlich 99,63 % der gefertigten Wellen innerhalb der Toleranzgrenzen zu erwarten.

Toleranzgrenzen für einen Fehleranteil von 10 ppm:

$$\text{Fehleranteil von 10 ppm} = \frac{10\,\text{Einheiten}}{1000000\,\text{Einheiten}} \cdot 100\% = 0,001\%$$

Anteil der Teile innerhalb der Toleranz:

$$\Delta\Phi = 100,000 - 0,001 = 99,999\ \% \rightarrow u(\Delta\Phi = 99,999\ \%) = 4,417$$

Oberer und unterer Grenzwert:

$$\text{OGW} = 20,000 + 4,417 \cdot 0,0689 = 20,304\,\text{mm}$$
$$\text{UGW} = 20,000 - 4,417 \cdot 0,0689 = 19,696\,\text{mm}$$

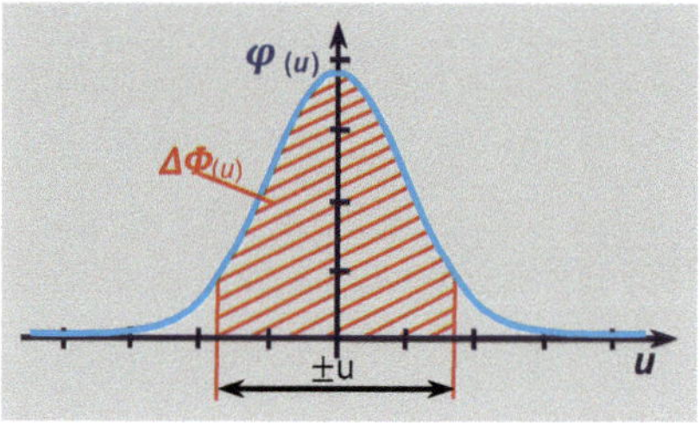

Bild 3.32: Normalverteilung

Tabelle 3.11 Differenz der Verteilungsfunktion $\Delta\Phi$ (u) = Anteil innerhalb der u-Abstände in Prozent

±*u*	ΔΦ(*u*)	±*u*	ΔΦ(*u*)	±*u*	ΔΦ(*u*)	±*u*	ΔΦ(*u*)
0,00	00,00						
0,10	07,96	1,10	72,86	2,10	96,43	3,10	99,81
0,20	15,86	1,20	76,98	2,20	97,22	3,20	99,84
0,25	19,74	1,25	78,38	2,25	97,56	3,25	99,89
0,30	23,58	1,30	80,64	2,30	97,86	3,30	99,90
0,40	31,08	1,40	83,84	2,40	98,36	3,40	99,93
0,50	38,30	1,50	86,84	2,50	98,76	3,50	99,95
0,60	45,14	1,60	89,04	2,60	99,07	3,60	99,97
0,70	51,60	1,70	91,08	2,70	99,31	3,70	99,98
0,75	54,58	1,75	91,98	2,75	99,40	3,75	99,982
0,80	57,62	1,80	92,82	2,80	99,49	3,80	99,986
0,90	63,18	1,90	94,26	2,90	99,63	3,90	99,990
1,00	68,26	2,00	95,45	3,00	99,73	4,00	99,994
						4,417	99,999
						5,1993	99,99998

Einige Tabellenwerte sind interessant, weil sie als Standardbegriffe bekannt sind. Zum Beispiel „die Spanne sechs Sigma“ ($u = \pm 3$) beinhaltet 99,73 % aller Fälle.

Stichprobe

Die **Stichprobe**, d. h. einige wenige Teile(n) aus einer Gesamtheit *N*, wird entnommen, um über die Wahrscheinlichkeit auf den Fehleranteil (*x*) sowie auf die Kennwerte der Gesamtheit *N* schließen zu können.

Die Größe der Stichprobe bestimmt die Wahrscheinlichkeit.

Das Gesetz von Bernoulli (Bild 3.33) besagt, dass die Wahrscheinlichkeit dafür, dass die Differenz zwischen der beobachteten relativen Häufigkeit (x/n) und der Wahrscheinlichkeit ($P_a = d/N$) dem Betrag nach kleiner als ε wird, mit wachsendem *n* gegen 1 (100 %) strebt. Also mit anderen Worten, je größer die Stichprobe, desto größer die Wahrscheinlichkeit der Übereinstimmung mit der Grundgesamtheit.

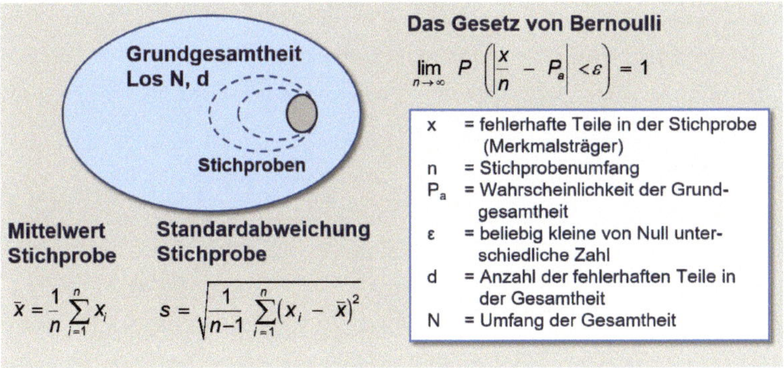

Bild 3.33: Gesamtheit und ihre Stichprobe

Wie Stichproben entnommen und ausgewertet werden, wird in Stichprobenplänen festgelegt. Die statistischen Stichprobenverfahren sind durch internationale Normen festgelegt [ISO 2859-0 bis 3].

Klassieren

Das **Klassieren** ist ein Zusammenfassen von zwei oder mehreren möglichen nebeneinanderliegenden Werten in eine Klasse. Es werden etwa 10 bis 20 Klassen (Bereiche) gebildet.

- kleine Stichproben ($n < 50$) werden ohne Klassieren ausgewertet,
- große Stichproben ($n \geq 50$) werden nach Klassieren ausgewertet.

Für das Klassieren sind besondere Vorgehensweisen zu beachten.

Wahrscheinlichkeitsnetz

Das **Wahrscheinlichkeitsnetz** ist eine einfach logarithmische Darstellung einer gegebenen Verteilung. Sie weist eine besondere Eigenschaft auf, die Normalverteilung erscheint als eine Gerade.

Das Wahrscheinlichkeitsnetz wird vorwiegend aus folgenden Gründen verwendet:

- um die Abweichungen von nicht normal verteilten Wahrscheinlichkeitsverteilungen gegenüber der Normalverteilung mit gleichen Parametern abschätzen zu können,
- um Stichprobenergebnisse, die in das Wahrscheinlichkeitsnetz eingegeben werden können, nach deren Kennwerten $\bar{x}$ (Mittelwert) bzw. s (Standardabweichung) abschätzen zu können.

Wirkliche Grundgesamtheiten (endliche) mit einer bestimmten Wahrscheinlichkeitsverteilung lassen sich durch gedachte Grundgesamtheiten simulieren. Um den glockenförmigen Verlauf der Normalverteilung in sehr guter Näherung zu simulieren, sind mindestens 1.000 Werte erforderlich.

Die Normalverteilung im Wahrscheinlichkeitsnetz ist eine Gerade.

Beispiel:
Aus einem Los mit Antriebswellen wurde eine Stichprobe $n = 100$ Stück entnommen und der Wellendurchmesser 37j6 $\Rightarrow 37{,}000^{+0{,}011}_{-0{,}005}$ geprüft. Zu bestimmen sind der Mittelwert μ und die Standardabweichung σ der Stichprobe.

Nach Auftragen der Messwerte und ihrer Häufigkeiten konnte mit ausreichender Genauigkeit eine Gerade eingezeichnet werden. Also handelt es sich um eine Normalverteilung. Für $u = 0$ wurde der Mittelwert abgelesen. Die Differenz für $u = 0$ und $u = 1$ ergab die Standardabweichung der Stichprobe.

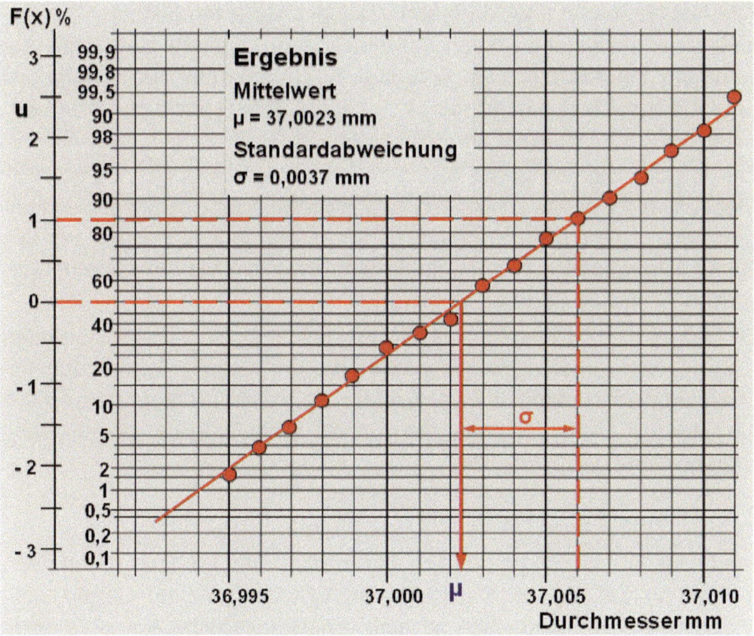

Bild 3.34: Wahrscheinlichkeitsnetz einer Stichprobe

Annehmbare Qualitätsgrenzlage

Im Rahmen von Lieferverpflichtungen sind die Anwendung von Stichprobenanweisungen und die Festlegung der annehmbaren **Qualitätsgrenzlage AQL** von besonderer Bedeutung.

> **Annehmbare Qualitätsgrenzlage AQL** ist die schlechteste hinnehmbare Qualitätslage eines Prozesses für eine fortlaufende Serie von Prüflosen, die für eine Annahmestichprobenprüfung vorgestellt werden [DIN ISO 2859-1].

Die AQL ist die Mindestforderung.

Das Ziel der Stichprobenanweisungen ist, eine für das Los repräsentative Stichprobeneinheit zu ziehen. Für die Stichprobenanweisungen sowie für die Festlegung der AQL gibt es entsprechende Literaturhinweise [DIN 55350-14].

Vertrauensbereich der Prognose

Der Vertrauensbereich ist der Streubereich der Aussage.

Die Ergebnisse einer Messreihe sind immer mit der Messunsicherheit der Messtechnik behaftet. Daher ist jede **Aussage** (Prognose) für die Zukunft durch zusätzliche Unsicherheiten behaftet. Diese Unsicherheit wird in der Statistik als **Vertrauensbereich der Prognose** bezeichnet. Weitere Unsicherheit ist mit der Stichprobengröße verbunden, je kleiner die gemessene Stichprobe, desto größer ist der Vertrauensbereich, also die Unsicherheit der Prognose. Die Abweichungen des Prüfgerätes oder der Prüfmethode treten immer in Verbindung mit den nachzuweisenden Maßabweichungen des Werkstücks auf und überlagern diese.

Alle Aussagen von Prüfungen sind mit Unsicherheiten behaftet. Die Unsicherheiten entstehen durch die verwendete Methode und deren Anwendung. Grundsätzlich gilt, je größer die Unsicherheit, desto billiger ist eine Prüfung. Die Kenntnis der Unsicherheit ist eine wichtige Voraussetzung für die Optimierung der Prüfkosten.

Das letztlich wirklich **wahre Maß W** eines Merkmals ist trotz sorgfältiger Messung nicht genau zu ermitteln, da jedes Messgerät Messabweichungen zeigt. Unter Berücksichtigung dieser Messabweichungen können Bereiche angegeben werden, in denen das wahre Maß W mit einer gewissen Wahrscheinlichkeit zu erwarten ist.

Je kleiner diese Bereiche aus technischen und funktionalen Gründen sein müssen, umso aufwendiger wird die Prüftechnik. Aus wirtschaftlichen Gründen akzeptiert man deshalb bei jeder Prüfung eine gewisse Unsicherheit in der Aussage, die von der Bedeutung der gemessenen Eigenschaften abhängig ist.

3.3.3 Qualitätslenkung

Durch Qualitätslenkung keine diffuse Qualität

Die höchsten Anstrengungen, ein Ziel zu erreichen, scheitern oft an mangelnder Verfolgung und Kontrolle der Auswirkungen der eingeleiteten Maßnahmen. Infolgedessen ist eine zwischenzeitliche Korrektur nicht möglich. Daher gehört die **Qualitätslenkung** zu den wesentlichen Aufgaben des Qualitätsmanagements.

Das Ziel des Qualitätsmanagements ist es, Qualität zu erzeugen und nicht zu erprüfen. Daher reicht es nicht aus, Prüfdaten nur vergangenheitsorientiert (Freigabe, Ausschuss, Nacharbeit) zu verfolgen. Es müssen vielmehr zukunftsorientierte Maßnahmen eingeleitet und durchgeführt werden.

Betrachtet man die Qualität zunächst als eine Einheit, stellt man fest, dass sie sich sichtbar ohne jegliches Zutun mit der Zeit verändert. Die Ursache hierfür liegt im Einfluss der 6 M. Maschinen, Werkzeuge und Messgeräte verschleißen mit der Zeit, Material ermüdet, der Mensch verliert seine Motivation, Methoden veralten.

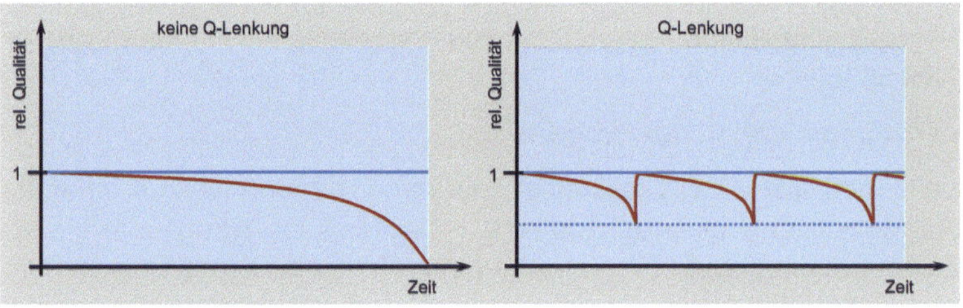

Bild 3.35: Qualitätslenkung

Ohne Qualitätslenkung sinkt mit der Zeit die Qualität. Also bedarf es lenkender Maßnahmen, um die Qualität auf dem geforderten Qualitätsniveau zu halten. Der Qualitätsverlauf verzeichnet infolge der lenkenden Maßnahmen und der notwendigen Eingriffstoleranz eine Sägezahnform

(Bild 3.35). Diese Art der Qualitätslenkung entspricht den aus der Regelungstechnik bekannten Regelkreisen. Als wesentliche Bedingung für die Funktion der Regelkreise gilt die aktuelle Erfassung, Verdichtung und Auswertung der Daten, ihre Rückführung sowie Umwandlung in Steuergrößen.

Die Qualitätslenkung ist zielorientiert.

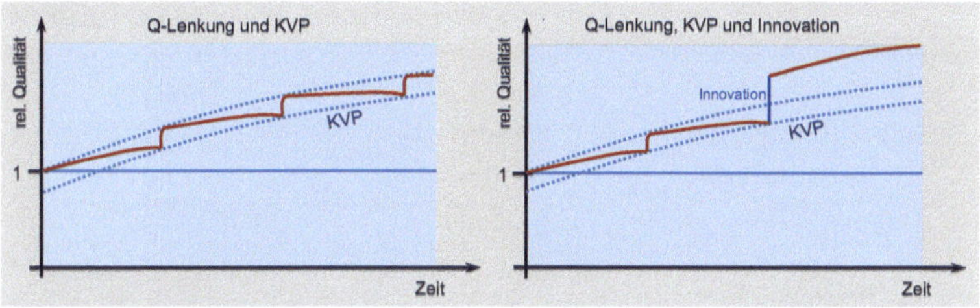

Bild 3.36: Qualitätslenkung, KVP und Innovation

Die Aufgabe der Qualitätslenkung geht über das reine Regeln hinaus. In Verbindung mit der kontinuierlichen Prozessverbesserung bzw. der Einführung einer Innovation verändern sich die Forderungen an die Beschaffenheit der Q-Merkmale. Infolgedessen muss reagiert, also gelenkt werden (Bild 3.36).

Die Qualitätslenkung (quality control) ist ein Teil des Qualitätsmanagements, gerichtet auf die Erfüllung von Forderungen an die Beschaffenheit [ISO 9000].

Diese zu allgemein gefasste Definition wird im DGQ-Band 2005 näher spezifiziert. Es heißt:

Die Qualitätslenkung sind die vorbeugenden, überwachenden und korrigierenden Tätigkeiten bei der Realisierung der Einheit zur Erfüllung der Forderung an ihre Beschaffenheit.

Aufgrund ihrer inhaltlichen Komponenten kann die Qualitätslenkung in zwei Gruppen, die **unmittelbare** und die **mittelbare Qualitätslenkung** eingeteilt werden (Bild 3.37). Die unmittelbare Lenkung greift während der Leistungserbringung, d. h. bei laufenden Tätigkeiten in der Entwicklung, Produktion, Montage usw., ein. Sie bezieht sich ebenfalls auf die erreichten Ergebnisse, wie z. B. den Prozessoutput, das Produkt usw. Das Führen einer Qualitätsregelkarte ist ein Beispiel für eine unmittelbare Qualitätslenkung.

Die Qualitätslenkung wirkt doppelgleisig.

Die mittelbare Qualitätslenkung agiert vorausschauend, vorbeugend und fördernd. Also gehört z. B. die Weiterbildung der Mitarbeiter zur Qualitätsförderung und somit zur mittelbaren Qualitätslenkung.

Die Qualitätslenkung erfolgt mithilfe von **Qualitätslenkungskreisen**. An dieser Stelle sei bemerkt, dass es im Qualitätsmanagement sehr oft, und das gilt auch für den Begriff **Qualitätslenkung**, unterschiedliche Definitionen und Bedeutungen zu den spezifischen Begriffen gibt.

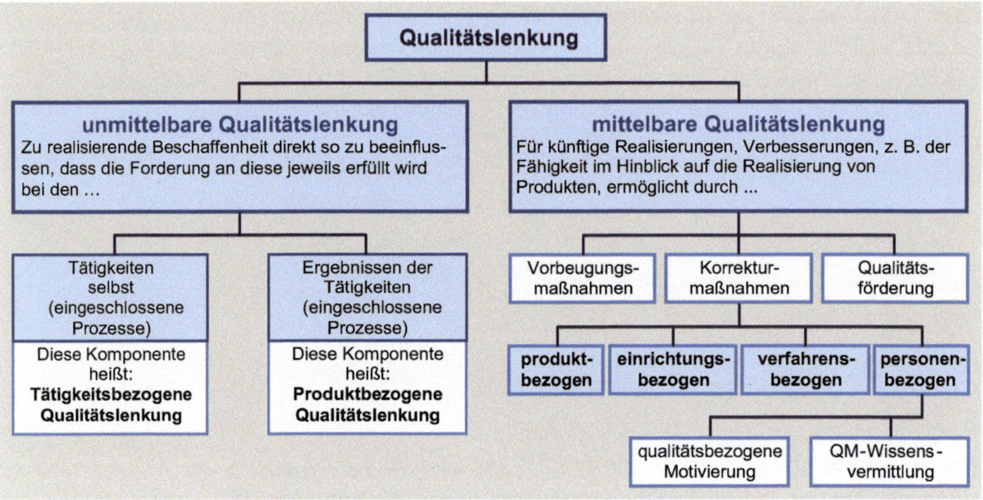

Bild 3.37: Komponenten der unmittelbaren und mittelbaren Qualitätslenkung [GeKo07.4]

Die Qualitätslenkung baut auf Regelkreisen auf.

Sie sind historisch aber auch seitens unterschiedlicher Normen und der Übersetzung aus dem Englischen bedingt. Ohne auf die einzelnen Normen einzugehen, bedeutet **Lenken**, einen Weg zum Erreichen eines Ziels zu nehmen. **Regeln** im Gegenteil dazu bedeutet, eine Größe innerhalb von vorgegebenen Grenzen zu halten. Obwohl die Qualitätslenkung beide Aufgaben innehat, wird der Begriff Qualitätsregelkreise verwendet.

Beispiel:
Ein Werker bearbeitet ein Werkstück. Er prüft die entsprechenden Maße. Falls sie außerhalb der Toleranz liegen, arbeitet er nach. Nach erneuter Prüfung sind die Maße in Ordnung, er dokumentiert sie und gibt sie frei.

Im Qualitätsmanagement gibt es **horizontale** und **vertikale Lenkungskreise** (Bild 3.38). Bei den horizontalen handelt sich teilweise um prozessbegleitende Lenkungskreise wie z. B. die Selbstprüfung, SPC usw. Die Beteiligten arbeiten autonom als Einzelne oder in Teams, initiieren Änderungen und sind für ihr Ergebnis selbst verantwortlich. In diese Kategorie gehören auch maschinennahe bzw. -interne Regelkreise.

Die horizontalen Lenkungskreise können auch mehrere Abteilungen bzw. Prozesse betreffen wie z. B. den Einkauf, die Produktionsplanung und -steuerung.

Lenkungskreise sind unternehmensabhängig.

Die vertikalen Lenkungskreise greifen auf mehrere Unternehmensebenen über. Sie orientieren sich an der Unternehmensorganisation und differieren von Unternehmen zu Unternehmen. Ihre Struktur beeinflusst maßgeblich die Wirkung der lenkenden Maßnahmen. Der Anstoß zum Lenken kann auf unterschiedlichen Ebenen und aus unterschiedlichen Gründen erfolgen.

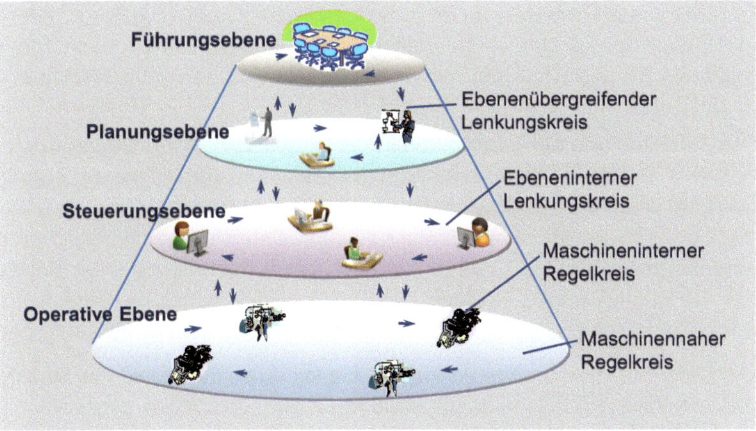

Bild 3.38: Anwendungsformen von Lenkungs- und Regelkreisen [Pfei7.31]

Veränderungen generieren Lenkungsmaßnahmen.

Die Aufgaben der Qualitätslenkung sind sowohl kurz- als auch langzeitorientiert. Die Gründe für die lenkenden Maßnahmen können bedingt sein durch:

- Einfluss der 7 M,
- Änderung der externen bzw. internen Kundenforderungen,
- KVP,
- Innovation,
- Änderung der Unternehmenspolitik oder -strategie.

Die Qualitätslenkung beruht auf der Auswertung und Analyse von Daten im Hinblick auf Kundenverhalten, Produkt- und Prozessbeschaffung, Kosten, Verbesserungsvorschläge, Maßnahmen zur Qualitätsförderung usw. Deshalb ist der Aufbau einer **Qualitätsdatenbasis** unumgänglich. Sie soll eine durchgängige Bereitstellung und Nutzung von zentral und dezentral abgelegten Daten gewährleisten.

Beispiel:

Marktforderungen, wie sie im Fall der A-Klasse im Kapitel 1.3.4 erläutert wurden, wurden von der Geschäftsleitung aufgegriffen (Klärung und Beseitigung des fehlerhaften Fahrverhaltens) und von der Planungsebene aufgenommen. Im vorliegenden Fall wurden anschließend Berechnungen, Fahrversuche und konstruktive Änderungen durchgeführt. Sie bewirkten Folgeänderungen ausgehend vom Einkauf, über die Produktionsplanung bis hin zur Montage bzw. zu den Vertragswerkstätten. Vor, während und nach Durchführung der lenkenden Maßnahmen wurde die Geschäftsleitung über den Änderungszustand, die Kosten usw. informiert. Sie genehmigte oder lehnte die jeweiligen Maßnahmen ab. Der Lenkungskreis wurde damit geschlossen.

Darüber hinaus müssen für eine wirkungsvolle Qualitätslenkung Informationsstrukturen und -mittel vorliegen, da die Bereitstellung von Informationen für alle Unternehmensbereiche auf eine geeignete Weise erfolgen muss.

Die Ausgangsbasis der Qualitätslenkung sind Qualitätsdaten.

Die Bereitstellung der Information muss aktuell sein. Auch die Informationsart, z. B. Kennzahlen, muss für den Adressaten zum schnellen Zugriff geeignet sein. Diese Möglichkeit bietet das **Computer Aided Quality (CAQ)**. Hier werden alle qualitätsrelevanten Daten gespeichert und entsprechend aufbereitet. CAQ ist ein IT-System, das ebenfalls die Daten der Q-Planung und Q-Prüfung bereitstellt. Die Datenbasis dient auch dem **Qualitätscontrolling** für operative und strategische Betrachtungen.

Die Datenbeschaffung beruht auf den Ergebnissen der Qualitätsprüfung, die mithilfe von Audits, Qualitätsprüfungen usw. ermittelt wurden.

3.3.4 Qualitätssicherung

Die Qualität des QMS steht im Vordergrund.

Der Begriff der **Qualitätssicherung** erlebte im Laufe der Zeit einen inhaltlichen Wandel. Qualitätssicherung stand als Vorläufersystem für das heutige Qualitätsmanagement. Sie beruhte hauptsächlich auf der Prüfung von Qualitätsmerkmalen und der Beseitigung von Fehlern. Der innere Wandel der Aufgaben und der Ziele sowie die Internationalisierung führten zur Umbenennung in Qualitätsmanagement. Auch der Begriff der Qualitätssicherung erfuhr inhaltlich eine Wandlung und ist wie folgt definiert [ISO 9000]:

Die Qualitätssicherung (quality assurance) ist ein Teil des Qualitätsmanagements, gerichtet auf das Erzeugen von Vertrauen in die Fähigkeit des QM-Systems.

Also handelt es sich um vertrauensbildende Vorgänge in Bezug auf die Darstellung und die Wirksamkeit des eigenen Qualitätsmanagementsystems. Dieses soll durch **QM-Darlegung**, also eine Demonstration der Fähigkeiten des QM-Systems, erreicht werden.

QM-Darlegung [ISO 8402] bedeutet, dass alle geplanten und systematischen Tätigkeiten, die innerhalb des QM-Systems verwirklicht sind, erfolgreich dargelegt werden. Ziel ist es, Vertrauen zu schaffen, dass eine Einheit die Qualitätsforderung erfüllen wird.

Sie betrifft die Demonstration der Qualitätsfähigkeit eines QM-Systems, die aufgrund einer Vereinbarung mit einem externen Kunden zu einem externen Qualitätsaudit führt [GeKo07.0]. Die Inhalte des externen Qualitätsaudits und die Vorgehensweise bei seiner Durchführung werden bei Vertragsabschluss festgelegt.

☑ Lernerfolg

Zur Prüfung des Lernfortschritts beantworten Sie folgende Fragen:

Fragen zu den Kapiteln 3, 3.1 und 3.2:

1. Welche Strategie verfolgt das heutige QM?
2. Nennen Sie die Hauptaufgaben des QM.
3. Nennen Sie die wesentlichen Merkmale des heutigen QM.
4. Nennen Sie einige Elemente des QM.
5. Wer definiert die Q-Politik und trägt die Hauptverantwortung für die Qualität?
6. Welchen Ebenen kann QM zugeordnet werden?
7. Was ist ein PDCA-Zyklus (Deming-Kreis)?

Fragen zu den Kapiteln 3.3 und 3.3.1:

8. Was ist Gegenstand der Q-Planung? Nennen Sie einige Beispiele.
9. Wie wird das Langzeitbetriebsverhalten beschrieben?
10. Erläutern Sie die Gründe für Q-Planung in der Beschaffung?
11. Nennen Sie QM-Sicherungsmaßnahmen für Zulieferteile.
12. Was ist ein Prototyp und ein Erstmuster?
13. Was versteht man unter einem Risiko?
14. Was stellt eine Risikomatrix dar?
15. Wann wird eine Nachweisführung verlangt?

Fragen zu den Kapiteln 3.3.2 bis 3.3.4:

16. Auf welche Art kann eine Prüfung prinzipiell durchgeführt werden?
17. Welche Mittel verwendet man zur Prüfung eines QMS?
18. Nennen Sie die Auditarten.
19. Was beinhaltet ein Prüfplan?
20. Nennen Sie die Vor- und Nachteile der Stichproben- und 100-%-Prüfung.
21. Welches Ziel verfolgt die Dynamisierung des Prüfumfangs?
22. Nennen Sie die Gründe für eine Prüfmittelüberwachung.
23. Unter welchen Voraussetzungen entsteht eine Normalverteilung?
24. Was drückt die Wahrscheinlichkeitsfunktion aus?
25. Welche Größen treffen eine Aussage über die Lage und Streuung einer Grundgesamtheit?
26. Über welche Merkmale verfügt die standardisierte Form der Normalverteilung?
27. Wozu wird Klassieren verwendet?
28. Über welche Eigenschaft verfügt das Wahrscheinlichkeitsnetz?
29. Welche Aufgabe hat die Q-Lenkung?

Prozessmanagement

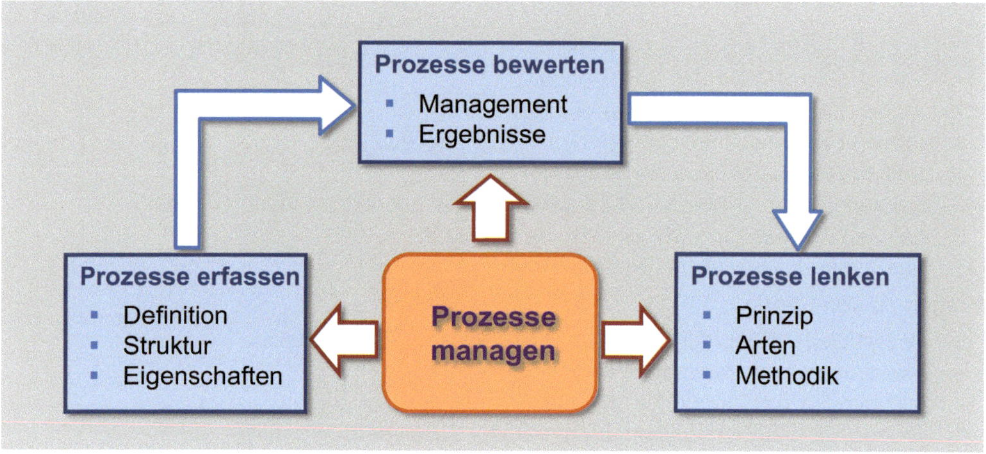

Lernziele:

Prozesse stellen den Ablauf von nacheinander bzw. gleichzeitig laufenden Vorgängen dar, die eine bestimmte Zielsetzung verfolgen. Die Vielfalt der Prozessarten ist groß. In den Geschäftsprozessen werden Informationen, Daten, Entscheidungen und Anweisungen erarbeitet und kommuniziert. Realgüter, Dienstleistungen oder Finanzmittel entstehen oder werden beschafft mithilfe von Leistungsprozessen. Also handelt es sich bei den Prozessen um eine organisierte Form der Zusammenarbeit.

Die Leistungsentstehung in den Prozessen beruht auf technologischen und organisatorischen Aspekten, die Qualität und Kosten wesentlich beeinflussen. Prozesse sind Bestandteil der Managementaufgaben. Qualität von Produkten entsteht in Prozessen, und deswegen gibt es eine große Überschneidung des Qualitäts- und des Prozessmanagements.

Forderungen nach leistungsgerechten Abläufen, niedrigen Kosten und hoher Qualität stehen im Mittelpunkt der Prozessgestaltung. In dem folgenden Kapitel werden die Grundzüge der Prozesserfassung, -bewertung und -lenkung vorgestellt.

4 Prozessmanagement

4.1 Basis des Prozessmanagements

Steigende Kundenforderungen, hohe Komplexität der Produkte und Kostendruck stellten die klassischen Organisationsformen der Unternehmen vor enorme Probleme. Auch die Forderungen nach ständiger Qualitätsverbesserung bei gleichzeitiger Kostensenkung konnten die linienorientierten Qualitätsmanagementsysteme (siehe auch Kapitel 9) nicht mehr leisten. Aufgrund der vielen Schnittstellen, der unterschiedlichen Verantwortlichkeiten und Kompetenzen sowie der Komplexität der Abläufe sind sie an ihre Grenzen gestoßen. Die Lösung brachte die **Prozessorientierung**.

Prozessorientierung ist unverzichtbar.

Prozesse laufen weder nach starren noch dauerhaft gleichen Schrittfolgen ab, sondern unterliegen je nach Kunden- und Wettbewerbsforderungen lebhaften Änderungen. Sie erfordern ein eigenständiges Management.

Prozesse sind dynamisch.

Prozessmanagement ist die Gesamtheit von Führungsaufgaben, -organisation, -techniken und -mitteln, die notwendig sind, Prozesse systematisch und messbar zu optimieren und zu stabilisieren.

Eine prozessmäßige Organisation schafft klare Zuständigkeiten und die Möglichkeit für die Mitarbeiter, den Prozess aktiv mitzugestalten, was nicht zuletzt zur Mitarbeitermotivation und -zufriedenheit beiträgt. Durch zufriedene Kunden und Mitarbeiter werden die Grundlagen für einen dauerhaften Geschäftserfolg gelegt.

Jeder Prozess hat einen Prozessverantwortlichen, den **Prozesseigner**. Der Prozesseigner und sein Team haben folgende Aufgaben:

Prozesseigner trägt die Verantwortung für die Prozessergebnisse.

- Setzen von Prozesszielen,
- Beschreibung des Prozesses,
- Definition von Prozesskennzahlen,
- kontinuierliche Messung,
- Überwachen der Zielerfüllung,
- Festlegen der Leistungsvereinbarungen an den Schnittstellen des Prozesses,
- Planen und Durchführen des Prozessaudits,
- Analysieren der Ursachen von Fehlern und Abweichungen gegenüber den Zielvorgaben,
- Planen und Überwachen der Informationsflüsse,
- Visualisieren der Ziele und Ergebnisse,
- Mitsprache bei Geschäftsentscheidungen über den Prozess,
- Vergabe von Aufträgen im Rahmen des Prozesses.

Da Qualität sowohl ein Teil der Prozessziele ist, als auch weitere Zielgrößen wie Kosten, Durchlaufzeit usw. beeinflusst, gibt es eine große Schnittmenge zwischen Prozess- und Qualitätsmanagement.

4.1.1 Prozesseigenschaften

Ausgehend von der Abfolge der Produkt- bzw. Leistungserstellung werden alle Vorgänge, z. B. Bearbeitung von Aufträgen, Arbeitsvorbereitung usw., als Prozesse definiert (Bild 4.1). Da die Qualitätserzeugung direkt in den Prozessen stattfindet, werden alle qualitätsbezogenen Aktivitäten dementsprechend ausgerichtet.

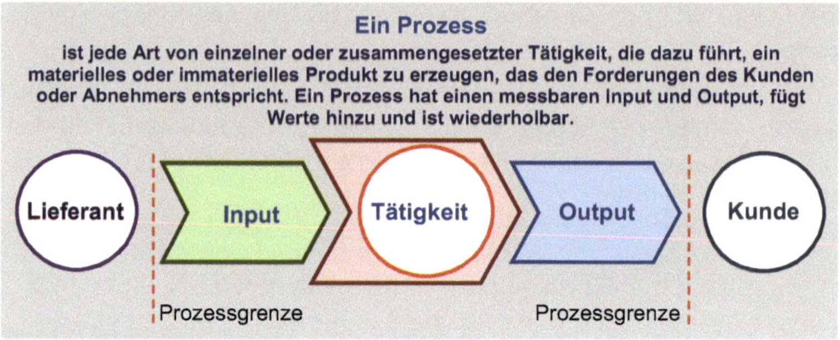

Bild 4.1: Prozessdefinition

Die Prozessgrenzen sind Schnittstellen, an denen ein Kunden-Lieferanten-Verhältnis entsteht. Als Kunde oder Lieferant treten entweder Marktteilnehmer (externe Kunden bzw. Zulieferer) oder an der Produkterstellung beteiligte vorgelagerte bzw. nachgelagerte Prozesse (Abteilungen) auf. Input und Output können physische Objekte (z. B. Bauteile), Informationen von unterschiedlicher Form und Inhalt (z. B. Stücklisten) und Entscheidungen (z. B. Freigabe eines Bauteils) sein. Die Merkmale eines Prozesses können wie folgt beschrieben werden:

Prozessmerkmale müssen vollständig berücksichtigt werden.

- wiederkehrender Vorgang bzw. Abfolge von Vorgängen,
- besitzt einen In- und Output,
- In- und Output können physische Objekte, Leistungen, Informationen und Entscheidungen sein,
- jeder Prozess hat externe bzw. interne Kunden und Lieferanten,
- jeder Prozess ist ein Teil eines Prozessnetzwerkes,
- Prozesse sind untereinander über Schnittstellen leistungsverknüpft,
- Prozesse beeinflussen die Wirtschaftlichkeit und die Qualität der Leistungserstellung,
- Hauptziel der Prozesse ist ein rationeller oder ideeller Wertzuwachs.

Vor der Definition eines Prozesses muss eine Abgrenzung zu vorherigen bzw. nachfolgenden Prozessen durchgeführt werden.

Beispiel:
In Bild 4.2 ist der Ablauf einer Kundenanfrage bezüglich Service- und Wartungsarbeiten dargestellt. Die Schnittstelle zwischen dem Kunden und dem Unternehmen bildet die Serviceabteilung, die entsprechend dem Ablauf der einzelnen Vorgänge die Kundenanfrage bearbeitet. Der Prozess beginnt mit der Annahme der Kundenanfrage und endet mit der Personal- und Terminplanung für die Durchführung eines vergebenen Auftrags.

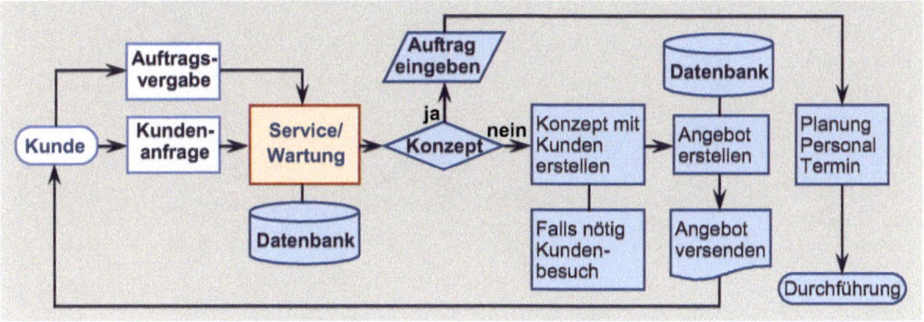

Bild 4.2: Kundenanfrage im Service- und Wartungsprozess

4.1.2 Klassifizierung von Prozessen

Klassifizierung von Prozessen bringt Klarheit.

Unternehmensprozesse bilden über ihre Schnittstellen ein umfangreiches Netzwerk. Sie sind ein geradliniger, sequenzieller Fluss von Tätigkeiten, weil ihre Aktivitäten durch einen komplexen Informations- und Materialfluss verknüpft sind. Da sie unterschiedliche Aufgaben bzw. Ziele verfolgen und ihre Bedeutung für ein Unternehmen unterschiedlich ist, ist eine Differenzierung notwendig.

1. Klassifizierung nach Aufgaben und Zielen der Prozesse

Es ergeben sich vier wesentliche Arten von Prozessen.

Um die Aufgaben und Ziele abzubilden, ergeben sich vier Arten von Prozessen (Bild 4.3). In der obersten Ebene handelt es sich um die **Verantwortung der Leitung** in Form von Planungs-, Entscheidungs- und Controllingprozessen der Geschäftsleitung (z. B. Festlegung der Produktpalette, Entscheidung über Investitionsvorhaben usw.). Das **Ressourcenmanagement** lenkt entsprechend den Vorgaben der Geschäftsleitung die Ressourcen (z. B. Personalplanung, -beschaffung und -entwicklung). Prozesse der **Produktrealisierung** sind für die Wertschöpfung verantwortlich (z. B. Produktion). Eine geplante Wertschöpfung kann aber nicht ohne unterstützende Prozesse, wie **Messung, Analyse und Verbesserung**, erfolgreich ihre Ziele erreichen (z. B. Wareneingangskontrolle).

2. Klassifizierung nach Bedeutung der Prozesse

Weiteres Klassifizierungsmerkmal ist die Bedeutung der Prozesse für das Unternehmen. Hier wird zwischen Kernprozessen und Supportprozessen unterschieden.

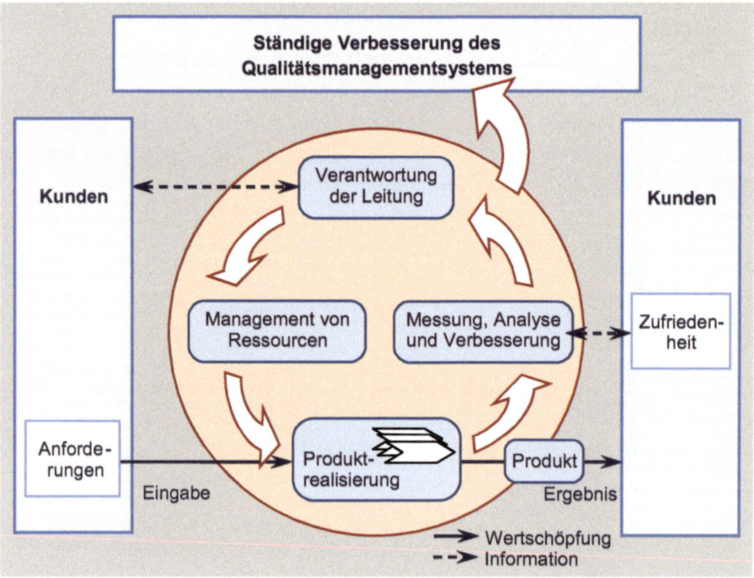

Bild 4.3: Modell eines prozessorientierten QM-Systems [ISO 9001:2005]

Kernprozesse werden unmittelbar aus der Strategie abgeleitet und machen den nachhaltigen Wettbewerbsvorteil eines Unternehmens aus. Sie umfassen den gesamten Wertschöpfungsprozess eines Produktes oder einer Dienstleistung in einem Unternehmen und weisen einen unmittelbaren Marktkontakt auf (z. B. Produktion eines Flugzeugs). Diese Kernprozesse spiegeln die Kernkompetenzen des Unternehmens wider. Sie sollten aus diesem Grund nicht infolge von Rationalisierungsmaßnahmen „outgesourct" werden. Ihre Merkmale können wie folgt beschrieben werden:

Kernprozesse (Primärprozesse)

- sind einzigartige Ressourcen (oder Fähigkeiten),
- bringen Vorteile gegenüber der Konkurrenz,
- bringen dem Kunden einen wahrnehmbaren Zusatznutzen,
- sind wissensbasiert,
- sind beschränkt handelbar,
- sind schwer imitierbar,
- sind schwer substituierbar,
- sind Wertschöpfungsketten und
- leiten sich aus Kernkompetenzen ab.

Supportprozesse unterstützen die Kernprozesse.

Supportprozesse sind Prozesse, die im Unternehmen ablaufen, die jedoch nicht zu den Kernprozessen gehören. Deshalb tragen Supportprozesse auch nicht direkt zum Kundennutzen bei. Supportprozesse erfüllen lediglich unterstützende Aufgaben und können aus Rationalisierungsgründen „outgesourct" werden.

3. Klassifizierung nach Funktion der Prozesse

Die Prozesse können außerdem nach ihrer Funktion untergliedert werden in:

- Hauptprozesse und Teilprozesse,
- Kernprozesse, Schlüsselprozesse, qualitätsrelevante Prozesse,
- Geschäftsprozesse, operative Prozesse, Prozesse der Produktrealisierung, Prozesse der Leistungserbringung,
- Leitungsprozesse, Managementprozesse,
- unterstützende Prozesse, Supportprozesse.

4. Klassifizierung nach Kundenorientierung der Prozesse

Starke Kundenbindung bedingt zugeschnittene Prozesse.

Durch die starke Kundenorientierung von Prozessen wird weiter nach der Art der Kunden unterschieden:

- Interne Prozesse: Der Empfänger des Prozessergebnisses ist ein „interner Kunde“.
- Externe Prozesse: Der Empfänger des Prozessergebnisses ist ein „externer Kunde“.

Die Vielfalt der Unterscheidungsmerkmale ist recht groß. Deswegen sollte in der Praxis auf eine einheitliche Sprachregelung geachtet werden.

4.1.3 Prozessstruktur

Prozesse bilden nicht nur aufeinanderfolgende Aktivitäten ab, sondern sie bestehen auch aus verschiedenen Elementen, wie Tätigkeiten, Teilprozessen, Arbeitsplätzen oder auch aus kompletten Arbeitssystemen. Die Beschaffenheit der Prozesse ist von folgenden Unternehmensgegebenheiten abhängig:

- Beschaffenheit der Produkte
- Art der Leistungserstellung und eigene Produktionstiefe
- Organisationsstruktur des Unternehmens

Die Abhängigkeit der Prozessstruktur seitens der Produktart und seiner Erstellung folgt überwiegend den technischen, technologischen und wirtschaftlichen Aspekten.

Organisationsstruktur

Die Organisationsstruktur eines Unternehmens ist ein gegliedertes System von Kompetenzen, das einen generellen Handlungsrahmen für die arbeitsteilige Erfüllung von wiederkehrenden Aufgaben festlegt. Sie regelt die fachliche und organisatorische Zuständigkeit, Verantwortung, Unternehmenshierarchie usw. Weiterhin regelt sie die Handlungsbeziehungen zwischen Organisationseinheiten, die auf ein übergeordnetes Ziel ausgerichtet werden sollen.

Die Implementierung einer Organisationsstruktur ist von der strategischen Zielsetzung des Unternehmens abhängig. Es gibt drei Organisationsformen (Bild 4.4).

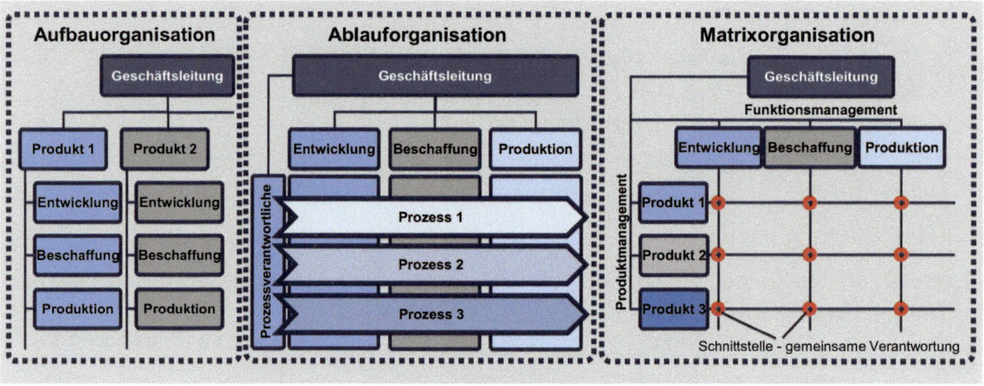

Bild 4.4: Unternehmensorganisation und Prozesse [Hor08] [Ju11]

Die **Aufbauorganisation** ist eine hierarchisch orientierte Unternehmensstruktur, bei der die Zuständigkeiten bzw. Kompetenzen von Organisationseinheiten wie z. B. Abteilungen bzw. Personen festgelegt und voneinander abgegrenzt sind. Die Vorteile liegen in der Spezialisierung der Organisationseinheiten. Die Nachteile sind hierarchisches Denken, Abgrenzung und Koordinationsaufwand.

Unternehmensorganisation beeinflusst den Prozessablauf.

Die **Ablauforganisation** bestimmt Arbeits-, Informations- und Entscheidungsprozesse sowie die Rechte und Pflichten der beteiligten Mitarbeiter. Sie ist bei regelmäßig wiederholten Vorgängen vorteilhaft. Sie hat das Ziel Prozesse optimal zeitlich bzw. räumlich aufeinander abzustimmen. Die Vorteile liegen in der Reduzierung der Durchlaufzeiten und der Effizienz der Ressourcennutzung, als Nachteil gilt die Kapazitätsauslastung.

Bei der **Matrixorganisation** werden die nach Funktionen gegliederten vertikalen Organisationen von horizontalen Projekt-, Produkt- usw. orientierten Zuständigkeiten überlagert. An den Schnittstellen wird die Zuständigkeit und Verantwortung von zwei voneinander unabhängigen und gleichberechtigten Organen getragen. Sie vereint die Vorteile der anderen beiden Organisationstypen und bietet Effizienz, Flexibilität und schnelle Entscheidungen, lässt aber Konflikte zwischen Fach- und Prozesskompetenz entstehen.

Unternehmensorganisation und Prozesse

Der **Prozessablauf** ist von der Unternehmensorganisation geprägt. Wie Bild 4.5 beispielhaft zeigt, verlaufen die Prozesse nicht geradlinig, sondern überschreiten Hierarchieebenen, Bereichs- bzw. Abteilungsgrenzen usw.

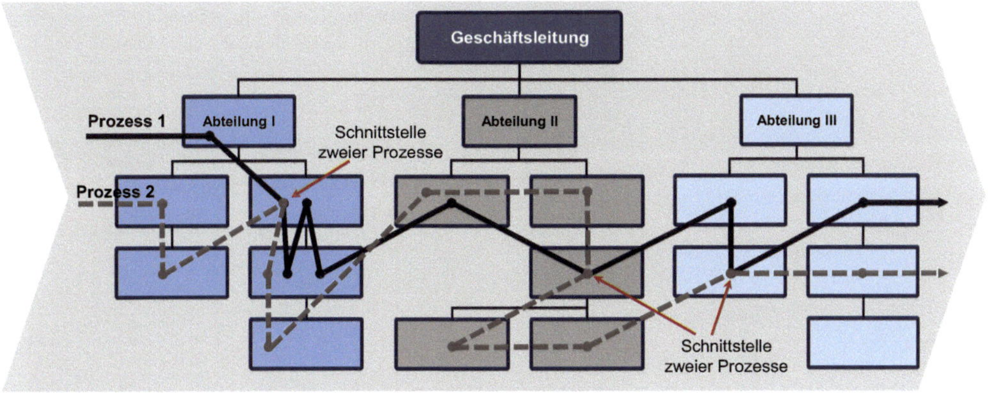

Bild 4.5: Unternehmensorganisation und Prozessverlauf [Ju11]

Unternehmensorganisation und Prozesse sind miteinander verknüpft.

Da alle Vorgänge im Unternehmen in ein oder mehrere Prozesse eingebunden sind, müssen sie erfasst, visualisiert und transparent dargestellt werden.

Prozesse visualisieren

DIN 66001 bietet ein Verfahren, um Prozesse zu strukturieren und zu visualisieren. Die Prozessabläufe lassen sich anhand von Sinnbildern und Verbindungslinien (Bild 4.6) darstellen.

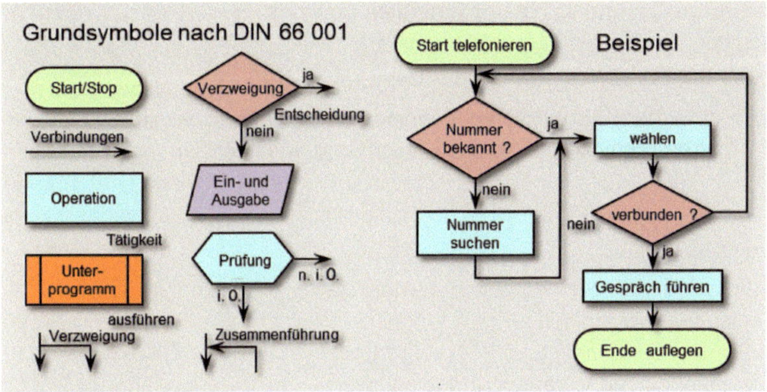

Bild 4.6: Ablaufdarstellung nach Symbolen der DIN 66001

Die Prozessabläufe können entweder als eine Prozesskette oder als Schwimmbahndiagramm (Bild 4.7) dargestellt werden. Eine Prozesskette ist eine grafische Darstellung von Ereignissen, Funktionen und Konnektoren (Verzweigungen und Zusammenführungen) bzw. logischen Funktionen. Einzelne Prozessketten sind an den Schnittstellen miteinander verbunden und bilden die Struktur einer Prozesslandschaft.

Im Schwimmbahndiagramm können mehrere Prozessebenen, Prozesse und Teilprozesse oder der Übergang der Verantwortung visualisiert werden.

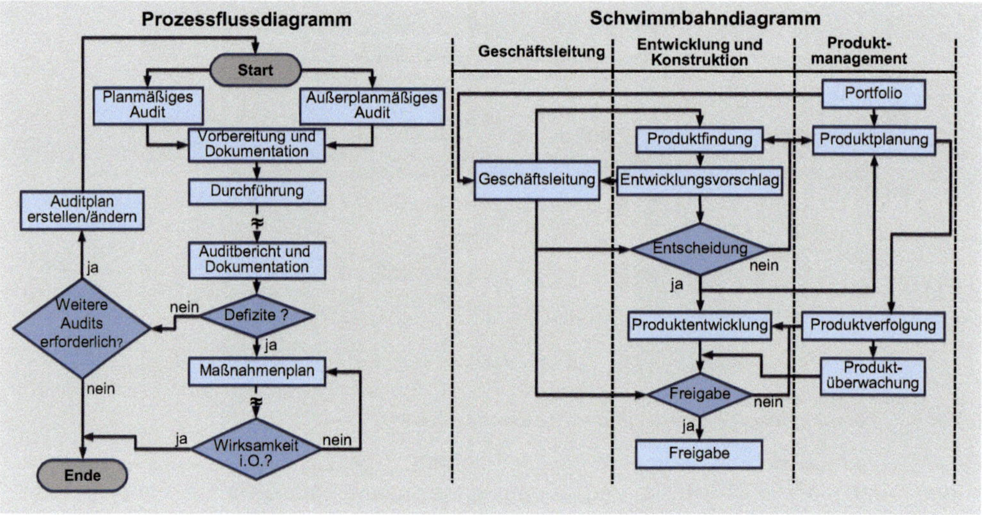

Bild 4.7: Prozessflussdiagramm und Schwimmbahndiagramm

4.2 Prozesse definieren

Mit der Definition eines Prozesses können unterschiedliche Ziele verfolgt werden. Sie reichen von der Optimierung eines Teilprozesses bzw. einzelner Vorgänge bis zur Implementierung eines QM-Systems. Unabhängig von der Zielsetzung müssen die Phasenfolge und der Detaillierungsgrad der Prozessdefinition berücksichtigt werden.

Die Vorgehensweise bei der Definition eines Prozesses erfolgt nach der 5-Phasen-Methode (Bild 4.8, in Anlehnung an [Wag01]).

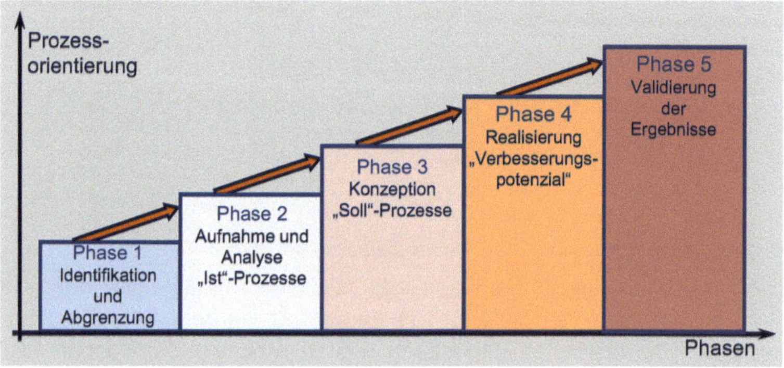

Bild 4.8: Die 5-Phasen-Methode der Prozessdefinition

Systematische Vorgehensweise ist wichtig.

Entsprechend den einzelnen Phasen werden der Anfang und das Ende des Prozesses festgelegt und eine Istanalyse durchgeführt. Aufgrund der Analyse und der geänderten Forderungen wird ein Sollprozess konzipiert und das Verbesserungspotenzial realisiert. Mit der Durchführung der jeweiligen Phase steigt die Prozessorientierung.

4.2.1 Identifikation und Abgrenzung

Um die Prozessstrukturen transparent gestalten zu können, sollten folgende Aspekte beachtet werden.

Detaillierungsgrad der Prozessdefinition

Ein Gesamtsystem, z. B. das Qualitätsmanagementsystem, könnte als Blackbox mit Out- und Input oder mit allen Abläufen als Gesamtnetzwerk dargestellt werden.

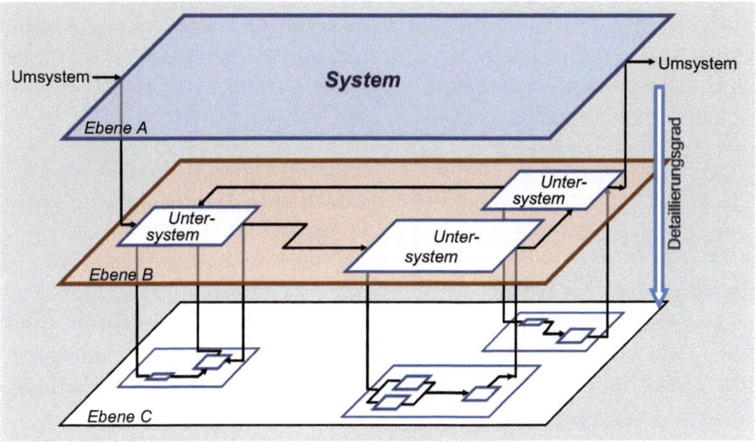

Bild 4.9: Vorgehensprinzip nach dem Detaillierungsgrad [Schö00]

Detaillierungsgrad der Prozesse richtet sich nach der Zielsetzung.

Die erste Variante verhindert jegliche Möglichkeit zur Prozessverbesserung. Die zweite Variante stellt aufgrund ihrer Komplexität ein fast unüberwindbares Hindernis dar. Deswegen muss die Prozessdefinition entsprechend der Zielsetzung und daraus resultierendem Detaillierungsgrad auf verschiedenen Ebenen ablaufen (Bild 4.9).

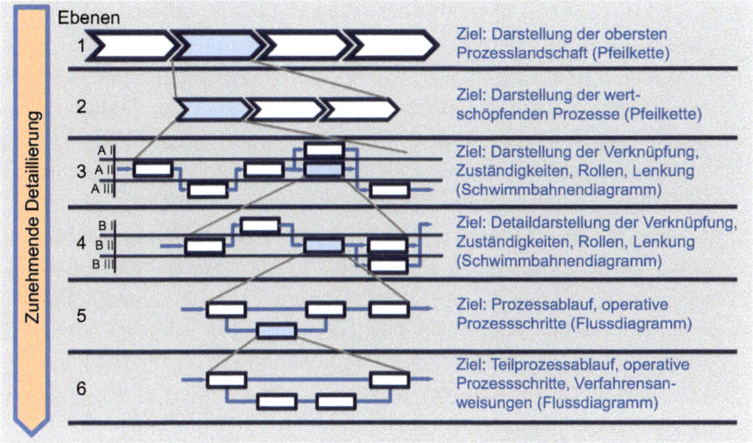

Bild 4.10: Prozessdarstellung in verschiedenen Systemebenen

Im ersten Schritt werden die Systemebenen und damit der Detaillierungsgrad festgelegt. Die Prozessdefinition beginnt in der obersten Ebene. In einem weiteren Schritt werden alle Untersysteme festgelegt und jeweils als eigenständige Systeme, Prozesse bzw. Teilprozesse betrachtet. Die Art der Prozessdarstellung prägt die Transparenz der Prozesslandschaft (Bild 4.10). Die Festlegung richtet sich nach betrieblichen Gegebenheiten.

Schnittstellen

Aufgrund der Arbeitsteilung und der Komplexität betrieblicher Abläufe besteht der Produktentstehungsprozess aus einer Vielzahl von Prozessen, die miteinander verknüpft sind. Die Verknüpfungsstellen werden Schnittstellen genannt.

Eine Schnittstelle ist der Punkt eines Verantwortungsübergangs in einem Prozess von einer Person auf eine andere oder von einer Organisationseinheit auf eine andere.

Schnittstellen verknüpfen Prozesse.

Bei der Daten-, Leistungs- und Informationsübermittlung zwischen Organisationseinheiten ergeben sich in erster Näherung **Datenschnittstellen, Leistungsschnittstellen und Kommunikationsschnittstellen**. Sie dienen dem Austausch von Daten, physischen Objekten, Informationen und Entscheidungen.

- **Datenschnittstellen** – Eine automatische Datenübertragung ist nach DIN 44600 der „Übergang an der Grenze zwischen zwei gleichartigen Einheiten mit vereinbarten Regeln für die Übergabe von Daten oder Signalen". Signale sind für organisatorische Zwecke nicht relevant. Es ist wichtig, dass man auch eine manuelle Datenübermittlung in Form von Formularen, Berichten, Dokumenten Schnittstelleneigenschaften hat, die auf vereinbarten Regeln beruhen. Die Übermittlung kann zeit- oder ereignisgesteuert erfolgen.
- **Leistungsschnittstellen** – Leistungsschnittstellen entstehen durch Austauschbeziehungen von Realgütern, Dienstleistungen oder Finanzmitteln. Leistungsschnittstellen sollten immer von Datenschnittstellen begleitet sein (z. B. Lieferschein, Lohnbeleg, Quittung). Als Schnittstelle soll nicht jeder mögliche Transport, sondern nur der organisatorisch gewünschte Vorgang angesehen werden.

Informelle Schnittstellen müssen berücksichtigt werden.

- **Kommunikationsschnittstellen** – In der Literatur werden üblicherweise die Kommunikationsschnittstellen als Datenschnittstellen bezeichnet. Nicht jede Interaktion kann auf Datenschnittstellen reduziert werden. Wesentliche Entscheidungen im Unternehmen und der damit verbundenen Informationsbeschaffung beruhen gerade auf nicht formalisierten Kanälen. Man kann sogar sagen, dass tendenziell die nicht formalisierten Informationen für unternehmerisches Handeln wesentlich sind, da Unternehmertum auf Informationsvorsprüngen beruht. Demgegenüber dienen die besprochenen Datenschnittstellen stärker der operativen Abwicklung. Die Kommunikation findet auf zweierlei Arten statt, direkt zwischenmenschlich, etwa in Form einer Besprechung, oder technikgestützt, wenn infolge räumlicher Entfernung ein Medium benutzt werden muss.

Schnittstellen können sich unterschiedlich auf den Gesamtprozess auswirken:

Schnittstellen beeinflussen die Effizienz des Gesamtprozesses.

- positiv > leistungserhöhend,
- negativ > leistungserniedrigend,
- neutral > kein Effekt.

In den häufigsten Fällen verursachen sie Verluste, die auf mangelnde Kommunikation bzw. fehlende Verantwortungszuständigkeit zurückzuführen sind.

Prozesslandschaft

Die Prozesslandschaft gibt die zu einem Netzwerk zusammengefügten einzelnen Prozesse in Form eines Gesamtsystems wieder. Als Grundlage dient die Klassifizierung im Abschnitt 4.1.2. Legt man diese Klassifizierung der Prozesse zugrunde, ergibt sich beispielhaft die Darstellung in Bild 4.11.

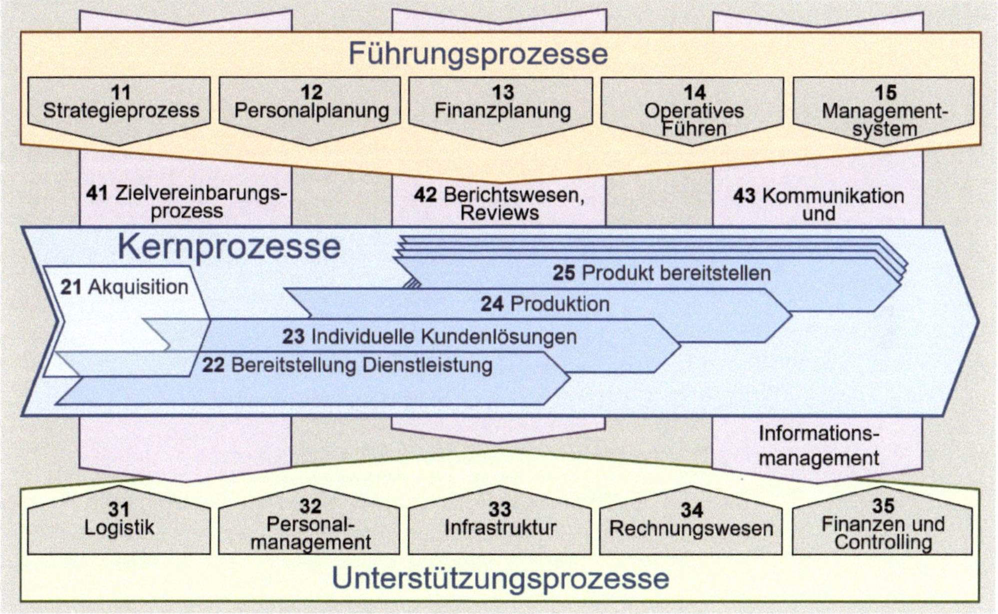

Bild 4.11: Beispiel einer Prozesslandschaft (Auszug)

Diese Klassifizierungen sind allerdings nicht verbindlich, und können vom Unternehmen entsprechend definiert werden.

Indem eine Organisation die miteinander verknüpften Prozesse erkennt, ist sie in der Lage, die Prozesse zu leiten und zu lenken.

Die Ausgabe eines Prozesses kann die Eingabe eines folgenden Prozesses sein, siehe Bild 4.11, Prozess 21 Akquisition, der die Aufträge für die Produktionsprozesse liefert.

Beispiel:
Ein Prozess in der obersten Ebene eines Projektes ist die Angebotsphase. In Bild 4.12 ist der Ablauf einer Angebotsphase für die Entwicklung und Fertigung eines Zulieferteiles für die Maschinenbauindustrie dargestellt. In der zweiten Ebene sind einzelne Prozesse wie Qualitätsforderungen ermitteln, QM-Plan erstellen usw. miteinander verknüpft. Sie bilden eine logische Abfolge der Prozesse und ihrer Schnittstellen.

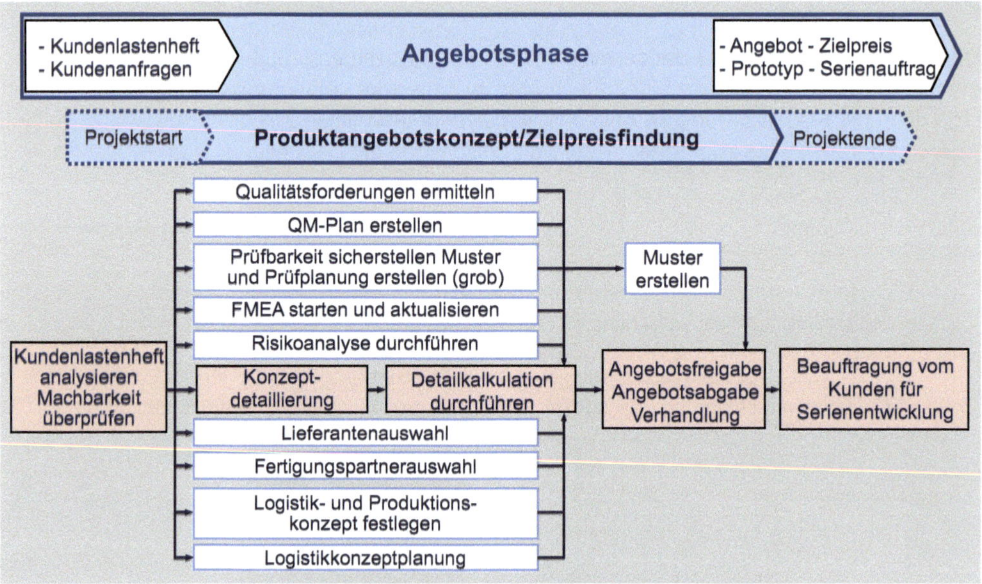

Bild 4.12: Angebotsphase als Teil der Prozesslandschaft

4.2.2 Prozesse aufnehmen und analysieren

Alle Vorgänge im Prozess erfassen

Das Ziel der Prozessanalyse ist unter anderem, alle Vorgänge im Prozess zu erfassen, zu beschreiben und ihre Abhängigkeit zu visualisieren. Die benötigten Informationen und Daten werden mithilfe folgender Quellen bzw. Mittel gewonnen:

- Dokumente
- Datenbanken
- Fragebogen
- Interviews
- ...

Tabelle 4.1: Gesprächsleitfaden Prozessanalyse

Was wird benötigt (Eingabe)?
1. Welche Prozessschritte gibt es und aus welchen Tätigkeiten bestehen diese Prozessschritte (auch Reklamationen, Revisionen, Inventuren)?
2. Durch welche Vorgaben und Ereignisse wird die Kette der Prozessschritte ausgelöst? Was will der Kunde?
Was passiert (Resultat)?
3. Was passiert genau in diesem Prozessschritt und was ist das gewünschte Resultat? Was bekommt der Kunde?
4. Was ist das Ergebnis und wie lassen sich die Ergebnisse der einzelnen Prozessschritte beschreiben?
5. Welchen Wertschöpfungsbeitrag leistet die Tätigkeit für das Ergebnis des Gesamtprozesses?
6. Was ist das Ergebnis der Tätigkeit/ des Prozessschrittes?
Wie?
7. Wie sind die Tätigkeiten und deren Abfolge im Prozess bisher dokumentiert?
8. Welche Informationen oder Materialien werden transportiert und in welcher Form geschieht der Austausch?
9. Durch welches Input-Output-Verhältnis sind die Prozesse untereinander verknüpft und wo liegen die genauen Schnittstellen?
10. Verzweigt sich der Prozess an bestimmten Stellen, wenn bestimmte Bedingungen eintreten oder Restriktionen greifen?
11. Welche Varianten ergeben sich daraus und mit welcher Wahrscheinlichkeit treten diese ein?
12. Laufen die Prozessschritte und Tätigkeiten parallel oder sequenziell ab?
13. Gibt es sonst noch spezielle Anforderungen aus der Supply Chain, die eingehalten oder dokumentiert werden müssen?
Wie viele?
14. Wie häufig wiederholen sich die Prozesse in einer Zeiteinheit?
15. Wie kann man am besten den Zeitbedarf ermitteln? Annahme aus Erfahrung, Messpunkte, Berechnung, MA-Befragung ...?
16. Welchen Leistungstyp hat der Prozessschritt/ die Tätigkeit? Ist er wertschöpfend, wertneutral oder wertmindernd?
Mit wem?
17. Durch wen werden die Tätigkeiten durchgeführt und sind die Anforderungen, die an den Ausführenden gestellt werden, erfüllt (Wissen, Fähigkeiten)?
18. Wie sehen diese aus und sind sie z. B. durch Schulung erlernbar?
Mit was?
19. Welche Ressourcen werden zur Ausübung der Tätigkeit benötigt (Ausrüstung, Einrichtung) und welche IT-Systeme unterstützen sie dabei?

Eine systematische Erfassung und Analyse wird durch die Anwendung von Problemlösungstechniken (siehe Kapitel 7) unterstützt.

Zur Erfassung des Istzustandes eines Prozesses und seiner Analyse können W-Fragen verwendet werden. Sie ermöglichen die Erfassung folgender Faktoren:

- Prozessablauf,
- Abhängigkeiten in den Abläufen,
- interne und externe Schnittstellen,
- Ressourcen,

- Methoden, Verfahren etc.,
- Kennzahlen,
- Schwachstellen im Prozess.

In der Tabelle 4.1 ist eine Auswahl von W-Fragen aufgelistet.

Das Turtle-Modell

Prozessanalyse fördert die Beherrschung des Prozesses

Einen ähnlichen Ansatz verfolgt das Turtle-Modell (die Schildkröten- Methode, Bild 4.13). Dieses Modell führt die Vielzahl von Einflussfaktoren des zu betrachtenden Prozesses systematisch zusammen. Die erfassten Daten können außerdem als Grundlage zur Durchführung eine Risikoanalyse bzw. den Einsatz eines Risikomanagements dienen.

Die so gewonnene Transparenz stellt eine solide Entscheidungsgrundlage für das Management dar.

Der Kopf der Schildkröte stellt den Input und der Schwanz den Output dar.

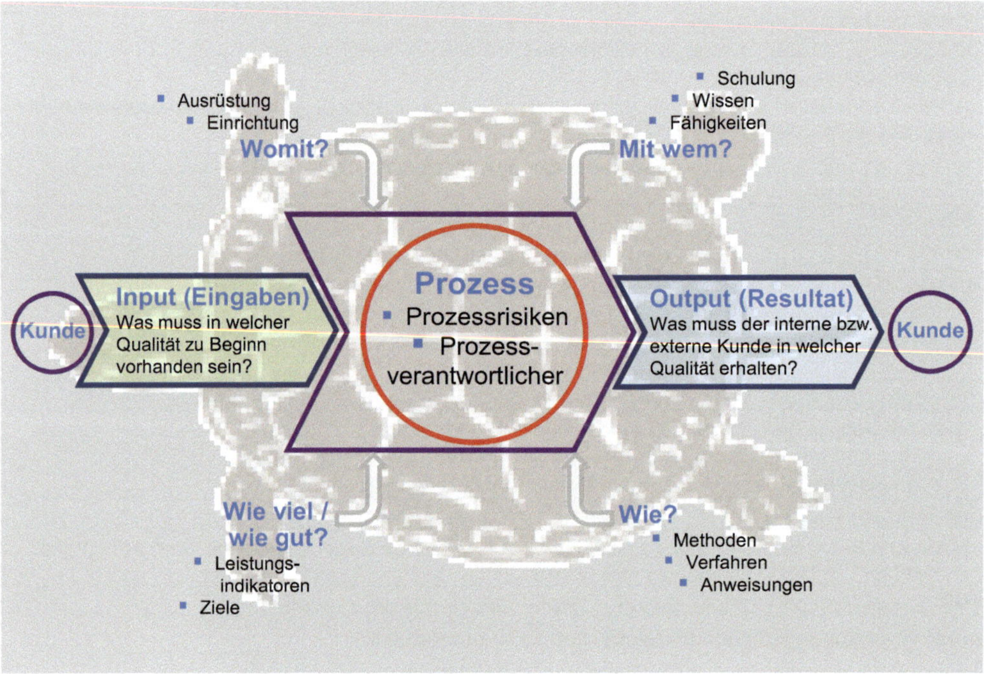

Bild 4.13: Das Turtle-Modell

Die Beine symbolisieren die Stützen des Prozesses, denen entsprechende Einflussfaktoren zugeordnet sind.

Die Prozessanalyse nach dem Turtle-Modell lässt sich mit einem strukturierten Formular umsetzen. In den entsprechenden Rubriken werden die Einflussfaktoren erfasst und ergeben so eine übersichtliche Darstellung selbst komplexer Prozesse (Bild 4.14).

Prozessbezeichnung :	**Produktion von elektronischen Komponenten**		Quelle: TÜV213
Prozesseigner:	Frau Ana Lyse	Prozess definiert?:	ja
	Prozessrisiken		
Womit?: (Equipment, Material): ▪ Personal, ▪ Prüf- und Messmittel, ▪ Zukaufteile & Materialien, ▪ Lötpastendrucker, ▪ Bestückungsplan	▪ Falsches Material, ▪ Maschinenausfall, ▪ Energieausfall, ▪ Werkzeugdefekte	▪ Menschliches Versagen, ▪ Krankenstand, ▪ mangelnde Qualifikation, ▪ fehlerhafte Wareneingänge, ▪ keine/unzureichende Einweisung, ▪ keine Kenntnisse der Kundenanforderungen	**Mit wem? (Personal, Schulung, Wissen, Fähigkeiten):** ▪ Mitarbeiter Fertigung, ▪ technisches Wissen, ▪ fachliche Kenntnisse, ▪ Fertigungsplanung, ▪ Beschaffung, QM
Inputs: ▪ Kundenbedarf (Auftrag), ▪ Disposition, ▪ teilbestückte Leiterplatte, ▪ Gehäuse, Deckel	▪ Mengen- und Terminabweichung, ▪ nicht konforme Produkte, ▪ Kostenabweichung, ▪ Kundenzufriedenheit, ▪ keine Realisierbarkeit von Kundenwünschen		**Outputs:** ▪ Produkt, das die gewünschten Kunden-anforderungen erfüllt, ▪ in der richtigen Menge und der richtigen Zeit, ▪ versandfertiges Produkt
Leistungsindikatoren/ Kennzahlen: ▪ Ausschusszahlen in EUR, ▪ Gesamtleistung, ▪ Anzahl der Reklamationen, ▪ Auditergebnisse, ▪ Dichtheitsprüfung	▪ Negative Tendenz, ▪ Kunde unzufrieden, ▪ falsche Auswertung, ▪ keine messbare Verbesserungen, ▪ Trendanalyse nicht aussagekräftig	▪ Nichtkonformitäten in den Beschreibungen, ▪ unzureichende interne Kommunikation, ▪ veraltete Vorgaben/ Anweisungen	**Wie? (Anweisung, Verfahren, Methoden ...):** ▪ Fertigungsbegl. Papiere, ▪ Prozessablaufplan, ▪ Wartungsplan, ▪ Arbeitsanweisungen, ▪ Notfallplan

Bild 4.14: Arbeitsblatt zur Prozessanalyse – ***Beispiel***

Prozessbezeichnung und Prozesseigner

Der Formularkopf dient zur Identifizierung des Prozesses und dessen Verantwortlichen.

Womit?

Welche Räumlichkeiten, Ausrüstung, Materialien sowie Infrastruktur braucht das Unternehmen?

Mit wem? / Wer?

Stehen hinsichtlich des Prozesses qualifizierte Mitarbeiter zur Verfügung? Sind Einweisungen neuer Mitarbeiter erforderlich?

Leistungsindikatoren

Mit welchen Methoden sind Prozesskennzahlen erfassbar, aus denen Maßnahmen zur Steuerung abgeleitet werden können?

Wie?

Welche Verfahrens- und Arbeitsanweisungen, Checklisten, Software, Techniken usw., aber auch Gesetze gilt es zu beachten?

Prozessrisiken

Es ist in der betrieblichen Praxis immer mit unvorhersehbaren Ereignissen zu rechnen, die den Produktionsablauf beeinträchtigen. So ist es sinnvoll, bei der Prozessanalyse denkbare Risiken mit aufzunehmen, um Vorbeugungsmaßnahmen treffen zu können. Damit entsteht eine Basis für ein „Ganzheitliches Risikomanagement“.

4.2.3 Konzeption, Realisation, Validierung

Im nächsten Schritt sind die Prozesse zu realisieren:

- Auf der Grundlage der Analyse und entsprechend der Zielsetzung müssen die Prozesse angepasst werden (Prozess-Modellierung).
- Änderung der Abläufe, reelle Umsetzung des Prozesses.
- Prozesse bewerten und Validieren.

4.3 Prozesse bewerten

Ein Prozess ist ein Teil eines Gesamtsystems, das Wertschöpfung zum Ziel hat. Aus ökonomischer Sicht soll die Wertschöpfung das geringste Kosten-Nutzen-Verhältnis erzielen. Auch der Markt stellt Forderungen, wie Qualität, Flexibilität, kurze Lieferzeiten (Durchlaufzeit) usw., an die Prozesse. Also stellt er eine Reihe von Forderungen, die ein Prozess erfüllen muss und die entsprechend zur Prozessbewertung herangezogen werden müssen.

Prozessbewertung ist eine Voraussetzung für die Erfüllung von Forderungen und Zielen.

Auf der Grundlage der Prozessforderungen, -eigenschaften und -ziele werden Prozesskriterien erfasst und bewertet. Die Bewertungsmethoden müssen darlegen, dass die Prozesse in der Lage sind, die geplanten Ergebnisse zu erzielen.

Es handelt sich um Bewertungskriterien für das **Management der Prozesse** und der **Ergebnisse der Prozesse** (Bild 4.15).

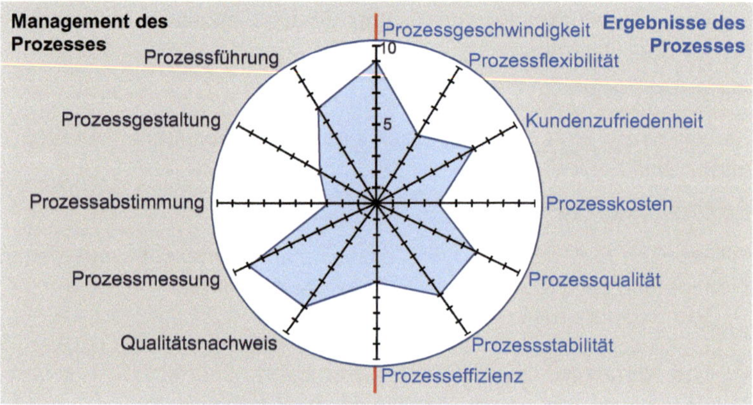

Bild 4.15: Kriterien der Prozessbewertung [Ben9.1]

Mithilfe eines festgelegten Bewertungsrasters wird das Profil nach Schwachstellen untersucht.

4.3.1 Management des Prozesses

Das Management der Prozesse erfüllt folgende Funktionen:

- Dokumentationsfunktion: Aufzeigen des Istzustandes,
- Planungsfunktion: Vorgabe von Planwerten,
- Kontrollfunktion: Vergleich der Plan- mit den Istwerten.

Sie beschreiben den Leistungsstand der Prozesse in den Dimensionen Zeit, Kosten und Qualität und orientieren sich an Erfolgsfaktoren, die durch Kundenwünsche, Wettbewerbssituationen und strategische Ziele beeinflusst werden. Sie müssen klar definiert und einem bestimmten Kontrollpunkt im Prozess zugeordnet sein.

Management der Prozesse sorgt für die Erfüllung der Forderungen.

Die Bewertung erfolgt anhand von Kriterien und Kennzahlen.

- **Prozessführung**
  regelt die Verantwortungsbereiche der Prozessbeteiligten, definiert die Prozessziele, lenkt KVP, bei Einführung von Innovationen veranlasst Mitarbeiterschulung,
- **Prozessmodellierung**
  plant, gestaltet und dokumentiert den Prozess, legt Leistungsparameter fest, lenkt den Informationsfluss,
- **Prozessabstimmung**
  stimmt den In- und Output mit den Kunden und Lieferanten ab, sorgt für interne Abstimmung, koordiniert die Schnittstellen mit anderen Prozessen, stimmt Leistungsforderungen und -vereinbarungen ab,
- **Prozessmessung**
  Leistungsparameter werden regelmäßig gemessen, Plan-Ist-Vergleich durchgeführt,
- **Qualitätsnachweis**
  Qualitätskennzahlen werden ermittelt, dokumentiert und analysiert, potenzielle Risiken ermittelt und bewertet, Audits durchgeführt.

Die DIN ISO 9004:2015 zeigt ein Bewertungsmodell auf.

4.3.2 Ergebnisse des Prozesses

Als Ergebnisse werden sowohl messbare als auch bewertbare Kennzahlen und Eigenschaften des Prozesses erfasst.

Ergebnisse des Prozesses informieren über die Erfüllung der Forderungen.

- **Prozessgeschwindigkeit**
  Es wird die Durchlaufzeit bzw. Dauer des Prozesses oder eine bezogene Kennzahl ermittelt.
- **Prozessflexibilität**
  wird anhand der Reaktionsgeschwindigkeit auf Veränderungen, z. B. der Kundenwünsche bzw. anhand der Zeitdauer zur Implementierung von Prozessänderungen bestimmt.
- **Prozessstabilität**
  beschreibt die Leistungsschwankungen.

- **Prozessqualität**
  Prozentsatz der Prozessergebnisse (Outputs), die den vereinbarten Kundenerwartungen entsprechen bzw. die innerhalb der festgelegten Toleranzgrenzen liegen (z. B. Termintreue, Fehlerrate, Verfügbarkeit usw.).
- **Kundenzufriedenheit**
  Die Kundenzufriedenheit, Anzahl der Beschwerden usw. wird ermittelt.
- **Prozesskosten**
  Die Art, die Höhe, der Zeitpunkt und die Ursache für die Kostenentstehung wird erfasst.
- **Prozesseffizienz**
  Die Prozesseffizienz wird anhand von Kennzahlen ermittelt.

Für die operative Prozessbewertung ist der Prozessverantwortliche in enger Zusammenarbeit mit den beteiligten Mitarbeitern bzw. den Kunden und Lieferanten des Prozesses zuständig.

Beispiel:
Bei der Entwicklung eines neuen Produktes wird häufig eine neue Produktionstechnologie eingesetzt. Das setzt voraus, dass der Prozessverantwortliche rechtzeitig über die geänderten Prozessforderungen informiert wird und außer den Investitions-/Installationsmaßnahmen auch eine Weiterbildungsmaßnahme für die betroffenen Mitarbeiter veranlasst. Die Art und Weise dieser Maßnahme fällt unter das Kriterium Prozessführung.

4.4 Prozesse lenken und überwachen

4.4.1 Prinzip der Prozesslenkung

Prozesslenkung erfordert eine Rückkopplung des Istzustandes an den Sollzustand.

Das Ziel der Prozesslenkung ist es, Prozesse zu beherrschen. Sie unterliegen einer Menge von Einflüssen, die die Prozessvorgänge und somit die Leistung und das Ergebnis der Prozesse verändern. Eine erfolgreiche Führung der Prozesse setzt Planung und Kontrolle der relevanten Größen voraus, um bei Abweichungen möglichst zeitnah steuernd eingreifen zu können.

Die Qualitätslenkung eines Prozesses (Bild 4.16) bedient sich maschinengesteuerter Regelkreise bzw. besteht aus Steuerungsmaßnahmen, nach einem bestimmten Plan, mit Rückkopplung.

Die Betrachtung liegt im Wesentlichen auf der Steuerung der Prozessführung. Basierend auf der Prozessplanung definieren Solldaten die Zielgrößen, die den Istdaten gegenübergestellt werden. Eventuell auftretende Abweichungen führen zum Ergreifen von Maßnahmen der Prozesssteuerung zur Gewährleistung zeitnaher Korrekturen.

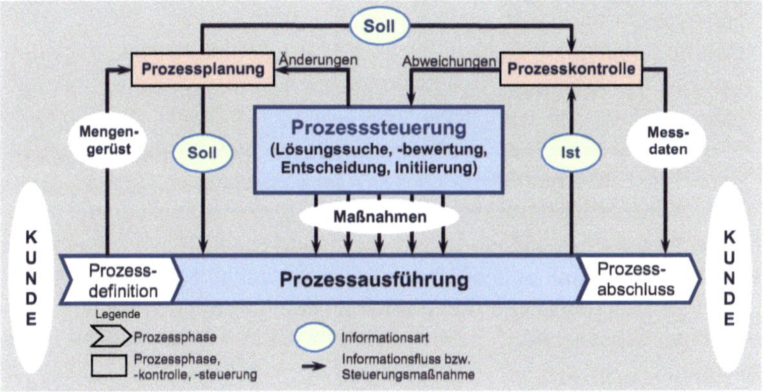

Bild 4.16: Planung, Steuerung und Kontrolle eines Prozesses [Bur07]

Auf der Grundlage der Prozessbewertung stellt der Verantwortliche für die Lenkung der Prozesse einen Soll-Ist-Vergleich der Prozessparameter auf und ermöglicht beim Auftreten von Abweichungen eine Durchführung von geeigneten Maßnahmen.

Bild 4.17 verdeutlicht die Notwendigkeit eines zeitnahen Eingreifens bei Abweichungen zwischen Ist- und Sollverlauf.

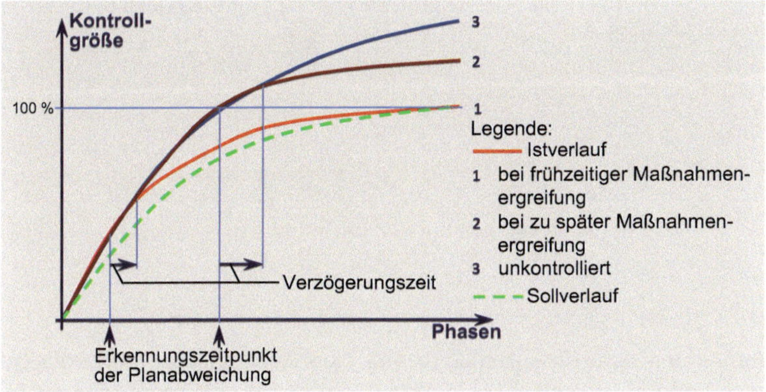

Bild 4.17: Konsequenzen unterschiedlicher Zeitpunkte der Maßnahmenergreifung bei Planabweichungen [Bur07]

Frühzeitige Ergreifung von Maßnahmen ist wichtig.

Man erkennt die Reversibilität von Planabweichungen bei einem zeitnahen Eingreifen wie in Kurve 1 dargestellt. Demgegenüber weisen die Kurven 2 und 3 Verläufe auf, die nicht mehr an die Sollgröße anzupassen sind, da zum Handlungszeitpunkt bereits zu große Abweichungen bestehen. In der Praxis bedeutet dies, dass die Ziele nicht mehr erreicht werden können. Ausschuss, Nacharbeitskosten, längere Durchlaufzeiten usw. sind die unerwünschten Folgen. Es besteht also die Notwendigkeit, Abweichungen vom Sollzustand möglichst frühzeitig zu erkennen und durch Korrekturmaßnahmen zeitnah zu beheben.

Beispiel:
Während der Bearbeitung einer größeren Anzahl von Bauteilen verschleißt der Bohrer mit der Zeit, und die Bohrungen werden immer kleiner. Bevor das Istmaß die Toleranz überschreitet, wechselt der Werker (das Stellglied) den Bohrer, und das Istmaß erhält eine ausreichende Sicherheit bezüglich der Toleranzgrenze.

Bei geplanten Prozessänderungen, die infolge von KVP bzw. geänderten Prozessforderungen entstehen, werden Steuerungsmaßnahmen eingeleitet und anschließend auf ihre Wirksamkeit überprüft. Qualität in Produktionsprozessen wird überwiegend mithilfe einer Prozessregelung erreicht.

4.4.2 Arten der Prozessregelung und -überwachung

In vielen Lieferbedingungen wird gefordert, dass ein Mindestprozentsatz aller Messwerte (z. B. 99,994 %) innerhalb einer vorgegebenen Toleranzgrenze liegen muss. Also müssen die entsprechenden fertigungsnahen Prozesse geregelt bzw. überwacht werden.

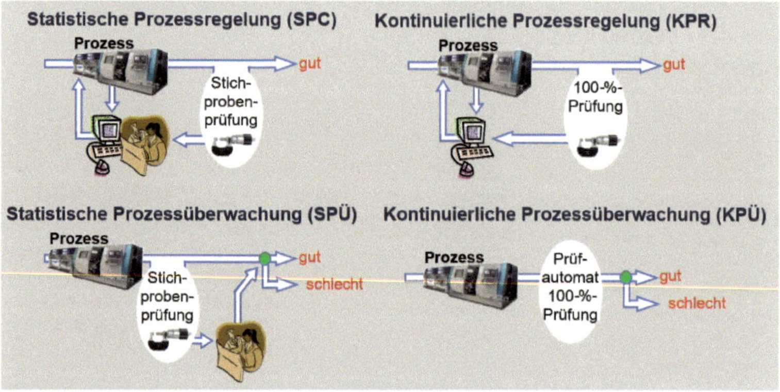

Bild 4.18: Methoden zur Prozessregelung und -überwachung

Prozesslenkung erfordert eine Rückkopplung des Istzustandes an den Sollzustand.

Es werden dem Produktionsprozess regelmäßig Stichproben entnommen und die ermittelten Messwerte ausgewertet. Auf der Grundlage eines Soll-Ist-Vergleichs werden die Stellgrößen des Prozesses verändert oder Teile aussortiert. Prinzipiell bieten sich vier Methoden zur Prozessregelung und -überwachung an (Bild 4.18).

Sie weisen folgende Charakteristik auf:

- Statistische Prozessregelung (SPC – statistic process control); greift frühzeitig in den Prozess ein und wirkt aufgrund von Korrekturmaßnahmen Fehlentwicklungen entgegen; dem Prozess werden regelmäßig Stichproben entnommen.
- Kontinuierliche Prozessregelung (KPR); aufgrund der 100-%-Prüfung kann kontinuierlich durch direkte Rückkopplung auf die Maschinensteuerung Einfluss genommen werden.

- Statistische Prozessüberwachung (SPÜ); sie beurteilt die Qualität anhand von Stichproben und sortiert aus.
- Kontinuierliche Prozessüberwachung (KPÜ); bei 100-%-Prüfung wird aussortiert.

Auf die Fehlerhäufigkeit kommt es an.

Das Ziel des Qualitätsmanagements ist eine Null-Fehler-Produktion. Die Gründe für diese Forderung liegen einerseits in den Kosten und anderseits in den Kundenforderungen.

Deswegen wird in den Liefervereinbarungen ein bestimmter Anteil von möglichen fehlerhaften Einheiten im Los in Form von **AQL-Werten** festgelegt. Das bedeutet, dass die „**Annehmbare Qualitätsgrenzlage** (AQL – Acceptable Quality Level)" als Grenzwert für den zulässigen Fehleranteil im ppm-Bereich vorgegeben wird. Auch in der Lieferantenbewertung findet man unter anderen die Angaben zur Erfüllung des AQLs.

4.4.3 SPC – statistische Prozessregelung

Die statistische Prozessregelung SPC gehört zu den bevorzugtesten Regelungsarten in der Produktion. Dieser **prozessnahe Regelkreis** aus Tätigkeit, Prüfung, Analyse und Rückkopplung der Steuerungsgrößen sichert eine nahezu fehlerfreie Produktion. Ein Beispiel der Regelung eines Produktionsprozesses ist in Bild 4.19 aufgeführt.

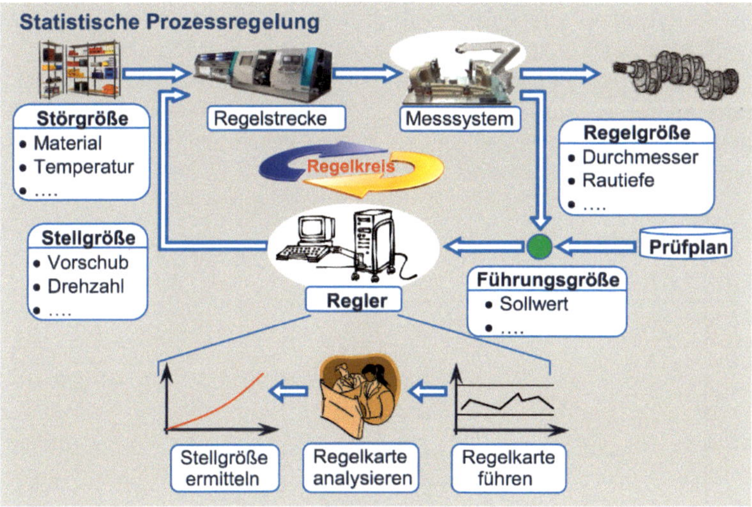

Bild 4.19: Prinzip der statistischen Prozessregelung

Ziel der SPC ist es, Qualitätsdefizite bereits während der Produktion zu entdecken und ihnen bei Auftreten unbefriedigender Stichprobenergebnisse durch regelnde Eingriffe entgegenzuwirken.

Durch den Einfluss von **systematischen und zufälligen Einflussgrößen** streut die Regelgröße. Aufgrund einer regelmäßigen Stichprobenentnahme wird bei der Überschreitung einer Grenze, die kleiner ist als die zulässige Toleranz, mithilfe einer Stellgröße geregelt. So wird ein

Prozess muss in statistischer Kontrolle sein.

Ausschuss vermieden. Die Analyse der Messwerte und die Entscheidung zum Eingreifen erfolgen mithilfe der Qualitätsregelkarte.

Beispiel:
In Bezug auf das in Kapitel 4.4.1 aufgeführte Beispiel über den Einfluss des Werkzeugverschleißes kann die Datenerfassung anhand von momentanen Stichproben erfolgen. Das Führen einer Qualitätsregelkarte (QRK) ermöglicht ein rechtzeitiges Eingreifen in Form eines Werkzeugwechsels. So wird verhindert, dass Ausschuss produziert wird.

Qualitätsregelkarte

Qualitätsregelkarte ist ein Regler.

Die QRK ist ein kartesisches Koordinatensystem, in dem über die Zeit *t* das Merkmal *x* (oder abgeleitete Kennwerte wie Mittelwert, Standardabweichung usw.) aufgetragen werden. In definierten Zeitabständen werden dem Produktionsprozess Stichproben entnommen, deren Ergebnis direkt oder statistisch ausgewertet in die QRK eingetragen wird (Bild 4.20). Das Ziel ist, die momentane, meist normal verteilte Wertehäufigkeit in der Produktion eines Prozesses nach Lage und, so weit möglich, nach Streuung zu steuern.

Die QRK beschreibt den zeitlichen Prozessverlauf. Das Überschreiten der festgelegten **oberen Eingriffsgrenze OEG** oder der **unteren Eingriffsgrenze UEG** ist ein Indiz für das Auftreten eines Störeinflusses. Die Eingriffsgrenzen befinden sich innerhalb der Toleranzgrenzen, sodass noch kein Ausschuss gefertigt wurde. Beim Überschreiten der Eingriffsgrenzen muss mithilfe der Steuergrößen Einfluss auf den Produktionsprozess genommen werden.

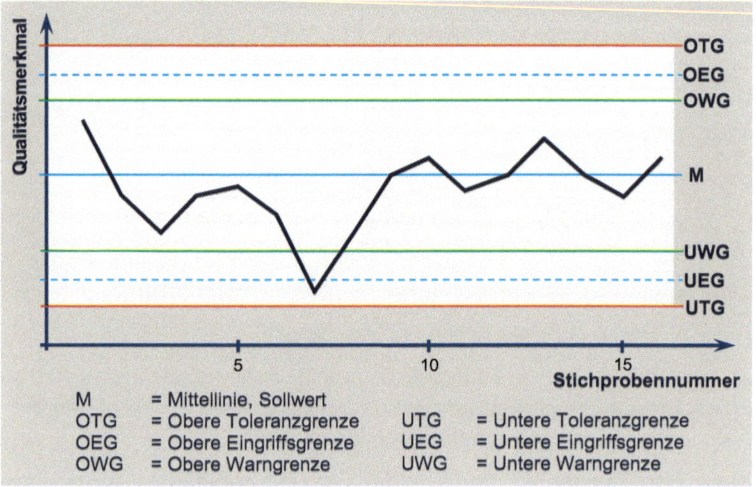

Bild 4.20: Schematisierte Qualitätsregelkarte

Der Einsatz der **Warngrenzen** in der Regelkarte dient zur Senkung des Prüfaufwandes. Befinden sich die Kenndaten innerhalb der Warngrenzen, kann der Prozess mit einem **reduzierten Prüfniveau** beobachtet werden. Beim Überschreiten der Warngrenzen muss das Prüfniveau verschärft werden.

Auf jeden Fertigungsprozess wirken **Störgrößen**, die für die **Streuung der Merkmale** verantwortlich sind. Es handelt sich um **zufällige** und **systematische Einflüsse**.

Zufällige Einflüsse

Zufällige Einflüsse, wie z. B. das Schwanken der Umgebungstemperatur, Inhomogenität des Werkstoffes, Zustand der Werkzeugmaschine usw., verursachen Streuungen. Sie werden toleriert, solange sie den Prozess nicht zu stark beeinflussen. Die Minderung ihres Einflusses ist meist mit unverhältnismäßig hohen Kosten verbunden (Chipfertigung – klimatisierte Räume). Da sie den statistischen Gesetzmäßigkeiten gehorchen, können sie mithilfe der Verteilungsform und ihrer Kenngrößen erfasst werden.

Zufällige und systematische Einflüsse verursachen eine Prozessstreuung.

Systematische Einflüsse

Werkzeugverschleiß z. B. verursacht bei gleichbleibenden Bedingungen (Zustellung, Kühlung ...) Änderungen der Werkstückmerkmale. Hier handelt es sich um einen stetigen Prozess mit einer Tendenz. Auch weitere systematische Einflüsse (Maschinenverschleiß) unterliegen nicht den statistischen Gesetzmäßigkeiten. Sie sind allerdings zeitabhängig und können anhand von Qualitätsregelkarten erfasst werden.

Aufgrund der Wirkung von zufälligen und systematischen Einflüssen unterscheidet man zwei Arten von Prozessen:

- Prozess in statistischer Kontrolle ist ein Prozess mit natürlicher Variabilität, er ist stabil und vorhersagbar.
- Prozess in nicht statistischer Kontrolle weist eine unnatürliche Variabilität auf, ist instabil und nicht vorhersagbar.

Ein **Prozess in statistischer Kontrolle** mit **natürlicher Variabilität** ist die Voraussetzung für die Einführung von SPC sowie das Erreichen von höchster Qualität zu niedrigen Kosten.

Ein **Prozess in nicht statistischer Kontrolle** mit **unnatürlicher Variabilität** tritt ohne Vorwarnung ein. Man weiß nicht, wie lange die Variabilität andauert und wann sie endet, aber sie kommt irgendwann mit Sicherheit wieder.

SPC kann auch Informationen zur Beurteilung der Prozesssituation liefern. Voraussetzung ist allerdings, dass nicht nur die Messwerte, sondern auch Angaben z. B. über die Materialcharge der eingesetzten Spritzgussmaschine und der Prozessparameter mit registriert werden. Dies wird heute durch den Einsatz von Netzwerken mit BDE- und MDE-Terminals vielerorts realisiert. Man spricht dann aber meist nicht mehr von SPC, sondern von CPC (Continuous Process Control), der **„Kontinuierlichen Prozessüberwachung“** (Bild 4.18).

Festlegen der Stichprobenhäufigkeit und -größe

Nach dem Festlegen der Prüfmerkmale, wird der Umfang einer Stichprobe festgelegt. Um die systematischen Prozesseinflüsse sicher erkennen zu können, ist eine korrekte Festlegung des Stichprobenumfangs sowie der Stichprobenfrequenz wichtig.

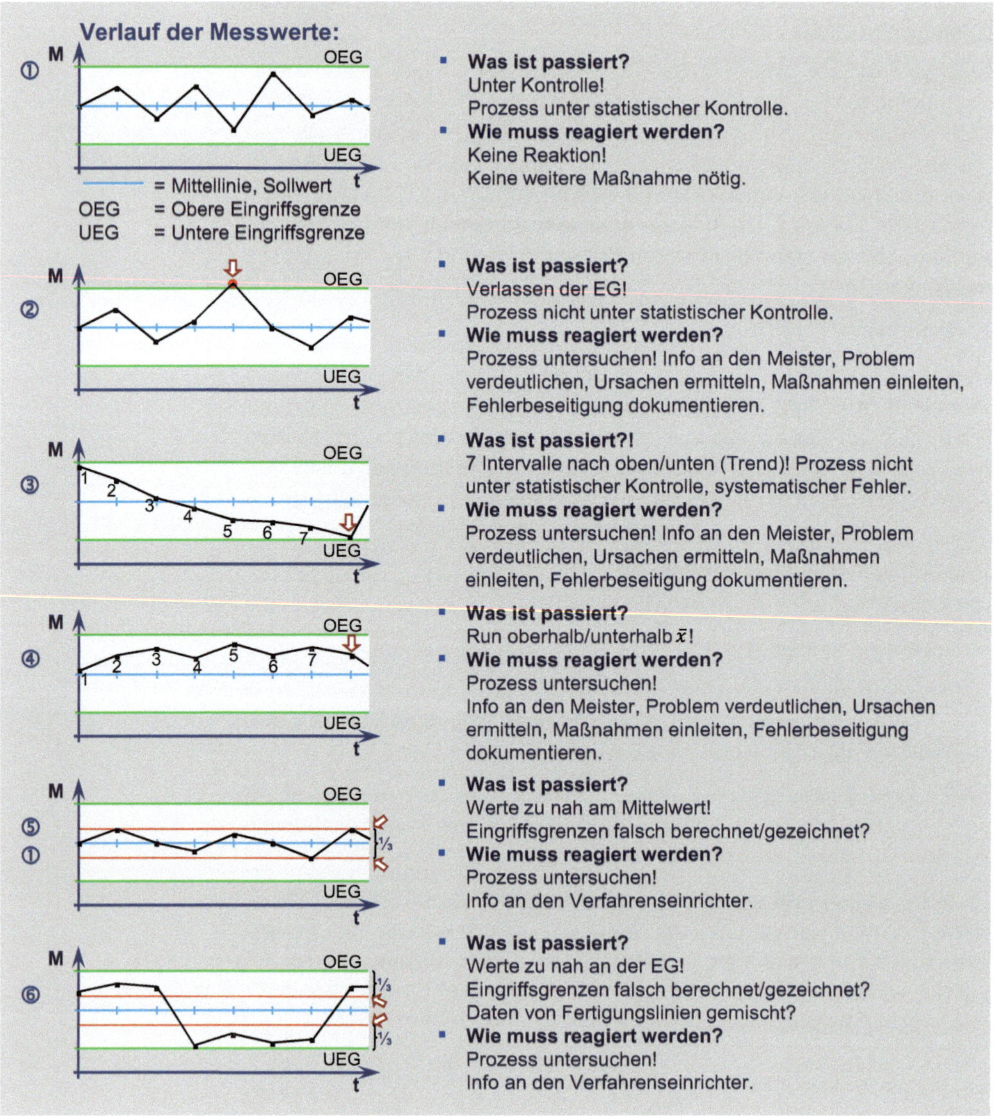

Bild 4.21. Analyse der Stichprobenverläufe

Der **Stichprobenumfang** von 5 bis 7 Messwerten wird im gleichmäßigen **Zeitintervall** von zehn Minuten bis zu einer Stunde entnommen. Mit der Stichprobenfrequenz und dem Stichprobenumfang ist direkt der Prüfaufwand verbunden, der selbstverständlich so gering wie möglich ausfallen soll. Zu geringe Stichprobenumfänge und zu niedrige Frequenzen ermöglichen keine gesicherte Aussage über das Prozessverhalten. Die entnommenen Stichproben werden als **momentane Stichproben** bezeichnet.

Momentane Stichprobe muss regelmäßig entnommen werden.

Interpretation von Stichprobenverläufen

Anhand der vorliegenden Verläufe können bestimmte Aussagen gemacht und gegebenenfalls ein Regelvorgang eingeleitet werden. Verschiedene Arten der Stichprobenverläufe sind in Bild 4.21 dargestellt.

Analyse der Stichprobenverläufe ist entscheidend.

4.4.4 Prozessfähigkeit und ihre Kenngrößen

Statistische Verfahren werden nicht nur zur Beurteilung der Produktqualität, sondern auch zur Beurteilung der Qualität von Produktionseinrichtungen (Maschinen, Prozesse, Messmittel) eingesetzt. Die Definition von Prozessfähigkeit liefert ein messbares Kriterium, das beim Kauf, bei der Inbetriebnahme, vor der Serienfertigung und während der laufenden Produktion die benötigten Informationen liefert. Auch in Lieferbedingungen werden standardmäßig Kundenforderungen an die Prozessfähigkeit in Form von Kennwerten gestellt.

Jede Maschine hat ein konstruktionsbedingtes Verhalten. Ihre Fähigkeit, **Maschinenfähigkeit c_m** (capability = fähig), ist abhängig von den Forderungen des Benutzers. Die Forderungen werden durch die zulässige Toleranz T eines Merkmals definiert.

Ohne Prozessfähigkeit keine Lenkung

Die Eignung der zur Datenermittlung benötigten Mess- und Prüfmittel wird anhand der **Mess- und Prüfmittelfähigkeit c_g** nachgewiesen.

Da ein Produktionsprozess aus Maschinen, Mess- und Prüfmitteln besteht, sind die Maschinen-, Messmittel- und Prüfmittelfähigkeit ein integraler Bestandteil der **Prozessfähigkeit c_p**.

Fähigkeitsuntersuchung

Zur Einhaltung von vorgegebenen Qualitätsmerkmalen muss sich der **Prozess in statistischer Kontrolle** und seine Streuung innerhalb der zulässigen Toleranz befinden.

> **Die Fähigkeit (capability) ist das Maß der Streuung in einem stabilen Prozess. Ein Prozess/eine Maschine ist dann fähig, wenn die Streuung kleiner ist, als die vorgegebene Toleranz.**

Der wesentliche Grund für die Durchführung der Prozessfähigkeitsuntersuchung liegt in der geänderten Betrachtungsweise. Das Ziel ist, aufgrund einer hohen Prozessqualität eine hohe Produktqualität zu erreichen. Der Zeitpunkt der Fähigkeitsuntersuchung ist von Prozesseingriffen abhängig (Bild 4.22).

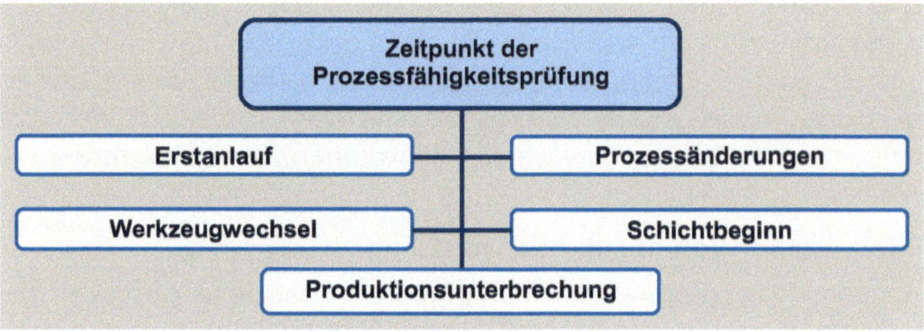

Bild 4.22: Gründe für die Durchführung einer Prozessfähigkeitsuntersuchung

Zur Ermittlung der Prozessfähigkeit wird zunächst der Prozess auf seine Streuung und Tendenz analysiert, zufällige und systematische Einflüsse werden erfasst. Ist die Streuung des Prozesses größer als die zulässige Toleranz des Qualitätsmerkmals, müssen Maßnahmen zur Verminderung der Streuung getroffen werden. Danach wird ein Vorlauf durchgeführt, bei dem mindestens zehn Einzelstichproben à fünf Teile entnommen werden. Nach dem Überprüfen auf Normalverteilung werden die Fähigkeitskennwerte c_p und c_{pk} bestimmt (Bild 4.23).

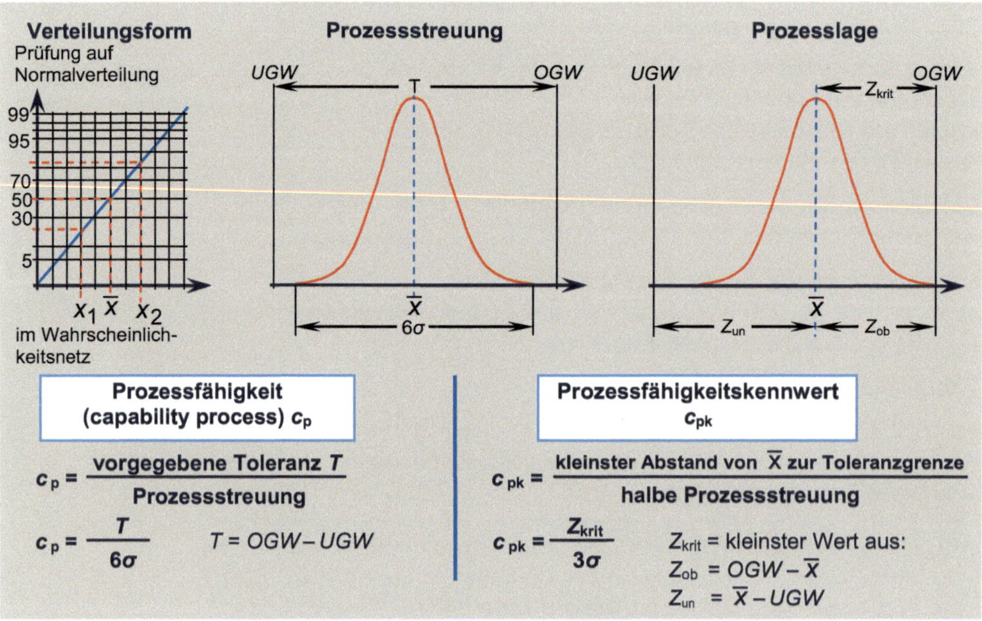

Bild 4.23: Definition der Prozessfähigkeitskennwerte

Prozessfähigkeitskennwerte

Statistisch ist eine Grundgesamtheit, wie sie ein Produktionslos darstellt, durch ihre Form, Streuung (Breite) und Lage (Mittelwert) erfasst. Diese drei Kriterien sind die Grundlagen für die Bestimmung der **Prozessfähigkeitskennwerte**.

Prozesskennzahlen geben den Zustand des Prozesses an.

Der Kennwert c_p ist ein Maß für die Breite der Prozessstreuung im Verhältnis zur Toleranzbreite. Der Kennwert c_{pk} berücksichtigt die Lage der Verteilung. Der Prozess wird als fähig bezeichnet, wenn beide Indizes größer als 1 sind (Bild 4.23). Ist c_p größer als 1 und c_{pk} kleiner als 1, so kann der Prozess durch eine Zentrierung fähig gemacht werden.

In Bild 4.24 sind einige Beispiele der Verteilungsformen und ihrer Kennzahlen aufgeführt.

In der Praxis ist die Übereinstimmung der geforderten Toleranz und der ermittelten Streuung mit 0,27 % Fehleranteil nicht ausreichend. Statistisch wird von einer guten Prozessfähigkeit mit einem c_p = 1,33 (Fehlerquote 64 ppm = 0,0064 %) ausgegangen. Häufig liegen die Kundenforderungen unter der Fehlerquote von 10 ppm.

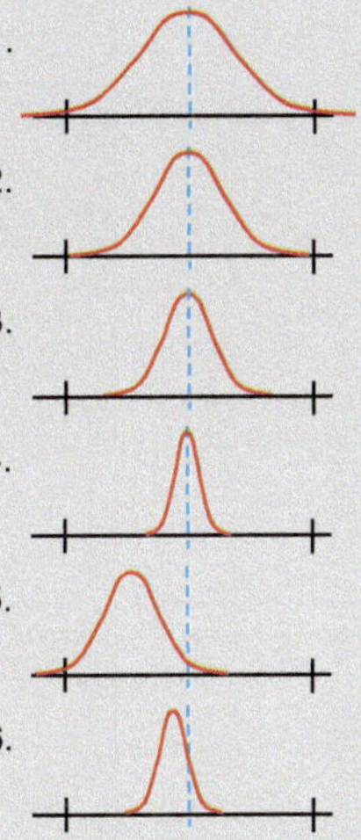

Beispiel	Prozessfähigkeitskennzahl	Beurteilung
1.	$c_p < 1$	Keine Prozessfähigkeit, hoher Ausschussanteil
2.	$c_p = 1$	Keine Prozessfähigkeit, bei genauer Zentrierung kaum Ausschuss (0,27 % = 2700 ppm)
3.	$c_p = 1{,}33$	Gute Prozessfähigkeit, minimaler Ausschussanteil (0,0064 % = 64 ppm)
4.	$c_p \gg 1$	Sehr gute Prozessfähigkeit, statistisch kein Ausschuss mehr
5.	$c_{pk} < 1$	Keine Prozessfähigkeit, Prozess ungenügend zentriert, hoher Ausschussanteil
6.	$c_p \geq 1{,}33$ $c_{pk} \geq 1$	Gute Prozessfähigkeit, Prozess genügend zentriert, geringer Ausschussanteil
7. siehe 1. – 4.	$c_p = c_{pk}$	Prozess genau auf der Mitte der Toleranzbreite eingestellt

Bild 4.24: Darstellung und Beurteilung verschiedener c_p-Kennwerte

4.5 Absicherung von Prozessketten

Bei komplexen Prozess- bzw. Projektstrukturen zeigt sich, dass qualitätsbezogene Maßnahmen in den einzelnen Strukturen für das Erreichen der Gesamtzielsetzung nicht ausreichen. Die Ursachen wie Kommunikations- und Abstimmungsprobleme, der Grad der Zielerreichung in einzelnen Prozessen usw. führt in den nachgelagerten Prozessen zu erheblichen Problemen. Änderungen, Nacharbeiten und andere Maßnahmen verursachen wesentlich höhere Kosten, Terminüberschreitungen und negative Marktauswirkungen.

Deswegen muss der Prozess-/Projektfortschritt koordiniert, synchronisiert und optimiert werden.

Dr. Robert G. Cooper entwickelte nach seinen „NewProd“ -Studien das Stage-Gate-Modell (siehe Bild 4.25). In den Stufen (Stages) wird ein geplanter Arbeitsfortschritt erzielt. Die zwischengeschalteten Tore (Gates) haben eine Kontrollfunktion und setzen wiederum neue Ziele für die nachfolgenden „Stage“. So wird ein Prozess nur dann weiterverfolgt, wenn das „Gate-Review-Meeting“ positiv ausfällt. Diese Meetings sind vom Top-Management aus unterschiedlichen Funktionen besetzt, da nach jedem „Stages“ die Kapital- und Ressourcenbindung, wie es am Beispiel des Produktentstehungsprozesses der Fall ist, steigt [Wblog]. Die Stage Gates betreffen nicht nur den Arbeitsfortschritt, sondern auch die Qualität.

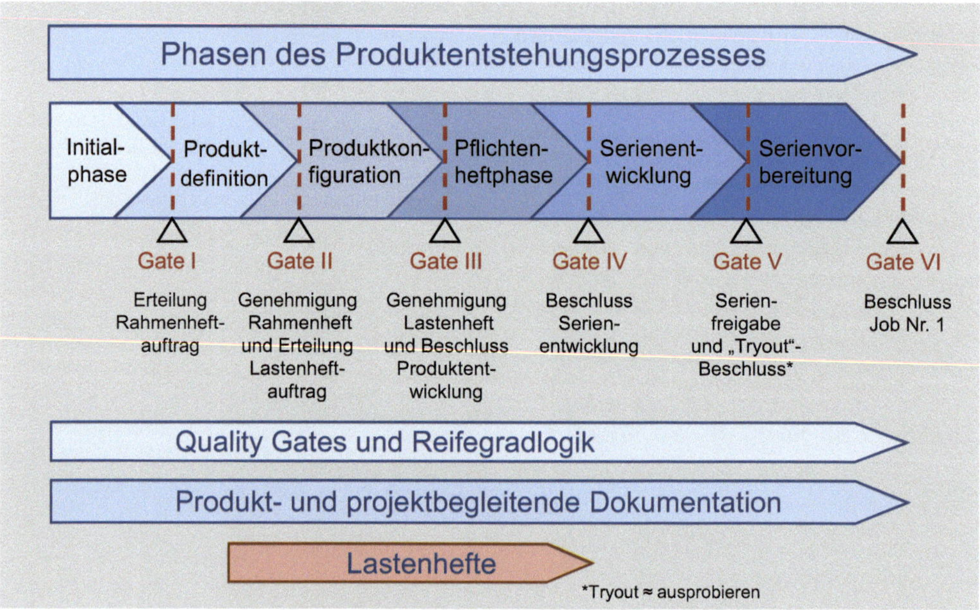

Bild 4.25: Produktentwicklung mit Stage Gates [ScPf10]

Quality Gates sichern die Systemqualität

Die vorgesehenen **Quality Gates** haben die Aufgabe, die Qualität von Prozessen kontinuierlich zu messen, Abweichungen frühzeitig zu erkennen, um geeignete Maßnahmen einleiten zu können [ScPf10].

Damit wird die erreichte Qualität transparent und steuerbar, weil etwaige Fehler bzw. Mängel früh identifiziert und begrenzt werden können. Quality Gates können nicht durchgeschritten werden, ohne dass die zu erreichenden Kriterien nicht erreicht bzw. mögliche Risiken nicht beurteilt und als akzeptabel eingestuft oder neue Ziele gesetzt wurden.

Lernerfolg

Zur Prüfung des Lernfortschritts beantworten Sie folgende Fragen:

Fragen zum Kapitel 4:

1. Nennen Sie die Merkmale eines Prozesses.
2. Klassifizieren Sie Prozesse, nennen Sie Beispiele.
3. Wovon hängt der Aufbau einer Prozessstruktur ab?
4. Nennen Sie drei Unternehmensorganisationsformen?
5. Erläutern Sie den Unterschied zwischen einer Prozesskette und einem Schwimmbahndiagramm
6. Nennen Sie die Phasenfolgen der Prozessdefinition.
7. Nach was richtet sich der Detailierungsgrad der Analyse von Prozessen?
8. Nennen Sie die Schnittstellenarten.
9. Was bedeutet Prozesslandschaft?
10. Welche Vorteile bietet die Turtle-Methode?
11. Nennen Sie die zwei Hauptaspekte der Prozessbewertung mit Beispielen.
12. Auf welcher Strategie beruht das Prinzip der Prozesslenkung?
13. Erläutern Sie das Prinzip der Prozesslenkung.
14. Welche Methoden der Prozessregelung kennen Sie?
15. Was bedeutet AQL?
16. Welche Voraussetzung gilt für die Anwendung von SPC?
17. Wie funktioniert SPC?
18. Welche Arten von Störeinflüssen kennen Sie? Nennen Sie Beispiele.
19. Welche Merkmale weist eine momentane Stichprobe auf?
20. Wann spricht man von einem Trend?
21. Wann wird ein Prozess/Maschine als fähig bezeichnet?
22. Welche Aussagen machen c_p und c_{pk}?
23. Nennen Sie Werte für eine gute Prozessfähigkeit.
24. Welches Ziel verfolgt das Turtle-Modell?
25. Welche Aufgabe haben Quality Gates?

Strategien zur Qualitäts- und Prozessoptimierung

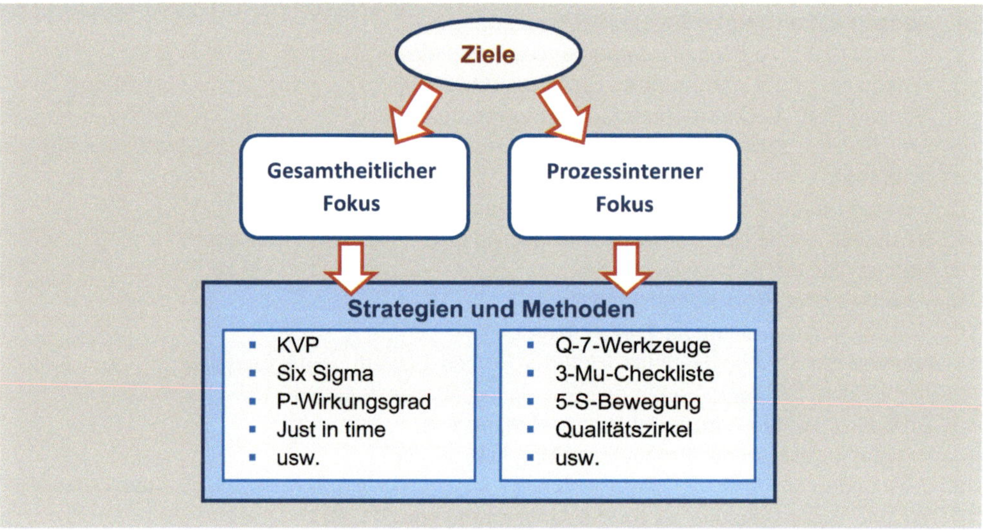

Lernziele:

Qualitäts- und Prozessoptimierung bzw. Verbesserung sind eng miteinander verknüpft. Qualität und Prozesse stehen in gegenseitiger Beziehung. Die vorgesehenen Verbesserungsmaßnahmen beeinflussen unabhängig von ihrer Zielsetzung sowohl die Qualität als auch die Prozessmerkmale und die Prozessergebnisse.

Zum Erreichen der Ziele kann eine gesamtheitliche Strategie verfolgt werden, um z. B. durch eine Einführung von flachen Hierarchien die Komplexität der Prozesslandschaft und die Anzahl der Schnittstellen zu senken, die Flexibilität der Prozesse zu steigern und damit die Durchlaufzeiten, Kosten, Qualität und Kundenzufriedenheit positiv zu beeinflussen.

Eine Optimierungsstrategie bzw. Verbesserung kann in einzelnen Prozessen intern verfolgt werden, wie es z. B. bei der Einführung eines Kontinuierlichen Verbesserungsprozesses KVP der Fall ist. Im folgenden Kapitel wird eine Übersicht der wichtigsten Strategien und Methoden gegeben.

5 Strategien zur Qualitäts- und Prozessoptimierung

5.1 Ziele und ihre Abhängigkeit

Komplexität der Einflüsse berücksichtigen

Das gesamtheitliche Ziel der qualitäts- und prozessbezogenen Aktivitäten ist eine wirtschaftliche und kundenorientierte Produktentstehung. Forderungen an die Produkt- und Prozessqualität und die 6 M bestimmen diese. Wie Bild 5.1 zeigt, gibt es allseitige Abhängigkeiten und Einflüsse.

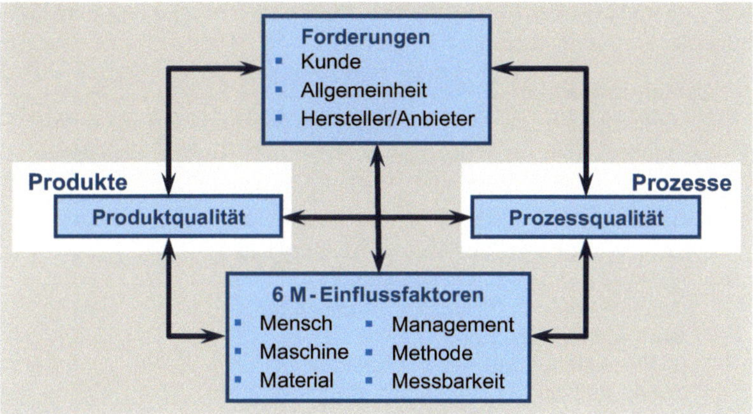

Bild 5.1: Qualitäts- und prozessrelevante Beziehungen

Zum Erreichen der gesteckten Ziele muss die Komplexität der gegenseitigen Abhängigkeiten berücksichtigt werden. Zwar haben das Qualitätsmanagement und das Prozessmanagement spezifische Aufgaben, aber die gegenseitigen Abhängigkeiten sind so groß, dass Maßnahmen zur Qualitäts- bzw. Prozessverbesserung kaum voneinander zu trennen sind.

Beispiel:
Eine Marketingstrategie fordert die Erfüllung von individuellen Kundenwünschen. Für das Unternehmen bedeutet dies die Einführung einer großen Anzahl von Produktvarianten. Diese können nur mit einem großen Logistikaufwand, also mit einer hohen Komplexität der Prozesse, gemanagt werden. Mit steigender Komplexität der Prozesse steigt jedoch die Gefahr der Fehlerentstehung und somit auch des Aufwands für das Qualitätsmanagement und die Logistik.
Diese Erkenntnis erlangte auch Henry Ford. Er sagte bei der Einführung seiner Bandproduktion: Der Kunde kann jede Farbe für sein Automobil haben, Hauptsache, sie ist schwarz.

Das einfach formulierte Ziel, wirtschaftlich und kundenorientiert zu produzieren, beinhaltet aber eine Reihe von Forderungen und Bedingungen, die sich teilweise gegensätzlich auf die Prozesse bzw. Qualität auswirken.

So kann sich eine eindimensional ausgerichtete Optimierung sogar negativ auf das Gesamtergebnis auswirken. Deswegen ist sowohl eine prozessinterne als auch eine gesamtheitliche Betrachtung nötig. Da die Produktbeschaffenheit die Forderungen an die Produktentstehung festlegt, müssen auch die Produktaspekte in eine Prozessoptimierung mit einbezogen werden.

5.1.1 Gesamtheitlicher Fokus – Prozessgestaltung

Aus gesamtheitlicher Sicht der Prozesse handelt es sich um eine Systemoptimierung mit folgenden Ansätzen:

- **Gestaltungsziele**
  Es handelt sich um Merkmale, die als Zielvorgaben für eine Prozessoptimierung herangezogen werden, wie Kosten, Qualität, Auslastung, Kundenzufriedenheit, Risikobegrenzung, Durchlaufzeit usw.
- **Komplexität**
  Die Komplexität der Prozesse ist abhängig von
  - der Beschaffenheit des Produktes (Komplexität des Produktes, Technologie ...),
  - den Wechselwirkungen (Lieferbeziehungen, Abhängigkeiten ...),
  - der Anzahl der Varianten der Elemente (Produktvarianten, Produktionsvarianten ...).

Eigenschaften der Gesamtstruktur sind entscheidend.

- **Prozessstruktur**
  Die Prozessstruktur ist gegeben durch Strukturmerkmale wie Art, Anzahl und Reihenfolge der Prozessschritte, Verzweigungen, Schnittstellen usw.

Beispiel:
In Bild 5.2 ist das Gehäuse einer Radialpumpe in zwei Ausführungen dargestellt. Die Ausführung „a" in Differenzialbauweise besteht aus 3 Teilen, die nach der Bearbeitung montiert wurden.
Die Ausführung „b" in Integralbauweise ist aus einem Gussteil, das bearbeitet wurde. Für die 3 Einzelteile werden 3 Lagerstellen benötigt, sie müssen einzeln transportiert, bearbeitet und zum Schluss montiert werden.
Für das Bauteil in Integralbauweise werden nur eine Lagerstelle und ein Transport benötigt. Die Fertigung erfolgt nur auf einer Maschine.

Das dargestellte Beispiel zeigt, wie sich die konstruktive Ausführung auf die Prozesskomplexität und Prozessstruktur auswirkt. Die zeitliche Abstimmung, die Prozessdynamik und die wesentlich höhere Anzahl der Vorgänge für die Differenzialbauweise erhöhen die Möglichkeit einer Fehlerentstehung.

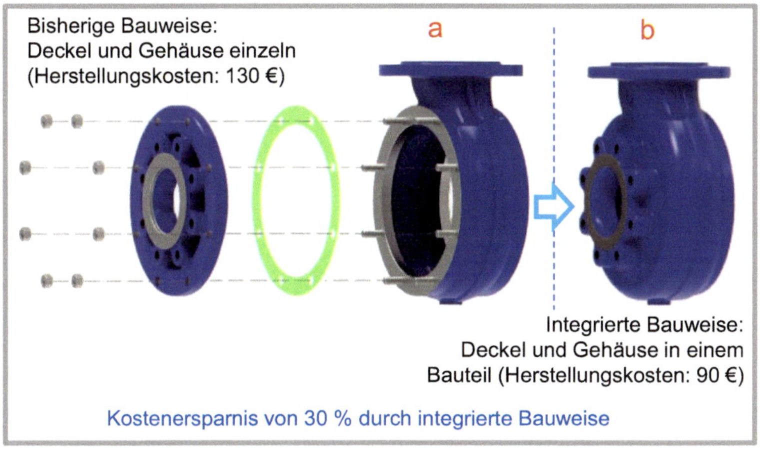

Bild 5.2: Pumpengehäuse in Differenzial- und Integralbauweise

5.1.2 Prozessinterne Fokus-Prozessoptimierung

Die Abgrenzung eines Prozesses erfolgt durch seine Grenzen bzw. Schnittstellen. Innerhalb seiner Grenzen entsteht eine Wertschöpfung. Das Input-Output-Verhältnis und der dazu nötige Aufwand kennzeichnen die Wirtschaftlichkeit. Bei der internen Prozessverbesserung werden folgende Ansätze verfolgt:

- **Qualität**

Dabei handelt es sich um die Einführung von vorbeugenden Maßnahmen zur Vermeidung von Fehlern, um Messen, um Auswerten und um Lenken der qualitätsbezogenen Größen.

- **Kosten**

Hier steht im Vordergrund eine Senkung der nichtwertschöpfenden Zeitanteile an der Wertschöpfung als Kostenfaktor, Senkung der Material- und Energiekosten, Senkung der qualitätsbezogenen Kosten usw.

Kleinarbeit ist nicht zu unterschätzen.

- **Durchlaufzeit**

Durchlaufzeit ist die Zeitspanne, in der die Prozessleistung erfolgt.

- **Soziale Aspekte**

Hierzu gehören die Arbeitsbedingungen wie Sicherheit, gesundheitliche Aspekte, Unternehmenskultur usw.

- **Informationsfluss**

Bereitstellen der richtigen Informationen, am richtigen Ort, zum richtigen Zeitpunkt und in richtiger Form.

- **Kunden-Lieferanten-Verhältnis**

Abstimmung der Übergabe der Verantwortung an den Schnittstellen. Bei den Kunden kann es sich sowohl um externe als auch interne Kunden handeln.

> **Beispiel:**
> Ohne einen exakten Informationsfluss an den Schnittstellen ist ein geregelter interner Prozessablauf nicht möglich. Eine Analyse der Schnittstelle Beschaffung – Feinplanung ergab eine unterschiedliche Bewertung der Forderungen an die benötigten bzw. gelieferten Informationen. Eine Erfassung des tatsächlichen Zustands ergab eine wesentliche Abweichung der beidseitigen Forderungen (Bild 5.3). Eine Vereinheitlichung der Forderungen an die Schnittstelle, Festlegung der Schnittstellenverantwortung und ein regelmäßig durchgeführtes Audit führten zu einem einwandfreien Informationsaustausch.

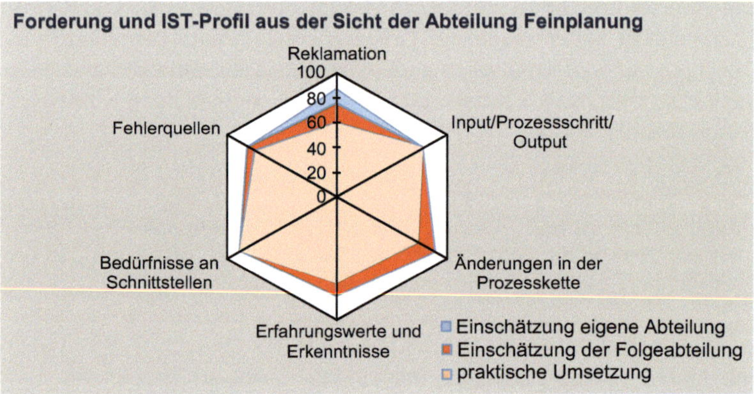

Bild 5.3: Bewertung der Forderungen und des Istzustandes an der Schnittstelle Beschaffung – Feinplanung

5.2 Kontinuierlicher Verbesserungsprozess

Kaizen – eine Management- und Qualitätsphilosophie

Das in Japan entstandene **Kaizen** ist eine Management- und Qualitätsphilosophie, die das ständige Streben nach Verbesserungen zum Ziel hat. Im Jahr 1986 stellte der Japaner Masaaki Imai sein Buch mit dem Titel „Kaizen“ vor. In der freien Übersetzung aus dem Japanischen bedeutet Kai = Veränderung, Wandel; Zen = zum Besseren. Kaizen bzw. **Kontinuierlicher Verbesserungsprozess (KVP)** beruht auf einer stetigen Generierung kleiner Verbesserungsvorschläge seitens der Mitarbeiter eines Unternehmens. KVP bezieht sich auf die Produkt-, die Prozess- und die Servicequalität. Echte Qualitätsverbesserung ist oft „unscheinbar“ und nicht präzise zu messen. Dadurch hat sie keinen Marketing-Wert und wird vielfach gar nicht wahrgenommen.

5.2.1 Verbesserung und Eigenverantwortung

Kontinuierliche Prozessverbesserung ist das deutsche Pendant zu **Kaizen**. Kaizen bedeutet im Wortsinn so viel wie Veränderung zum Besseren. Es lebt von Eigenverantwortung jedes einzelnen Mitarbeiters. Als Ziel von Kaizen bzw. KVP stehen nicht nur Qualität, sondern auch soziale, kommunikative, kostenbezogene und andere Aspekte zur Disposition.

KVP spiegelt Kaizen wider.

Voraussetzung für einen gelebten KVP ist ein ständiger Informationsfluss zwischen sämtlichen Beteiligten, d. h., jeder Arbeitsplatz und alle Führungs- bzw. Hierarchieebenen werden mit einbezogen:

- Unternehmensleitung,
- obere Führungsebene,
- Bereichsleiter/Meister,
- Mitarbeiter/Werker.

Informationspolitik wird zum wichtigsten Faktor.

Die Unternehmensleitung muss vor allem ein Klima schaffen, bei dem jeder in der Unternehmung befähigt wird (oder sich traut), Verbesserungsvorschläge zu tätigen. Dazu muss bei allen ein Problembewusstsein geschaffen werden, um Verbesserungen zu initiieren.

5.2.2 Grundlagen des KVP

KVP ist eine prozessorientierte Denkweise und weniger eine Methode zur Problemlösung. Er stellt eher eine Geisteshaltung dar, die eine grundlegende Verhaltensweise im Unternehmen bedeutet.

Bei der Umsetzung von KVP werden Werkzeuge benötigt, mit deren Hilfe die gesetzten Qualitätsziele erreicht werden können. Es handelt sich um:

- sieben Qualitätswerkzeuge Q 7 (siehe Kapitel 7.1),
- sieben Managementwerkzeuge M 7 (siehe Kapitel 7.2),
- 3 Mus: Muda, Muri, Mura,
- 5 S – Programm,
- 4 M bzw. 7 M – Checkliste,
- 6 W bzw. 7 W – Hinterfragetechnik,
- Qualitätszirkel QC.

KVP ist eine prozessorientierte Denkweise.

Ablauf eines KVP-Prozesses

In Teamarbeit und Moderation geschulte Mitarbeiter bilden KVP-Gruppen. Sie analysieren ihren Arbeitsbereich und erarbeiten konkrete Verbesserungsvorschläge in folgenden Arbeitsschritten:

- Arbeitsbereich festlegen und abgrenzen (Was soll verbessert werden?),
- Istzustand und Sollzustand beschreiben,
- Probleme beschreiben und bewerten (Zeit, Geld, Energie, Stress),
- Problemanalyse (Ursachen, Zusammenhänge, Schnittstellen),
- Lösungsideen entwickeln (z. B. mit Brainstorming),
- Lösungsideen bewerten und Lösung auswählen,
- Maßnahmen ableiten, Aufwand und Ertrag bewerten,
- Ergebnispräsentation vor dem Entscheidungsgremium,
- Maßnahmen vereinbaren (Wer tut was bis wann?) und Ressourcen klären,
- Maßnahmen umsetzen,
- Erfolg prüfen.

5.2.3 Prozessorientierung und Standardisierung

Standardisierung von Prozessabläufen und Arbeitsmethoden

Ein wesentlicher Bestandteil des KVP ist die Standardisierung von Prozessabläufen und Arbeitsmethoden. Es ergibt sich ein ständiger Zyklus von Planung, Tätigkeit, Kontrolle und Verbesserung: der PDCA-Zyklus (Plan Do Check Act). Es werden also sämtliche Vorgänge im Unternehmen ständig analysiert und verbessert. Wenn eine Verbesserung umgesetzt wurde, wird diese als Standard festgelegt und in das Prozessmodell des Unternehmens dauerhaft integriert.
Dazu wird der PDCA-Zyklus zu SDCA (Standardize – Do – Check – Act) verändert.

> **Standardisierung ist die zeitlich befristete Festschreibung einer Arbeitsmethode, eines Arbeitsablaufes.** [Lei96]

Dabei geht es darum, die derzeit beste und einfachste Methode als Standard festzuschreiben und damit für alle Mitarbeiter verbindlich zu machen. Eine Standardisierung läuft nach folgendem Schema ab:

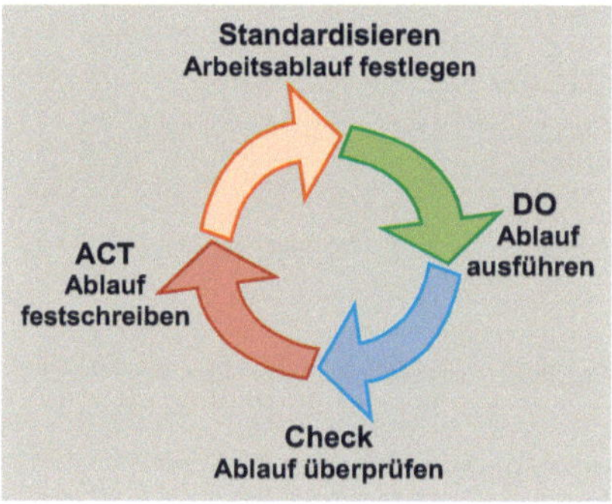

Bild 5.4: Ablaufschema der Standardisierung (SDCA-Zyklus)

Erst wenn die Standardisierung vollständig abgeschlossen ist, wird eine weitere Verbesserung angestrebt.

Dabei sollten nichtwertschöpfende Anteile der Produkt- bzw. Dienstleistungserstellung minimiert oder ganz eliminiert werden. Als nicht wertschöpfend gelten die Tätigkeiten, die den Wert eines Produktes oder einer Dienstleistung aus der Sicht des Kunden nicht erhöhen.

Nicht wertschöpfende Anteile werden minimiert.

5.2.4 3-Mu-Checkliste

Die 3-Mu-Checkliste ist eine Anleitung, um Ursachen von Verschwendung zu entdecken. Es handelt sich um:

- **Muda**
  – bedeutet Verschwendung, siehe die sieben Verschwendungsarten
- **Muri**
  – bedeutet Überlastung der Mitarbeiter und Maschinen
- **Mura**
  – bedeutet Unregelmäßigkeit der Prozesse

Verschwendung ist vermeidbar.

Diese drei Punkte beziehen sich auf die Mitarbeiter, die Technik, die Methode und die Zeit und gelten als negativ, das heißt, sie sind zu vermeiden.

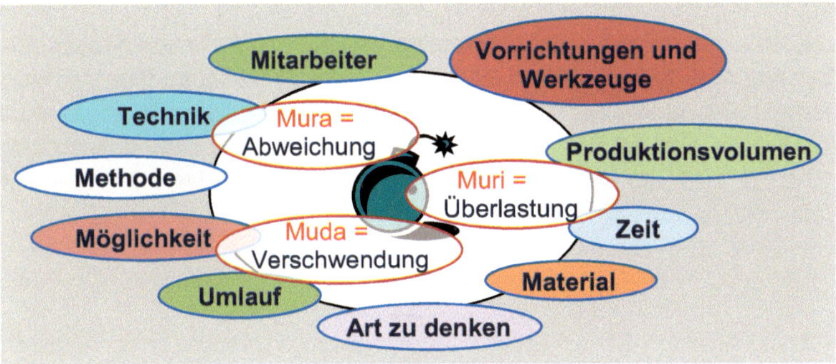

Bild 5.5: Ansatzpunkte zur Vermeidung von Verschwendung, 3-Mu-Checkliste

Die sieben Verschwendungsarten

Nicht wertschöpfende Tätigkeiten können durch unterschiedliche Situationen entstehen. Taiichi Ohno stellte die **sieben Verlustquellen** zusammen, die nicht wertschöpfende Tätigkeiten verursachen.

- **Überproduktion**
  Hohe Lagerbestände überdecken Produktionsunregelmäßigkeiten und binden Kapital.
- **Wartezeiten/Stillstand**
  Unterbrechung des Produktionsflusses aufgrund fehlender Ressourcen (Material, Werker u. Ä.).
- **Transport**
  Unterbrechung des Produktionsflusses aufgrund ungenügender Fabrikplanung.

Verschwendungsarten erkennen und vermeiden

- **Herstellung**
  Verluste aufgrund ungenügender Produktionsfreundlichkeit der Produkte. Sie werden verursacht durch ungenügende Abstimmung in der Entwicklungs- und Konstruktionsphase.
- **Lagerung**
  Die ständige Gefahr, dass Produkte auf dem Markt nicht abgesetzt werden, ist mit Verlusten durch Lagerhaltung verbunden.
- **Bewegung**
  Verluste werden verursacht durch unnötige Bewegungen im Arbeitsablauf.
- **Fehler/Fehlerbehebung**
  Fehlerentstehung und -behebung verursachen Verluste, die durch eine gezielte Qualitätsplanung vermindert werden können.

Inzwischen werden oft zwei weitere Arten der Verschwendung diskutiert:

- Verschwendung durch schlechte Ergonomie,
- nicht oder falsch genutztes Talent.

5.2.5 5-S-Bewegungen

Ordnung am Arbeitsplatz vermeidet Verschwendung.

Weiteren Ansatzpunkt für Verbesserungen bietet das direkte Arbeitsumfeld des Mitarbeiters. Damit ist nicht nur der Arbeitsplatz des Werkers gemeint, sondern auch Büroarbeitsplätze usw. Während die 3-Mu-Checkliste sich mit der Verschwendung bei der Produkterstellung beschäftigt, zielt „die 5-S-Bewegung" [MeGr94] direkt auf den Arbeitsplatz eines Mitarbeiters ab.

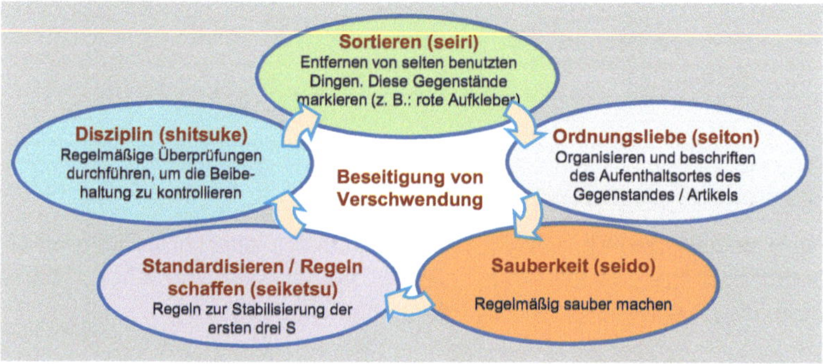

Bild 5.6: Die 5 S [BrFr08]

Dabei handelt es sich um eine fünfstufige Vorgehensweise zur Neuplanung und Verbesserung von sauberen, sicheren und standardisierten Arbeitsplätzen:

- **Seiri** (Sortieren: Ordnung schaffen, trenne das Notwendige von dem nicht Notwendigen und entferne alles nicht Notwendige),
- **Seiton** (Systematisieren: bewahre die Ordnung, jeden Gegenstand an dem richtigen Platz aufbewahren),

- **Seido** (Säubern: den Arbeitsplatz sauber halten),
- **Seiketsu** (Standardisieren: z. B. Reinigungspläne, Standard-Arbeitsplatz-Layout, mache dir Sauberkeit zur Gewohnheit),
- **Shitsuke** (Selbstdisziplin: Erhaltung der Ordnung, Einhaltung der Standards).

Alte Weisheiten

Diese Punkte hören sich vielleicht für die meisten selbstverständlich an. Schaut man sich jedoch auf so manchem Arbeitsplatz um, wird man erkennen, dass es nicht für jeden gilt.

Beispiel:
Am Beispiel eines Rüstvorgangs wird der Anteil der nicht wertschöpfenden Tätigkeiten von 76 % deutlich (Tabelle 5.1). Der Anteil der nicht wertschöpfenden Tätigkeiten kann durch eine bessere räumliche Bereitstellung der Werkzeuge und der Informationen wesentlich gesenkt werden. Mithilfe einer Vorrichtung zum Selbstjustieren können auch das Nachjustieren und der zweite Prüfvorgang entfallen. So können bei gleichbleibender Qualität die Rüstkosten gesenkt und die Auslastung der Maschine gesteigert werden.

Tabelle 5.1: Prozessanalyse eines Rüstvorgangs [Baz03]

Arbeitsschritte	WS	NWS	Zeitanteil	Probleme	Lösungsvorschläge
1. Auftrag lesen		X	5 %	auftragsbezogen	
2. Weg zur Bereitstellung des Rüstvorgangs		X	5 %		Vorgang könnte durch räumliche Änderung reduziert werden
3. Bereiten der Werkzeuge		X	11 %		Vorgang könnte durch Kanban reduziert werden
4. Weg zur Maschine		X	5 %		Vorgang könnte durch räumliche Änderung reduziert werden
5. Rüsten	X		15 %		
6. Werkzeugwechsel	X		9 %		
7. Weg zum Prüfmittel und zurück		X	9 %		Vorgang könnte durch räumliche Änderung reduziert werden
8. Prüfplan besorgen		X	8 %		Vorgang könnte durch ortsnahe Bereitstellung entfallen
9. Prüfen		X	10 %	100 % Kontrolle	Verwendung einer Vorrichtung zur Selbstjustierung
10. Nachjustieren		X	5 %	Geometrische Abweichungen	Vorgang entfällt
11. Prüfen		X	8 %	100 % Kontrolle	Vorgang entfällt
12. Werkzeug wegräumen		X	10 %		Vorgang könnte durch räumliche Änderung reduziert werden
Summe Zeitanteile	**24 %**	**76 %**	**100 %**	WS – wertschöpfend	NWS – nicht wertschöpfend

Im vorgestellten Fall kamen drei Verlustarten, Herstellung, Bewegung und Fehler, zum Tragen. Auch einige Merkmale der 5-S-Bewegung, schaffe Ordnung, bewahre Ordnung, standardisiere deinen Arbeitsplatz, halfen, den nicht wertschöpfenden Anteil mit Erfolg zu reduzieren.

5.2.6 7-M-Checkliste

Um Fehler oder Verbesserungen herauszuarbeiten, ist eine Analyse der vier Produktionsfaktoren Mensch, Maschine, Material und (Arbeits-) Methode (4 M) nötig. Die 4 M können um die drei Faktoren: **Milieu/ Mitwelt, Management und Messbarkeit** erweitert werden, wenn sie von Bedeutung sind.

Auf die richtigen Aspekte kommt es an.

Tabelle 5.2: Produktionsfaktoren und Aspekte der Qualitätsverbesserung

Produktionsfaktor	Aspekte hinsichtlich Qualitätsverbesserung
Mensch	• Erfüllt er die Standards? • Arbeitseffizienz • Problembewusstsein, Verantwortungsbewusstsein • Qualifikation, Erfahrung • Eignung des Arbeitsplatzes • Verbesserungspotenzial • soziales Umfeld, Gesundheit
Maschine	• Erfüllt sie die Forderungen der Produktion? • Erfüllt sie die Forderungen des Prozesses? • Schmierung, Inspektion/Wartung • Anzahl ausreichend, Reihenfolge im Prozess? • Warum Maschinenstillstand? • Standort, Genauigkeit, Geräusche
Material	• Materialverschwendung? • Abweichungen bei Qualität, Qualitätsstandard? • Höhe der Umlaufmenge • Materialart, Lagerung, Transport
Methode	• Standards, Änderung der Standards • Methodensicherheit, Effizienz • Reihenfolge/Anzahl der Arbeitsschritte • Umgebungseinflüsse (Temperatur, Druck usw.) • Beleuchtung, Belüftung • Schnittstellen zu anderen Prozessen/Methoden

Anschließende Analyse der gewonnenen Erkenntnisse wird mithilfe des Ursache-Wirkungs-Diagramms durchgeführt.

5.2.7 7-W-Checkliste

Die 6-W-Hinterfragetechnik

Systematisch fragen

Die 6-W-Hinterfragetechnik besteht eigentlich aus 6 × 6 W, also 36 Fragestellungen, und hinterfragt damit gründlich das aufgetretene Problem.

Tabelle 5.3: Die 6-W-Hinterfragetechnik [BrFr08]

I. Wer	II. Was	III. Wo
1. Wer macht es? 2. Wer macht es gerade? 3. Wer soll es machen? 4. Wer kann es noch machen? 5. Wer soll es noch machen? 6. Wer macht die 3 Mus?	1. Was ist zu tun? 2. Was wird gerade getan? 3. Was sollte getan werden? 4. Was kann noch gemacht werden? 5. Was soll noch gemacht werden? 6. Welche 3 Mus werden gemacht?	1. Wo soll es getan werden? 2. Wo wird es getan? 3. Wo sollte es getan werden? 4. Wo kann es noch gemacht werden? 5. Wo soll es noch gemacht werden? 6. Wo werden die 3 Mus gemacht?

IV. Wann	V. Warum	VI. Wie
1. Wann wird es gemacht? 2. Wann wird es wirklich gemacht? 3. Wann soll es gemacht werden? 4. Wann kann es sonst gemacht werden? 5. Wann soll es noch gemacht werden? 6. Gibt es die 3 Mus?	1. Warum macht er es? 2. Warum soll es gemacht werden? 3. Warum soll es hier gemacht werden? 4. Warum wird es dann gemacht? 5. Warum wird es so gemacht? 6. Gibt es 3 Mus in der Art zu denken?	1. Wie wird es gemacht? 2. Wie wird es wirklich gemacht? 3. Wie soll es gemacht werden? 4. Kann diese Methode auch in anderen Bereichen angewendet werden? 5. Wie kann es noch gemacht werden? 6. Gibt es 3 Mus in der Methode?

„Wieso wird es nicht anders gemacht?“, lautet die siebte Frage.

Hieraus leitet sich die **WARUM-Hinterfragetechnik 5 W** ab.

Diese besagt, bei unerwünschten Ergebnissen oder Fehlern 5-mal nach dem „Warum?“ zu fragen, um eine Lösung zu erzielen. Das ständige Anwenden erhöht die Problemlösekompetenz der Mitarbeiter. Es besagt aber auch, dass sich Führungskräfte vor Ort ein Bild über die Situation, z. B. einen Produktionsprozess, machen sollen und nicht aus der Ferne entscheiden.

Der Hintergrund ist wichtig.

Die W-Fragen werden in verschiedensten Bereichen angewendet, so z. B. beim Analysieren von Texten, als Hilfe bei der Definition von Projekten sowie bei der Arbeitsanalyse und daraus resultierend auch bei der Definition von Arbeitsinhalten.

5.2.8 Qualitätszirkel

Unter einem Qualitätszirkel versteht man eine spezielle, zielorientierte, selbsttätige, betriebliche Arbeitsgruppe, deren Mitglieder sich regelmäßig zu moderierten Sitzungen treffen. Sinn dieses Zusammentreffens ist

Gemeinsam Probleme lösen

es, arbeitsbezogene Probleme aus dem eigenen oder einem übergreifenden Unternehmensbereich zu diskutieren und Lösungen zu ermitteln.

- Die Gruppen sollten von ausgebildeten Zirkelleitern geleitet bzw. moderiert werden, damit einige Grundregeln der Zusammenarbeit beachtet werden.
- Moderator sollte eine Person sein, die ein breites Akzeptanzspektrum bei den Mitarbeitern hat.
- Die Zirkelorganisation sollte Mitarbeiter aus mehreren Bereichen nach fachlichen Gesichtspunkten enthalten und muss parallel zu der Unternehmensorganisation verlaufen.
- Durch das Einführen von Qualitätszirkeln wird ein Umbruch der Unternehmenskultur angestoßen, in der der Unternehmensführung eine hohe Verantwortung [MST5.2] zukommt.

Zirkelorganisation läuft parallel zur Unternehmensorganisation.

Zirkel können stufenweise in allen Bereichen und auf allen Hierarchieebenen eingeführt werden. Dazu ist die volle Unterstützung der Unternehmensleitung erforderlich sowie eine aktive Beteiligung der Arbeitnehmervertretung. Somit haben die Qualitätszirkel auch ein Potenzial als Führungs- oder Managementmethode, da verschiedene Aspekte gefördert werden:

Vorteile der Qualitätszirkelarbeit

- Verbesserung der Zusammenarbeit zwischen den Abteilungen (Abbau von Reibungsverlusten),
- Erhöhung des internen Informations-, Meinungs- und Gedankenaustausches,
- Steigerung der Arbeitszufriedenheit bei den Mitarbeitern,
- Die Mitarbeiter haben die Möglichkeit der Selbstverwirklichung, was wiederum zu einer stärkeren Identifikation mit der Arbeit, dem Produkt und dem Unternehmen führt,
  (Stimmung in Unternehmen bislang: *Wir Arbeiter werden doch nicht gefragt ... der Chef hat doch das letzte Wort ...*),
- Summierung der einzelnen Erfahrungen mehrerer Gruppenmitglieder,
- Steigerung der Mitarbeitermotivation (daraus resultiert zuverlässiges und qualitätsbezogenes Handeln).

Ein lernender Prozess

Ein Qualitätszirkelprogramm sollte auf jeden Fall als lernender Prozess verstanden werden. Die gewonnenen Erfahrungen müssen in zukünftige Qualitätszirkelprogramme positiv eingebracht werden, sodass die Effektivität, der Nutzen und die Akzeptanz der nachfolgenden Qualitätszirkel erhöht werden.

Nach Ablauf einer angemessenen Zeit (unterschiedlich durch die verschiedenen Aufgabenstellungen) muss eine Erfolgskontrolle die Beseitigung des Problems nachweisen.

Zusammenfassung und Bewertung

KVP unterstützt das Unternehmen, den Unternehmensgewinn zu maximieren und eine hohe Kundenzufriedenheit zu erreichen.

Um die kostengünstigere Kundenbindung, im Vergleich zur Kundengewinnung, zu erreichen, stehen die Faktoren:

Kundenbindung den Vorzug geben

- Kostensenkung,
- Qualitätssicherung,
- Schnelligkeit (Zeiteffizienz)

im Vordergrund.

Der Grundgedanke der KVP/Kaizen-Methode ist es, dass der gegenwärtige erreichte Zustand weiter verbesserungsfähig ist und man wiederholt an ihm arbeiten muss.

So sind auch im Mitarbeiterbereich positive Veränderungen erwünscht. Durch die Mitarbeit in den Qualitätszirkeln, d. h. Mitspracherecht bei Verbesserungen, und die damit verbundenen Weiterbildungsmaßnahmen wird die Zufriedenheit nachhaltig gesteigert.

Strebt ein Unternehmen ein Qualitätszertifikat nach ISO 9001 an, muss es nachweisen, welche organisatorischen Maßnahmen getroffen wurden, um eine gezielte und regelmäßig stattfindende kontinuierliche Verbesserung zu gewährleisten. Die Organisation muss ferner nachweisen, wie sie Verbesserungsmaßnahmen und deren Ergebnisse überwacht und dokumentiert.

Für KVP/Kaizen müssen Zeit und Mittel zur Verfügung stehen.

Für KVP/Kaizen muss gezielt Zeit und Geld bereitgestellt und Tatkraft der Mitarbeiter investiert werden, denn es fördert die Flexibilität des Unternehmens. Erkennt die Organisation Veränderungen im Umfeld und im Markt nicht, kann sie ihren Aufgaben nicht mehr entsprechend nachkommen und erlischt am Ende.

Zusammenfassend lässt sich feststellen:

KVP

- entdeckt Ressourcen und Synergien,
- optimiert Arbeitsabläufe und Prozesse,
- verbessert Produkte und Kundenzufriedenheit,
- reduziert Verschwendung und spart Kosten,
- weckt Fähigkeiten, Kreativität und Engagement der Mitarbeiter,
- verbessert Teamarbeit, Unternehmenskultur,
- erhöht aber auch Leistungsdruck.

5.3 Six Sigma

Potenzial von Six Sigma ist beachtlich.

Six Sigma ist eine Strategie zur Verbesserung der Qualität und zur Steigerung der Produktivität durch Verminderung der Einflüsse von Störfaktoren und Fehlern in Prozessen. Sie wurde von Motorola und General Electric in den USA weitgehend entwickelt und umgesetzt. Seit einiger Zeit gewinnt sie wegen ihrer Erfolge immer mehr an Bedeutung. Wegen ihres Verbesserungspotenzials [GeKo07.0] von bis zu 25 %, bezogen auf den Umsatz, findet sie in Unternehmen mehr Beachtung.

Unter Six Sigma versteht man eine Arbeitsphilosophie und geschäftliche Strategie auf der Basis eines kundenorientierten Ansatzes, eines effizienten Datenmanagements sowie robuster Methoden und Zielsetzungen. Sie ermöglichen, die Veränderlichkeit von Prozessen zu beseitigen und ein Fehlerniveau von weniger als 3 ppm zu erreichen. [UNE66]

Wesentliche Voraussetzung für einen erfolgreichen Einsatz von Six Sigma ist die Konzentration auf Vermeidung von Fehlern, Störungen, Verschwendung und Nacharbeit, auf die Motivation der Mitarbeiter und die Steigerung der Produktivität.

5.3.1 Methodik von Six Sigma

Six Sigma stützt sich auf abgewandelte PDCA-Prozesse, statistische Verfahren und bewährte Elemente des Qualitätsmanagements. Ihren Namen verdankt sie der Standardabweichung σ, die als statistische Kenngröße dient. Darüber hinaus kommen ein konsequentes Projektmanagement und die Ausrichtung auf den Kunden zum Tragen. Nach Ronald Snee zeichnet sich Six Sigma durch folgende Ergebnisse und Vorgehensweisen aus [Sne99]:

Die Methodik von Six Sigma ist komplex.

- die erwarteten und erreichten Endresultate,
- Infrastrukturrollen für Six-Sigma-Beteiligte und Führungskräfte,
- Führungsstil der Geschäftsleitung,
- klar definierte Messgrößen für Erfolg,
- eine disziplinierte Vorgehensweise (DMAIC),
- Fokus auf Kunden und Prozesse,
- schnelle (drei bis sechs Monate) Projektdurchführung,
- eine stichhaltige statistische Vorgehensweise in Bezug auf Verbesserungen.

Das Prinzip von Six Sigma ist in Bild 5.7 dargestellt. Bei der Wertschöpfung beeinflusst die Streuung der Lenkungs- und Störgrößen die Abweichungen der Ergebnisse von den Zielgrößen. Also muss die Streuung der Lenkungs- und Störgrößen so begrenzt werden, dass die Abweichungen der Ergebnisse im akzeptablen Rahmen bleiben, so wie sie vom Kunden gefordert werden.

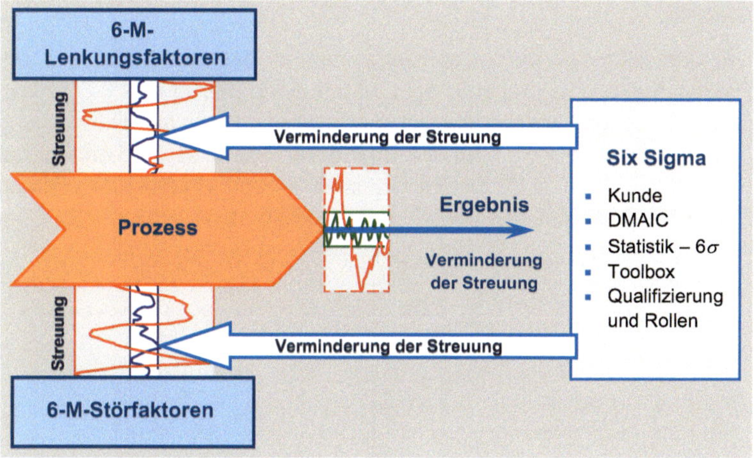

Bild 5.7: Methodik von Six Sigma

Anhand der statistisch ausgewerteten Lenkungs- und Störgrößen werden Ursachen zur Minderung ihrer Streuung analysiert und Maßnahmen eingeleitet. Das erfolgt nach dem DMAIC-Prinzip und mithilfe der Six-Sigma-Toolbox. Allerdings müssen die Kundenforderungen berücksichtigt werden. Unerlässlich für Six Sigma ist eine Qualifizierung und Rollenverteilung der beteiligten Mitarbeiter und Führungskräfte.

Six Sigma hat das Ziel der Verminderung von Streuung.

Vorgehensweise

Six Sigma liefert mit dem DMAIC-Zyklus eine Systematik zur Prozessverbesserung. Im Gegensatz zu den bisher bekannten Vorgehensweisen zur Prozessverbesserung, wie etwa dem PDCA-Zyklus, zeichnet sich die Six-Sigma-Methodik durch ihren stärker gegliederten Projektmanagementansatz aus [Pfei04].

DMAIC-Zyklus integriert die Messphase.

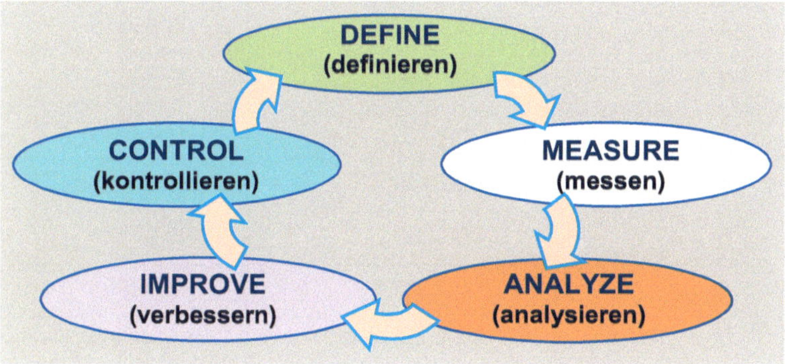

Bild 5.8: DMAIC-Zyklus

Statistik

Langfristige Streuung der Mittelwerte

Der Statistikansatz beruht auf der Annahme, dass die Mittelwerte der Prozessergebnisse im Laufe der Zeit um einen Betrag von $\pm 1{,}5\,\sigma$ vom Sollwert streuen. Damit ergibt sich für die Streuung der Normalverteilung anstatt $\pm 6\,\sigma$ nur $\pm 4{,}5\,\sigma$ vom Grenzmittelwert (Bild 5.9). Also beträgt der Fehleranteil [Ren03] für diesen Grenzfall 3,4 ppm (Fehler bei 1 Million Fehlermöglichkeiten – DPMO, Defects per Million Opportunities).

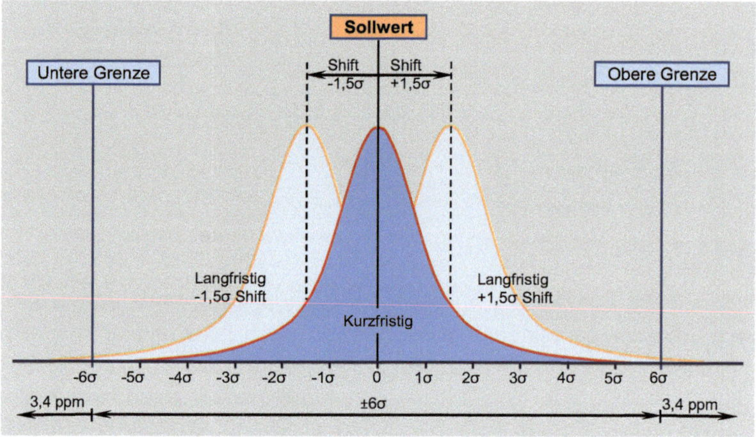

Bild 5.9: Statistischer Ansatz des Six-Sigma-Konzeptes [Ren03]

Sigma-Level bewertet die Prozessqualität.

Um die Güte des Prozesses beurteilen zu können, wurde der Fehleranteil (DPMO) für die in der Tabelle 5.4 angegebenen Sigma-Niveaus berechnet.

Tabelle 5.4: Fehleranteile bei Mittelwertverschiebung von ± 1,5σ

Sigma-Level	DPMO Fehleranteil pro Mio. Einheiten	Anteil fehlerfreier Einheiten in %
1	691 462	30,85375
2	308 538	69,14625
3	066 807	93,31928
4	006 210	99,37903
5	000 233	99,97673
6	000 003,4	99,99966
7	000 000,019	99,9999981

Für kritische Bereiche wie z. B. bei Fluggesellschaften oder Elektrizitätsunternehmen sind selbst $6\,\sigma$ noch zu fehleranfällig.

Beispiel:

Was ein bestimmter Sigma-Wert aus der Gesamtsicht in Deutschland bedeutet, zeigen folgende Fälle (Tabelle 5.5). Aufgeführt ist die Fehleranzahl mit dem Anteil von 1 % und 0,00034 % [Töp04].

Tabelle 5.5: Fehlerquoten [Töp04]

3,8 σ entspricht dem Fehleranteil von **1 %**	**6 σ** entspricht dem Fehleranteil von **0,00034 %**
20.000 verlorene Postsendungen pro Stunde	**7** verlorene Postsendungen pro Stunde
15 min unsauberes Trinkwasser pro Tag	**1,8 min** unsauberes Trinkwasser pro Jahr
200.000 falsche Rezepte pro Jahr	**68** falsche Rezepte pro Jahr
5.000 inkorrekte Operationen pro Woche	**1,7** inkorrekte Operationen pro Woche

Ziel von Six Sigma ist es also, die Fehlerquote und damit auch die Qualitätskosten zu senken. Denn „besser sein ist billiger". Ein durchschnittliches Unternehmen erreicht ein Qualitätsniveau von 3,5 bis 4 Sigma. Die Qualitätskosten, d. h. die Gesamtkosten für die angestrebte Qualität einschließlich Nachbesserungen, liegen dabei bei ungefähr 20 bis 30 Prozent des Umsatzes.

Six-Sigma-Toolbox

Bei den im Rahmen der Six-Sigma-Roadmap vorgeschlagenen Tools handelt es sich nicht um eigens für Six Sigma entwickelte Tools, sondern um das konsequente Zusammenspiel altbewährter QM-Tools. Ihr Zusammenwirken stellt das eigentlich Neue dar. Sie beinhaltet Folgendes:

Systematische Anwendung der Q-Werkzeuge bedeutet Effektivität.

- Einführung in Six Sigma (das 12-Schritte-Umsetzungsmodell, das 9-Schritte-Prozessentwicklungsmodell)
- Die sieben Managementwerkzeuge (Entscheidungsbaum, Affinitätsdiagramm, Beziehungsdiagramm, Matrix-Daten-Analyse ...)
- Die sieben Qualitätswerkzeuge (Histogramm, Pareto-Diagramm, Ursache-Wirkungs-Diagramm ...)
- Die sieben Kundenwerkzeuge (Kano-Modell, Taguchi-Verlustfunktion, Kundeninterviews ...)
- Die sieben Schlankheitswerkzeuge (Standardisierung, Rüstzeitanalyse, Materialflussanalyse ...)
- Die sieben Projektwerkzeuge (Netzplan-, Projekt-, Teambeschreibung ...)
- Die sieben Statistikwerkzeuge (Regressionsanalyse, Multivariate Untersuchung ...)

- Die sieben Designwerkzeuge (Robust Design, QFD, Fehlerbaumanalyse ...)
- Change-Management-Werkzeuge zur Unterstützung von Veränderungen – als Zusatzausbildung von (Master) Black Belts.

Erläuterung:

Die **Regressionsanalyse** ist ein strukturprüfendes statistisches Analyseverfahren. Ziel ist es, Beziehungen zwischen einer abhängigen und einer oder mehrerer unabhängigen Variablen festzustellen.

Mit **multivariaten Verfahren** (multivariate Analysemethoden, Abk.: MVA) werden multivariat verteilte statistische Variablen untersucht. Man betrachtet hier nicht eine Variable isoliert (univariat verteilt), sondern das Zusammenwirken mehrerer Variablen zugleich, ihre Abhängigkeitsstruktur.

Die Six-Sigma-Werkzeuge werden entsprechend den DMAIC-Phasen und weiteren Kriterien angewendet [MaKr03].

Qualifizierung und Rollen

Um Six-Sigma-Projekte durchführen zu können, müssen Aufgaben und Verantwortlichkeiten genau definiert werden. Die Teilnehmer müssen entsprechend der ihnen zugeteilten Rolle qualifiziert werden. Die Rollenbezeichnungen orientieren sich dabei an japanischen Kampfsportarten. Dadurch soll der hohe Anspruch an Präzision und Professionalität dieser Ausbildung deutlich werden:

- Der **Green Belt** leitet kleinere Six-Sigma-Projekte mit Einsparungen pro Projekt um die 50 TEUR; Green Belts arbeiten parallel zu ihrem „Tagesgeschäft" zu 20 bis 50 % in Six-Sigma-Projekten.

Ohne den Faktor Mensch geht es nicht.

- Der **Black Belt** leitet größere Six-Sigma-Projekte mit hohem statistischem Anspruch. Die Einsparungen dieser Projekte liegen bei 100 TEUR oder mehr. Ein Black Belt steht häufig als Projektmanager zu 100 % Six-Sigma-Projekten zur Verfügung.
- Der **Master Black Belt** begleitet Projekte oder Projektportfolios als Coach und führt Trainings durch.
- Der **Deployment Champion** (kurz Champion), als Repräsentator von Six Sigma sowie Coach und Mentor der Belts, ist oftmals selbst ein Black Belt oder Master Black Belt.

Weitere bedeutende Rollen in Six-Sigma-Projekten spielen:

- der **Sponsor** als Auftraggeber von Projekten, der die finanziellen Ressourcen und Humankapital (Teammitglieder) für die Durchführung seines/seiner Six-Sigma-Projekte(s) bereitstellt,
- der **Controller**, der für die finanzielle Beurteilung innerhalb der Projekte verantwortlich zeichnet.

5.3.2 Define – Definitionsphase

Der zu verbessernde Prozess wird definiert und beschrieben. In einem Lastenheft in Form einer Projektcharta wird das angestrebte Ziel bzw. das auftretende Problem festgehalten. Diese beinhaltet außerdem:

- den angestrebten Zielzustand,
- die vermuteten Ursachen für die unerwünschte Mittelwertlage und Streuung,
- eine Projektbeschreibung (Mitglieder, Ressourceneinsatz, Zeitplanung).

Neben der Projektcharta werden meist folgende Werkzeuge verwendet:

Systematik bei der Zielsetzung

- SIPOC (Supplier, Input, Process, Output, Customer) – hier werden u. a. die Kundenforderungen messbar formuliert (Treiber),
- CTQ-Baum (Critical-to-Quality-Treiberbaum) – Beschreibung, welche messbaren kritischen Parameter qualitätsbestimmend sind,
- VoC (Voice of the Customer) – Methode, um sicher an die Kundenforderungen zu gelangen.

Die Forderungen (Treiber) werden anschließend durch messbare Qualitätsmerkmale in einem Treiberbaum ergänzt und daraus Messgrößen abgeleitet (Bild 5.10). Das zu erreichende Ziel als Messgröße wird dokumentiert.

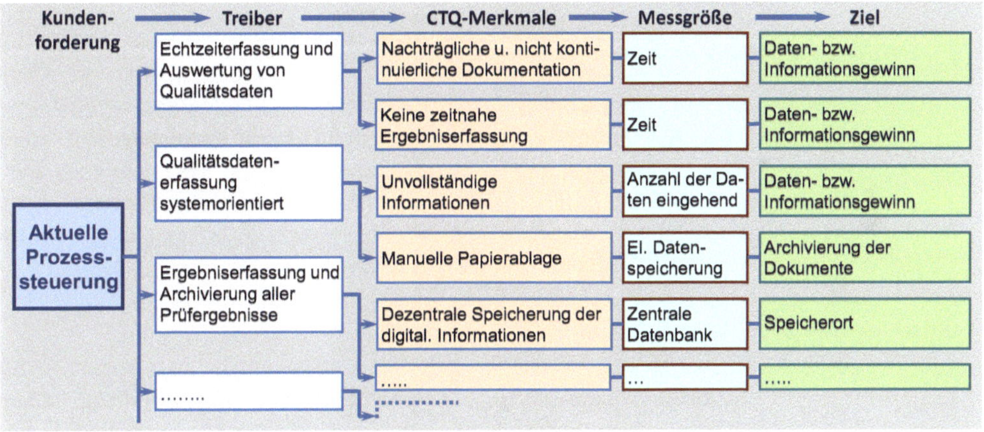

Bild 5.10: Critical-to-Quality-Treiberbaum (Beispiel)

5.3.3 Measure – Messphase

Ohne Daten keine Analyse

In dieser Phase werden Daten erhoben und eine Prozessfähigkeitsanalyse durchgeführt. Das Ziel ist festzustellen, wie gut der Prozess wirklich seine Ziele bzw. Kundenforderungen erfüllt. Die Messphase liefert als Ergebnis den Ist-Sigma-Level.

Beispiel:
Anhand der definierten Prozesslandkarte werden einzelne Prozessschritte nach Lenkungsfaktoren und Störgrößen untersucht (Bild 5.11). Weiterhin wird die Anzahl der Fehlermöglichkeiten, der geprüften Einheiten und der nachgewiesenen Fehler festgehalten. Mithilfe des Ursache-Wirkungs-Diagramms (Bild 5.12) werden mögliche Ursachen identifiziert und ihre Streuung wird anhand von Messdaten oder Bewertungen erfasst.

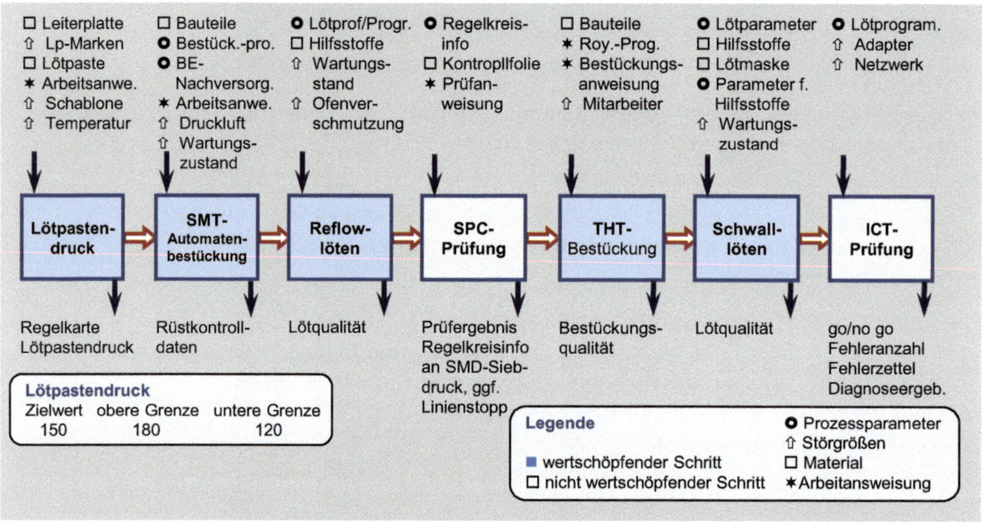

Bild 5.11: Prozessstruktur und Einflussgrößen eines Lötprozesses [Pea02]

Wenn das Zusammenwirken der verschiedenen Einflussfaktoren nicht ohne großen Aufwand zu entschlüsseln ist, kann die statistische Versuchsplanung DOE (Design of Experiments) eingesetzt werden.

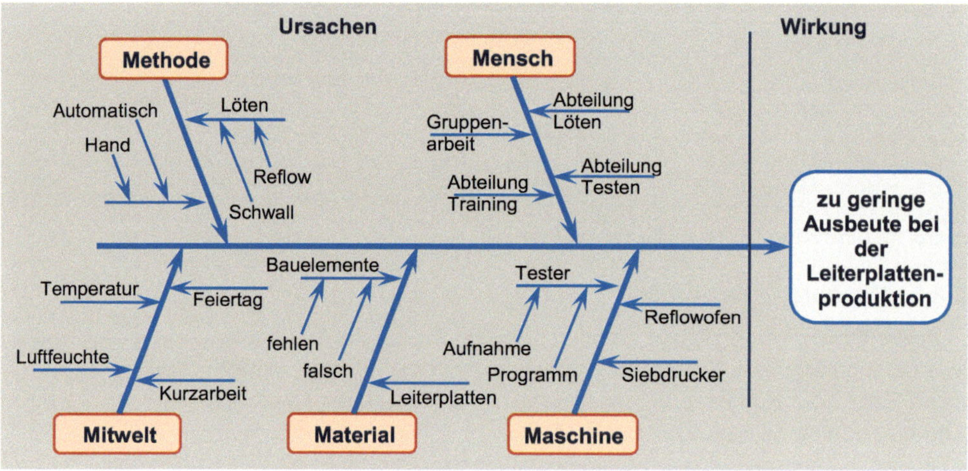

Bild 5.12: Ursache-Wirkungs-Diagramm eines Lötvorgangs

5.3.4 Analyze – Analysephase

Hierbei werden die in der Messphase erhobenen Daten analysiert und nach Ursachen für Fehler, Streuung usw. durchsucht. Anhand der aufgestellten Hypothesen wird mithilfe von statistischen Hypothesentests die Richtigkeit geprüft. Außerdem wird an dieser Stelle die Funktion bestimmt, die den Prozess mathematisch beschreibt. Hier werden sowohl passive Methoden mit historischen Daten als auch durch Experimente ermittelte Erkenntnisse verwendet. Zur Analyse von Messsystemen verwendet man in Six Sigma die sogenannte Messsystemanalyse (Measurement System Analysis), kurz MSA.

Hypothesen führen zum Verständnis der Fehlerentstehung.

5.3.5 Improve – Verbesserungsphase

Nachdem die Prozesszusammenhänge erfasst wurden, werden Verbesserungsmaßnahmen geplant, getestet und schließlich eingeführt. Die Lösungen ergeben sich nicht automatisch, sondern müssen nach Risiken, Umsetzbarkeit und Kostengesichtspunkten bewertet werden.

5.3.6 Control – Kontrollphase

Nach der Einführung der Verbesserungen werden die Auswirkungen evaluiert. Die Evaluation erfolgt mithilfe von statistischen Methoden. Dies geschieht überwiegend mit SPC-Regelkarten.

Zusammenfassung und Bewertung

Six Sigma unterstützt Unternehmen, ihren Gewinn zu maximieren und eine hohe Kundenzufriedenheit zu erreichen. Um eine kostengünstigere Kundenbindung, im Vergleich zur Kundengewinnung, zu erreichen, stehen folgende Faktoren im Vordergrund:

- Kostensenkung,
- Qualitätssteigerung,
- Schnelligkeit (Zeiteffizienz).

Bei einer durchschnittlichen Standardabweichung der nicht optimierten Prozesse von 3,5 bis 4 σ ist eine wesentliche Effizienzsteigerung zu erwarten. Allerdings ist der Aufwand bei der Durchführung eines Six-Sigma-Projektes so groß, dass sich die Durchführung erst bei zu erwartenden Wertschöpfungszuwächsen von mehreren Zehntausend EUR lohnt. Man strebt eine Projektlaufzeit von z. B. 90 Tagen an, diese wird allerdings eher selten erreicht. Die Regel dürften 180 Tage sein.

Six Sigma ist wirkungsvoll, aber auch anspruchsvoll.

5.4 Prozesswirkungsgrad

Aus gesamtheitlicher Sicht stehen für ein Unternehmen eigentlich der Nutzen (Gewinn) und der Aufwand (Kosten) im Vordergrund. Da die Qualität und die Prozesse beide stark beeinflussen [Ben9.1], ist es sinnvoll, diese Betrachtungsweise auch für ihre Bewertung und Optimierung einzusetzen. Eine Aussage darüber, wie hoch die Effizienz der Leistungsentstehung ist, gibt das Nutzen-Aufwand-Verhältnis wieder.

5.4.1 Methodik des Prozesswirkungsgrades

Prozessleistungen werden klassifiziert.

Der zugrunde liegende Lösungsansatz des Prozesswirkungsgrades [Kam7.20] ist aus der Technik seit Langem bekannt. Ein Wirkungsgrad ist das Verhältnis der Nutzleistung zu der insgesamt aufgewendeten Leistung. In einem Prozess können entsprechend ihren Kriterien vier Leistungsarten auftreten (Bild 5.13). Da in einem Wirtschaftsunternehmen die ökonomischen Aspekte des Prozessmanagements im Vordergrund stehen, gilt die monetäre Leistungsbewertung als die aussagefähigste Form einer Analyse. Die Kostenzuordnung folgt nicht den klassischen Kostenarten, sondern wird in geplante, nicht geplante, werterhöhende und nicht werterhöhende Leistungen aufgeteilt.

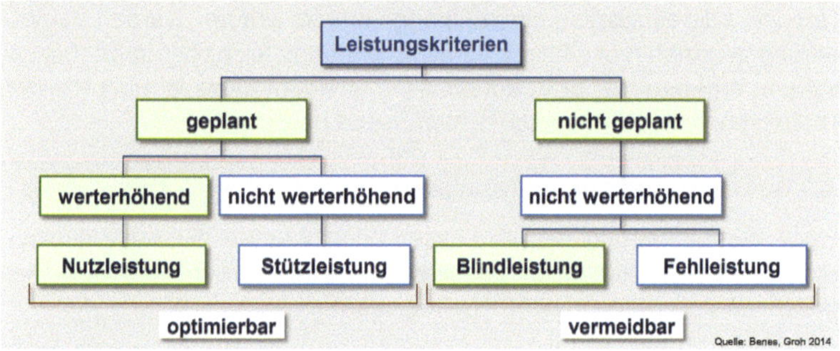

Bild 5.13: Kriterien der Prozessleistungen

Sie bestehen aus Tätigkeiten und Vorgängen wie Werkstück bearbeiten, Rüsten, Fehlern, Ausschuss, Warten, Kundenbeschwerden, Reisen, Telefongesprächen, Rechnerausfällen usw. Die Leistungsarten sind wie folgt definiert:

- **Nutzleistung L_{Nutz} [Euro]**
  Der wertschöpfende Prozess z. B.: Fräsen, Montieren, Bestellung aufnehmen.
  $L_{Nutz} = t_{Nutz} \times K_{Nutz}$ t[h] = Zeit; K[€/h] = Kostensatz
- **Stützleistung $L_{Stütz}$ [Euro]**
  Notwendige unterstützende Prozesse z. B.: Entspänen, Ausrichten, Ablage.
  $L_{Stütz} = t_{Stütz} \times K_{Stütz}$
- **Blindleistung L_{Blind} [Euro]**
  Nicht geplant und nicht werterhöhend z. B.: stehende Maschine, verkehrte Tätigkeit.
  $L_{Blind} = t_{Blind} \times K_{Blind}$
- **Fehlleistung L_{Fehl} [Euro]**
  Nicht geplant und nicht werterhöhend z. B.: Kosten für Nacharbeit, Ausschuss, Rückrufaktionen, Reklamation

Der Prozesswirkungsgrad wird dann aus dem Verhältnis der Summe der wertschöpfenden Leistungen zu der Gesamtleistung berechnet [Tom95].

$$\eta_{\text{Prozess}} = \frac{\text{Nutzleistung}}{\text{Stützleistung} + \text{Fehlleistung} + \text{Blindleistung} + \text{Nutzleistung}}$$

Im Falle, dass die Wertschöpfung mithilfe einer Maschine erfolgt, wird erst der Maschinenwirkungsgrad η_{Maschine} bestimmt.

$$\eta_{\text{Maschine}} = \frac{\sum \text{produzierter Einheiten}}{\text{Produktionszeit} \cdot \text{Taktzahl}}$$

Anschließend erfolgt die Bestimmung des Prozesswirkungsgrades η_P bzw. η_{Pi}, falls es sich um einen Teilprozess handelt.

$$\eta_{Pi} = \eta_i \cdot \eta_{\text{Maschine}}$$

Betrachtet man zum Beispiel einen Kernprozess, der aus einzelnen Teilprozessen besteht, wird der Gesamtprozesswirkungsgrad η_{Pges} wie folgt berechnet.

$$\eta_{Pi} = \eta_{P1} \cdot \eta_{P2} \cdot \eta_{P3} \cdot \ldots$$

Der Prozesswirkungsgrad stellt eine Erweiterung der Sichtweise der Qualitätskostenerfassung in mehreren Dimensionen dar, ohne zugleich ein komplettes Kostenerfassungssystem zu benötigen. Ziel des Verfahrens ist, eine objektive wirtschaftliche Bewertung und Lenkung von Prozessen zu ermöglichen. Zugleich kann die Effizienz auch unterschiedlicher Prozesse objektiv miteinander verglichen werden.

Der Wirkungsgrad einer Prozesskette hängt von den Teilprozessen ab.

5.4.2 Prozesswirkungsgradanalyse

Die Durchführung einer Prozesswirkungsgradanalyse verläuft entsprechend den folgenden Schritten:

- Definition – Beschreibung des Prozesses,
- Identifizierung der Datenquellen
  - Controlling-Maschinensätze, Stundensätze, Mitarbeiter ...
  - Instandsetzung/-haltung – Wartungssätze, Wartungszeiten, Reparaturen ...
  - Personalabteilung – Arbeitszeiten, Pausenregelung ...
  - Qualitätsmanagement – Qualitätskosten, Fehleranzahl und -art ...
  - Produktionsplanung und -steuerung – Produktionsabläufe, Losgrößen ...
- Festlegung der Leistungsmerkmale (Nutzleistung, Stützleistung, Blindleistung, Fehlleistung),

- Standardisieren der Leistungsmerkmale (gleiche Begriffe für identische Merkmale, z. B. elektrische Störung, mechanische Störung ...),
- Vorbereitung einer Software für die Erfassung und Analyse (z. B. Excel, Aufbau der Struktur ...),
- Erfassung der Daten (manuell, automatisch ...),
- Analyse – Vergleich der Teilprozesswirkungsgrade, Vergleich der Einzelleistungen,
- Pareto-Analyse der Leistungsmerkmale – Entscheidung über weitere Vorgehensweise,
- Ursache-Wirkungs-Analyse,
- Maßnahmenausarbeitung,
- Kosten-Nutzen-Analyse,
- Simulation der Auswirkung der geplanten Maßnahmen am Prozesswirkungsgrad.

Das Ergebnis hängt von der Vorgehensweise ab.

Der Prozesswirkungsgrad und seine Leistungsarten liefern die Basis für eine anschließende Kosten-Nutzen-Analyse. Dabei erfolgt zunächst ein Vergleich der Prozesswirkungsgrade für identische oder ähnliche Prozesse, auch über Bereichsgrenzen hinweg. Anschließend erfolgt ein Benchmarking der Leistungsarten und ihrer Bestandteile. So können Schwachstellen (hohe Kosten) sehr schnell identifiziert werden. Auf der Grundlage der vorliegenden Prozesse können erfolgreiche Lösungen (niedrige Kosten) übernommen bzw. neu erarbeitet werden. Die Wirksamkeit der vorgeschlagenen Maßnahmen bzw. notwendigen Investitionen kann durch eine rechnerische Simulation geprüft werden. Im Anschluss an die eingeleiteten Maßnahmen erfolgt die Validierung des geänderten Zustands.

Die praktische Umsetzung [BeSc05] wird anhand von folgendem Beispiel verdeutlicht.

Beispiel:
Die hohen Forderungen an die Qualität von Babynahrung verursachen sehr hohe Qualitätskosten. Also war das Projektziel, die Qualitätskosten ohne Einbußen der Qualität zu senken. Die durchgeführte Kostenanalyse aller im Produktionsbereich aufgetretenen Qualitätskosten und der Komplexität wechselseitiger Abhängigkeiten führte zu keinem befriedigenden Ergebnis. Deswegen wurde die Prozesswirkungsgradanalyse eingesetzt. Anhand der definierten Prozesslandkarte wurden einzelne Prozessschritte analysiert, Daten erfasst und ausgewertet.

Der Prozess „Abfüllung“ z. B. (Tabelle 5.6) bestand aus einer Befüllungsmaschine (Rovema), einem Kartonierer, einer Verpackungsanlage (Transnova) und einem Beschriftungsautomaten (Pagomat). Die Datenerfassung in diesem Teilprozess hat die im Bild 5.14 monetär bewertete Leistungsverteilung ergeben.

Tabelle 5.6: Daten zur Bestimmung der Leistungsverteilung

Nutzleistung	**Zeit (min)**		**Ges. (%)**	**Kosten (€)**
Abfüllung	**23.104**		**66,97**	**38.988,00**
Stützleistung	Zeit (min)	Leistung (%)	Ges. (%)	Kosten (€)
Rüsten	350	7,75	1,02	590,63
Reinigung	1.160	25,69	3,36	1.957,50
Formatwechsel	670	14,84	1,94	1.130,63
Produktwechsel	720	15,94	2,09	1.215,00
Rollenwechsel	866	19,18	2,51	1.461,38
Qualitätsprüfung	750	16,60	2,17	1.125,00
Summe	**4.516**	**100,00**	**12,88**	**7.480,14**
Blindleistung	Zeit (min)	Leistung (%)	Ges. (%)	Kosten (€)
Kein Produkt	60	1,57	0,17	101,25
Kein Packstoff	0	0,00	0,00	0,00
Kein Auftrag	3.770	98,43	10,93	6.361,88
Summe	**3.830**	**100,00**	**11,10**	**6.463,13**
Fehlleistung	Zeit (min)	Leistung (%)	Ges. (%)	Kosten (€)
Technische Störung	2.180	71,48	6,32	3.678,75
Stillstand	870	28,52	2,52	1.468,13
Summe	**3.050**	**100,00**	**8,84**	**5.146,88**
Summe gesamt	**34.500**		**100,00**	**58.078,15**

Die Fehlleistung z. B. weist den Anteil von 8,84 % mit dem entsprechenden Betrag von 5.146,88 Euro auf. Um diesen Anteil wird die Nutzleistung geschmälert (Bild 5.14). Davon weist die „technische Störung" mit 6,32 % bzw. 3.678,75 Euro den größten Anteil auf.

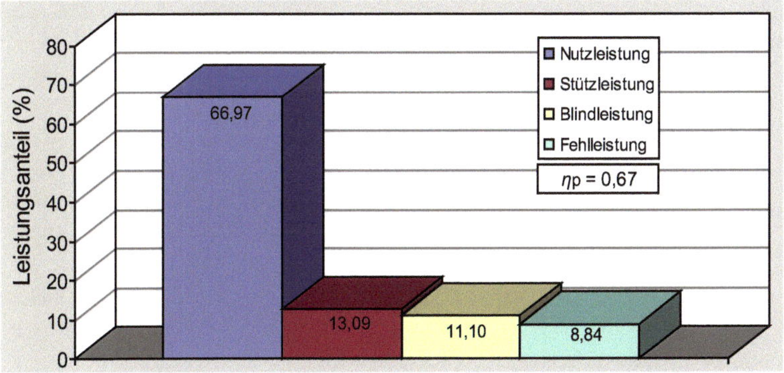

Bild 5.14: Leistungsverteilung im Abfüllprozess der Babynahrungsherstellung

Die Position „Technische Störung" z. B. beinhaltet eine Reihe von Störquellen, die unterschiedlich hohe Kosten verursachen. Den größten Kostenanteil an Störungen weist die Verpackungsanlage Transnova auf (Bild 5.15).

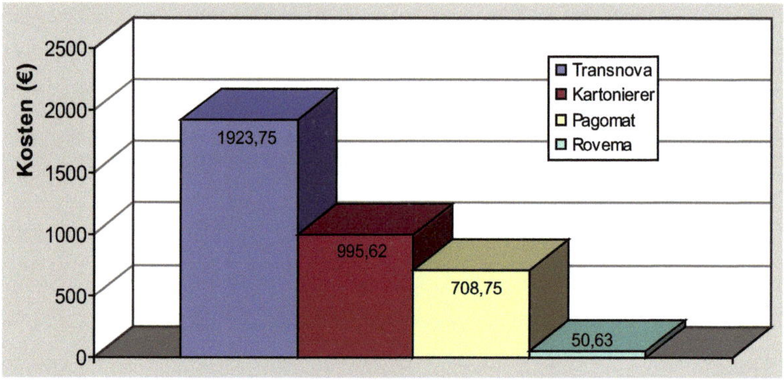

Bild 5.15: Analyse der Position „technische Störung“

Ihre größte Schwachstelle ist die fehlerbehaftete Funktion des Abzugs (Tabelle 5.7) mit 1.385,80 Euro.

Tabelle 5.7: Daten der „technischen Störung“ im Abfüllprozess

		Zeit (min)	Kosten (€)
Rovema	**gesamt**	**30**	**50,70**
	Begasung	30	50,70
Kartonierer	**gesamt**	**590**	**997,10**
	Auslauf	70	118,30
	Offene Laschen	50	84,50
	Faltschachtel	370	625,30
	Einschub	100	169,00
Transnova	**gesamt**	**1.140**	**1.926,60**
	Sonstiges	170	287,30
	Tray offen	30	50,70
	Abzug	820	1.385,80
	Feineinstellung	50	84,50
	Kartonhalterung	10	16,90
	Stapler	60	101,40
Pagomat	**gesamt**	**420**	**709,80**
	Stempelwechsel	30	50,70
	Etikettieren	10	16,90
	Störung	330	557,70
	Tintenstrahler	50	84,50

Die anschließende Ursache-Wirkungs-Analyse lieferte den Grund für die mangelhafte Funktion des Abzuges. Als Ursache wurde eine schlechte Positionierung des Kartons in der Führung, die auf eine unsaubere Stanzung zurückführte, festgestellt. Der monetär bewertete Nutzen der Auswirkungen der Fehlerbeseitigung und der damit verbundene höhere Einkaufspreis für eine exaktere Kartonstanzung konnte in einer objektiven Kosten-Nutzen-Analyse dargestellt werden.

Der Prozesswirkungsgrad als Vergleichs- und Zielgröße

Aufgrund der positiven Erfahrungen im Pilotprojekt wurden im Anschluss alle Kernprozesse in der Produktion analysiert und der Prozesswirkungsgrad als Steuerungsgröße eingeführt. So verfügte man über eine ergebnisorientierte Kennzahl, die einerseits eine Information über die Effizienz der Wertschöpfung und ihre Kostenstruktur lieferte und andererseits einen direkten Vergleich der Prozesse untereinander erlaubte. Eine kontinuierliche Erfassung der Daten ermöglichte eine wöchentliche bzw. monatliche Auswertung, sodass auf Störungen unmittelbar reagiert werden konnte. Die Transparenz der Prozesse und ihrer Störgrößen erlaubte weiter die Vereinbarung von Zielgrößen mit den Prozessverantwortlichen. Zum Vergleich ist in Bild 5.16 der Prozesswirkungsgrad von neun Teilprozessen über den Zeitraum von vier Jahren dargestellt. Es ist ein deutlicher Anstieg des Prozesswirkungsgrades ersichtlich, oder anders betrachtet, eine kontinuierliche Kostensenkung bei gleichbleibender Qualität erreicht worden.

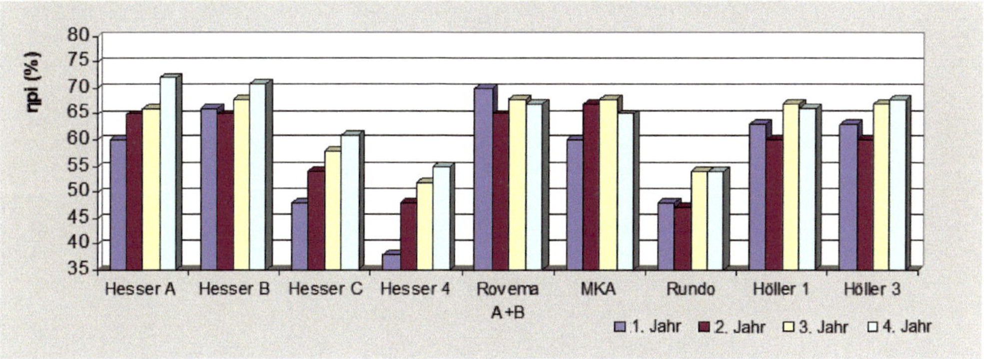

Bild 5.16: Zeitliche Veränderung des Prozesswirkungsgrades von neun Teilprozessen

Auffällig sind in der Darstellung die deutlich differierenden Gesamtwirkungsgrade der einzelnen Prozesse: eine Gruppe erzielte Wirkungsgrade deutlich über 65 %, die andere darunter. Eine Analyse ergab, dass vor allem die Prozesse, die von einer Vielzahl von Umstellungen und Fertigung in Kleinserien geprägt waren, im Gesamtwirkungsgrad niedriger rangierten. Der Anteil der Stützleistung hatte sich im Verhältnis zur Nutzleistung deutlich erhöht und damit den Gesamtwirkungsgrad verschlechtert.

Umgekehrt konnten aber auch gerade im Bereich der komplexen Kleinserienfertigung durch Kombination von Aufträgen überproportional hohe Wirkungsgradverbesserungen in den ersten Jahren durch die Optimierung der Stützleistung erreicht werden. Der Gesamtwirkungsgrad eignet sich damit auch zur Abschätzung der zu erwartenden Auswirkung des

Faktors Komplexität durch auftragsbezogene Kleinserienfertigung im Vergleich zu wirtschaftlichen Losgrößen in der Produktion.

Zusammenfassung und Bewertung

Der Prozesswirkungsgrad wurde bei entsprechender Definition der Nutzleistung auch bei Geschäftsprozessen [PhBe09] angewendet. Seine Vorteile können wie folgt zusammengefasst werden:

- Die Verwendung ist für alle Prozessarten möglich.
- Der Einfluss aller Faktoren wird berücksichtigt.
- Keine singulär ergebnisorientierte Kennzahl (wie z. B. Durchlaufzeit, Ausstoß).
- Die Beurteilung eines Prozesses erfolgt durch eine leistungsabhängige Kenngröße.
- Die Bewertung aller Einflüsse ist monetär möglich (Prozesskostenanalyse).
- Vergleich von mehreren Teilprozessen über die gleiche Größe ist möglich.
- Abhängigkeit von Veränderungen innerhalb von Prozessketten können dargestellt werden.
- Zielvorgaben können monetär bewertetet werden (z. B. über Investauswirkungen).
- Eigenverantwortliches Handeln der Prozesseigner ist aufgrund der Transparenz aller Prozesseinflüsse möglich.

Wenn analysiert werden soll, muss auch gemessen werden. Dieser Vorgang ist natürlich auch mit Schwierigkeiten verbunden.

- Eine zielorientierte Kommunikation des Vorhabens ist unbedingt notwendig, um das Misstrauen der Mitarbeiter zu mindern.
- Enge Zusammenarbeit der Beteiligten ist bei der Einführung notwendig.
- Akzeptanz aller Beteiligten bildet sich erst auf lange Sicht (Erfahrungswert).
- Die Erfassung aller meistens nicht zentral abgelegten Informationen und Daten bindet Kapazitäten.
- Eine zu starke Störung der Prozessbeteiligten ist bei der Erfassung zu vermeiden.
- Prozessschnittstellen sollten unbedingt einbezogen werden.

5.5 Wertstromanalyse

Komplexität der Wertschöpfung berücksichtigen

Eine wirtschaftliche und kundenorientierte Produktentstehung hängt unter anderem von Parametern wie Informations-, Planungs- und Steuerungsaktivitäten entlang der Produktentstehungsprozesse, Durchlaufzeit, Lagerbestände usw. ab. Die **Wertstromanalyse** bietet die Möglichkeit, diese Parameter systematisch zu erfassen und in ihrer Gesamtheit zu optimieren. Das hat zur Folge, dass Kosten gesenkt werden und ein Mehrwert für den Kunden entsteht.

Die Wertstromanalyse erstreckt sich entlang des Produktentstehungsprozesses vom Zulieferer bis zum Kunden. Sie kann auch für Teilprozesse eingesetzt werden. Schwerpunktmäßig wird sie zur Optimierung von Produktions- und der involvierten Geschäftsprozesse von Produkten oder Produktfamilien verwendet.

Unter Wertstrom versteht man alle Aktivitäten, die zur Entstehung eines Produktes bzw. Erbringung einer Dienstleistung erforderlich sind.

Die Wertstromanalyse ist ein Element der ganzheitlichen Produktionssysteme und damit auch des Qualitätsmanagements. Ihre Ziele sind:

- Transparenz des Wertstroms
- Identifikation und Vermeidung von Verschwendung
- Schwerpunkt auf notwendige Aktivitäten zur Herstellung eines vom Kunden honorierten Wertes
- Ganzheitliche Optimierung der eigenen Prozesse

5.5.1 Methodik der Wertstromanalyse

Die Wertstromanalyse geht von dem Ansatz aus, dass eine kürzere **Durchlaufzeit** eines Produktentstehungsprozesses niedrigere Kosten generiert und den Kundennutzen wie Termintreue, Qualität usw. steigert. Dieses wird durch die Optimierung des Material- und Informationsflusses, der Logistik, Einsatz eines Pull-Systems sowie Eliminierung aller Elemente, die keinen Mehrwert bringen, erreicht (Bild 5.17).

- Flowprinzip - Information und Material müssen ungehindert fließen

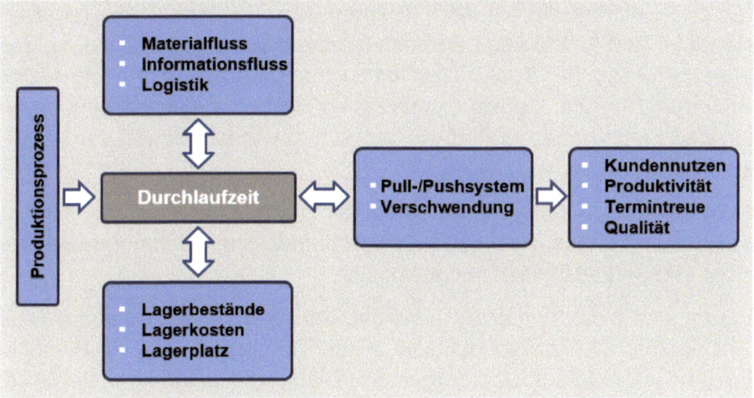

Bild 5.17: Ansatz der Wertstromanalyse

Die Durchführung einer Wertstromanalyse erfolgt entsprechend der 5-Phasen-Methode (Bild 4.8) mit den Mitteln von KVP, Kanban usw. Da das Ziel ist, die Produktion an die Kundenanforderungen auszurichten und damit Verschwendung zu minimieren, bedarf es einer zielgerichteten Vorgehensweise.

Bei der Erfassung der Wertstromlandschaft werden Lieferbedingungen von Kunden und Lieferanten, Ressourcen, interne Prozessabläufe und Materialfluss sowie Planungs- und Steuerungsabläufe erfasst. Anhand von Daten wird der Wertstrom belegt und in einer speziellen Darstellung visualisiert (Bild 5.18).

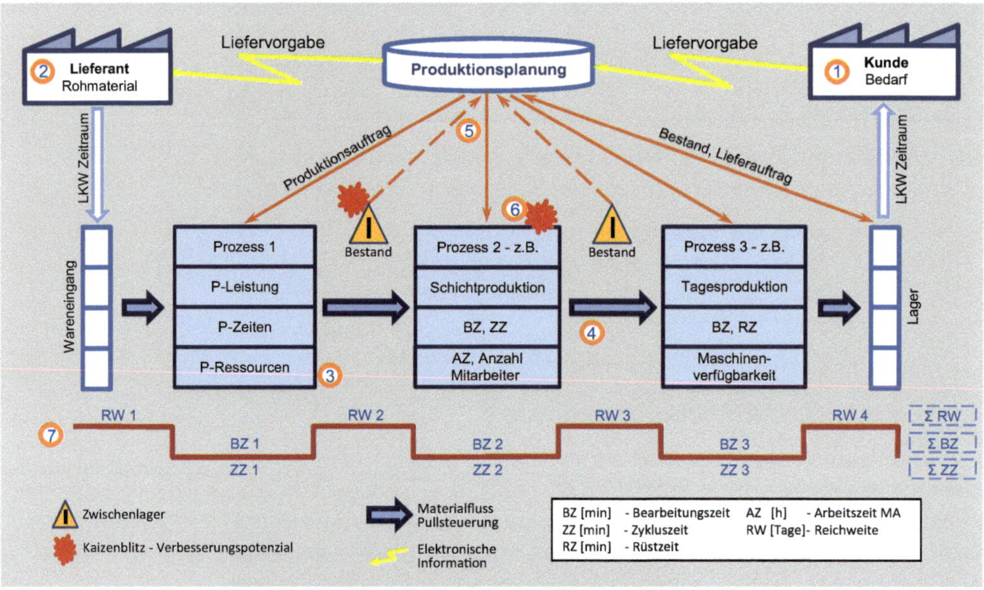

Bild 5.18: Wertstromdarstellung [vgl. LiRi16]

Die Herausforderung bei der Erfassung des Wertstroms ist eine übersichtliche und vollständige Darstellung sowohl der Prozessabläufe, des Materialflusses, der Ressourcen als auch aller Daten, Informations- und Steuerungskanäle. Da alle Vorgänge bei der Produktionsbegehung an Ort und Stelle handschriftlich aufgezeichnet werden, benötigt man verständliche und einfache Symbole.

Sie sind nicht genormt und werden in der Literatur teilweise unterschiedlich definiert. Wichtig ist, dass sie den betrieblichen Belangen entsprechen und dort einheitlich festgelegt sind.

Die folgend aufgeführten Symbole und Variablen, sind für das auf Seite 214 aufgeführte Beispiel definiert. In der Tabelle 5.8 sind die Symbole für den Informationsfluss dargestellt. Die Darstellung der Zeitlinie ist wichtig für die anschließende Analyse. Sie verfügt über drei Ebenen. Die obere, rote stellt den Materialfluss inklusive Lagerzeiten dar und gibt die Durchlaufzeit (DLZ) an. Die mittlere Ebene gibt die Wertschöpfung in Form der Bearbeitungszeit (BZ) an. Darunter ist die Prozesszeit (PZ) angegeben.

Tabelle 5.8: Informationssymbole – Auszug [WBA20.1]

Symbol	Benennung	Bedeutung
	Manueller Info-Fluss	z. B. Produktionsplan
	Elektronischer Info-Fluss	z. B. elektronische Datenübertragung
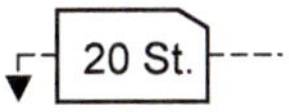	Produktions-Kanban	Eine Karte, die einem Prozess angibt, wie viel produziert werden soll.
Zeitlinie Prozess (i) und Reichweite (i) 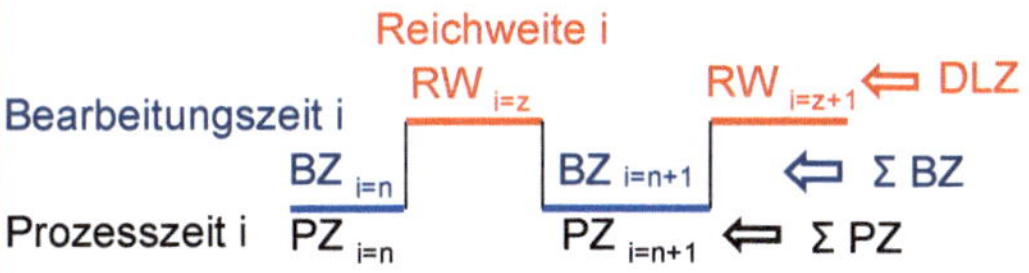		Die Zeitlinie gibt den Verlauf der Durchlaufzeit, der Bearbeitungszeit und der Prozesszeit an.

Die zur Abbildung des Produktionsprozesses einschließlich des Materialflusses, der Ressourcen und der Daten benötigten Symbole sind in der Tabelle 5.9 aufgeführt. Sie sind einfach, verständlich und leicht mit der Hand zu skizzieren.

Tabelle 5.9: Prozesssymbole – Auszug [WBA20.1]

Symbol	**Benennung**	**Bedeutung**
	Externe Quellen	Kunde, Zulieferer, externer Prozess
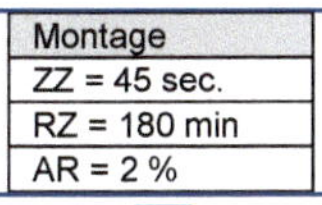	Fertigungsprozess mit Datenfeld	Prozess, Prozessdaten, Informationen
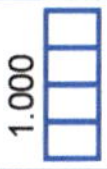	Lager	Bestand Wareneingang, Lager, Zwischenlager, Warenausgang
	Bestand	Menge, Bestandsreichsweite
	Materialtransfer	Materialtransport zum Folgeprozess
	Externer Transport	Lieferant, Kunde …
	Transportart	z. B. Lkw/Menge/Zeitraum
	Kaizenblitz	Zeigt Verbesserungspotenzial auf

Bei der Erfassung der Prozesse müssen Daten erfasst werden, auf deren Grundlage anschließend eine Analyse durchgeführt wird. Deswegen sind eine Vorbereitung der Datenerfassung und die Definition der Kenngrößen von besonderer Bedeutung (Tabelle 5.10).

Tabelle 5.10: Daten und Variablen – Auszug [EK20.1]

Var.	Bezeichnung	Einheit	Erklärung
BZ	Bearbeitungszeit	Zeiteinheit z. B. [min]	Wertschöpfungszunahme z. B. durch Bearbeitung, Montage … Sie gibt an, wie lange sich ein Teil im Produktionsprozess befindet.
ZZ	Zykluszeit	Zeiteinheit pro Stück z. B. [min/St.]	Zeitspanne zwischen der Fertigstellung eines Teils und des nachfolgenden Teils ohne rüst- und störungsbedingte Unterbrechungen.
PZ	Prozesszeit	Zeiteinheit pro Stück z. B. [min/St.]	Für ein sich im Prozess befindliches Teil entspricht die Prozesszeit der Zykluszeit. Die Prozesszeit gibt die Zeit an, in der mehrere Teile gleichzeitig bearbeitet werden.
FT	Fertigungstaktzeit	Stück pro Zeiteinheit z. B. [St./min]	Gibt an, wie viele Teile in einer Zeiteinheit produziert werden. Sie kann auch als Prozessgeschwindigkeit bezeichnet werden.
RZ	Rüstzeit	Zeiteinheit z. B. [min]	In dieser Zeitspanne steht das Betriebsmittel (z. B. Maschine) wegen eines Produktwechsels für die Produktion nicht zur Verfügung.
DLZ	Durchlaufzeit	Zeiteinheit z. B. [min]	Zeit von Einlagerung des Rohmaterials bis zur Versandbereitstellung.
AZ	Verfügbare Arbeitszeit pro Schicht	Zeiteinheit pro Schicht z. B [h/Schicht]	Arbeitszeit der im Prozess involvierter Mitarbeiter abzüglich Pausen, Team-Besprechungen und Reinigungszeiten.
BM	Bestandsmenge	Mengeneinheit z. B. [St.]	Menge des Lagerbestandes.
RW	Reichweite	Zeiteinheit z. B. [d]	Sie gibt an, wie lange es dauert, bis die Menge des Lager- und Umlaufbestandes aufgebraucht ist.
WIP	Umlaufbestand	Menge z. B. [St.]	Menge der sich in der Produktion befindlichen Teile.
$TP_{b,n}$	Tagesproduktion brutto/netto	Anzahl z. B. [St./d]	Die Anzahl der an einem Tag produzierten Gutteile (netto) plus die Anzahl der Ausschussteile ergibt die Brutto-Tagesproduktion.
↑	Gutteilausbeute	[%]	Verhältnis der „i. O.“-Teile zur Gesamtanzahl der Teile
VF	Techn. Verfügbarkeit	Zeiteinheit pro Schicht z. B. [h/Schicht]	Die Ressource steht wegen geplanten (z. B. Wartung) und nichtgeplanten (z. B. Störungen) Vorgänge nicht die ganze Arbeitszeit zur Verfügung.
SA	Schichtanzahl pro Tag	Anzahl pro Tag [#/d]	Anzahl der Arbeitsschichten pro Tag
TZ	Taktzahl	Anzahl pro Zeiteinheit z. B. [#/h]	Anzahl der Produktionstakte pro Zeiteinheit bzw. der reziproke Wert der Zyklus- bzw. der Prozesszeit.
#Res	Anzahl gleicher Ressourcen	[#]	Anzahl gleicher Maschinen, MA … im Prozess
#T	Anzahl der Gleichteile im Endprodukt	[#]	Anzahl der Gleichteile, die pro Endprodukteinheit benötigt werden.

Für die abschließende Analyse müssen die erfassten Daten verdichtet und Kennzahlen gebildet werden (Tabelle 5.11).

Tabelle 5.11: Prozesskennzahlen – Auszug [EK20.2]

Var.	Benennung/ Einheit	Formel	Bedeutung
ZZ	Zykluszeit z. B. [min/St.]	$ZZ = \frac{PZ * \#T}{\#Res}$	Zeitspanne zwischen der Fertigstellung eines Teils und des nachfolgenden Teils ohne rüst- und störungsbedingte Unterbrechungen.
FG	Flussgrad [%]	$FG = \frac{\sum_i PZ_i}{DLZ} * \frac{100}{AZ}$	Ein Maß für die Dynamik der Produktion.
RW	Reichweite z. B. [d]	$RW = \frac{BM *\uparrow}{TB * \#T}$	Bestand zur Erfüllung des durchschnittlichen Kundenbedarfes.
DLZ	Durchlaufzeit z. B. [d]	$DZL = \sum_i \frac{(BM_i + WIP_i) *\uparrow}{TB * \#T} = \sum_i RW_i$	Zeit von Einlagerung des Rohmaterials bis zur Versandbereitstellung.
TP	Tagesproduktion [St./d]	$TP = \frac{FV * SA * 60}{ZZ}$	Anzahl an einem Tag produzierten Einheiten.

5.5.2 Vorgehensweise und Verbesserungspotenzial

Im Gegensatz zur gängigen Vorgehensweise sollte die Aufnahme von einem Mitarbeiter durchgeführt werden, der auch selbst den Material- und Informationsfluss aufnimmt und skizziert. Er fängt am Ende des Prozesses z. B. im Versand an und agiert wie folgt gegen die Richtung des Materialflusses bis zum Wareneingang [WBA20.2].

Vorgehensweise

1. Kundenanforderungen werden erfasst: Menge, Zeitraum usw.
2. Anforderungen an den Lieferanten werden erfasst: Menge, Zeitraum usw.
3. Istzustand des Prozesses und seine Daten wie Zyklus-, Durchlaufzeit, MA-Zahl, Gutteilausbeute usw. werden erfasst und in Prozesskarten festgehalten. Erfassung erfolgt „flussaufwärts".
4. Materialfluss zwischen den Prozessschritten wird dargestellt und seine Elemente, wie Lager (Regal), Pufferbestände (I-Dreieck), Transportmittel (Lkw) usw., sowie die Art der Bedarfsteuerung: Push (Pfeil), Pull (Karte mit Anforderung), werden festgehalten.
5. Informationsflüsse, Auftraggeber, Auftragnehmer, Art (z. B. Wochenplan), Medium, Zeitpunkt, Zeittakt werden eingetragen.
6. Schwachstellen, Verbesserungspotenziale, Verschwendung werden durch Kaizenblitze dargestellt und festgehalten.

7. Die Zeitlinie stellt die Durchlaufzeit, z. B. in Arbeitstagen von der Auslieferung des Rohmaterials (Liegezeiten + Bearbeitungszeiten), und die Wertschöpfung (z. B. Bearbeitungszeit) dar. Die Kaizenblitze identifizieren Schwachstellen, aus denen ein Verbesserungspotenzial abgeleitet werden kann (Tabelle 5.12).

Tabelle 5.12: Verbesserungspotenziale [Erl10]

Verschwendung wird vom Kunden nicht honoriert

Produktionsprozesse		**Geschäftsprozesse**
Bestände vor und nach dem Prozess	Lange Warte- und Liegezeiten	Geringe Kundenorientierung (Rückfragequoten)
Hoher Steuerungsaufwand	Unergonomische Arbeitsplätze	Viele Schnittstellen
Unabgestimmte Zykluszeiten	Unnötige Wege	Standards fehlen oder werden nicht befolgt
Unterschiedliche Planungsvorgaben (Losgrößen, Schichtbetrieb)	Lange Rüstzeiten	Nutzen lokaler Hilfssysteme und nicht eines zentralen ERP-Systems
Unnötiger Aufwand für Transport und Entnahme	Hohe Fehl- bzw. Blindleistung	Kennzahlen werden nicht erhoben

Die Systematik der Wertstromanalyse und ihre praktische Umsetzung werden am Beispiel einer kontinuierlichen, linearen Produktion eines einzelnen Produktes dargestellt.

Beispiel:
Der Produktionsprozess eines flexiblen Hydraulikschlauchs soll auf Einsparpotenziale untersucht werden. Der Schlauch besteht aus zwei Schichten, einer inneren Schicht aus einem ölbeständigen Kunststoff und einer zweiten Schicht aus einem geflochtenen Edelstahlschlauch. Die Länge beträgt 1 m. An beiden Enden ist eine Verschraubung eingepresst.

Bild 5.19: Hydraulikschlauch

Der kontinuierliche Produktionsprozess eines elastischen Hydraulikschlauches besteht aus den Teilprozessen *Extrusion, Flechterei* und *Mechanik*. Sie erfolgen weitgehend automatisch. Die Produktion erfolgt anhand von Wochenplänen.

Prozessbeschreibung

Die *Logistik* liefert das Rohmaterial vom Wareneingangslager an die *Extrusionsabteilung*. Im Extrusionsprozess wird der innere Schlauch aus dem angelieferten Kunststoffgranulat extrudiert und auf eine Lagerspule mit vorgegebener Länge aufgewickelt. Der Prozess verläuft kontinuierlich. Die Lagerspulen werden zwischengelagert. Anschließend wird der Schlauch in der *Flechterei* an zwei Flechtmaschinen umflochten, erneut auf Lagerspulen aufgewickelt und zwischengelagert.

In der *Mechanik* erfolgt das Zuschneiden, das Anbringen der Anschlüsse und die Beschriftung an zwei Automaten. Die Qualitätsprüfung und Verpackung in Transportbehälter erfolgen manuell von zwei Mitarbeitern.
Im vorliegenden Prozess werden auch andere Produkte hergestellt. Aus Verständnisgründen wird auf die Verknüpfung mit anderen Produkten verzichtet. Der erfasste und aufbereitete Wertstrom ist im Bild 5.20 dargestellt.

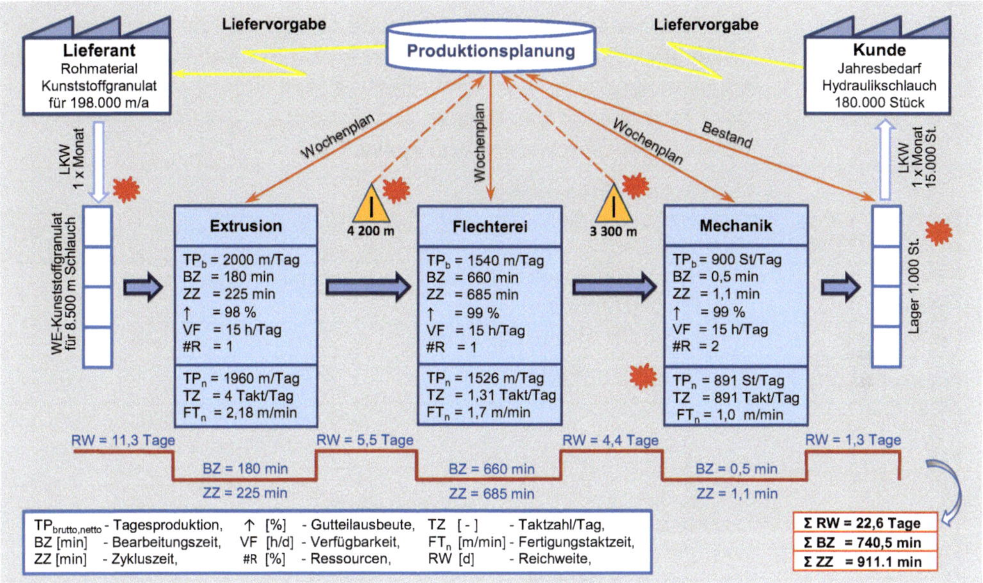

Bild 5.20: Wertstrom des Produktionsprozesses „Schlauchherstellung"

Produktionsplanung und -steuerung

Entsprechend dem Liefervertrag wird eine monatliche Vorausplanung in der PPS (Produktionsplanung und -steuerung) durchgeführt. Auf deren Grundlage löst die Disposition die Bestellung des Rohmaterials aus. Als Basis für die zu bestellende Menge dienen vorausgehende Aufträge mit einem Sicherheitsaufschlag. Nach dem Anliefern des Materials erfolgt die Reservierung des geplanten Auftragsbedarfs.

Entsprechend der monatlichen Vorausplanung wird eine Feinplanung durchgeführt und werden Produktionsaufträge ausgelöst. Die Produktionsaufträge werden in Form von Wochenplänen an die Prozessverantwortlichen elektronisch übermittelt und eine Produktionsfreigabe wird erteilt. Eine Rückmeldung über den Auftragsabschluss mit Mengenangaben erfolgt, wenn die Halbzeuge in Zwischenlagern eingelagert sind.

Entsprechend dem Wochenplan liefert die Logistik das Granulat an die *Extrusionsabteilung*. Die Meldung vom Auftragsabschluss erfolgt nach dem Einlagern in das Zwischenlager. Die *Flechterei* entnimmt entsprechend ihrem Produktionsauftrag das vorgefertigte Material, lagert es nach dem Produktionsende ein und meldet den Auftragsabschluss. Die Abteilung *Mechanik* verfährt nach dem gleichen Prinzip und liefert die fertigen und in Transportbehältern verpackten Druckschläuche an den *Versand*. Im Versand werden die Transportbehälter palettiert und zum Transport vorbereitet. Der Auftragsabschluss wird an die Produktionsplanung gemeldet, die die Auslieferung dem Kunden avisiert.

Datenermittlung

Die Prozess- und die Datenerfassung erfolgen anhand der bereits aufgeführten Vorgehensweise. Das Ziel ist, die Produktion an den Kundenkontakt anzunähern und somit Verluste zu minimieren. Ausgehend von dem Jahresbedarf des Kunden wurde der Kundenkontakt als Zielgröße für die Produktion berechnet (Tabelle 5.13).

Tabelle 5.13: Kundendaten

Jahresbedarf des Kunden		
Produkt:	Hydraulikschlauch 1 m Länge entsprechend der Spezifikation	
Bedarf:	180.000 Stück/a	
Anlieferung:	1x pro Monat à 15.000 Stück	
Kundenkontakt KT – Kundenzeittakt KZT		
Arbeitstage pro Monat AT	1 Jahr ≈ 240 d/a 1 Monat ≈ 20 d	*Kundenkontakt monatlich [EK20.2]* $KT = \frac{AT * VF * 60}{MB} = \frac{20 * 15 * 60}{15.000} = 1,2\ \frac{min}{m}$
Monatsbedarf MB	MB = 15.000 Stück pro Monat	*Kundenzeittakt*
Verfügbarkeit VF 2-Schichtbetrieb	VF = 2 x 7,5 h = 15 h	$KZT = \frac{1}{KT} = \frac{1}{1,2} = 0.83\ \frac{m}{min}$

Entsprechend dem Kundenbedarf muss das Rohmaterial disponiert und bestellt werden. Den größten Umfang verzeichnet das Granulat. Der Bedarf an Stahldraht und Schlauchanschlüssen ist nicht aufgeführt. Die Disposition des Bedarfs erfolgt entsprechend folgender Berechnung.

Tabelle 5.14: Bestimmung der Liefermengen

Jahresbedarf des Kunden	
Produkt:	Hydraulikschlauch 1 m Länge entsprechend der Spezifikation
Jahresbedarf netto JB_n:	JB_n = 180.000 Stück/a
Anlieferung Monatsbedarf netto MB_n:	MB_n = 1x pro Monat à 15.000 Stück
Lieferantenkontakt	
Gutausbeute Prozesse ↑ Sicherheitsaufschlag S	$\uparrow_E = 0,98$; $\uparrow_F = 0,99$; $\uparrow_M = 0,99$; S ≈ 3 %
Jahresbedarf brutto JB_b	$JB_b = \frac{KB}{\uparrow_E * \uparrow_F * \uparrow_M} * S = \frac{180.000}{0,98 * 0,99 * 0,99} * 1,03$ ≈198.000 m/a
Anlieferung/Monatsbedarf MB_b	$MB_b = \frac{JB_b}{12} = \frac{180.000}{12} = 16.500\ m$/Monat

Im Bild 5.20 sind die bei der Produktionsbegehung erfassten Daten angegeben. Für die Ermittlung der Kennzahlen für den *Extrusionsprozess* wurden die Daten in die Tabelle 5.15 übertragen.

Tabelle 5.15: Prozessdaten – Extrusionsprozess

Prozessdaten	Prozesswerte	Bemerkung
Tagesproduktion brutto TP_{Eb}	$TP_{Eb} = 2.000\ m/d$	Produktion am Tag
Tagesproduktion netto TP_{En}	$TP_{En} = 1.960\ m/d$	Produktion am Tag ohne Ausschuss
Bestandsmenge BM_E	$BM_E = 4.200\ m$	Bestand im Zwischenlager
Gutausbeute $\uparrow_E$	$\uparrow_E = \frac{TP_{En}}{TP_{Eb}} * 100$ $\uparrow_E = \frac{1.960}{2.000} * 100 = 98{,}0\ \%$	Anteil der „i. O.“-Produktion in Prozent
Anzahl gleicher Ressourcen	$\#Res = 1$	eine Extrusionsanlage
Bearbeitungszeit BZ_E	$BZ_E = 180\ min$	bezogen auf einen Extrusionsdurchlauf
Rüstzeit RZ_E	$RZ_E = 15\ min$	für einen Extrusionsdurchlauf
Prozesszeit PZ_E	$PZ_E = 225\ min$	bezogen auf einen Extrusionsdurchlauf

Für die Analyse des Wertstroms werden die in der Tabelle 5.15 berechneten Kennzahlen am Beispiel des Extrusionsprozesses verwendet.

Tabelle 5.16: Kennzahlen – Extrusionsprozess

Bezeichnung	Berechnung	Bemerkung
Zykluszeit ZZ_E	$ZZ_E = \frac{PZ_E * \#T}{\#Res} = \frac{225 * 1}{1} = 225\ min$	Extrusionsdurchlauf inkl. Rüstzeit 45 min
Taktzahl pro Tag TZ_E	$TZ_E = \frac{VF * 60}{ZZ_E} = \frac{15 * 60}{225} = 4{,}0\ \frac{\#}{d}$	Extrusionsdurchlauf 4-mal am Tag
Fertigungstaktzeit FT_{En}	$FT_{En} = \frac{TP_{En}}{VF * 60} = \frac{1.960}{15 * 60} = 2{,}18\ \frac{m}{min}$	vgl. mit Prozessgeschwindigkeit
Reichweite RW_E	$RW_E = \frac{BM_E * \uparrow}{TB * \#T}$ $RW_E = \frac{4.200 * (0{,}99 * 0.99)}{\frac{15.000}{20} * 1} = 5{,}5\ d$	Bezogen auf Kundentagesbedarf

Bei der Bestimmung der Reichweite blieb der Umlaufbestand WIP unberücksichtigt. Die Daten und Kennzahlen für die Folgeprozesse *Flechterei* und *Mechanik* sind dem Bild 5.22 zu entnehmen.

Gesamter Wertstrom

Die Lieferung der Fertigteile findet einmal pro Monat statt. Das Kunststoffgranulat wird gleichfalls mit einer zeitlichen Vorverlagerung vom Subunternehmen angeliefert. Wie weit die monatliche Lieferung des Lieferanten dem Produktionsbedarf entspricht, wird in Zusammenhang mit dem Produktionsablauf erläutert.

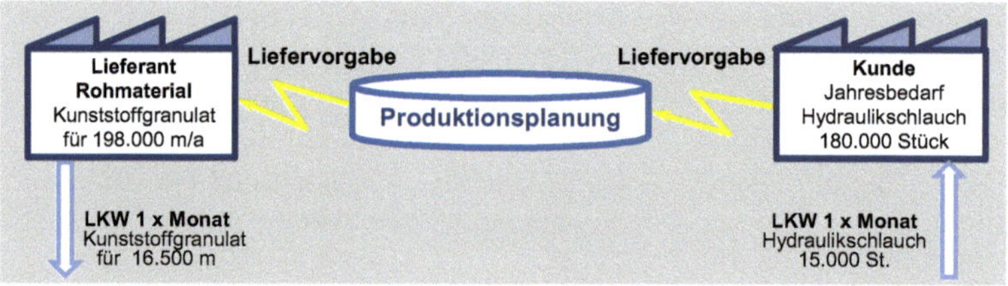

Bild 5.21: Gesamter Wertstrom des Produktionsprozesses Schlauchherstellung

Analyse des Wertstroms

Auf der Basis der monatlichen Vorausplanung werden detaillierte Wochenpläne an die Produktion geleitet und Fertigungsfreigaben erteilt. Die Produktionspläne folgen der Push-Systematik. Die produzierten Halbzeuge werden zwischengelagert, bis der Folgeprozess sie entnimmt.

Im Fall der *Extrusion* und *Flechterei* erfolgt die Produktion kontinuierlich in den Zykluszeiten ZZ = 225 bzw. 686 min. Diese Zykluszeiten sind bedingt durch die Größe der Lagerspulen, auf die der Schlauch aufgewickelt wird, sowie die unterschiedlichen Bearbeitungszeiten BZ und die Gutteilausbeute (Ausschuss). Das Resultat ist die differierende Nettotagesproduktion TP_n (Bild 5.22).

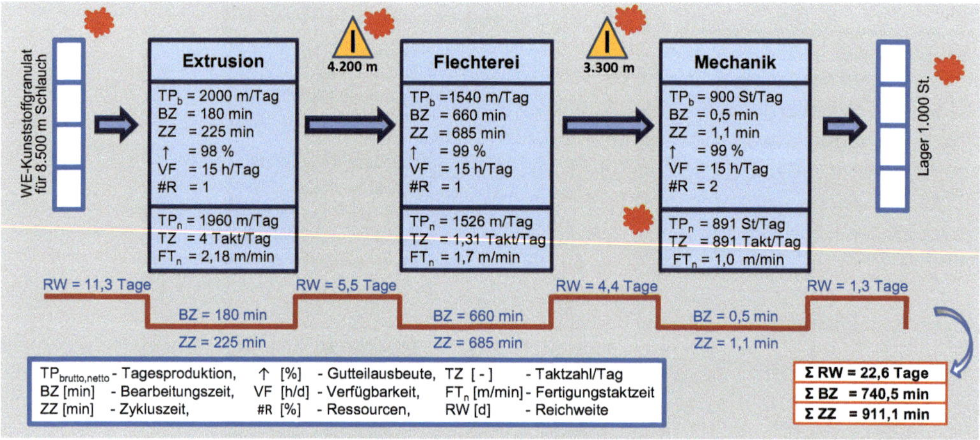

Bild 5.22: Produktionsablauf mit Daten

Die auf Spulen aufgewickelten Schläuche werden im Prozess *Mechanik* zugeschnitten und auf zwei Automaten parallel komplettiert. Zwei Mitarbeiter führen die folgenden Arbeiten durch. Hier weicht die Nettotagesproduktion TP_n = 891 Stück erheblich von den vorgelagerten Prozessen ab. Die mit dem Materialfluss sinkende Fertigungstaktzeit (Prozessgeschwindigkeit) von FT = 2,18 bis 1,0 m/min ist ein Zeichen für die Unausgewogenheit der Prozessleistungen. So sind auch die hohen Lagerbestände zu erklären, die eine Durchlaufzeit von DLZ = 22,6 Tagen und damit aufgrund der Überproduktion zusätzliche Kosten verursachen.

Es ist offensichtlich, dass das aktuelle **Push-Prinzip** des Produktionsablaufes aufgrund der differierenden Fertigungstaktzeit hohe Lagerbestände sowie häufige Unterbrechungen bedingt, wobei die Überschneidung mit weiteren Aufträgen unberücksichtigt blieb. Um dem Prozessablauf mehr Ausgewogenheit zu ermöglichen, sollte die Fertigungstaktzeit möglichst angeglichen werden. Eine Prozesssteuerung nach dem **Pull-Prinzip** bietet diese Möglichkeit. Damit würde der Bedarf der internen und externen Kunden im Vordergrund stehen und der Produktionsfluss ausgeglichener werden.

Zusammenfassung und Bewertung

Die Wertstromanalyse ist auf den ersten Blick eine verhältnismäßig einfache Methode. Die Verwendung von verständlichen Symbolen bietet die Möglichkeit, direkt vor Ort den Material- und den Informationsfluss, die Ressourcen sowie benötigte Daten zu erfassen und zu visualisieren. Anhand der erfassten Daten bzw. der abgeleiteten Kennzahlen können Schwachstellen identifiziert und Rückschlüsse auf Verbesserungspotenziale gezogen werden.
Im aufgeführten Beispiel ist ein kontinuierlich ablaufender Prozess untersucht worden, der in der Realität nur selten vorkommt. Die technologische Segmentierung der Produktionsprozesse, die Definition der Produktfamilien, die für die Überlagerung der Fertigung von verschiedenen Produkten bzw. Bauteilen notwendig ist, die Berücksichtigung der Produktionsauslastung und die Kundenanforderungen führen zu einer anspruchsvollen Organisation der Produktionsplanung und -steuerung.
Bei der Durchführung einer Prozessoptimierung auf der Basis des Wertstroms sollten erst weniger anspruchsvolle Prozesse ausgewählt werden, um Erfahrungen zu sammeln. Nicht zu vergessen sind die durchzuführenden Änderungen, die nicht nur den Produktionsablauf, sondern auch das PPS, die Lagerorte, die Dokumentation, die Logistik und nicht zuletzt die Mitarbeiter betreffen.

5.6 8D-Methodik

Problemkomplexität methodisch angehen

Der Zulieferanteil der deutschen Industrie ist hoch. Die Automobilindustrie als Vorreiter im Qualitätsmanagement entwickelte Maßnahmen, die eine möglichst reibungsfreie qualitätsbezogene Zusammenarbeit mit Zulieferern ermöglichen sollen [VDA20]. Eine der Maßnahmen ist ein standardisiertes 8D-Verfahren im Reklamationsfall. Die **8D-Methodik** steuert die Behebung von Fehlern zwischen Kunden und Lieferanten [VDA17]. Sie wird sowohl bei externen als auch internen Kunden eingesetzt bzw. auch bei Ad-hoc-Aktionen angewendet.

Vorgehensweise

8D-Methodik weist einen teamorientierten Problemlösungsansatz auf und legt einen Ablauf fest, wenn die Problemursache nicht bekannt ist. 8D besteht aus acht Schritten, die nacheinander durchzuführen sind (Bild 5.23).

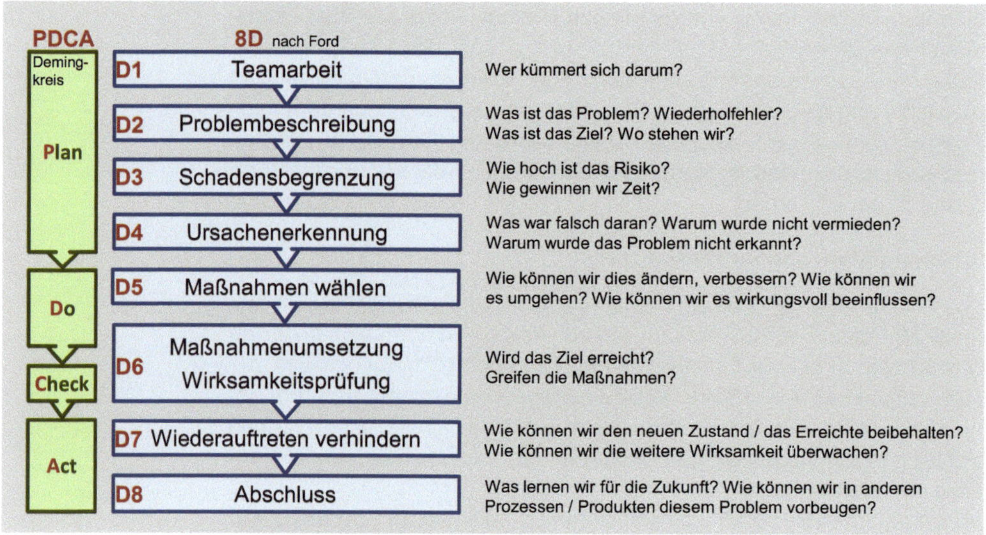

Bild 5.23: 8D-Methodik [QUL22]

Die 8D-Methodik folgt dem PDCA-Zyklus und der W-Hinterfragetechnik. Die einzelnen Schritte sind wie folgt beschrieben [TQM22]:

D1 – Teamarbeit

Bildung eines interdisziplinären Teams, der alle Aspekte der Fehler-/Problemkomplexität beleuchtet und berücksichtigt. Effiziente Problemlösung mit 8 Schritten.

D2 – Problembeschreibung

Eine detaillierte Beschreibung des Problems/Fehlers, der Entstehungsbedingungen, der Eingrenzung und der Auswirkungen wird ausgearbeitet.

D3 – Schadensbegrenzung

Prüfung von Sofortmaßnahmen, um die Auswirkungen des Problems zu begrenzen.

D4 – Ursachenerkennung

Durchführung einer detaillierten Ursachenanalyse soll eine endgültige Lösung herbeiführen und eine erneute Wiederholung des Problems verhindern.

D5 – Maßnahmen wählen

Es werden geeignete Korrekturmaßnahmen gewählt und dem Kunden mitgeteilt. Im Fall, dass die Beanstandung abgelehnt wird, ist der Kunde dennoch zu informieren, um ein schlüssiges Reklamationsmanagement sicherzustellen. Durch Ursachenerkennung zu kurz- und langfristigen Maßnahmen

D6 – Maßnahmenumsetzung und Wirksamkeitsprüfung

Es ist der Maßnahmenfortschritt und dessen Wirksamkeit hinsichtlich der Problemlösung zu verfolgen und zu steuern. Im Anschluss an Tests, Simulationen u. Ä. sind die bestätigten Korrekturmaßnahmen umzusetzen.

D7 – Wiederauftreten verhindern

Für die unter D5 und D6 umgesetzten Korrekturmaßnahmen sind Vorbeugemaßnahmen einzuführen und in das Qualitäts- bzw. Risikomanagement zu integrieren.

D8 – Abschluss

Zum Projektabschluss sind alle Schritte in einem 8D-Report vollständig zu dokumentieren und zu kommunizieren.

Zusammenfassung

Die 8D-Methodik wird bei Problemen, deren Ursachen unbekannt sind, eingesetzt. Wegen der benötigten Ressourcen wird sie überwiegend für größere Projekte bevorzugt. Aber auch für kleinere Projekte bietet sie einen Verfahrensweg an. Sie verfolgt folgende Ziele:

8D-Report als Kommunikationsmittel zwischen Kunden und Lieferanten

- Effiziente und nachhaltige Abwicklung von Kundenreklamationen,
- Generieren von grundsächlichen Verbesserungen,
- Nachvollziehbarkeit und Dokumentation aller Vorgänge,
- Senkung von Fehlerkosten insbesondere aus Garantie- oder auch Kulanzfällen,
- Steigerung der Qualität von Produkten, Prozessen und Dienstleistungen,
- Der 8D-Report dient als Kommunikationsgrundlage zwischen Kunden und Lieferanten.

Zur Erfassung, Analyse und Problemlösung werden die in diesem Buch vorgestellten Werkzeuge und Strategien eingesetzt.

5.7 Sonstige Strategien

Die folgenden, nicht direkt dem Qualitätsmanagement klar zuordenbaren Strategien beeinflussen aber stark seine Ziele. Auch wenn die Ansätze unterschiedlich sind, verfolgen sie ähnliche oder gleiche Ziele, Kosten und Kapitalbindung zu senken, Flexibilität und Produktverfügbarkeit zu steigern, Kundenforderungen inbegriffen Qualität mehr als zu erfüllen.

5.7.1 Just in time (JIT)

Just-in-time-Produktion ist ein **logistikorientiertes Organisations- und Steuerungskonzept** für interne und externe Kunden. Punktgenaue Lieferung der Rohstoffe bzw. Produkte mit der geforderten Qualität in der gewünschten Menge (und auch Verpackung) zum Zeitpunkt, an welchem sie tatsächlich gebraucht werden, zum gewünschten Ort.

„Just in time“ reduziert die Kapitalbindung.

Somit entfallen nicht nur die Lagerkosten, sondern auch der übrige Verwaltungsaufwand lässt sich auf ein relatives Minimum reduzieren; es führt zu einer **signifikanten Abnahme des Materialumlaufes**.

Durch „just in time" ergeben sich folgende Vorteile:

- Durchlaufzeiten werden verkürzt,
- Verringerung der Läger, Lagerkosten und Materialbestände,
- Verringerung des Umlaufmaterials,
- Verringerung der Kapitalbindung,
- Erhöhung der Arbeitsproduktivität,
- die Fertigungsprozesse werden gleichmäßig ausgelastet,
- Erhöhung der Flexibilität,
- Probleme werden deutlich gesenkt oder vermieden, die Qualität gesteigert.

Eine Steigerung von „just in time" ist das sogenannte „just in sequence" (JIS). Aufbauend auf dem JIT-Prinzip werden die Produkte zusätzlich in der richtigen Reihenfolge beim Kunden angeliefert.

5.7.2 Lean Management (LM)

Lean Management strafft die Organisation.

Der Begriff des Lean Managements verdeutlicht, dass diese Strategie auf einer schlanken Organisationsstruktur beruht. Die Grundlage ist die Einführung von Prozessen und eines straff organisierten Ablaufs des Wertschöpfungsprozesses. Als Ziel findet man die schon bekannten Merkmale wie die Vermeidung von Verschwendung, Fehlern und Kosten, bessere Kommunikation, Kundenorientierung usw. Das Lean Management besteht aus folgenden Bestandteilen:

- Wachstums- und Eroberungsfähigkeit bedingt durch strategischen Kapitaleinsatz,
- schnelle und sichere Einführung neuer Produkte, bedingt durch Simultaneous Engineering u. Ä.,
- kundenorientierte schlanke Fertigung, bedingt durch „just in time", Kanban usw.,
- umfassendes Qualitätsmanagement,
- Kunden gewinnen und erhalten durch proaktives Marketing,
- Unternehmen in Gesellschaft einbinden.

Die Vorteile von Lean Management entsprechen weitläufig denen des JIT.

5.7.3 Kanban

Das Ziel von Kanban ist, den Materialfluss bei möglichst geringer Nutzung der Ressourcen sicherzustellen. Die Einführung von Kanban hat Verminderung der Verschwendung von Ressourcen zur Folge. Sein Ansatz liegt in einer besonderen Art der Produktionsplanung und -steuerung.

Die klassische Produktionsplanung und -steuerung (PPS) ist zentral organisiert. Die PPS-Stelle plant auf der Grundlage von Absatzprognosen mit dem Ziel, eine hohe Kapazitätsauslastung der Produktionsmittel zu erreichen (Bild 5.24). Dies hat in der Realität zur Folge, dass den Kundenforderungen wenig Rechnung getragen wird.

Oft kommt es auch infolge der getrennten Planung und Ausführung zu Fehlern. Die komplexen Wechselbeziehungen in der Produktionsplanung und -steuerung führen zu einem gewaltigen Koordinationsaufwand, der kaum mehr zu überblicken und zu handhaben ist.

Die Produktionssteuerung erfolgt bedarfsorientiert.

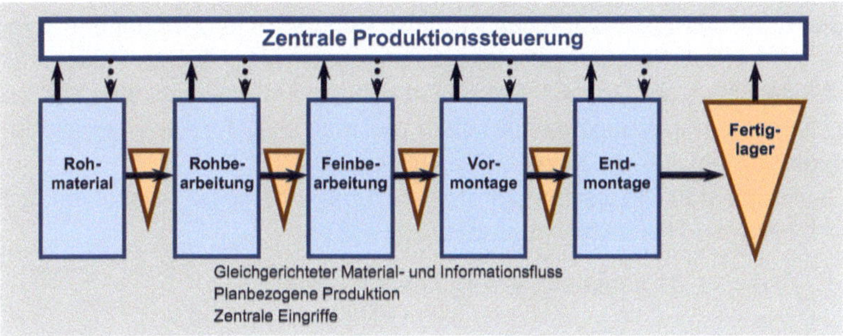

Bild 5.24: Klassisches PPS [GiKä07]

Das Kanban-System entnimmt einem vorgelagerten Arbeitsgang bzw. Prozess nur das gerade benötigte Teil in der benötigten Menge und zum benötigten Zeitpunkt (Just-in-time-Prinzip). Das führt zu einer Vereinfachung der Kommunikation durch eindeutige Bezeichnung und Menge, die benötigt wird (Bild 5.25).

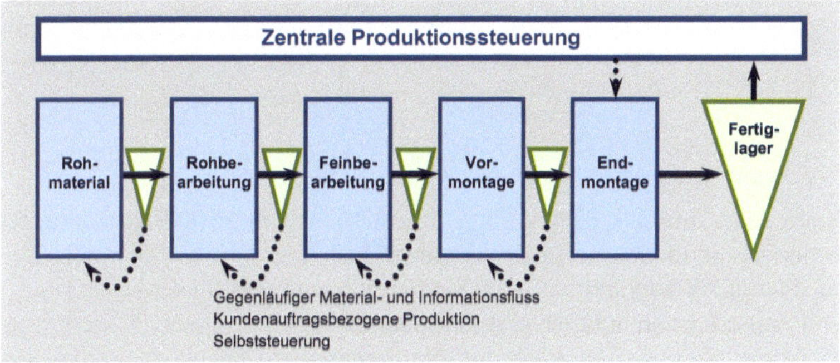

Bild 5.25: Das Prinzip von Kanban [GiKä07]

Der Zulieferer wird nur dann aufgefordert, neues Material anzuliefern, wenn es gebraucht wird (z. B. weil ein Mindestbestand unterschritten wird). Damit wird die terminorientierte Steuerung der konventionellen PPS durch die bedarfsorientierte Steuerung ersetzt. Kanban (jap.: Karte, Zettel) wird mit jedem Los transportiert und mit jeder Aufforderung zur neuen Anlieferung zurückgegeben, womit ein neuer Auftrag zur Fertigung erteilt wird.

Die Vorteile von Kanban liegen in:

- einer bedarfsorientierten Produktionssteuerung,
- einer Verbindung der Produktionsplanung und -ausführung,
- der Flexibilität der Produktionsmittel,
- der fehlerfreien Lieferung,
- einer schnellen Ursachenanalyse bei Störungen und danach einer schnellen Beseitigung der Störungen.

5.7.4 Simultaneous Engineering

Projektphasen überdecken sich.

Der Entwicklungsablauf eines Produktes bedarf einer zwingenden Systematik. Die Entwicklungszeiten stellen einen wesentlichen Faktor des Markterfolges dar. Je nach Produktart können Entwicklungszeiten bis zu zehn Jahre (Flugzeugindustrie) betragen. Eine zeitliche Verzögerung bedeutet erhebliche Umsatzeinbußen [BeNa94].

Der traditionelle Projektablauf stellt sich als eine sequenzielle Abfolge von einzelnen Projektschritten dar (Bild 5.26).

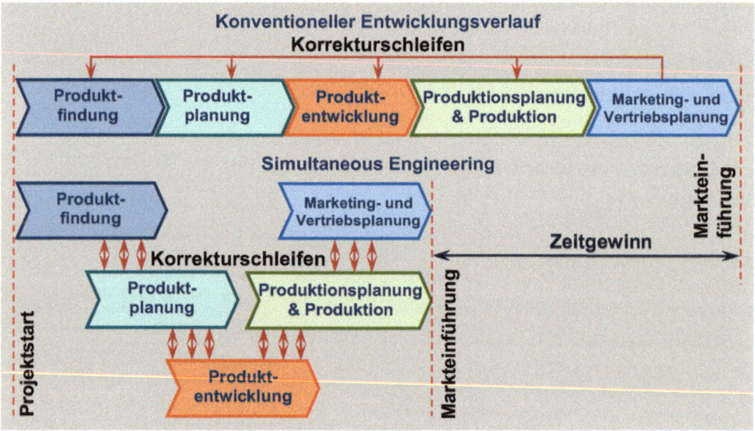

Bild 5.26: Zeitverkürzung durch Simultaneous Engineering

Beim Simultaneous Engineering beginnen die nachfolgenden Phasen schon vor dem Abschluss der aktuellen Projektphase. So kann die Entwicklungszeit verkürzt werden. Eine Voraussetzung für einen erfolgreichen Ablauf ist ein intensiver Informationsaustausch. Dadurch kommt es zu einem besseren Abgleich der Informationen zwischen den einzelnen Prozessen. So werden Fehler und Unstimmigkeiten vermieden, die in einem konventionellen Ablauf zu Korrekturmaßnahmen und zum erneuten Durchlauf der vorgelagerten Phasen führen würden.

Früher Markteintritt erhöht die Marktchance.

Die **Vorteile** liegen in einer wesentlich kürzeren Entwicklungszeit und einer besseren Abstimmung im internen Kunden-Lieferanten-Verhältnis.

Der **Nachteil** dieser Strategie ist durch Phasenüberdeckung bedingt. In der nachfolgenden Phase werden Arbeiten ausgeführt, die noch nicht auf endgültigen Daten basieren. So kann es zu Doppelarbeit kommen.

Zusammenfassung und Bewertung

Die vorgestellten Strategien zeigen nur eine kleine Auswahl. Sie weisen auf den ersten Blick unterschiedliche Ziele auf. Bei näherem Betrachten greifen sie auch indirekt die Ziele des Qualitätsmanagements mit auf. Die Strategien werden in der Praxis miteinander sehr häufig kombiniert, sodass eine genaue Abgrenzung oft nicht möglich und nicht sinnvoll ist.

Lernerfolg

Zur Prüfung des Lernfortschritts beantworten Sie folgende Fragen:

Fragen zum Kapitel 5:

1. Nennen Sie ein Beispiel eines gesamtheitlichen Ziels einer Prozessoptimierung.
2. Nennen Sie ein Beispiel für ein Ziel einer internen Prozessverbesserung.
3. Was bedeutet KVP?
4. Was ist eine der wichtigsten Voraussetzungen für ein gelebtes KVP?
5. Auf welchem Prinzip basiert KVP?
6. Welches Ziel verfolgt man mit der Anwendung der 3-Mu-Checkliste?
7. Nennen Sie Beispiele der Verschwendungsarten.
8. Was bedeuten die 5-S-Bewegungen?
9. Nennen Sie einige Beispiele nicht wertschöpfender Tätigkeiten.
10. Wozu dient die Anwendung der W-Fragen?
11. Mit welchem Ziel werden Qualitätszirkel eingesetzt?
12. Welchen großen Vorteil haben Qualitätszirkel?
13. Welches Ziel verfolgt Six Sigma?
14. Auf welchem Prinzip basiert Six Sigma?
15. Was ist die Grundlage der Six-Sigma-Methode?
16. Wozu dienen die farbigen Belts?
17. Was bedeutet ein DMAIC-Zyklus?
18. Auf welchem Ansatz beruht der Prozesswirkungsgrad?
19. Nennen Sie die vier Leistungsarten eines Prozesses.
20. Nennen Sie ein Beispiel für jede Leistungsart.
21. Wie ist der Prozesswirkungsgrad definiert?
22. Nennen Sie einige Vorteile des Prozesswirkungsgrades.
23. Auf welcher Basis verfolgt Just-in-time-Produktion ihre Ziele?
24. Was ist das Merkmal von Lean Management?
25. Welchem Prinzip folgt Kanban?
26. Wodurch unterscheidet sich Simultaneous Engineering vom klassischen Produktentstehungsprozess?
27. Welche Strategie verfolgt die Wertstromanalyse?
28. Nennen Sie einige Verbesserungspotenziale der Wertstromanalyse.
29. Nennen Sie einige Vorteile der Wertstromanalyse.
30. Wofür wird die 8D-Methodik eingesetzt?

Qualitätstechniken

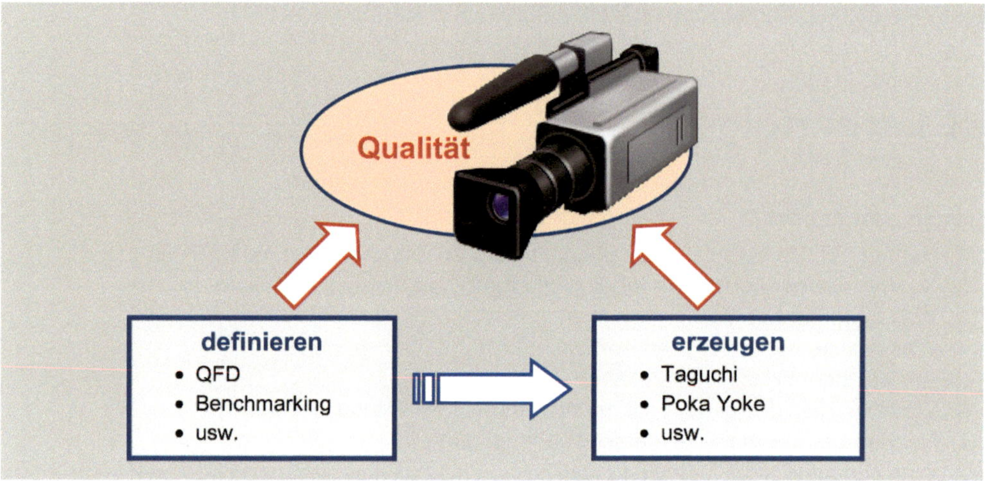

Lernziele:

Bevor das Ziel des Qualitätsmanagements, „Qualität zu erzeugen", in Angriff genommen werden kann, bedarf es der Definition von Qualität bzw. der Qualitätsmerkmale und ihrer Ausprägung. Die Forderungen an die Qualität stellen die drei Interessengruppen Kunde, Allgemeinheit und Hersteller. Sie sind häufig subjektiv und wenig greifbar wie z. B. sicher, bequem, haltbar, umweltfreundlich, schön usw. Also stellt sich die Frage nach der Interpretation solcher Forderungen.

Qualität ist eine Gesamtheit, deren Beschaffenheit aus einer Anzahl von messbaren bzw. bewertbaren Merkmalen besteht. Diese Eigenschaft greifen verschiedene Qualitätstechniken wie QFD-Methode, Benchmarking usw. auf und leiten aus den unterschiedlichsten Formen der Qualitätsforderungen verwertbare Qualitätsmerkmale ab.

Bei der Umsetzung der Qualitätsforderungen während des Produktentstehungsprozesses müssen Maßnahmen getroffen werden, die ihre Verwirklichung unterstützen bzw. ermöglichen. Qualitätstechniken wie Taguchi-Methode, Design of Experiments, Poka Yoke u. a. sind Methoden, die für diese Aufgaben entwickelt wurden.

Die vorliegenden Qualitätstechniken sind ein wesentlicher Bestandteil des Qualitätsmanagements.

6 Qualitätstechniken

Unter **Qualitätstechniken** fallen alle Werkzeuge, Vorgehensweisen und Methoden, die auf dem Gebiet des Qualitätsmanagements und der Qualitätssicherung aller Produktentstehungsebenen zum Lösen von spezifischen Problemen eingesetzt werden [MaWe98].

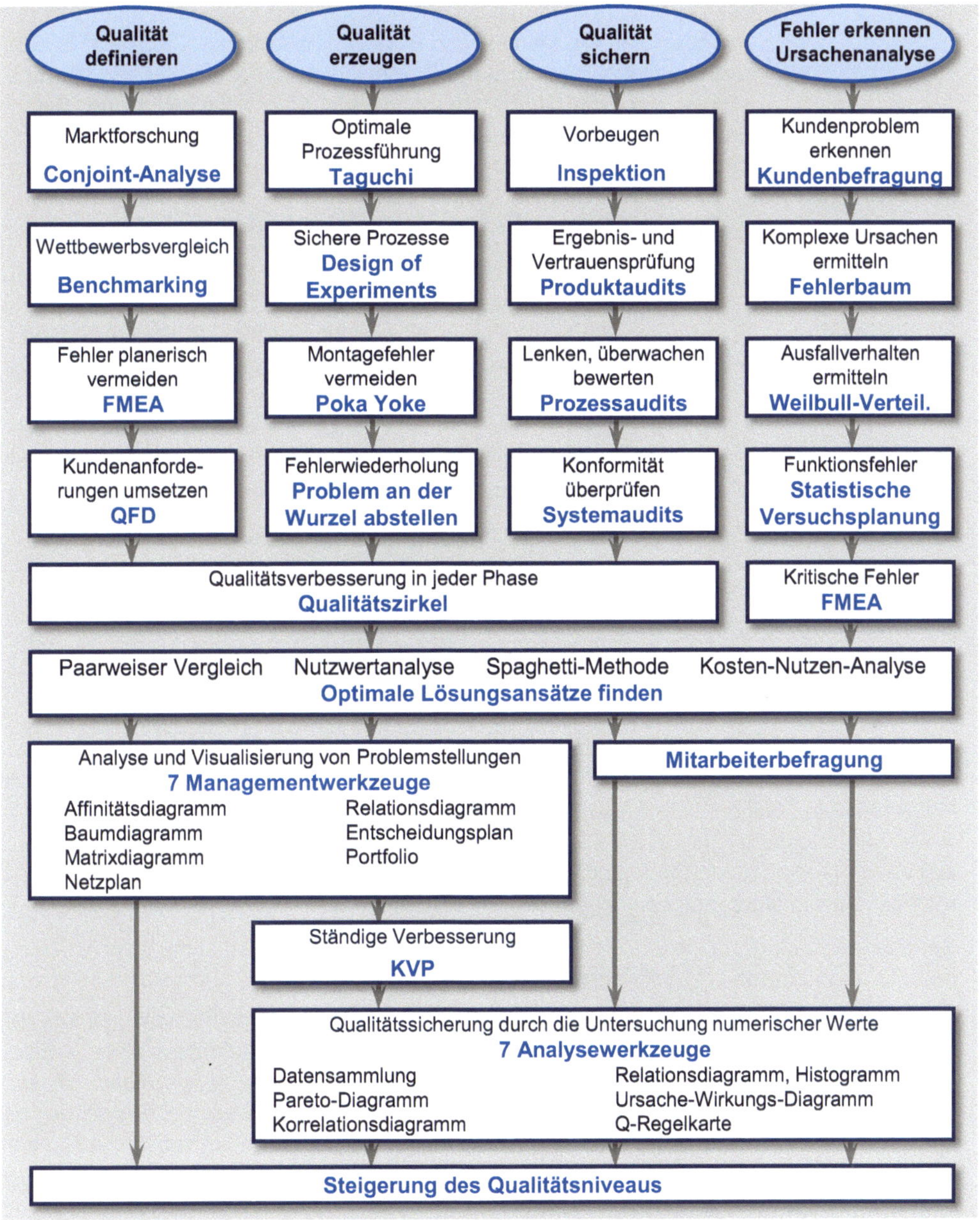

Bild 6.1: Qualitätstechniken und -werkzeuge

Qualitätstechniken umfassen auch Methoden aus anderen Disziplinen.

Bild 6.1 zeigt eine Übersicht der Qualitätstechniken, Strategien, Instrumente und Werkzeuge, die bei der Umsetzung von Qualitätsmanagement ihre Anwendung finden. Der Begriff Qualitätstechnik ist dabei sehr weit gefasst. Die Übersicht beinhaltet nicht nur die eigentlichen Qualitätstechniken, sondern auch Organisationsformen, wie z. B. die Qualitätszirkel oder Qualitätsaudits. Weiterhin wurden nicht nur die Techniken der Qualität, sondern auch Werkzeuge und Methoden aus anderen Fachgebieten wie Marketing z. B. **Conjoint-Analyse**, Statistik z. B. **Statistische Versuchsplanung**, Psychologie, Personalwesen usw. berücksichtigt. Auch das Qualitätsmanagement bedient sich zahlreicher Methoden anderer Disziplinen wie Kreativitätstechniken, Visualisierungstechniken usw.

6.1 Fehlermöglichkeits- und -einflussanalyse

Fehler vor ihrem Auftreten entdecken und die Ursachen beheben

Die **FMEA** ist ein Instrument, das es ermöglicht, Fehler in Produkten, Prozessen oder Systemen schon vor ihrer Entstehung zu erkennen und durch geeignete Maßnahmen zu vermeiden (Bild 6.2). Diese Qualitätstechnik reduziert komplexe Probleme aus dem Bereich des Qualitätsmanagements durch systematisches Vorgehen auf ihre elementaren Bestandteile. Dadurch werden Ansatzpunkte aufgezeigt, bestimmte Problemstellungen einer Lösung zuzuführen. Sie wurde vom amerikanischen Militär entwickelt und industriell erstmals von Ford eingesetzt.

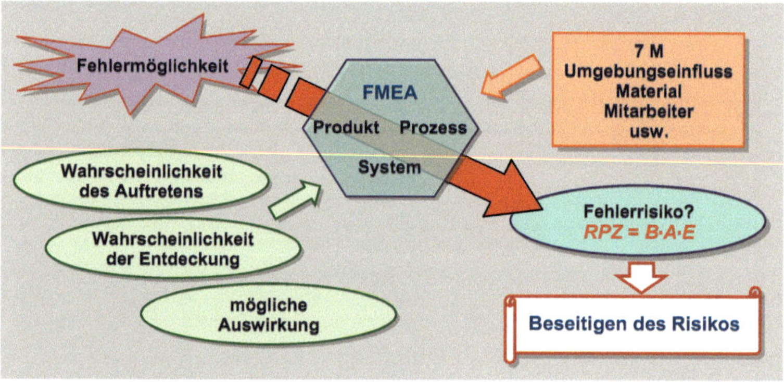

Bild 6.2: Erkennen von Fehlerpotenzialen

6.1.1 FMEA-Methodik

Der wichtigste Faktor der FMEA ist die **Risikoprioritätszahl (*RPZ*)**, die eine Aussage über die Wahrscheinlichkeit des Auftretens eines Fehlers und seiner Folgen macht (Bild 6.2). Diese wird aus Auftretens- (A) und Entdeckungswahrscheinlichkeit (E) eines speziellen Fehlers sowie der Bedeutung der Folgen des Fehlers (B) gebildet.

Risikoprioritätszahl – *RPZ*

$RPZ = B \cdot A \cdot E$ mit

A – Auftretenswahrscheinlichkeit des Fehlers $1 \le A \le 10$

B – Bedeutung der Fehlerfolgen $1 \le B \le 10$

E – Entdeckungswahrscheinlichkeit des Fehlers $1 \le E \le 10$

Es ergeben sich folgende Werte: $1 \le RPZ \le 1.000$, d. h.

1 – kein Risiko; 1.000 – sehr hohes Risiko

Die Bewertungskriterien werden anhand von Bewertungszahlen zwischen 1 (= gering einzuschätzender Fehler) und 10 (= hoch einzuschätzender Fehler) gewichtet. Das Kriterium **Fehlerfolgen** wird nach Tabelle 6.1 ermittelt.

Tabelle 6.1: Bedeutung der Fehler für den Kunden in einer FMEA

***B* – Bedeutung**	**Bewertungspunkte**
Es ist **unwahrscheinlich**, dass der Fehler wahrnehmbare Auswirkungen auf die Funktion des Produktes hat und vom Kunden entdeckt wird.	1
Der **Fehler ist unbedeutend** und der Kunde wird nur geringfügig belästigt. Er wird nur eine geringe Beeinträchtigung der Funktion des Produktes bemerken.	2 bis 3
Mittelschwerer Fehler, der bei einigen Kunden Unzufriedenheit auslöst. Er wird eine Beeinträchtigung der Funktion des Produktes feststellen.	4 bis 6
Schwerer Fehler, der den Kunden verärgert. Sicherheitsaspekte oder gesetzliche Bestimmungen sind nicht betroffen.	7 bis 8
Äußerst schwerwiegender Fehler, der den Kunden stark verärgert und / oder möglicherweise sind Sicherheitsaspekte sowie gesetzliche Vorschriften betroffen.	9 bis 10

Es erfolgt die Bewertung der Bedeutung des Fehlers für den Kunden. Seine Folgen können unbedeutend sein, sodass sie nicht einmal bemerkt werden, oder auch schwerwiegend sein, wie z. B. bei mangelhafter Sicherheit.

Wie wahrscheinlich kann ein Fehler auftreten?

Die Bewertung der **Auftretenswahrscheinlichkeit** *A* erfolgt anhand der Häufigkeit, die für die betrachtete Ursache zu erwarten ist. Sie wird entsprechend Tabelle 6.2 vorgenommen. Bei diesem Bewertungsraster fällt auf, dass die Häufigkeit der Auftretenswahrscheinlichkeit umgekehrt skaliert ist. Eine geringe Punktzahl bei der Auftretenswahrscheinlichkeit weist ein selteneres Fehlerauftreten auf.

Tabelle 6.2: Auftretenswahrscheinlichkeit A in einer FMEA

A **– Wahrscheinlichkeit des Auftretens**	**Häufigkeit**	**Bewertungspunkte**
Unwahrscheinlich, dass ein Fehler auftritt, ähnliche Konstruktionen sind bisher ohne Fehler.	0	1
Sehr gering: Konstruktion entspricht generell früheren Entwürfen, für die relativ geringe Fehlerzahlen gemeldet wurden.	1/20.000 1/10.000	2 3
Gering: Konstruktion entspricht generell früheren Entwürfen, bei denen gelegentlich, aber nicht in größerem Maße Fehler auftraten.	1/2.000 1/1.000 1/200	4 5 6
Mäßig: Konstruktion entspricht größtenteils früheren, fehlerträchtigen Entwürfen, die immer wieder Schwierigkeiten verursachten.	1/100 1/20	7 8
Hoch: Es ist nahezu sicher, dass Fehler in größerem Umfang auftreten werden.	1/10 1/2	9 10

Die **Entdeckungswahrscheinlichkeit** *E* gibt an, welche Möglichkeit besteht, den Fehler vor der Auslieferung des Produktes bzw. Inbetriebnahme zu entdecken und somit die Folgen seines Auftretens zu verhindern (Tabelle 6.3).

Tabelle 6.3: Entdeckungswahrscheinlichkeit E in einer FMEA

E **– Wahrscheinlichkeit der Entdeckung vor Auslieferung**	**Wahrscheinlichkeit**	**Bewertungspunkte**
Hoch: Funktioneller Fehler, der bei nachfolgenden Arbeitsgängen entdeckt wird.	> 99,99 %	1
Mäßig: Offensichtlicher Fehler, einfaches Merkmal.	> 99,70 %	2 bis 5
Gering: Leicht zu entdeckendes Fehlermerkmal.	≥ 98 %	6 bis 8
Sehr gering: Nicht leicht zu entdeckendes Fehlermerkmal.	≥ 90 %	9
Unwahrscheinlich: Das Merkmal wird nicht bzw. kann nicht geprüft werden.	< 90 %	10

Die Multiplikation der drei Kennzahlen ergibt die Risikoprioritätszahl *RPZ*. Die *RPZ* kann also Werte zwischen 1 und 1.000 annehmen. Eine 1 bedeutet kein Risiko, eine 1.000 ein extrem hohes Risiko. Als äußerst wichtig stellt sich eine strukturierte Dokumentation der FMEA heraus. Sie kann bei Weiter- und Neuentwicklungen, im Produkthaftungsfall oder bei der Zertifizierung von Produkten sehr hilfreich sein.

Höhe der *RPZ* ist entscheidend.

Die *RPZ* ist ein Maßstab für den Handlungsbedarf. Ab einer *RPZ* in einem Bereich zwischen 100 und 150 sollten Optimierungsmaßnahmen eingeleitet werden.

6.1.2 Arten der FMEA

Je nach Einsatzgebiet und Zweck lassen sich drei grundsätzliche Typen von FMEAs unterscheiden (Tabelle 6.4). Durch diese Einteilung wird erreicht, dass die Komplexität eines Problems verringert wird und den Überblick zu behalten leichter fällt.

Die **System-FMEA** untersucht die Möglichkeit einer Fehlerentstehung in einem Gesamtsystem aufgrund des Zusammenwirkens seiner Teilsysteme. Die Charakteristik der Teilsysteme, ihre gegenseitige Abhängigkeit, die Schnittstelleneigenschaften usw. prägen die Charakteristik des Gesamtsystems sowie seine qualitätsbezogenen Eigenschaften.

FMEA ist universell anwendbar.

Die **Konstruktions-FMEA** setzt gleich nach der Entwurfsphase an. Sie soll konstruktive Mängel und Fehler, die in der Entwurfsphase entstanden sind, aufdecken und hinsichtlich der Schwere ihrer Fehlerfolge bewerten. Grundlage hierbei bilden die Konstruktionsunterlagen (Zeichnungen, Stücklisten u. Ä.). Daraufhin müssen geeignete Verbesserungsmaßnahmen getroffen werden. Fehler, die in der Fertigung auftreten könnten, werden dabei noch nicht betrachtet. Zielsetzung der Konstruktions-FMEA ist es, einen möglichst konstruktiv einwandfreien Entwurf zu erhalten und damit auch ein fehlerfreies Produkt.

Die **Prozess-FMEA** betrachtet im Gegensatz dazu nur den vorhandenen bzw. den geplanten Produktionsprozess. Sie kann aber auch zur Optimierung anderer Prozessarten dienen. Auch hierbei ist die Zielsetzung, mögliche kritische Prozesse oder Arbeitsgänge herauszuarbeiten und eine Bewertung der Fehlerfolgen vorzunehmen. Ebenfalls sind geeignete Verbesserungsmaßnahmen vorzuschlagen.

Tabelle 6.4: Arten der FMEA [Pfei7.30]

	Betrachtetes Objekt	**Grundlagen der FMEA**	**Zeitpunkt der Erstellung**	**Durchführungs-verantwortung**
System-FMEA	Übergeordnetes Produkt/System (z. B. Fahrzeug)	Produktkonzepte	Nach Fertigstellung der Produktkonzepte	Entwicklung
Konstruktions-FMEA	Einzelnes Bauteil (z. B. Achse)	Konstruktions-unterlagen	Nach Fertigstellung der Konstruktionsunterlagen	Konstruktion
Prozess-FMEA	Schritte der Produktion (z. B. Schleifen)	Produktionspläne	Nach Fertig-stellung des Produktionsplans	Produktions-planung

6.1.3 Durchführung einer FMEA

Wissen kommt aus allen Unternehmensbereichen.

Die Durchführung einer FMEA ist eine Teamarbeit. Das Team setzt sich aus Mitarbeitern der an der Entwicklung beteiligten Abteilungen sowie anderer Bereiche zusammen. Die genaue Aufgabenverteilung, Termine bzw. Eckdaten bei komplexen Systemen werden gemeinsam festgelegt und vom Projektleiter kontinuierlich verfolgt. Die einzelnen Arbeitsschritte sind in der Tabelle 6.5 aufgeführt.

Tabelle 6.5: Vorgehensweise bei der Erstellung einer FMEA

Arbeitsschritt:	Durchzuführende Maßnahmen:
1. Systemanalyse – Systemstruktur – Funktionsstruktur	▪ Teile oder Prozesse für FMEA auswählen ▪ Verantwortung verteilen und Teams bestimmen ▪ Termine und Eckpunkte festlegen ▪ Analyseobjekte strukturieren ▪ Aufgabenstellung strukturieren ▪ Aufgabenverteilung im Team festlegen
2. Fehleranalyse	▪ Potenzielle Fehler, Fehlerfolgen und -ursachen herausarbeiten ▪ Verbesserungsmaßnahmen beschreiben ▪ Derzeitigen Zustand nach Bedeutung, Auftreten und Entdeckung bewerten
3. Risikobewertung	▪ Bei allen Schwachstellen Maßnahmen zur Risikominimierung bestimmen ▪ Festlegung von Terminen und Verantwortung
4. Optimierung	▪ Geplante Maßnahmen durchführen und hinsichtlich Termin und Wirksamkeit überwachen ▪ Bewertung des verbesserten Zustandes

Das folgende Beispiel verdeutlicht die praktische Vorgehensweise.

Die Analyse reicht bis ins letzte Detail.

Beispiel:
Es soll eine FMEA von möglichen Fehlern an der Oberfläche einer Pkw-Stoßstange durchgeführt werden. Von dem FMEA-Team wurden Fehler wie Risse, Kratzer, Beulenbildung, Lackbeschädigung, Einfallstellen usw. als Fehlermerkmale bestimmt. Im Bild 6.3 ist beispielhaft der mögliche Fehler „Einfallstelle" untersucht worden.
Eine Beeinträchtigung der Oberfläche löst bei Kunden Unzufriedenheit aus und wurde mit $B = 6$ bewertet. Aufgrund der Konstruktion mit einem ungünstigen Wanddickenverhältnis ist die Wahrscheinlichkeit des Auftretens sehr hoch und wurde mit $A = 10$ bewertet. Da eine Kontrolle ohne das Zersägen der Stoßstange nicht möglich ist, ist die Entdeckungswahrscheinlichkeit mit $E = 10$ bewertet worden. Damit ergibt sich $RPZ = 600$. Also muss Abhilfe geschaffen werden. Durch eine konstruktive Änderung der Wandstärken erhält man $A = 1$. Die restlichen Wahrscheinlichkeiten bleiben unverändert.
So sinkt mit $RPZ = 60$ das Risiko der Einfallentstehung fast gegen null.

Fehlermöglichkeits- und Einflussanalyse

☒ Produkt-FMEA ☐ System-FMEA **(a)**

FMEA-Nr.: **12.34.56**

Teilbenennung: **Stoßfänger** *Teile-Nr.:* **SVW 987.654.320-**	Bestätigung betroffene Abteilung/ Lieferant	*Name, Telefon:* **WIBO, Kurz, -3987**	*Erstellt durch (Name, Tel.):* **Team SVW, Kohl, -3456**	*Datum:* **10.04.2010**

Merkmal, Funktion, Anforderung	Mögliche Fehler	Mögliche Fehlerfolgen	*B*	Fehler Klassifizierung	Mögliche Ursachen	*A*	Prozessüberwachung Ist-Stand	*E*	*RPZ*	Empfohlene Abstellmaßnahme	V/T	Ergebnis der Maßnahme: Ergriffene Maßnahme	*B*	*A*	*E*	*RPZ*
Oberfläche	Einfallstelle	Schlechte Optik (Imageverlust)	6		Ungünstiges Wanddickenverhältnis	10	Keine	10	600	Wandstärke kunststoffgerecht ausbilden	Entwicklung, Meier 15.05.09	In Zeichnung übernehmen	1	6	10	60
					Materialspezifikation falsch	3	Laborprüfung	8	144	Erprobung mit Versuchsteilen vornehmen	Labor, Müller 15.05.09	Laboruntersuchung abwarten	▪	▪	▪	▪
					...	...	...	...	...	...	...	...	...	...	...	...

Wahrscheinlichkeit des Auftretens
(Fehler kann vorkommen)

unwahrscheinlich = 1
sehr gering = 2 – 3
gering = 4 – 6
mäßig = 7 – 8
hoch = 9 – 10

Bedeutung
(Auswirkung auf den Kunden)

kaum wahrnehmbare Auswirkung = 1
unbedeutender Fehler, geringe Belästigung f. Kunden = 2 – 3
mäßig schwerer Fehler = 4 – 6
schwerer Fehler, Verärgerung beim Kunden = 7 – 8
Äußerst schwerwiegender Fehler = 9 – 10

Wahrscheinlichkeit der Entdeckung
(vor Auslieferung an Kunden)

hoch = 1
mäßig = 2 – 5
gering = 6 – 8
sehr gering = 9
unwahrscheinlich = 10

Risikoprioritätszahl *RPZ*

hoch = 1 000
mittel = 125
keine = 1

Bild 6.3: Beispiel für ein FMEA-Formblatt [Lei7.13]

Zusammenfassung und Bewertung

Fehler beseitigen, bevor sie auftreten

Das Ziel der FMEA ist es, einen Fehler im Entstehungsstadium zu entdecken und anhand der RPZ das Fehlerrisiko zu bestimmen. Mithilfe der FMEA-Methodik kann das Risiko gesenkt werden. Der Erfolg einer FMEA hängt zu einem großen Teil von der Teamfähigkeit und Motivation der Mitarbeiter ab. Es liegt also auch am Management eines Unternehmens, durch Schaffung eines guten Arbeitsklimas und freier Kapazitäten zu einer erfolgreichen FMEA-Durchführung beizutragen. Die Vorteile der FMEA lassen sich folgendermaßen zusammenfassen [Sta97]:

Tabelle 6.6: Vorteile der FMEA

Methodische Vorteile	Technische Vorteile	Psychologisch-organisatorische Vorteile
▪ Systematik ▪ Universelle Anwendbarkeit der Methode ▪ Einheitliche und einfache Dokumentation	▪ Verbesserung des Objektes ▪ Produktivität wird gesteigert ▪ Kostensenkung ▪ Verfahrensabläufe werden optimiert	▪ Informationsaustausch der Abteilungen wird gefördert ▪ Qualitätsbewusstsein der Mitarbeiter wird gesteigert ▪ Imagesteigerung durch bessere Produkte ▪ Zeiteinsparung nach der Einarbeitungsphase

Die Erfahrung zeigt, dass die FMEA zu einer wesentlichen Fehlerreduzierung beitragen kann.

FMEA besitzt auch einige wesentliche Nachteile, die auf ihre Methodik zurückzuführen sind. Das zur Analyse benötigte Wissen muss offengelegt werden mit folgenden Folgen:

Erfassung und Analyse aller Faktoren erfordern einen hohen Aufwand.

- Hoher Aufwand.
- Der Nutzen einer FMEA lässt sich schwer ermitteln, da es sich als problematisch herausstellt, die Kosten für einen nicht entstandenen Fehler zu spezifizieren.
- Wird die Arbeit mit der FMEA zur Routine, kann es dazu kommen, dass die FMEA nur halbherzig durchgeführt wird und somit nur wenig Verbesserungspotenzial generiert.
- Die Bewertung einzelner Kriterien erfolgt zwar auf einer Datengrundlage und entsprechend einer Bewertungsskala, findet aber seitens des Teams intuitiv statt. Somit wird die Aussagefähigkeit und Vergleichbarkeit der RPZ relativ. Sie ist nicht mehr Bestandteil von Richtlinien.

Trotz ihrer Nachteile gehört die Durchführung von FMEA zum Standard des gegenwärtigen Qualitätsmanagements.

6.2 QFD – Quality Function Deployment

Quality Function Deployment (QFD) ist eine Methode, die es erlaubt, Kundenwünsche in technische Eigenschaften bzw. Produktmerkmale umzusetzen. Die Erfüllung der Kundenforderungen wird auch in den Normen (ISO 9001:2015) verlangt.

Die Methode eignet sich nicht nur für die Gestaltung der Produktmerkmale, sondern auch zur Gestaltung von Produktkomponenten, der Prozessmerkmale und auch der Produktionsmittel. QFD bezieht dabei alle Unternehmensbereiche in die Qualitätsverantwortung mit ein.

QFD macht Kundenwünsche greifbar.

Gegenwärtig gehört sie zu den Standardtechniken des Qualitätsmanagements.

6.2.1 QFD-Methodik

„Die Nichterfüllung der Kundenforderungen ist genauso eine Fehlleistung wie ihre Übererfüllung. Merkmale, nach denen der Kunde nicht gefragt hat, ist er auch nicht bereit zu honorieren ...“ [Neu96]. Dies verdeutlicht, dass ein sehr großes Kostensenkungspotenzial in der Produktentwicklung, Anlaufzeit und in den Produktionsprozessen vorhanden ist.

> Quality Function Deployment – QFD: **Methode zur systematischen und umfassenden Qualitätsplanung auf der Basis der Kundenforderungen, ihrer Bedeutung und ihres Zusammenhangs mit den Merkmalen des Produktes [Li9.1].**

Das House of Quality (HOQ)

Die QFD-Methodik basiert auf der von Yoji Akao entwickelten Matrix.

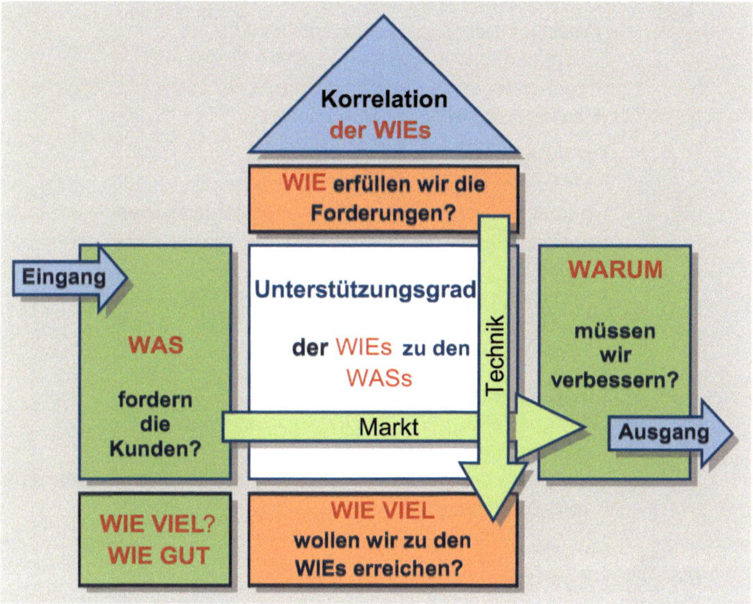

Bild 6.4: Vereinfachte Darstellung des QFD-Hauses [SaKu97]

Wegen ihrer Ähnlichkeit mit einem Haus wird sie das **House of Quality** genannt (Bild 6.4). Die Anwendung der QFD-Methode basiert auf den W-Fragen:

House of Quality ist eine Matrix mit W-Fragen.

- WAS? Was wird erwartet/gefordert (Forderungen)?
- WIE? Wie erfüllen wir die Forderungen (Merkmale)?
- WIE VIEL? Welchen Wert sollen die WIEs haben (Merkmalswerte)?
- WARUM? Wie gut erfüllen Wettbewerbsprodukte die WASs?

Die W-Fragen sind in einer Kombination von mehreren Matrizen so angeordnet, damit Korrelationen (Abhängigkeiten) dargestellt werden können.

Die Inhalte der Matrizen und Tabellen werden durch gewichtete Relationen in Beziehung gesetzt. Durch dieses Vorgehen ist es mög-lich, die Kundenforderungen in Produkt- oder Dienstleistungsmerkmale umzusetzen und zu bewerten.

HOQ stellt einen gewichteten Zusammenhang zwischen Kundenkriterien und Q-Merkmalen her.

1 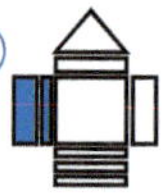

Ermittlung der Kundenwünsche/-forderungen
- Ermittlung der Forderungen an das Produkt (WAS).
- Einteilung in Kategorien und Gewichtung entsprechend ihrer Bedeutung.

2 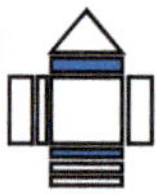

Ableitung der Qualitätsmerkmale
- Festlegung von Qualitätsmerkmalen (WIE).
- Ableitung der technischen Spezifikation.

3 

Festlegung von Zielwerten
- Zuordnung von angestrebten Merkmalswerten zu den Qualitätsmerkmalen (WIE VIEL).
- Festlegung der Optimierungsrichtung für die Qualitätsmerkmale (je kleiner, desto besser).
- Abschätzen der Schwierigkeitsgrade bei der Realisierung der Qualitätsmerkmale.

4 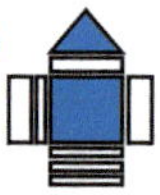

Prüfung auf Wechselwirkung
- Untersuchung der Korrelation zwischen den Kundenforderungen und den Qualitätsmerkmalen.
- Untersuchung der Korrelation zwischen den einzelnen Qualitätsmerkmalen.
- Untersuchung zeigt, ob beabsichtigter Lösungsansatz weiter verfolgt werden soll oder ein anderer Ansatz gesucht werden sollte.

5 

Leistungsvergleich
- Vergleich des geplanten Erzeugnisses aus der Sicht des Kunden mit Konkurrenzprodukten.
- Vergleich des geplanten Erzeugnisses mit Konkurrenzprodukten aus technischer Sicht.

6 

Review
- Ableitung von Zielwerten und weiteren Kennzahlen [Li9.1].

Die praktische Vorgehensweise wird am folgenden Beispiel verdeutlicht.

Beispiel:

Mithilfe einer Umfrage wurden die Forderungen an die Handhabung einer Computer-Maus (Bild 6.5) wie leicht beweglich, klemmt nicht usw. ermittelt (Frage „Was“). Kunden bewerteten auch ihre Bedeutung auf einer Skala von 1 (nicht wichtig) bis 10 (sehr wichtig). Daraus wurden Q-Merkmale wie Kraftaufwand, Tastendruck usw. abgeleitet (Frage „Wie“). Die Abhängigkeit der Merkmale wurde in der Matrix gekennzeichnet und ihre Korrelationsstärke wie z. B. „stark positiv“ festgelegt.

Anschließend wurden die absolute und relative Bedeutung des jeweiligen Funktionsmerkmals durch Multiplikation bestimmt. Zum Beispiel ist das Kriterium „leicht beweglich“ eine Funktion des Merkmals „Kraftaufwand“. Der Kraftaufwand weist 72 Punkte auf. Hinzu kommt noch der Einfluss auf das Kriterium „nicht klemmen“. Insgesamt erhält das Merkmal 87 Punkte, also eine Gesamtbewertung von 31 %. Die Gesamtbewertung liefert die Priorität für seine Erfüllung.

Abhängigkeiten, Bedeutung und Zielwerte stellen das Ergebnis dar.

6.2.2 4-Phasen-Modell des QFD-Prozesses

QFD-Prozess transformiert die Forderungen des Produktentstehungsprozesses.

Die QFD-Methode zeigt erst ihr enormes Potenzial bei der Durchführung des QFD-Prozesses. Das Prinzip der Kundenwünsche wird auf die internen Vorgänge im Unternehmen übertragen. Betrachtet man den Produktentstehungsprozess in seiner planerischen Phase, stellt man eine Abhängigkeit der Produkt-, Komponenten-, Prozess- und Produktionsplanung fest. Also stellen die einzelnen Unternehmensprozesse gleichzeitig Kunden und Lieferanten dar, die Forderungen stellen oder empfangen. So kann der Produktentstehungsprozess in einen QFD-Prozess transformiert werden.

Die Erfassung der Kundenwünsche und die Transformation in geeignete Spezifikationen entscheiden über den Erfolg oder Misserfolg eines QFD-Projektes [SaKu97]. Der Prozessablauf erfolgt in 4 Phasen (Bild 6.6).

Q-Schnittstellen im Produktentstehungsprozess werden erfasst und analysiert.

Phase I – Produktplanung: Kundenforderungen werden in technische Größen übersetzt und ihre Werte bestimmt.

Phase II – Komponentenplanung: Produktmerkmale werden in Qualitätsmerkmale einzelner Baugruppen oder Komponenten umgesetzt.

Phase III – Prozessplanung: Aus diesen Baugruppenmerkmalen werden Prozessmerkmale und -parameter für Prozess- und Prüfablaufpläne abgeleitet.

Phase IV – Produktionsplanung: Die aus der vorherigen Phase resultierenden Prozessmerkmale werden schließlich in Arbeits- und Prüfanweisungen überführt.

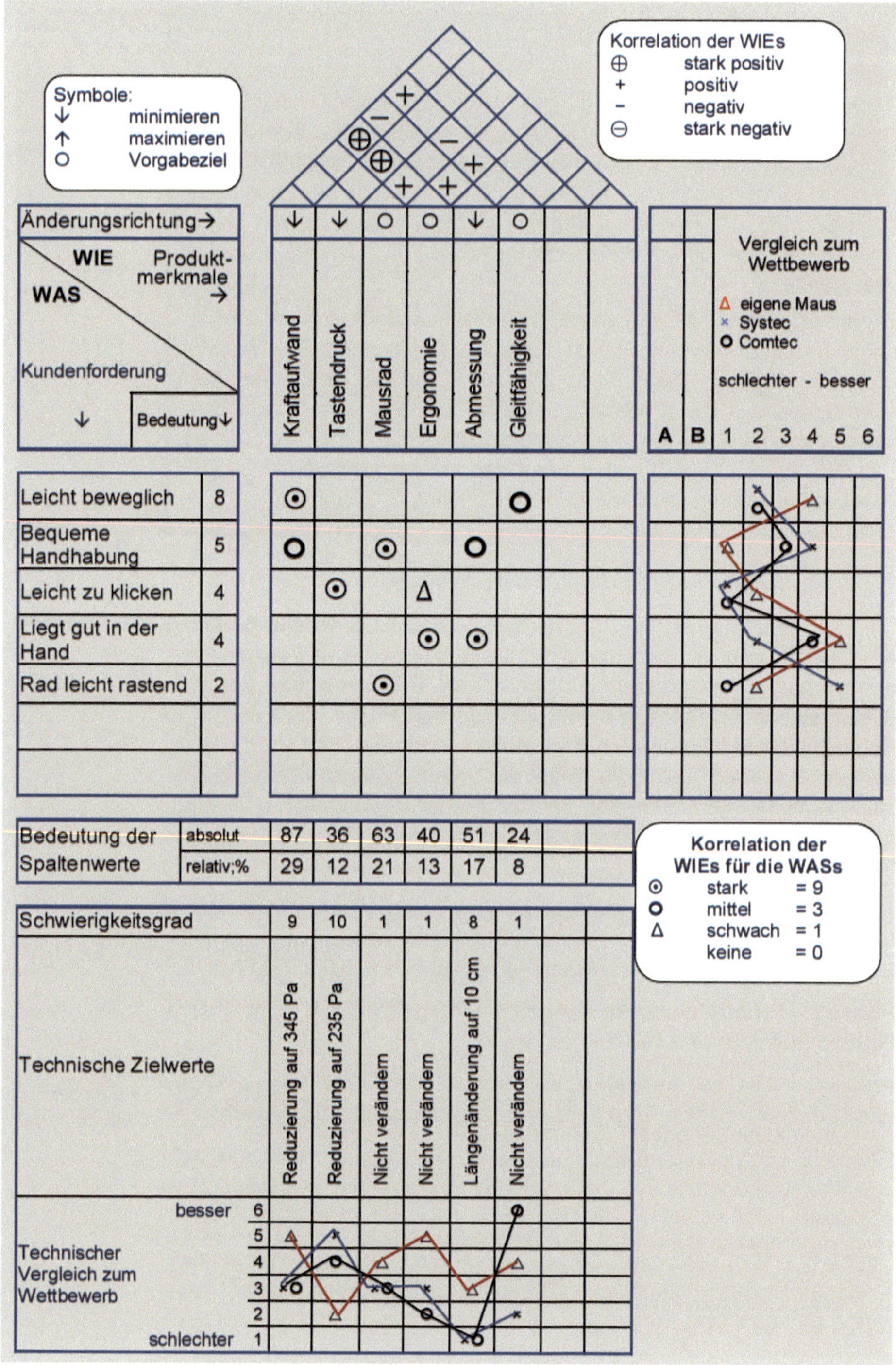

Bild 6.5: Analyse der Forderungen an eine Computer-Maus

Eigentlich beinhaltet der Ablaufplan dieses Modells 5 Phasen. Die erste ist die Definitions- oder Informationsphase (Phase 0), also eine kundenbezogene Phase.

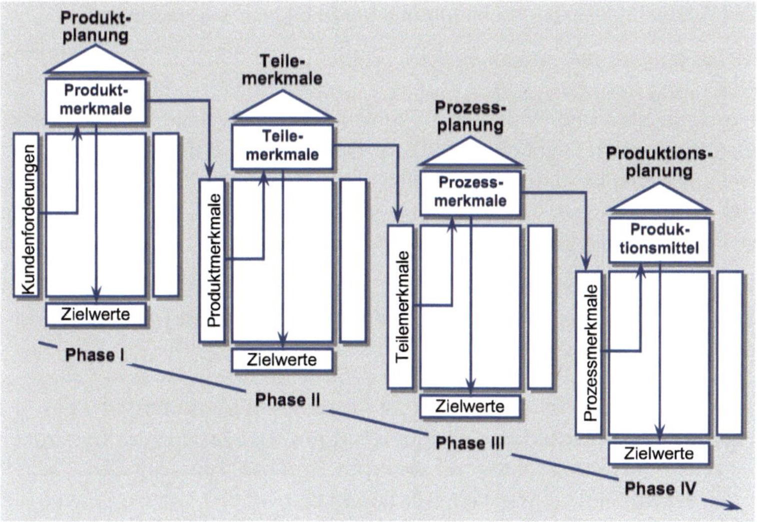

Bild 6.6: Die vier Phasen eines umfassenden QFDs [Li9.1]

Zusammenfassung und Bewertung

Viele Unternehmen haben Schwierigkeiten, überhaupt messbare Ergebnisse nach der Einführung von QFD zu erlangen. Das Problem liegt darin, dass es einer relativ langen Zeit bedarf, bis zählbare Erfolge zu verzeichnen sind. Auch die Komplexität erschwert ihre Umsetzung. Zu positiven Aspekten [KaTh95] von QFD zählen folgende Punkte:

- Simultane Aufgabendurchführung: Daraus ergibt sich die Möglichkeit, die Anlauf- und Entwicklungszeit zu verkürzen und Kosten zu senken.
- Notwendige Änderungen oder Korrekturen können frühzeitig erkannt und behoben werden.
- Steigerung der unternehmensinternen Kommunikation.
- QFD bietet mit dem HOQ eine systematische und übersichtliche Dokumentation der erarbeiteten Aspekte.
- Steigerung der Mitarbeiter- und Kundenzufriedenheit.

Hoher Aufwand, aber noch größere Potenziale

QFD stellt somit eine umfassende Methode dar, die erhebliche Verbesserungspotenziale aufspürt. Das Durchlaufen aller vier Phasen erfordert einen hohen Aufwand, jedoch genügt es für einfache Fälle, wenn nur die ersten zwei Phasen angewendet werden.

6.3 Benchmarking

Verbesserungen können aufgrund von Vergleichen erreicht werden. **Best Practices** ist eine Strategie, die mithilfe von Vergleichen und anschließender Auswahl der besten Lösung das beste Ergebnis erreichen will.

Systematisch vergleichen, um vom Besten zu lernen

1979 erlebte die amerikanische Fotokopiererindustrie einen großen Rückgang der Marktanteile. Der japanischen Konkurrenz gelang es, die Herstellkosten und Preise so zu senken, dass amerikanische Hersteller ihre Konkurrenzfähigkeit einbüßten. Die Ursache dafür lag darin, dass man sich immer nur mit sich selbst verglichen hatte. Die Konzentration der amerikanischen Firmen galt immer der Produktivitätserhöhung, ohne ein Auge auf die japanische Konkurrenz zu werfen.

Fortan lernte man konsequent von Spitzenfirmen weltweit deren „best practices", also Arbeitsmethoden, deren Ergebnis am besten die Kundenforderungen erfüllen.

Benchmarking ist eine Methode für einen systematischen Vergleich von Produkten, Dienstleistungen und Prozessen im eigenen Unternehmen oder mit anderen Unternehmen mit dem Ziel, die Wettbewerbsfähigkeit zu steigern.

Der Name dafür wurde aus der Landvermessung entliehen, wo ein Orientierungspunkt „bench marks" genannt wird. Die angewandte Methode wird als Benchmarking (Benchmarking = Maßstäbe setzen) bezeichnet.

6.3.1 Methodik des Benchmarkings

Benchmarking beruht auf einer vergleichenden Bewertung von Produktmerkmalen, von organisatorischen Vorgehensweisen, Kosten, Herstellprozessen usw. Es sollen Gestaltungshinweise, Zahlen und Fakten herausgefunden und die besten Ansätze übernommen werden. Benchmarking bedeutet, versteckte Potenziale im eigenen Unternehmen zu lokalisieren. Bereiche, wie Mitarbeitermotivation, Mitarbeiterzufriedenheit und Kundenzufriedenheit gehören auch zu den Aspekten, die verglichen werden können. Das Transparentmachen der eigenen Position im Wettbewerb hilft, den internen Widerstand gegen Änderungen im eigenen Unternehmen abzubauen und die Motivation der Mitarbeiter zu steigern.

Grundsätzlich besteht ein Benchmarking-Prozess aus fünf Phasen.

Der Benchmarkingprozess lässt sich in fünf Phasen aufteilen (Bild 6.7). Die Ausführung der Phasen muss individuell an die Unternehmen und spezifischen Gegebenheiten der einzelnen Firmen angepasst werden. Die Datenbeschaffung und -verarbeitung stellt einen komplexen Prozess dar. Die Daten/Informationen müssen zielorientiert selektiert und in Kennzahlen verdichtet werden. Ein erfolgreiches Benchmarking kann nur durch wiederholte Anwendung erreicht werden. Die Leistungssteigerungen bzw. Ergebnisse müssen ständig gemessen und erneut verglichen werden.

Bild 6.7: Die fünf Phasen des Benchmarkings

Die praktische Vorgehensweise wird am folgenden Beispiel verdeutlicht.

Beispiel:
In einem Projekt wurde die Leistungsfähigkeit eines identischen Prozesses in vier Werken verglichen. Entsprechend der Systematik des Prozesswirkungsgrades wurden alle Vorgänge den vier Leistungsarten zugeordnet und entsprechend Best Practices das beste Leistungsprofil gebildet (Bild 6.8). Die Abweichungen der Einzelleistungen der jeweiligen Prozesse vom Bestwert stellen die Verbesserungspotenziale dar. Ein detaillierter Vergleich ihrer Leistungselemente gibt einen Aufschluss über die Verschwendungsursachen.

Abweichungen von Bestwerten bedeuten Verbesserungspotenzial.

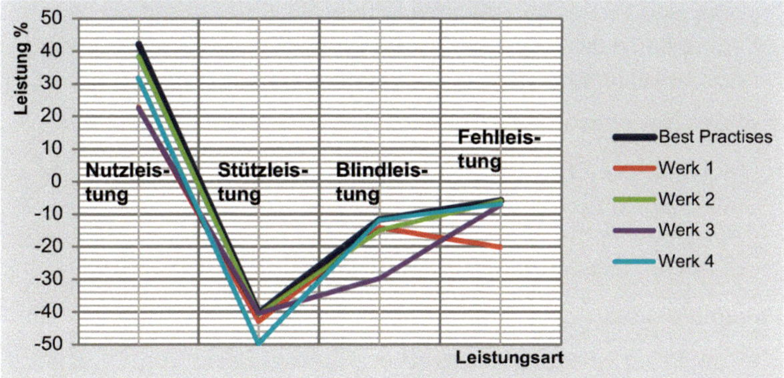

Bild 6.8: Bewertete Leistungen im Vergleich zu Best Practices

6.3.2 Benchmarking-Arten

Entsprechend den zu vergleichenden Objekten und den Partnern kann folgende Einteilung vorgenommen werden.

Bild 6.9: Benchmarking-Arten

Externes Benchmarking

- **Wettbewerbsorientiertes Benchmarking:** Es erfolgt der Vergleich mit dem „Besten" in der Branche oder mit dem direkten Mitbewerber. Fairness spielt bei dieser Form von Benchmarking eine große Rolle, da beide Unternehmen profitieren möchten.

Externes Benchmarking ist schwieriger zu realisieren.

- **Funktionales Benchmarking:** Vergleich zwischen Unternehmen aus unterschiedlichen Branchen (Beispiel: Pralinenhersteller und Chiphersteller). Die Partnerfirmen sollten allerdings ähnliche Merkmale in Bezug auf Größe des Unternehmens, Form und Struktur haben.
- **Allgemeines Benchmarking:** Vergleich von Unternehmensbereichen und Prozessen, die trotz unterschiedlicher Branchen Gemeinsamkeiten aufweisen. Dies könnte zum Beispiel die Lagerverwaltung, Auftragsabfertigung, Materialwirtschaft usw. sein.

Internes Benchmarking

Internes Benchmarking findet innerhalb eines Unternehmens statt.

- **Internes Benchmarking:** Vergleich von Unternehmen, die alle einem Konzern angehören. Dies können z. B. Zweigwerke im In- oder Ausland sein. Es werden dabei verwandte Prozesse, z. B. Kundendienst, in unterschiedlichen Unternehmen untersucht.

Zusammenfassung und Bewertung

Benchmarking ist ein kontinuierlicher Prozess. Seine Vorteile spiegeln sich in seinen Ergebnissen wider:

- Informationen über den Stand und die Leistungsfähigkeit der Wettbewerber und die „Besten“ in einer Branche.
- Aufzeigen von Leistungsniveaus, die ein Unternehmen erreichen muss, um im Wettbewerb zu bestehen. (Wie groß sind die eigenen Defizite?)
- Aufzeigen von Merkmalen, um ein solches Leistungsniveau zu erreichen. (Lernen durch Erfahrungen und Methoden anderer.)
- Benchmarking ist Entwicklungshilfe, um ein Unternehmen in dem Kreis der „Klassenbesten“ zu etablieren.
- Durch kontinuierliches Benchmarking entwickelt sich das Unternehmen zu einer „lernenden Organisation“.

Chancen für ein lernendes Unternehmen

Schwächen im Zusammenhang mit Benchmarking sind schwierig zu formulieren. Es gibt eher Probleme oder Hindernisse, die es zu überwinden gilt, zum Beispiel geeignete Partner zu finden oder Vertrauen aufzubauen, um interne Daten offenzulegen.

6.4 Poka Yoke – Vermeidung unbeabsichtigter Fehler

Unbeabsichtigte oder zufällige Fehler reduzieren

Poka Yoke (Japanisch: Poka = unbeabsichtigter oder zufälliger Fehler, Yokero = Vermindern oder Verminderung; veröffentlicht von Shigeo Shingo 1969) soll das Entstehen unbeabsichtigter (gegebenenfalls beabsichtigte) oder zufälliger Fehler reduzieren oder am besten ganz verhindern. Es ist Bestandteil einer **Null-Fehler-Strategie**.

6.4.1 Ursachen von menschlichen Fehlhandlungen

Menschen, die in einem automatisierten Produktionsablauf arbeiten, der eine starke Konzentration erfordert, machen leicht Fehler.

Tabelle 6.7: Beziehung zwischen Fehlern und menschlichen Fehlhandlungen

	Fehlerart \ Menschliche Fehlhandlung	Fahrlässigkeit	Missverständnis	Vergesslichkeit	Falscherkennung	Erfahrungsdefizit	Vorsatz	Unaufmerksamkeit	Langsamkeit	Ablenkung	Überraschungseffekt
1	Ausgelassene Arbeitsgänge	0	X	0	X	X	X	0	X	X	
2	Bearbeitungsfehler	0	0	X	X	0	0	0	0	0	
3	Einlegefehler	X	X	0	X	X		0	X	X	
4	Fehlende Teile	0	X	X		X	X	0		X	
5	Falsche Teile	0	0	0	0	0	0	0		0	
6	Bearbeitung falscher Werkstücke	X	0	0	X	X	0	0		X	
7	Falschhandlung			X				X		X	0
8	Einstellfehler	X	X	X	0	X	0	X	X	X	X
9	Einrichtefehler			X				0			0
10	Falsche Werkzeuge			X				0			X

0 = starke Beziehung; X = gewisse Beziehung

Die systematisierten, immer wiederkehrenden Tätigkeiten verleiten dazu, diese zu unterschätzen. Tabelle 6.7 verdeutlicht den Zusammenhang zwischen menschlichen Fehlhandlungen und daraus resultierenden Fehlerarten.

Es zeigt sich deutlich, dass Vergesslichkeit und Unaufmerksamkeit für die Mehrzahl der Fehlerarten verantwortlich sind.

6.4.2 Poka Yoke – Durchführung

Poka Yoke ist ein fehlerquellenorientiertes einfaches technisches Hilfsmittel.

In der Produktion eingesetzt, ist Poka Yoke ein fehlerquellenorientiertes einfaches technisches Hilfsmittel. In den Produktionsablauf integriert, ist das z. B. eine Vorrichtung, die richtiges Einlegen eines Werkstückes erzwingt (z. B. ein asymmetrisch geformtes Teil, das sich nur in einer Richtung einlegen lässt). Der Einsatz von Poka Yoke ist konstruktiv bedingt und verhindert Fehlhandlungen der Mitarbeiter. Viele Montagearbeiten sind statistisch nicht zu erfassen, was ein weiterer Grund für die Einführung von Poka Yoke ist:

- arbeitsintensive Montagen sind statistisch nicht zu erfassen,
- ca. 50 % der industriellen Prozesse sind nicht „regelkartenfähig“,
- kostengünstig,
- kleinstmöglicher Regelkreis,
- Handarbeit.

Bei Anwendung von Poka Yoke in der Produktion unterscheidet man drei verschiedene Typen [KrQu94]:

Drei Poka-Yoke-Typen

- **Das Überprüfen**
  Vor dem Arbeitsablauf muss die einwandfreie Vorbereitung des Prozesses überprüft werden. Beim Einlegen eines Teils kann z. B. ein Schalter die korrekte Lage des Werkstücks bestätigen bzw. signalisieren.
- **Das Überwachen**
  Der Prozessablauf muss ständig überwacht werden. Ein Sensor kann z. B. die richtige Anzahl von Löchern in einer Bohrplatte zählen und bei Nichtübereinstimmung ein Warnsignal (Signalton, Signallampe) ausgeben.
- **Die Selbstprüfung**
  Nach dem Arbeitsgang überprüft der Werker die Fehlerfreiheit seiner Arbeit. Dies kann z. B. durch eine Schablone geschehen.

Mit anderen Qualitätstechniken kombinieren

Der Einsatz von Poka Yoke setzt die Kenntnis aller möglichen potenziellen Fehler voraus. Mögliche Fehler identifiziert man mithilfe von Qualitätstechniken (z. B. FMEA). Die Ursachen werden mithilfe von Qualitätswerkzeugen wie Ursache-Wirkungs-Diagramm u. a. bestimmt. Anschließend erfolgt die Beurteilung der Poka-Yoke-Fähigkeit (Bild 6.10).

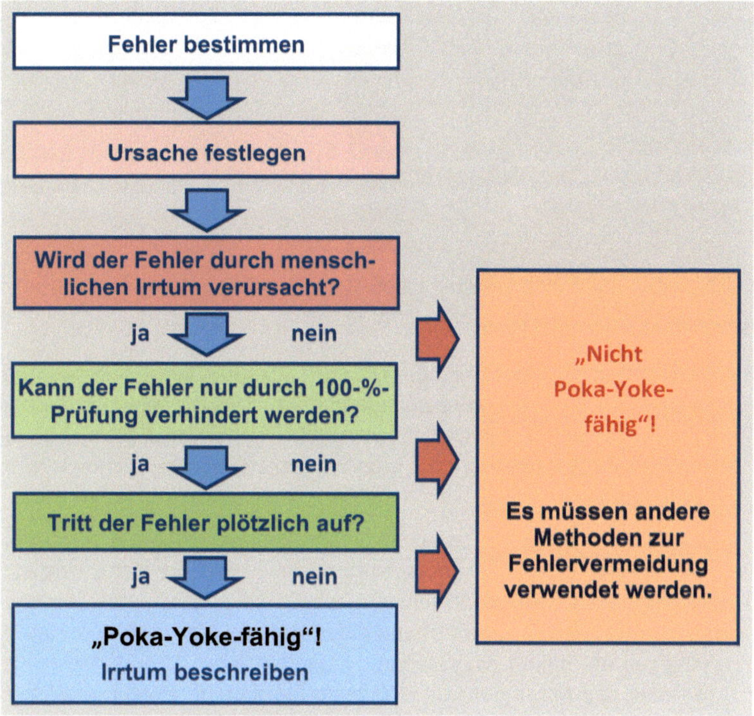

Bild 6.10: Flussdiagramm zur „Poka-Yoke-Entscheidung“ [KrQu94]

Die praktische Anwendung aus dem täglichen Leben zeigen folgende Beispiele.

> **Beispiele:**
> Einige „typische Beispiele für Poka Yoke“ sind:

Sichert die Funktion

- Um eine falsche Montage eines Telefonsteckers zu verhindern, wurde der TAE-Telefonstecker formcodiert. Er lässt sich nicht verkehrt herum einstecken. Auch CEE-Stecker (F-codiert für Fernsprecher, N-codiert für Zusatzeinrichtung, z. B. Fax) haben je nach Spannung und Frequenz andere Farben und Kontaktanordnungen, um Verwechselungen zu vermeiden (Bild 6.11).

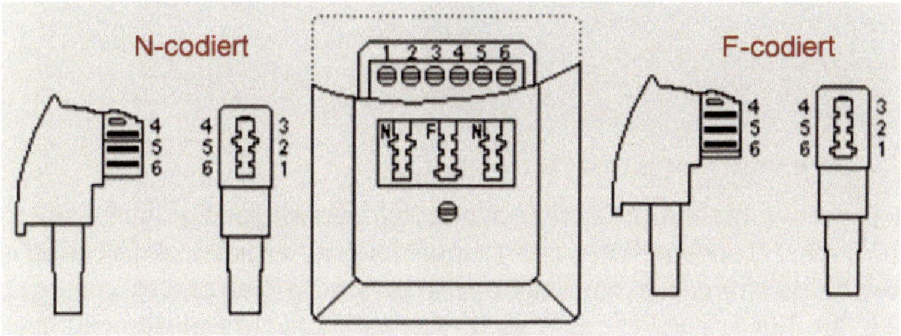

Bild 6.11: Formcodierte Telefonstecker [BrDz96]

Schadens-
begrenzung

Bild 6.12: Tankeinfüllstutzen

- Tankdeckel können nicht mehr auf der Tanksäule vergessen werden, da sie mit einer Kunststoffschlinge mit dem Einfüllstutzen verbunden sind. Außerdem ist der Durchmesser des Tankeinfüllstutzens bei Autos mit Benzinmotor so klein gewählt, dass Dieselzapfpistolen nicht hineinpassen.
- Bankautomaten geben das Geld erst heraus, wenn die Karte entnommen wurde. Dadurch wird verhindert, dass man die Karte vergisst. Wichtig: Manche Geldautomaten haben ein sogenanntes „Froschmaul“. Dies ist ein grüntransparenter Aufsatz oberhalb des Katenschlitzes mit einem eingravierten Schlosssymbol. Es erschwert Kriminellen das Anbringen von Skimming-Geräten. Eine weitere Sicherheitsmaßnahme seitens der Postbank ist das leichte Rütteln beim Einzug sowie bei der Ausgabe der Karte. Auch dieses „Jitter“ (von englisch „to jitter“ = ruckeln) erschwert Skimming-Versuche.

Sicherheit bei
Bankgeschäften

Bild 6.13: Karteneinzug bei einem Geldautomaten (Quelle: Postbank)

Zusammenfassung und Bewertung

Poka Yoke ist eine einfache Methode, die überwiegend auf mechanisch bedingten Gegebenheiten beruht. Der Hauptvorteil von Poka Yoke ist in der Verkürzung des Qualitätsregelkreises zu sehen. Fehlhandlungen werden früher entdeckt, und es kommt gar nicht zur Fehlerentstehung.

Damit bleiben die Qualitätskosten gering. Als Nachteil gilt ihre eingeschränkte Einsatzfähigkeit.

6.5 Genichi-Taguchi-Methode

Diese Methode ist nach ihrem Erfinder Taguchi Gen'ichi (anglisiert: Genichi Taguchi) benannt. Er ist ein japanischer Ingenieur, Statistiker und Experte für Qualitätsverbesserung, der sich mit statistischer Versuchsplanung befasste. Ziel war die Minimierung der Qualitätsverluste bei der Produktherstellung durch robuste Herstellungsprozesse gegenüber den Störeinflüssen.

Grundlage seiner Methode ist die Definition von Qualität:

Minimierung von Kosten und Qualitätsverlusten

„Qualität verhält sich umgekehrt proportional zu dem Verlust, den ein Produkt nach seiner Auslieferung verursacht"

Grundsätzlich geht es bei seiner Methode darum, die Kosten zu minimieren, die ein Produkt verursacht, dies aber nicht nur im produzierenden Unternehmen, sondern auch für die Gesellschaft allgemein.

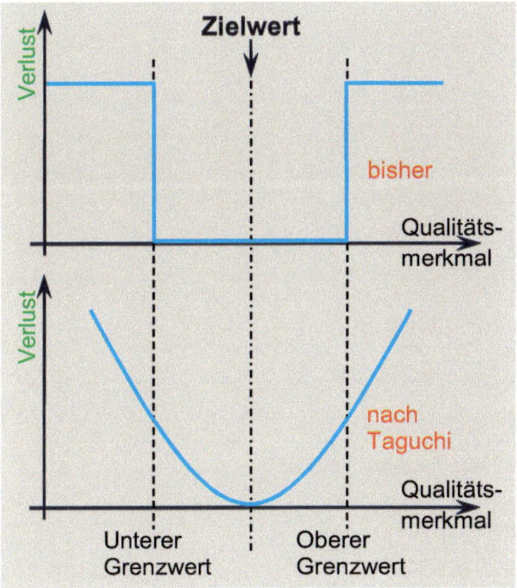

Bild 6.14: Toleranzverständnis nach Taguchi

Das heißt, dass jede Abweichung vom Zielwert – auch innerhalb der Toleranzgrenzen – zu Verlusten führt:

Verlustfunktion

- Für den Kunden reduziert sich der Gebrauchswert eines Produktes kontinuierlich mit der Abweichung vom Zielwert.
- Streuverhalten zur Zielgröße steht im Vordergrund.
- Herstellungsgrenzwert (Toleranz) = „Verlustfunktion",
- Ziel der Produkt- und Prozessentwicklung ist die Minimierung der Streuung.

Die Verluste nach Taguchi sind nah am Zielwert sehr gering, steigen jedoch nach einer Parabelfunktion mit größer werdendem Abstand progressiv an (Bild 6.14). So tragen Prozesse zur Produkterstellung innerhalb der Toleranzvorgaben bei gleicher Streubreite unterschiedlich zum Verlust bei.

Betrachtung der Größe des Verlustes

Das Beispiel in Bild 6.15 zeigt, dass Prozess A deutlich mehr zum Verlust beiträgt als der zentrierte Prozess B. Daraus lässt sich die Erkenntnis ableiten, dass selbst bei einer Null-Fehler-Produktion – keine Überschreitungen der Teiletoleranzgrenzen – noch Verbesserungen möglich sind.

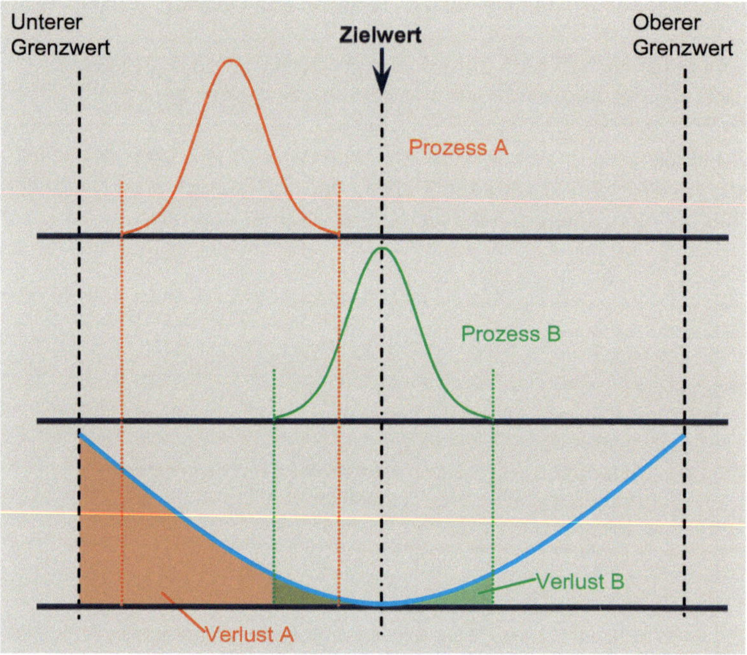

Bild 6.15: Verlustkostenfunktion von Taguchi [BrFr08]

Erzeugung robuster Prozesse

Eine weitere Grundlage der Taguchi-Philosophie ist das Prinzip des robusten Prozesses. Ein robuster Prozess ist ein Prozess, der auf Änderungen seiner Parameter nur in einem geringen Maß reagiert. Bild 6.16 zeigt beispielhaft die Charakteristik von einem nicht robusten und einem robusten Prozess. Die Robustheit eines Prozesses steigern, bedeutet, ihn gegen Störgrößen unanfällig zu gestalten.

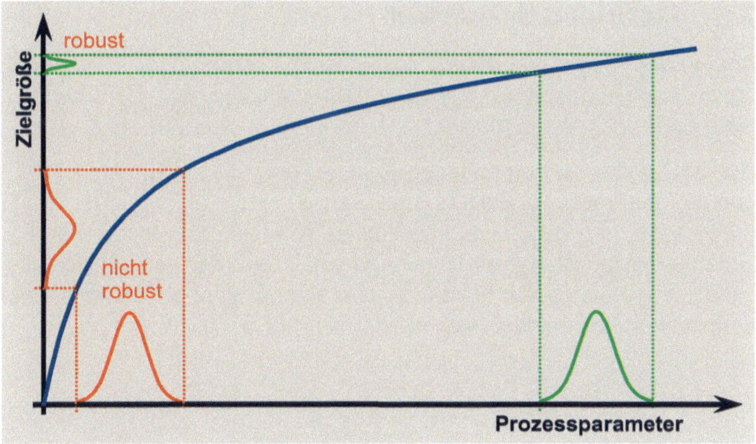

Bild 6.16: Robuster/nicht robuster Prozess

Dazu unterscheidet Taguchi drei Designphasen:

Taguchis Designphasen

- **System-Design**
  Dieser Punkt beinhaltet die systematische Entwicklung der Produkteigenschaften und Prozesse.
- **Parameter-Design**
  Das ist die systematische Entwicklung der Steuergrößen des Prozesses.
  - Auswirkungen der Steuergrößen auf die Produktmerkmale,
  - statistische Versuchsplanung,
  - Kombinationen von Steuer- und Störgrößen ausprobieren,
  - Streuung des Zielwertes minimieren,
  - Robustheit stärken (signal-to-noise-ratios).
- **Tolerance-Design**
  Festlegung der Toleranzen und Entscheidung, ob eine Veränderung der äußeren Faktoren eine Verbesserung der Qualität bringt.

Zusammenfassung und Bewertung

Die Verlustfunktion Taguchis lässt sich genau berechnen und in Geld ausdrücken. Der Verlust tritt demnach schon bei der geringsten Abweichung vom Zielwert auf. Diese Verluste sind aber nicht als real anzusehen, sondern als „imaginärer Verlust für die Gesellschaft" zu betrachten. Die Taguchi-Methode alleine angewandt liefert keine gesicherten Ergebnisse. Allerdings senkt die Versuchsplanung nach Taguchi den Versuchsaufwand erheblich.

6.6 Balanced Scorecard

Anfang der 1990er-Jahre entwickelten R. S. Kaplan und D.P. Norton in einem Forschungsprojekt mit zwölf US-amerikanischen Unternehmen die **Balanced Scorecard** (**BSC**, engl. für *ausgewogener Berichtsbogen*).

Die BSC sollte die vorhandenen Kennzahlensysteme den Anforderungen des Informationszeitalters anpassen. In einem globalisierten Markt mit verschärftem Wettbewerb bestimmen immaterielle Vermögenswerte zunehmend den Wert eines Unternehmens. So wurden den traditionellen finanziellen Kennzahlen nicht-monetäre Kennzahlen, sogenannte Leistungstreiber, hinzugefügt (siehe Bild 6.17) [SpGa v7].

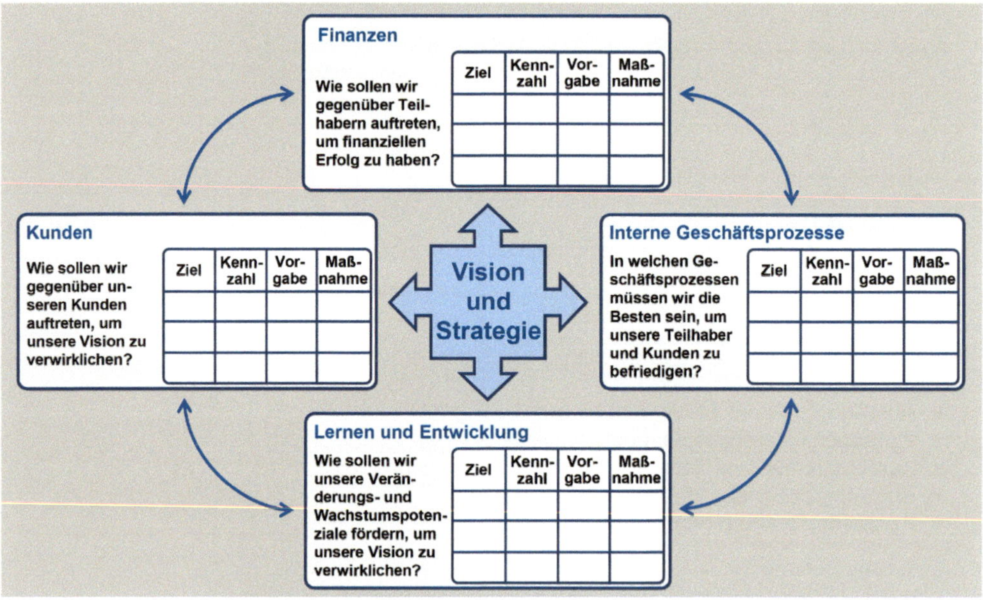

Bild 6.17: Balanced Scorecard – Perspektiven [PoKa 97]

In der Balanced Scorecard korrelieren die Daten der Strategie mit denen der Umsetzung. So werden die Resultate der durchgeführten Maßnahmen mit den Zielvorgaben verglichen, um die Strategien besser mit dem operativen Geschäft zu verzahnen.

Die größten Umsetzungserfolge werden jedoch erreicht, wenn ein besonderes Augenmerk auf die Verknüpfung der Ziele mit den Maßnahmen gelegt wird. Erst ein ausgeprägtes Maßnahmen-Management ermöglicht, anstelle einer reinen Kennzahlenorientierung, eine solide Zielerreichung.

Wie jedes Kennzahlensystem beinhaltet die BSC das Risiko, dass irrige oder unrealistische Ziele, sowie auch unzureichende Strategien, durch solide geführte Geschäftsprozesse umgesetzt werden können.

Lernerfolg

Zur Prüfung des Lernfortschritts beantworten Sie folgende Fragen:

Fragen zum Kapitel 6:

1. Welches Ziel verfolgt man mit der Anwendung der FMEA?
2. Welche Faktoren berücksichtigt die FMEA?
3. Wie wird das Risiko beurteilt?
4. Erläutern Sie das Prinzip der FMEA.
5. Nennen Sie die Vor- und Nachteile der FMEA.
6. In welchen Bereichen findet FMEA ihre Anwendung?
7. Mit welcher Methode können Kundenwünsche verwertbar spezifiziert werden?
8. Erklären Sie die Systematik des House of Quality.
9. Welche Ziele verfolgt ein QFD-Prozess?
10. Nennen Sie die Vor- und Nachteile von QFD.
11. Was bedeutet Best Practices?
12. Auf welchem Prinzip basiert Benchmarking?
13. Welche Arten von Benchmarking kennen Sie?
14. Welchen Vorteil bietet eine kontinuierliche Durchführung von Benchmarking?
15. Was bedeutet eine Null-Fehler-Strategie?
16. Nennen Sie einige Beispiele von menschlichen Fehlhandlungen.
17. Auf welchem Prinzip basiert Poka Yoke?
18. Nennen Sie ein Poka Yoke – Beispiel?
19. Nennen Sie die Voraussetzungen für den Einsatz von Poka Yoke.
20. Nennen Sie die Vor- und Nachteile von Poka Yoke.
21. Auf welchem Prinzip basiert die Taguchi-Methode?
22. Was versteht man unter einem robusten Prozess?
23. Welche Aufgaben soll eine Balanced Scorecard erfüllen?
24. Wie gelingt die Umsetzung der BSC-Erkenntnisse?

Qualitätswerkzeuge

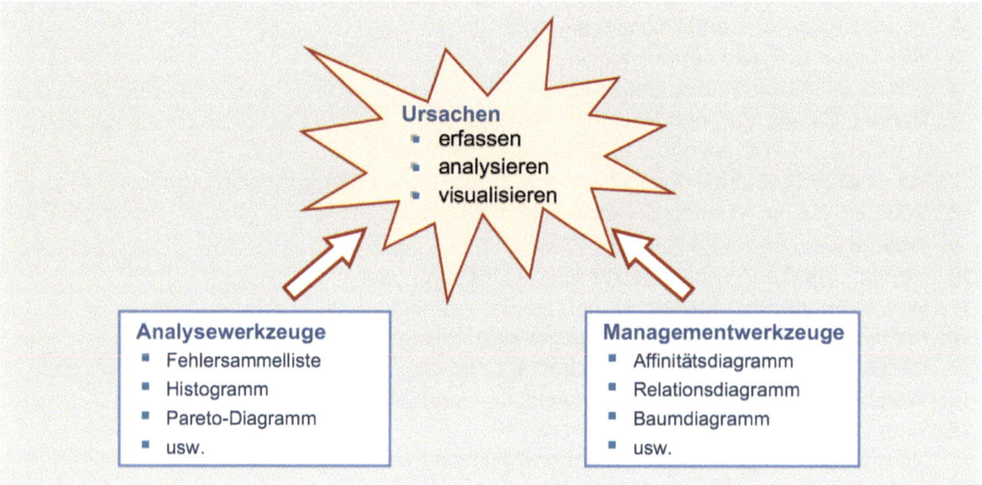

Lernziele:

Erste Voraussetzung für die Erhaltung bzw. Steigerung des Qualitätsniveaus ist das Erfassen von Störgrößen bzw. das Herausfinden von Fehlern und deren Ursachen. Das Qualitätsmanagement verfügt über eine Reihe von Qualitäts- und Managementwerkzeugen, die eine systematische Vorgehensweise erlauben.

Bei den vorliegenden Werkzeugen handelt es sich um Verfahren, mit deren Hilfe Daten, Merkmale, Fehler usw. erfasst und analysiert werden können. Aufgrund der relativ einfachen Beschaffenheit kann ihre Anwendung mit den gängigen Arbeitsmitteln vorgenommen werden. Ihr Vorteil liegt in einer sehr guten Visualisierungsfähigkeit. Sie können sowohl einzeln zur Lösung spezifischer Aufgaben als auch im Verbund zur Lösung komplexer Probleme eingesetzt werden.

Die vorliegenden Werkzeuge finden ihre Anwendung auch in vielen anderen Disziplinen wie Marketing, Controlling, Technik, Psychologie usw. Deshalb gehört ihre Beherrschung zum Allgemeinwissen.

7 Qualitätswerkzeuge

Qualitätswerkzeuge finden ihren Einsatz bevorzugt in der Teamarbeit (z. B. in Qualitätszirkeln), um Ursachen von Problemen zu analysieren und um Ergebnisse entsprechend visualisieren zu können.

In der Literatur sind die Werkzeuge als „seven tools" und „seven new tools" beschrieben. Sie sind auch in anderer Sortierung, als „Kreativitätstechniken" und „Visualisierungstechniken" zu finden.

Qualitätswerkzeuge helfen, Probleme zu analysieren und zu visualisieren.

Aktuell greift das Qualitätsmanagement auf eine Vielzahl von Werkzeugen aus anderen Wissensgebieten zu. Daher wird hier eine Auswahl der am meisten eingesetzten Werkzeuge vorgestellt.

7.1 Elementare Qualitätswerkzeuge, Q 7

Die elementaren Qualitätswerkzeuge oder seven tools, werden auch als Quality-Control-Werkzeuge bezeichnet. Es handelt sich hierbei um Arbeitsmethoden, die z. B. Fehlerquellen oder komplexe Problemstellungen strukturieren und visualisieren. Sie sind dann angesagt, wenn alle Daten des zu lösenden Problems bekannt sind und analysiert werden sollen.

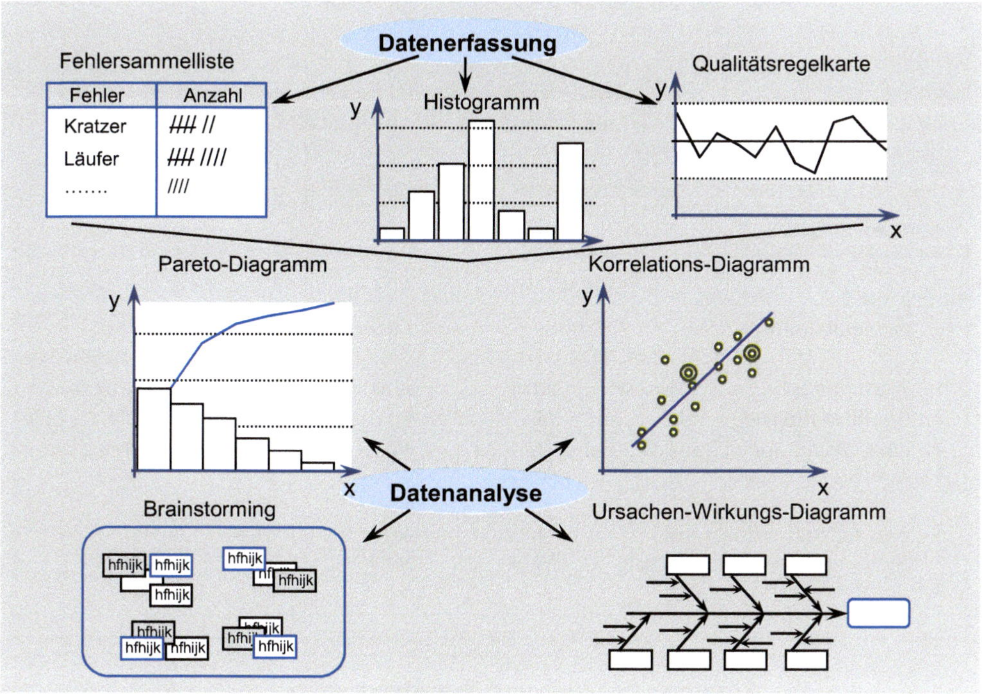

Bild 7.1: Die elementaren Qualitätswerkzeuge, Q 7

7.1.1 Fehlersammelliste/Strichliste

Die Fehlersammelkarte oder -liste ist ein häufig angewandtes Verfahren zur Auswertung von zählenden Prüfungen. Die Fehlersammelliste enthält keine Messwerte, sondern nur die Anzahl der Fehler. Die Auswertung erfolgt bei der Fehlersammelliste zumeist in einer Pareto-Analyse (Kapitel 7.1.4) nach auftretenden Fehlern.

Die Vorteile der Fehlersammelliste sind:

Fehlersammellisten werden mit der Pareto-Analyse ausgewertet.

- einfache Aufstellung, leichte Führung,
- Daten können einfach visualisiert werden,
- Fehlertrends können frühzeitig erkannt werden,
- sie wird von den Mitarbeitern schnell verstanden,
- Fehlerschwerpunkte und Ursachen sind rasch ermittelt.

Für die Aufstellung eines Fehlerlistenformats muss/müssen:

- das Problem bestimmt sein,
- die bekannten Fehlerarten aufgeführt sein,
- Raum für „sonstige Fehler“ frei bleiben,
- der Erfassungsort und -zeitraum festgelegt sein,
- der Stichprobenumfang festlegt werden.

Beispiel:

Nach der Bestückung von Platinen für elektronische Spülmaschinensteuerungen wurde die Fehlerhäufigkeit nach Art und Anzahl zur späteren Analyse erfasst.

Tabelle 7.1: Beispiel einer Fehlersammelliste

Fehlersammelliste						
Produktnummer:	456.789-9 0		Prüfort:	Endprüfung		
Bezeichnung:	Leiterplatte		Prüfart:	Sichtprüfung		
Nr.	Fehlerart / Datum	Fehleranzahl				
		03.08.2020	04.08.2020	05.08.2020	06.08.2020	07.08.2020
1	Plattenränder	𝍸 𝍸 𝍸	𝍸 𝍸	𝍸 𝍸	𝍸 𝍸	𝍸 𝍸 𝍸
2	Fehlende Bauteile	𝍸	𝍸	𝍸	𝍸	𝍸 I
3	Lage der Bauteile	𝍸 𝍸	𝍸	𝍸 I	𝍸 𝍸 𝍸	𝍸
4	Saubere Lötstellen	𝍸	𝍸 𝍸	𝍸 III	𝍸 IIII	𝍸 𝍸
5	Lage der Kühlbleche	II	III	𝍸 𝍸	𝍸 III	I
6	Anz. Schrauben (6)	𝍸	𝍸 I	𝍸 III	𝍸 𝍸	III
7	Ausstanzungen (3)	𝍸 𝍸 𝍸	𝍸 𝍸	𝍸 𝍸	𝍸 I	𝍸 III
8	Sonstige	IIII		III		𝍸 I

Zusammenfassung und Bewertung

Strichlisten sind ein Hilfsmittel zum Erfassen von Daten. Ein großer Vorteil wird durch das Visualisieren der Häufigkeit des Auftretens von

Fehlerarten erreicht. In vielen Fällen ist es schon nach kurzer Zeit möglich, Aussagen über Fehlerhäufigkeiten zu machen (Tabelle 7.1). Daraus lassen sich Fehlerursachen ableiten, die bestimmte Merkmale aufweisen. Die Strichliste ist demnach die Grundlage für statistische Auswertungen und Analysen. Für das Lösen oder Optimieren von komplexen Problemen und Aufgabenstellungen reicht die Strichliste nicht aus.

7.1.2 Histogramm

Das Histogramm (griechisch *histos* = Gewebe, Netz, und *gramma* = Darstellung) ist eine grafische Darstellung einer **Häufigkeitsverteilung** von Messdaten (Prozessdatenerfassung) über einen bestimmten Zeitraum. Man geht dabei von den nach Größe geordneten Daten aus und teilt den gesamten Bereich der Stichprobe in k Bereiche auf. Diese Bereiche, die meistens die gleiche Größe aufweisen, werden **Klassen** genannt. Der Zahlenwert, der zwei Klassen trennt, heißt **Klassengrenze**. Klassengrenzen sind von besonderer Wichtigkeit, da eine schlechte Wahl dieser Klassengrenzen einen Sachverhalt verzerren kann und damit die Aussagen der Messdaten verloren gehen [Pa71].

Ein Histogramm ist eine Häufigkeitsverteilung von Messdaten.

Ein Histogramm entsteht, wenn man über den Klassen gleicher Breite Δx Rechtecke errichtet, deren Höhen den relativen Klassenhäufigkeiten entsprechen. Die Flächeninhalte der Rechtecke sind dabei den relativen Klassenhäufigkeiten proportional.

Zur Darstellung der Häufigkeitsverteilung einer in Klassen eingeteilten umfangreichen Stichprobe wird wie folgt vorgegangen:

- Erfassung der Messwerte: $x_1, x_2, x_3, \ldots, x_n$.
- Die Stichprobenwerte werden ihrer Größe nach geordnet und in k Klassen gleicher Breite aufgeteilt.
- Die Klasseneinteilung wird so gewählt, dass die Klassenmitte möglichst durch einfache Zahlen charakterisiert wird.
- Für die Festlegung der Anzahl k der Klassen bei n Stichprobenwerten kann folgende Faustregel verwendet werden:

Stichprobenwerte müssen in Klassen eingeteilt werden.

$$k \approx \sqrt{n} \quad \text{für} \quad 50 < n < 500$$

Durch Sortieren wird festgestellt, welche Stichprobenwerte in welche Klasse fallen. Die Anzahl n_i der Stichprobenwerte, die in der i-ten Klasse liegen, heißt absolute Klassenhäufigkeit. Dividiert man diese durch die Anzahl n aller Stichprobenwerte, so ergibt sich die relative Klassenhäufigkeit h_i.

$$h_i = \frac{n_i}{n} \quad (i = 1, 2, \ldots, k)$$

Beispiel:
Die Erfassung von Messwerten mit einer Strichliste ergibt folgende Verteilungstabelle:

Tabelle 7.2: Verteilungstabelle

Stichprobenwert x_i (in mm)	4,7	4,8	4,9	5,0	5,1	5,2
n_i	/	///	~~////~~ /	~~////~~ ////	////	//
h_i	0,04	0,12	0,24	0,36	0,16	0,08

Im Folgenden wird jeder in die *i*-te Klasse fallende Stichprobenwert näherungsweise durch die Klassenmitte $\tilde{x}_i$ ersetzt.

Die Häufigkeitsverteilung lässt sich dann durch die Häufigkeitsfunktion oder die Verteilungsfunktion vollständig beschreiben:

$$f(x) = h_i \quad \text{für} \quad x = \tilde{x}^i \left(i = 1, 2, \ldots, k\right) \quad \sum_{\tilde{x} \leq x} f(\tilde{x}_i)$$

Für unser Beispiel wird $k = 6$ gewählt, die Klassenbreite $\Delta x = 0{,}1$ mm.

Tabelle 7.3: Geordnete Tabelle der Stichprobe

Klassen-Nr. *i*	Klassengrenzen in mm	Klassenmitte $\tilde{x}_i$ in mm	absolute Klassenhäufigkeit n_i	relative Klassenhäufigkeit h_i
1	4,65 … 4,75	4,7	1	0,04
2	4,76 …4,85	4,8	3	0,12
3	4,86 … 4,95	4,9	6	0,24
4	4,96 … 5,05	5,0	9	0,36
5	5,06 … 5,15	5,1	4	0,16
6	5,16 … 5,25	5,2	2	0,08
Σ			25	1

Mithilfe der visuellen Darstellung in Bild 7.2 kann nun eine Analyse der Fehlerentstehung durchgeführt werden.

Zusammenfassung und Bewertung

Die mithilfe des Histogramms dargestellten Ergebnisse erlauben, einen Vergleich zwischen den Istwerten und den Sollvorgaben vorzunehmen. Die Klassifizierung und die Visualisierung der Häufigkeitsverteilung machen es möglich, z. B. das zukünftige Prozessverhalten bezüglich des Zielwertes positiv zu beeinflussen. Schwierigkeiten sind eventuell bei einer ungünstig gewählten Klasseneinteilung zu erwarten, die eine visuelle Beurteilung fast unmöglich macht.

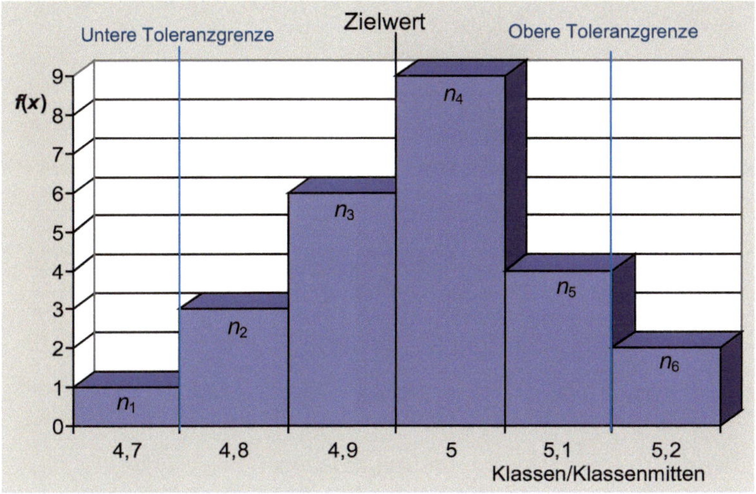

Bild 7.2: Histogramm einer gruppierten Stichprobe

Visualisierung der Stichprobenverteilung in Klassen

7.1.3 Qualitätsregelkarten

Über die Qualitätsregelkarte, eines der ältesten und bedeutendsten Werkzeuge der Qualitätslenkung, gibt es eine sehr umfangreiche Literatur [DGQ7.11/7.12]. Im Folgenden soll deshalb nur auf die Hauptgesichtspunkte eingegangen werden.

Die DIN 55350 [DIN 55] von 1993 definiert:

> **Qualitätsregelkarte (QRK) ist ein Formblatt zur grafischen Darstellung von statistischen Kennwerten für eine Serie von Stichproben mit Eingriffsgrenzen (obere und/oder untere) sowie häufig auch mit Warngrenzen und einer Mittellinie.**

Störgrößen bewirken die Streuung der Merkmalswerte.

Auf jeden Produktionsprozess wirken **Störgrößen**, die für die Streuung der Q-Merkmale verantwortlich sind. Es handelt sich um **systematische** und **zufällige Einflüsse**.

Die Auswirkung des Zufalls auf einen Teil eines Produktloses ist nicht vorhersagbar. Für die Summe der Zufallsereignisse lässt sich aber ein Bereich vorhersagen, der **Zufallsstreubereich**. Die Grenzen dieses Zufallsbereiches liegen meist sehr weit auseinander. Daher berechnet man diese Grenzen für einen frei wählbaren Prozentsatz z. B. einen 99-prozentigen Streubereich, d. h., 1 % der produzierten Teile liegen außerhalb dieser Grenzen (Bild 7.3).

Es gibt verschiedene Verteilungsformen, deren spezifische Parameter berücksichtigt werden müssen. Bei der Normalverteilung sind es die Lagekenngröße μ (bzw. $\bar{x}$) und die Streukenngröße σ.

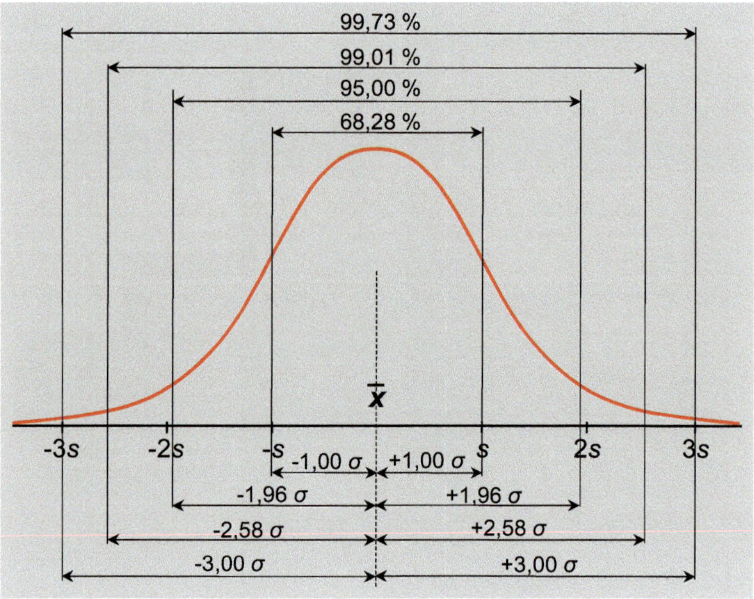

Bild 7.3: Normalverteilung und deren Zufallsstreubereiche

Aufbau einer Regelkarte

Aus den Stichproben werden die Urwerte ermittelt.

In einer Regelkarte werden z. B. Messwerte, Urwerte oder daraus berechnete statistische Kennwerte grafisch dargestellt. Dazu sind aus einem laufenden Produktionsprozess in regelmäßigen Zeitabständen Stichproben der Größe *n* entnommen worden (Bild 7.4). Die Stichproben werden auf der Abszisse eingetragen. Auf der Ordinate sind die Messwerte abgebildet. Eine Regelkarte enthält Warn- und Eingriffsgrenzen, deren Überschreiten einen Vorgang auslöst (Tabelle 7.4).

Tabelle 7.4: Bezeichnungen der Grenzen

Die Festlegung der Lage und der Grenzen sind wichtige Voraussetzungen.

Bezeichnung DE	Abkürzung DE	Bezeichnung EN	Abkürzung EN
Obere Toleranzgrenze	OTG	Upper specification limit	USL
Obere Eingriffsgrenze	OEG	Upper control limit	UCL
Obere Warngrenze	OWG	Upper warning limit	UWL
Mittelwert	$\bar{x}$	Mean	$\bar{x}$
Untere Warngrenze	UWG	Lower warning limit	LWL
Untere Eingriffsgrenze	UEG	Lower control limit	LCL
Untere Toleranzgrenze	UTG	Lower specification limit	LSL

Werte außerhalb der Warngrenze weisen auf eine Veränderung im Prozess hin, die Überschreitung der Eingriffsgrenzen dagegen deutet auf signifikante Veränderungen hin. Die Mittellinie zeigt die gewünschte

Lage der Werte an. Beim Überschreiten der Warngrenze wird der Prozess durch **Dynamisierung der Prüfumfänge** intensiver beobachtet. Beim Überschreiten der Eingriffsgrenze wird ein **Regelvorgang** ausgelöst, z. B. wird die Zustellung des Werkzeuges korrigiert oder sogar sein Austausch vorgenommen. So wird ein Überschreiten der Toleranzgrenzen verhindert und kein Ausschuss produziert.

Im Bild 7.4 ist beispielhaft eine Regelkarte für die Urwerte und den Mittelwert einer regelmäßigen Stichprobenentnahme dargestellt.

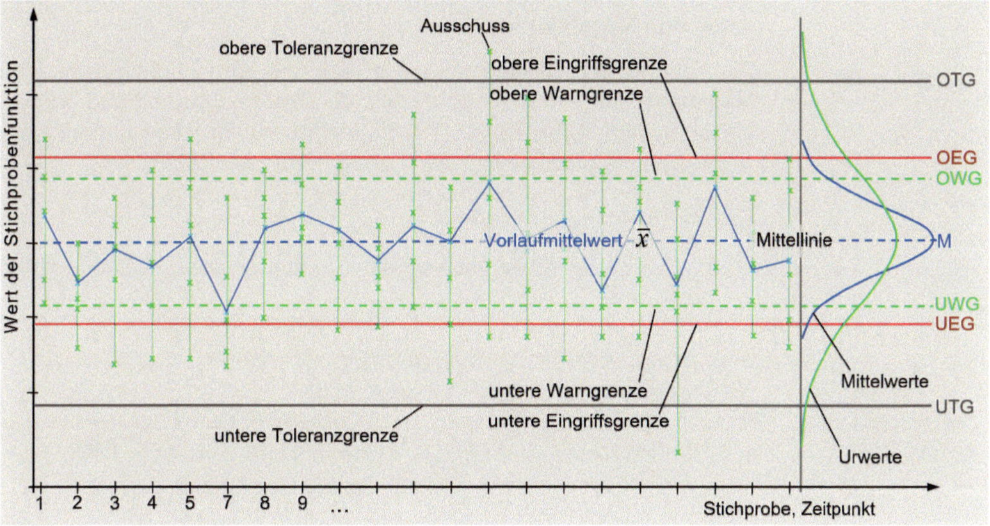

Bild 7.4: Aufbau einer Qualitätsregelkarte

Im Bild 7.4 sind je Stichprobe/Zeitpunkt fünf Messwerte (x), die Urwerte, und deren Mittelwerte eingetragen. Die Verbindungslinie der Mittelwerte (---) verdeutlicht die Abweichungen im Verlauf des Produktionsprozesses um den angestrebten Vorlaufmittelwert. Der Vorlaufmittelwert ($\bar{x}$) wurde durch einen Probelauf vor dem Produktionsanlauf ermittelt.

Die Kurven der Mittelwerte und Urwerte, rechts im Bild, verdeutlichen hier die Verteilung der Messwerte und sind üblicherweise nicht Bestandteil einer Regelkarte.

Das Auftreten von systematischen Störeinflüssen kann mithilfe einer Qualitätsregelkarte entdeckt und über eine Zeitspanne hinweg fortlaufend beobachtet werden. Das Ziel ist, den momentanen, meist normalverteilten Produktionsprozess nach Lage und – soweit möglich – nach Streuung zu beurteilen und zu steuern.

Die wichtigsten Regelgrößen sind:

- Mittelwert $\bar{x}$
- Standardabweichung s
- Zentralwert (Median) $\tilde{x}$
- Spannweite (Range) R

Systematische Störeinflüsse sind leicht zu entdecken.

- Urwerte einer Stichprobe *x*
- Anzahl fehlerhafter Einheiten *np*
- Anzahl Fehler *c*
- Anteil fehlerhafter Einheiten p
- Fehler pro physikalischer Bezugseinheit u

Häufig werden zwei Regelgrößen eines Merkmals parallel als zwei Spuren einer Qualitätsregelkarte geführt, z. B. Mittelwert und Standardabweichung. Beispielhaft sind in Bild 7.7 der Mittelwert $\overline{x}$ und die Spannweite *R* dargestellt.

Arten von Regelkarten

Die Auswahl einer Regelkarte richtet sich nach den zu untersuchenden Merkmalen. Die Arten der Merkmale, der Prozessregelung und der Regelkarten sind in der Tabelle 7.5 dargestellt. Ist der Regelkartentyp gewählt, sind die prozesstypischen Kenngrößen zu ermitteln.

Tabelle 7.5: Arten von Regelkarten

Qualitätsregelkarten											
für Zählmerkmale					für kontinuierliche Merkmale						
Fehlerhafte Einheiten			Fehler je Prüfeinheit		Sollwertorientierte Prozessregelung					Toleranzorientierte Prozessregelung	
Stichprobengröße = konstant			Stichprobengröße ≠ konstant		Überwachung der Lage		Überwachung der Streuung			Überwachung der Lage	
np	*c*	*x*	*p*	*u*	$\overline{x}$	$\tilde{x}$	*x*	*R*	*s*	$\overline{x}$	$\tilde{x}$
Shewhart-QRK										**Annahme-QRK**	

Shewhart-Regelkarte

Der Amerikaner Walter A. Shewhart hat die Regelkartentechnik 1924 entwickelt. Der Hintergrund war, die in einem Prozess vorkommenden systematischen Abweichungen vom Sollwert (Signale) von den unvermeidbaren zufälligen Messwertschwankungen (Rauschen) zu identifizieren. Die Karten sollen anzeigen, wenn sich etwas ändert.

Regelkarten identifizieren systematische Prozessabweichungen.

Qualitätsregelkarten mit **Shewhart-Regelgrenzen** werden genutzt, um die Streuung der aufgezeichneten Werte in Bezug auf zufällige oder spezielle Streuungsursachen zu unterscheiden. Shewhart-Karten urteilen nur aufgrund der aktuellen Stichprobe und nehmen keine Rücksicht auf vorangegangene Informationen. Es werden nur interne Prozessparameter und keine externen Toleranzen berücksichtigt. Durch sich ständig wiederholende statistische Tests wird geprüft, ob sich der eingestellte beherrschte Zustand des Prozesses noch nicht verändert hat.

Annahme-Qualitätsregelkarte

Annahme-Qualitätsregelkarten werden nur dann eingesetzt, wenn die momentane Verteilung der Merkmalswerte, also der Prozessmittelwert, konstant bleibt. Die Eingriffs- und Warngrenzen errechnen sich aus vorgegebenen Toleranzgrenzwerten, die die maximal zulässigen Abweichungen darstellen, in denen das Produkt noch brauchbar ist.

Hinweis: Im Folgenden wird lediglich eine Auswahl von Kartentypen näher betrachtet (weiterführende Literatur zum Beispiel [DGQ 7.11/7.12]).

7.1.3.1 Qualitätsregelkarten für kontinuierliche Merkmale

Die QRK für kontinuierliche Merkmale kann sollwertorientiert oder toleranzorientiert geführt werden.

- **Sollwertorientierte Prozessregelung**

Für die sollwertorientierte Prozessbewertung werden unterschiedliche QRK verwendet. Die Problematik lautet: Bleibt der Prozess im Zustand „beherrscht"?

Sollwertorientierte Prozessregelung wird am häufigsten eingesetzt.

Unter den QRK für sollwertorientierte Prozessregelung gibt es die **x-Regelkarte** oder auch **Urwertkarte**.

Urwerte können sein: alle Messwerte, Mittelwerte, Standardabweichungen oder Spannweiten. Die Voraussetzung für die Verwendung der Urwertkarte ist, dass der Prozess (annähernd) normalverteilt ist.

Für die Festlegung von Regelgrenzen werden die Zufallsstreubereiche, wie im Bild 7.5 verdeutlicht, zweiseitig abgegrenzt. Den Regelfall zeigt Tabelle 7.6. Mit der Wahrscheinlichkeit α treten Werte außerhalb des Zufallstreubereiches auf.

UEG und OEG sind im Bild 7.5 die Regelgrenzen. Liegen die Urwerte bzw. die zu überwachenden Kennwerte zwischen UEG und OEG, also im Zufallsstreubereich $1 - \alpha$, so werden diese Grenzen mit der Wahrscheinlichkeit $1 - \alpha$ nicht überschritten, und es wird nicht in den Prozess eingegriffen.

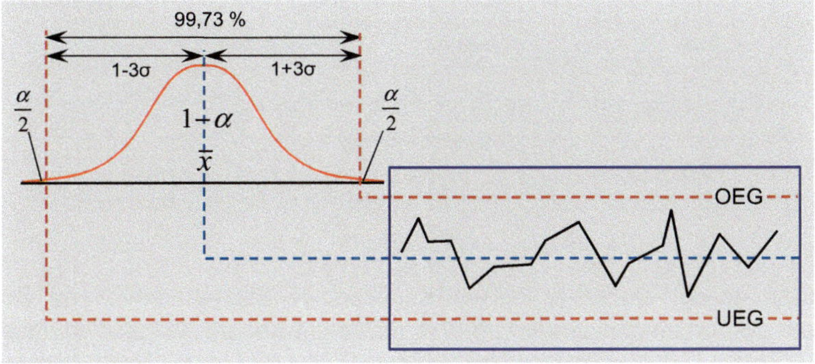

Bild 7.5: Regelkartengrenzen bei normalverteilten Prozessen

Tabelle 7.6: Regelgrenzen

UWG bis OWG:	$1 - \alpha = 95{,}45\ \%$	Mittelwert ± 2 Sigma der Häufigkeitsverteilung der dargestellten Stichprobenkenngröße
UEG bis OEG:	$1 - \alpha = 99{,}73\ \%$	Mittelwert ± 3 Sigma der Häufigkeitsverteilung der dargestellten Stichprobenkenngröße

Vorteile der Urwertkarte:

Der Bezug zu den Prozessergebnissen ist gegeben.

- Es ist ein direkter Bezug zu den Prozessergebnissen vorhanden.
- Die Handhabung ist recht einfach.
- Systematische Einflüsse auf den Prozess werden sehr gut erkannt.

Die weiteren **Shewhart-Qualitätsregelkarten für sollwertorientierte Prozessregelungen** finden ihre Anwendung bei Prozessen, die sich in einem befriedigend beherrschten Zustand befinden. Sie sollen anzeigen, wenn sich an diesem Zustand etwas ändert. Es gibt Shewhart- QRK für kontinuierliche Merkmale und für Zählmerkmale.

Regelkarten unterscheiden sich nach Art der Daten.

Zuerst wird anhand der zu untersuchenden Daten und aufgrund der Stichprobengröße eine passende Regelkarte ausgesucht. Bild 7.6 zeigt einen Auswahlbaum, um Qualitätsregelkarten für kontinuierliche Merkmale auszuwählen.

Bei den Shewhart-Qualitätsregelkarten geht man nicht von vorgegebenen Grenzwerten aus. Warn- und Eingriffsgrenzen werden aus den erhobenen Prozessdaten berechnet. Sie spiegeln nicht den Toleranzbereich wider, sondern lediglich die Häufigkeitsverteilung der Stichprobenkenngrößen.

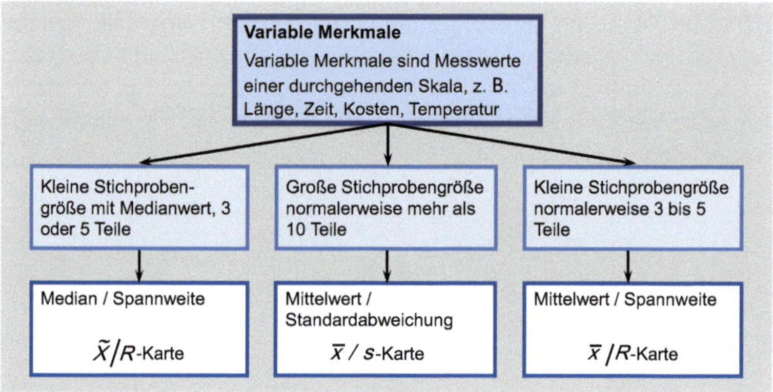

Bild 7.6: Auswahl von Qualitätsregelkarten

Beim Entwurf einer Shewhart-QRK müssen der Stichprobenumfang und der Stichprobenentnahmezeitpunkt festgelegt werden. Danach sind die Eingriffs- und Warngrenzen zu bestimmen. Da für messende Prüfungen die Produktionslage oder die Produktionsstreuung überwacht werden sollen, stammen die Sollwerte für diese Größen aus vorhandenen

Spezifikationen oder aus vorangegangenen Untersuchungen des Prozesses, z. B. aus einem Vorlauf. Dieser Vorlauf ist sorgfältig und störungsfrei durchzuführen.

Liegen die Stichproben des Vorlaufes vor, können die erforderlichen Kennwerte zur Eintragung in die jeweilige Spur der Qualitätsregelkarte wie folgt berechnet werden:

Prozessregelkarten spiegeln die Häufigkeitsverteilung der Stichprobenkenngrößen wider.

Messwerte: x_i

Mittelwert: $\bar{x} = \frac{1}{n}\sum x_i$

Standardabweichung: $s = \sqrt{\frac{\sum (x_i - \bar{x})^2}{n-1}}$

Spannweite: $R = x_{max} - x_{min}$

Median: $\tilde{x}$ = mittlerer Wert der aufsteigend sortierten x_i

Mithilfe der berechneten Werte können nun die Mittellinie und die Eingriffsgrenzen berechnet werden. Die statistischen Gesamtwerte und die Eingriffsgrenzen lassen sich aus den Einzelwerten der k Stichproben ermitteln.

Tabelle 7.7: Mittellinie und Kontrollgrenzen für variable Merkmale [ThCo7.12]

Kartentyp	Stat. Gesamtwert der k Stichproben (Mittellinie) Prozessdurchschnitt	Eingriffsgrenzen
$\bar{x}/R$-Karte	$\bar{\bar{x}} = \frac{\bar{x}_1 + \bar{x}_2 \ldots + \bar{x}_k}{k}$ $\bar{R} = \frac{R_1 + R_2 + \ldots + R_k}{k}$	$OEG = \bar{\bar{x}} + A_2\bar{R}$ $UEG = \bar{\bar{x}} - A_2\bar{R}$ $OEG = D_4\bar{R}$ $UEG = D_3\bar{R}$
$\bar{x}/s$-Karte	$\bar{\bar{x}} = \frac{\bar{x}_1 + \bar{x}_2 \ldots + \bar{x}_k}{k}$ $\bar{s} = \frac{s_1 + s_2 + \ldots s_k}{k}$	$OEG = \bar{\bar{x}} + A_3\bar{s}$ $UEG = \bar{\bar{x}} - A_3\bar{s}$ $OEG = B_4\bar{s}$ $UEG = B_3\bar{s}$
$\tilde{x}/R$-Karte	$\bar{\tilde{x}} = \frac{\tilde{x}_1 + \tilde{x}_2 + \ldots \tilde{x}_k}{k}$ $\bar{R} = \frac{R_1 + R_2 + \ldots R_k}{k}$	$OEG = \bar{\tilde{x}} + \tilde{A}_2\bar{R}$ $UEG = \bar{\tilde{x}} - \tilde{A}_2\bar{R}$ $OEG = \tilde{D}_4\bar{R}$ $UEG = \tilde{D}_3\bar{R}$

Formeln zur Bestimmung der Eingriffsgrenzen – ohne Herleitung

$\bar{\bar{x}}$, $\bar{R}$ und $\bar{s}$ stellen die jeweiligen Mittelwerte aus allen in der Qualitätsregelkarte eingetragenen Werten für $\bar{x}$, R und s dar [DiSc7.12]. Die Konstanten A_2, A_3, B_3 usw. (siehe Tabelle 7.8) sind von der Größe der Stichprobe abhängig.

Tabelle 7.8: Konstanten für die Berechnung der Eingriffsgrenzen [DGQ 7.12]

n	A_2	d_2	D_3	D_4	A_3	c_4	B_3	B_4	$\tilde{A}_2$
2	1,880	1,128	–	3,267	2,659	0,7979	–	3,267	1,880
3	1,023	1,693	–	2,574	1,954	0,8862	–	2,568	1,187
4	0,729	2,059	–	2,282	1,628	0,9213	–	2,266	0,796
5	0,577	2,326	–	2,114	1,427	0,9400	–	2,089	0,691
6	0,483	2,534	–	2,004	1,287	0,9515	0,030	1,970	0,548
7	0,419	2,704	0,076	1,924	1,182	0,9594	0,118	1,882	0,508
8	0,373	2,847	0,136	1,864	1,099	0,9650	0,185	1,815	0,433
9	0,337	2,970	0,184	1,816	1,032	0,9693	0,239	1,761	0,412
10	0,308	3,078	0,223	1,777	0,975	0,9727	0,284	1,716	0,362
...	...	...	...	...	...	...	...	...	...
25	0,153	3,931	0,459	1,541	0,606	0,9896	0,565	1,435	–

Die Faktoren für die Eingriffsgrenzen basieren auf einer statistischen Sicherheit von 99,73 %

Folgende Angaben sollten die Qualitätsregelkarte beinhalten:

Nötige Deklarationen der Qualitätsregelkarte

- Kartentyp,
- Qualitätsmerkmal,
- Aufnahmeort,
- Aufnahmehäufigkeit,
- Stichprobengröße.

Wichtig ist, dass auch Werte außerhalb der Eingriffsgrenzen eingetragen werden. Die eingezeichneten Werte werden in einer Tabelle dokumentiert, die sich meistens mit auf der Karte befindet. Die einzelnen Werte ergeben einen Verlauf, der es erlaubt, Aussagen über den beobachteten Prozessablauf treffen zu können.

Das Bild 7.7 zeigt ein Beispiel einer Qualitätsregelkarte für variable Merkmale mit den dazugehörigen Angaben.

Praktische Anwendung einer $\bar{x}$ / R -Karte

Beispiel:
Der Durchmesser einer Welle soll nach Zeichnung (58,52 ± 0,05) mm betragen. Zur Beurteilung eines Loses wurden 16 Stichproben mit jeweils fünf Messwerten im Abstand einer Stunde entnommen. Zu einer übersichtlicheren Führung der Regelkarte wurden die Messwerte, die Toleranz- und Eingriffsgrenzen nach der Vorschrift:

x_i = (Messwert – 58,00) · 100 transformiert.

Die transformierten Werte sind im Bild 7.7 tabellarisch aufgeführt. Die in die QRK eingetragenen transformierten Stichprobenmittelwerte $\bar{x}$ und Spannweiten R liegen zwar innerhalb der Toleranz, aber die Prozessfähigkeit mit den Prozessfähigkeitskennzahlen c_p = 1,26 und c_{pk} = 1,12 (siehe Kapitel 4.4.4) ist nicht gegeben. Der Fehleranteil im Los wird über 0,3 % liegen. Also muss der Prozess zentriert und seine Streuung eingeschränkt werden.

Qualitätsregelkarte für variable Merkmale	☒ $\bar{x}$ ☐ s ☐ $\tilde{x}$ ☒ R	**Teil:** Welle **Arbeitsgang:** Feindrehen **Merkmal:** Durchmesser d_3	**Blatt Nr.:** 4 **Datum:** 09/09/21

k	1	2	3	4	5	6	7	8	9	10	11	12	13	14	15	16
x_1	53	53	53	51	52	51	52	53	54	55	52	50	52	50	48	53
x_2	53	53	53	50	52	52	51	52	54	54	54	51	55	52	54	52
x_3	52	52	51	50	53	53	52	53	53	53	54	53	54	55	54	52
x_4	53	53	53	53	53	53	51	52	53	52	55	52	53	55	53	54
x_5	52	53	52	52	52	50	52	51	53	55	52	53	52	53	53	53
$\bar{x}$	52,6	52,8	52,4	51,2	52,4	51,8	51,6	52,2	53,4	53,8	53,4	51,8	53,2	53,0	52,4	52,8
R	1	1	2	3	1	3	1	2	1	3	3	3	3	5	6	2

Drehzentrum 2:
Maßeinheit: *1/100mm*
Stichpr.-Umfang: *5*
Prüfintervall: *1 Std.*

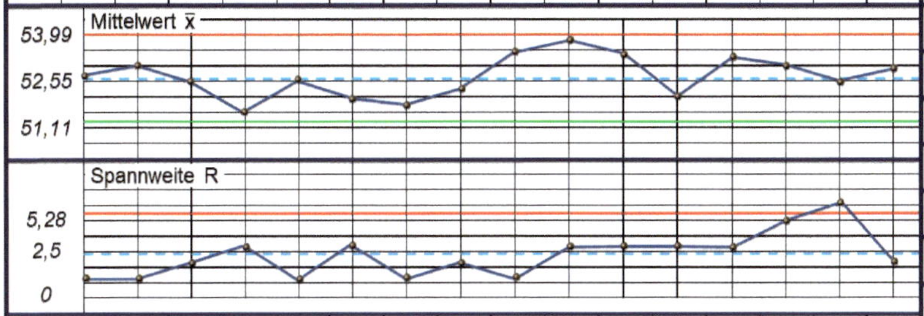

OTG:	57,00	-
OEG:	53,99	5,285
$\bar{\bar{x}}$:	52,55	$\bar{R}$=2,5
UEG:	51,11	-
UTG:	47,00	-

Dat	8.09								9.09							
Zeit	8:30	9:30	10:30	11:30	12:30	13.30	14.30	15.30	8:30	9:30	10:30	11:30	12:30	13.30	14.30	15.30
Nz.	Fe	Fe	Fe	Rü	Rü	Rü	Fe	Rü	Fe	Fe	Fe	Rü	Rü	Rü	Fe	Rü

Auswertung:
c_p = 1,26
c_{pk} = 1,12

Datum: 10.09.2021 | Geprüft: S. Prüfer

Quelle:ThCo7.13

Bild 7.7: Beispiel einer Qualitätsregelkarte für variable Merkmale [ThCo7.13]

- **Toleranzorientierte Prozessregelung**

Annahme-Qualitätsregelkarte

Bei den Shewhart-QRK für kontinuierliche Merkmale wird mit den engstmöglichen Eingriffsgrenzen gearbeitet.

Sollte dies nicht nötig sein, kann bei sehr gut beherrschten Fertigungsprozessen dem Prozessmittelwert ein Spielraum zugebilligt werden. Um diesen Spielraum einhalten zu können, wird die Annahmeregelkarte eingesetzt.

Für sehr gut beherrschte Prozesse eignet sich die Annahme-QRK.

Ist die Prozessmittellage optimal gewählt, kann der Prozess trotz einer systematischen Prozessveränderung, z. B. einem Trend, möglichst lange ohne Eingriff ablaufen.

Dem Prozess wird also ein gewisser Spielraum zugebilligt, der in der mechanischen Fertigung dazu genutzt wird, die Standzeit eines Werkzeuges voll auszunutzen.

Prinzipielle Vorgehensweise bei der Festlegung der Eingriffsgrenzen

Im Gegensatz zu den Shewhart-QRK, die mit Warn- und Eingriffsgrenzen arbeiten, kommt die Annahme-QRK nur mit Eingriffsgrenzen aus.

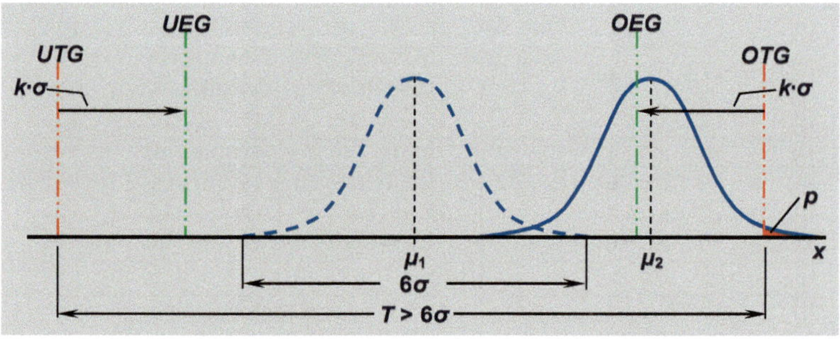

Bild 7.8: Sicherheitsabstand zwischen Eingriffsgrenze und Toleranzgrenze

Die Toleranzweite sollte viel größer sein als die Prozessstreubreite.

Für die Festlegung der **Eingriffsgrenzen** geht man davon aus, dass die Toleranz $T = OTG - UTG$ groß ist gegenüber der Prozessstreubreite von 6σ. Die im Bild 7.8 gestrichelt dargestellte Fertigungssituation kann als gut bezeichnet werden, da der Mittelwert μ_1 in der Nähe der Toleranzbereichsmitte liegt. Es werden, da T > 6σ keine fehlerhaften Einheiten gefertigt. Die durchgezogene Kurve zeigt den Prozess in einer Grenzsituation, in der μ_2 so weit verschoben ist, dass ein kleiner Anteil *p* fehlerhafter Anteile gefertigt wird.

Ausgehend von den Grenzwerten (*UTG* und *OTG*), im Regelfall sind sie nicht in der Karte eingezeichnet, werden im Abstand k · σ (*k* = Abgrenzungsfaktor) die Eingriffsgrenzen gezogen.

Die Eingriffsgrenzen ergeben sich wie folgt:

$$OEG = OTG - \mathrm{k} \cdot \sigma \qquad UEG = UTG + \mathrm{k} \cdot \sigma$$

mit

$$k = u_{1-p} + \frac{u_{1-P_a}}{\sqrt{n}}$$

p Anteil fehlerhafter Einheiten, bei dem eingegriffen werden soll, die Eingriffswahrscheinlichkeit $1 - P_a$ ist zu wählen,

P_a ist die (Nichteingriffs-)Wahrscheinlichkeit, bei der beim Anteil *p* fehlerhafter Einheiten nicht eingegriffen wird,

$1 - P_a$ Eingriffswahrscheinlichkeit

n Stichprobenumfang,

u Variable der standardisierten Normalverteilung (siehe Kapitel 3.3 und [Pa71], [DGQ7.12]).

Das folgende Beispiel einer Annahme-QRK für den Mittelwert $\bar{x}$ verdeutlicht die Vorgehensweise.

Beispiel:

Für den Zuschnitt von Bandstahl ist das Längenmaß

$l = (29{,}5 \pm 0{,}5)$ mm

einzuhalten. Mit einer Annahme-QRK soll dies überwacht werden. Der Anteil p fehlerhafter Teile wird mit 1 % bei 90 % Eingriffswahrscheinlichkeit und der Stichprobenumfang mit n = 5 festgelegt.

Für die Parameter μ und σ werden aus Werten des Vorlaufes geschätzt:

$\hat{\mu} = 29{,}564\ \text{mm}$

$\hat{\sigma} = 0{,}091\ \text{mm}$

Der Abgrenzungsfaktor k für die Eingriffsgrenzen ergibt sich aus:

$$k = u_{1-p} + \frac{u_{1-P_a}}{\sqrt{n}} = u_{0,99} + \frac{u_{0,9}}{\sqrt{5}}$$

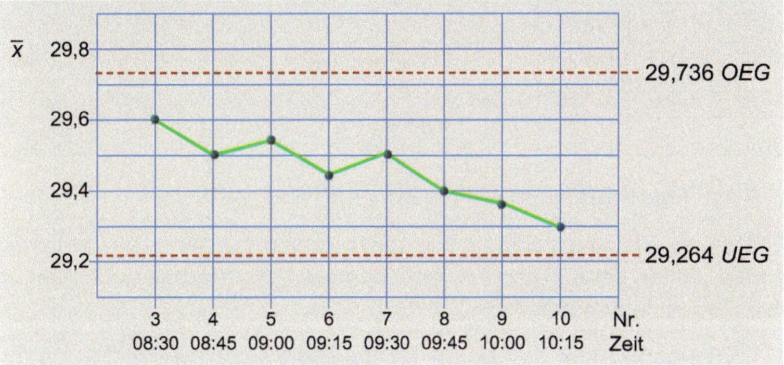

Bild 7.9: Mittelwert-QRK zum Beispiel

Aus der Tabelle der Quantile der standardisierten Normalverteilung, Tabelle 7.9 (siehe auch Abschnitt 3.3.2 und [Pa71], [DGQ7.12]), entnimmt man für

$p = 1\ \%$: $u_{1-p} = u_{0,99} = 2{,}326$

$1 - P_a = 90\ \%$: $u_{1-P_a} = u_{0,9} = 1{,}282$.

Damit ist $k = 2{,}326 + \frac{1{,}282}{\sqrt{5}} = 2{,}899$

und die Eingriffsgrenzen ergeben sich zu

$OEG = OTG - k\cdot\hat{\sigma} = 30{,}0\ \text{mm} - 2{,}899\cdot 0{,}091\ \text{mm} = 29{,}736\ \text{mm}$

$UEG = UTG + k\cdot\hat{\sigma} = 29{,}0\ \text{mm} + 2{,}899\cdot 0{,}091\ \text{mm} = 29{,}264\ \text{mm}$

In Bild 7.9 ist die berechnete Mittelwert-QRK mit dem typischen Verlauf eines Trends dargestellt.

Ausschnitt aus der Tabelle 7.9 „Standardisierte Normalverteilung"

$G(u_P) = p$ Beispiel 1: $G(u) = 0{,}975 = 97{,}5\ \%$

$u_{1-P} = -u_P$ $u_{0,975} = 1{,}960$

Beispiel 2: $G(u) = 0{,}005 = 0{,}5\ \% = 1 - 0{,}995$

$u_{0,005} = -2{,}576$

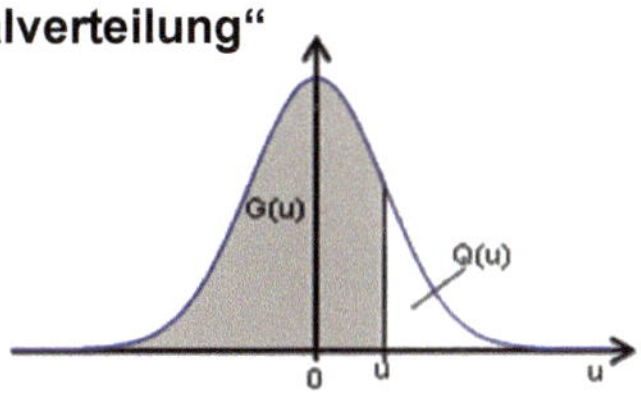

Tabelle 7.9: Funktionswerte G(u) der standardisierten Normalverteilung [DGQ 7.12]

G(*u*) in %	**,0**	**,1**	**,2**	**,3**	**,4**	**,5**	**,6**	**,7**	**,8**	**,9**
50	0,000	0,003	0,005	0,008	0,0010	0,013	0,015	0,018	0,020	0,023
51	0,025	0,028	0,030	0,033	0,035	0,038	0,040	0,043	0,045	0,048
52	0,050	0,053	0,055	0,058	0,060	0,063	0,065	0,068	0,070	0,073
...	...	...	...							
70	0,524	0,527	0,530	0,533	0,536	0,539	0,542	0,545	0,548	0,550
...	...	...	...							
80	0,842	0,845	0,849	0,852	0,856	0,860	0,863	0,867	0,871	0,874
...	...	...	...							
90	1,282	1,287	1,293	1,299	1,305	1,311	1,317	1,323	1,329	1,335
tabelle 7.8 ...	...	...	...							
97	1,881	1,896	1,911	1,927	1,943	1,960	1,977	1,995	2,014	2,034
98	2,054	2,075	2,097	2,120	2,144	2,170	2,197	2,226	2,257	2,290
99	2,326	2,366	2,409	2,457	2,512	2,576	2,652	2,748	2,878	3,090

7.1.3.2 Qualitätsregelkarten für Zählmerkmale

Zählmerkmale sind nichtnegative ganze Zahlen, bei denen benachbarte ganze Zahlen ohne Zwischenwerte existieren. Sie werden auch attributive Merkmale genannt.

Mit **Shewhart-Qualitätsregelkarten für Zählmerkmale** ermittelt man:

- die Anzahl von spezifischen Einheiten in Stichproben, z. B.:
  – Überwachung der Wasserqualität eines Klärwerkes anhand der Anzahl der Schmutzpartikel je Volumeneinheit oder
- die Anzahl der Fehler je Stichprobe bzw. je Prüfeinheit, z. B.:
  – Aufgetretene Fehler bei der Produktion eines Autoradios.

Entsprechend ihrer Aussagefähigkeit können unterschiedliche Regelkarten ausgewählt werden. Tabelle 7.10 zeigt die Regelkarten für die Anzahl fehlerhafter Einheiten in einer Stichprobe. Es können z. B. folgende Ereignisse festgehalten werden:

- Sind Einheiten in Ordnung oder nicht in Ordnung.
- Vorhandensein/Nichtvorhandensein erforderlicher Unterlegscheiben.
- Elektrischer Strom fließt/fließt nicht.
- Bohrungsdurchmesser richtig/falsch.

Die Anzahl möglicher Fehler an einer Einheit wird ebenso wie mögliche unterschiedliche Fehlerarten nicht berücksichtigt.

Keine Warnung vor negativen Prozessänderungen

Diese Regelkarten warnen nicht vor negativen Prozessänderungen. Es müssen bereits eine Anzahl Fehler aufgetreten sein. Eine gewisse „Anzahl fehlerhafter Einheiten“ bzw. ein „Anteil fehlerhafter Einheiten“ oder „Anzahl Fehler je Einheit“ wird diesen Karten zugestanden.

Tabelle 7.10: QRK für die Anzahl fehlerhafter Einheiten in Stichproben

QRK	Grafische Darstellung (Chart)	Illustration
x-Karte	Die **absolute Anzahl** fehlerhafter Einheiten je Stichprobe, z. B. $x = 5$ fehlerhafte Teile in einer Stichprobe von $n = 50$ Teilen, wird in der QRK notiert.	*i* Teile
np-Karte (number of proportions)	Anzahl Proportionen, z. B. **Anzahl** fehlerhafter Einheiten in einer Stichprobe. Berücksichtigt ebenso wie die *x*-Karte die absolute Anzahl fehlerhafter Einheiten in Stichproben. Allerdings werden bei der *np*-Karte die Eingriffs- und Warngrenzen basierend auf dem Modell der Normalverteilung bestimmt.	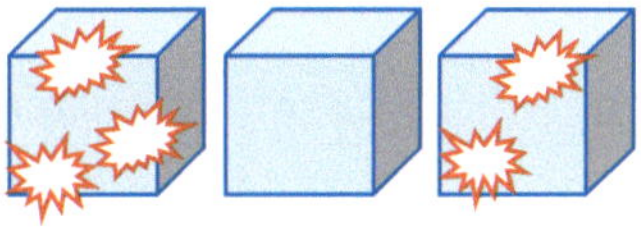 2 fehlerhafte Teile $np = 2$
p-Karte (proportions)	Proportionen, z. B. **Anteil** fehlerhafter Einheiten in einer Stichprobe. Der prozentuale Anteil, z. B. $p = 2/3 = 0{,}67$ „*p*“ = „part“, fehlerhafter Einheiten je Stichprobe wird in der QRK aufgezeichnet.	$i = 3$ 2 fehlerhafte Teile 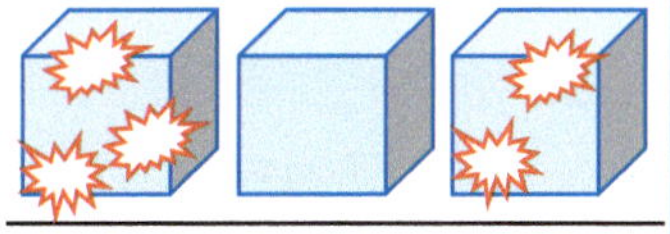 3 $p = 2/3 \equiv 67\ \%$

Tabelle 7.11: QRK für die Anzahl der Fehler je Stichprobe bzw. Prüfeinheit

QRK	Grafische Darstellung (Chart)	Illustration
x-Karte	Beschreibt die **absolute Anzahl** der Fehler je Einheit oder Stichprobe, z. B. „insgesamt 3 Fehler pro Gussteil“ oder „insgesamt 2 Fehler pro Tuchballen.	Stichprobe $i = 1$ Tuchballen 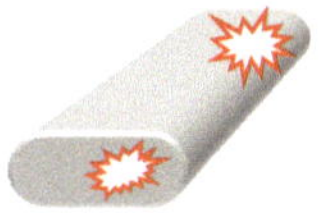 2 Fehler, $x = 2$
c-Karte	**Anzahl Ereignisse**, z. B. Anzahl Fehler innerhalb eines konstanten Ereignisbereiches (Anteil Fehler pro Einheit). Entspricht der *x*-Karte, erfordert aber **konstanten** Stichprobenumfang oder **konstante Menge** des zu prüfenden Materials.	$i = 3 =$ konstant 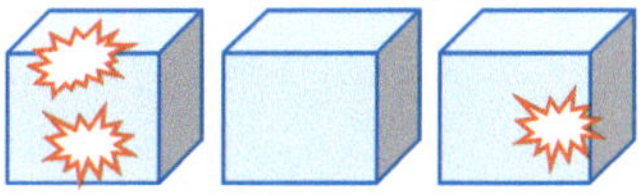 3 Fehler, $c = 3$
u-Karte (unit)	**Anteile** bzw. **Ereignisse**, z. B. Fehler pro physikalischer Bezugseinheit (pro m, pro m², pro kg etc.)	$i = 2\ m^2$ 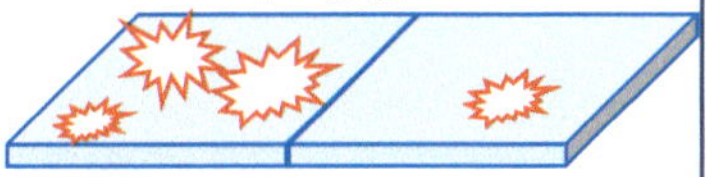 $u = 4$ Fehler/2 m² = 2 F/m²

In der Tabelle 7.11 sind die Regelkarten, in denen die Anzahl der Fehler je Stichprobe bzw. Prüfeinheit erfasst werden, dargestellt. Sie können z. B. für folgende Aussagen verwendet werden:

- Eine Einheit kann sein:
  Ein Erzeugnis/Produkt oder ein Vielfaches davon. Es werden alle Fehler der Einheit berücksichtigt, z. B. „die Einheit Gussteil", „die Stichprobeneinheit aus fünf Gussteilen",
- Blasen in einer Windschutzscheibe,
- Farbfehler an einer Heckklappe,
- Haarrisse im Material.

Für die Führung der QRK werden Kontrollgrenzen benötigt (siehe Bild 7.10). Ihre Festlegung erfolgt entsprechend Tabelle 7.12.

Tabelle 7.12: Berechnung der Kontrollgrenzen [BrRi7.13]

QRK	Stichproben	Mittellinie	Kontrollgrenzen
p-Karte	variabel norm. $\bar{c} > 50$	Für jede Untergruppe $p = np/n$ Für alle Untergruppen $\bar{p} = np/n$	$OEG_p = \bar{p} + 3 \cdot \sqrt{\frac{\bar{p}(1-\bar{p})}{n}}$ $UEG_p = \bar{p} - 3 \cdot \sqrt{\frac{\bar{p}(1-\bar{p})}{n}}$
np-Karte	konstant norm. ≥ 50	Für jede Untergruppe *np* = # Fehler Für alle Untergruppen $n\bar{p} = np/k$	$OEG_{np} = n\bar{p} + 3 \cdot \sqrt{n\bar{p}(1-\bar{p})}$ $UEG_{np} = n\bar{p} - 3 \cdot \sqrt{n\bar{p}(1-\bar{p})}$
c-Karte	konstant $\bar{c} > 5$	Für jede Untergruppe $\bar{c} = \#$ Fehler Für alle Untergruppen $\bar{c} = c/k$	$OEG_c = \bar{c} + 3 \cdot \sqrt{\bar{c}}$ $UEG_c = \bar{c} + 3 \cdot \sqrt{\bar{c}}$
u-Karte	variabel	Für jede Untergruppe $u = c/n$ Für alle Untergruppen $\bar{u} = c/n$	$OEG_u = \bar{u} + 3 \cdot \sqrt{\frac{\bar{u}}{n}}$ $UEG_u = \bar{u} + 3 \cdot \sqrt{\frac{\bar{u}}{n}}$

p bzw. *np* = Anzahl fehlerhafter Teile
c = Anzahl Fehler
n = Stichprobenumfang in jeder Untergruppe
k = Anzahl Untergruppen
$\bar{p}$ = Anteil fehlerhafter Einheiten [%]

Bei der *np*-Karte bleibt der Stichprobenumfang konstant.

Bild 7.10 zeigt den Ausschnitt einer *np*-Karte für die Qualitätskontrolle von Abschirmblechen. Folgende Daten müssen von jeder Stichprobe aufgenommen werden:

- Anzahl fehlerhafter Einheiten (*np*),
- Anzahl geprüfter Einheiten (*n*).

Da es sich um eine *np*-Karte handelt, bleibt der Stichprobenumfang konstant. Es muss demnach nur die Anzahl fehlerhafter Einheiten eingetragen und die mittlere Anzahl fehlerhafter Einheiten berechnet werden. Anschließend folgt die Berechnung der Eingriffsgrenzen. Es folgt die Eintragung der Werte in die Qualitätsregelkarte.

Teil-Nr.	AB02.C2009.DE	Spezifikation	
Teil-Benennung	Abschirmblech	Prüfmittel	
Arbeitsfolge		Prüfart	Sichtprüfung
Maschinen-Nr.		Prüfumfang	80 / Schicht

Nr.	Prüfmerkmal	Fehlerhäufigkeit														
1	Verkratzt	/			//				..	..						
2	Verschmutzt, Fremdkörper		/		/			/			..					
3	Apfelsinenhaut								..	..						
4	Matt							/								
5	Tropfen und Läufer	/			//						..					
6	Sonstige								..	..						
7											..					
Fehleranzahl	np c	*2*	*1*	*0*	*5*	*0*	*0*	*2*	..	..						
Stichprobenumfang	n	*80*	→													

Mittelwert = 1,43
OEG = 4,99
UEG = 0

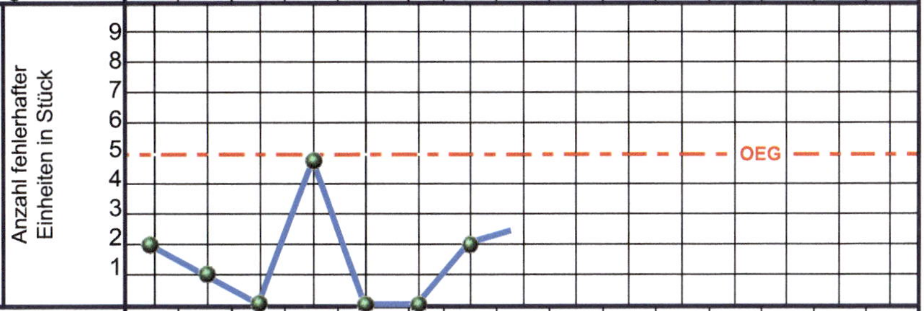

Schicht	1	2	1	2	1	2	1								
Zeit	10:30	17:30	10:30	17:30	10:30	17:30	10:30	...							
Datum	4.9.	4.9.	5.9.	5.9.	6.9.	6.9.	7.9.	...							
Kurzzeichen	*Mü*	*Ra*	*Mü*	*Ra*	*Mü*	*Ra*	*Mü*								

Bild 7.10: np-Karte für Abschirmbleche *[Lei7.13]*

7.1.3.3 Auswerten von Regelkarten

Eine QRK ist ständig auszuwerten.

Um Prozessstörungen zu erkennen, ist die QRK nach jeder Eintragung auszuwerten. Wird eine Warngrenze überschritten, bedarf es größerer Wachsamkeit, d. h., die nächste Stichprobe ist sofort oder in einem kürzeren Zeitabstand zu nehmen. In Bild 7.11 ist ein Ablaufdiagramm der Entscheidungsregeln dargestellt.

Die Regelung eines Prozesses ist auf der Grundlage der Auswertung der Regelkarte nach vorgegebenen Entscheidungsmustern vorzunehmen. Es gibt Prozesse, die Unregelmäßigkeiten aufzeigen, obwohl die Messdaten innerhalb des Bereiches der Eingriffsgrenzen liegen (Bild 7.12).

Mithilfe der Statistik ist es möglich, nachzuweisen, dass eine Folge von sieben Werten unterhalb oder oberhalb des Mittelwertes einen systematischen Einfluss hat, da die Wahrscheinlichkeit für den Eintritt einer solchen einseitigen Konstellation sehr gering ist. Eine solche Konstellation nennt man **Run** [Kam7.20].

Ebenso verhält es sich bei einer kontinuierlich an- oder absteigenden Folge von Kennwerten. Diese Anordnung nennt man **Trend**.

Entscheidungsregeln kombiniert mit Regelkartenverläufen

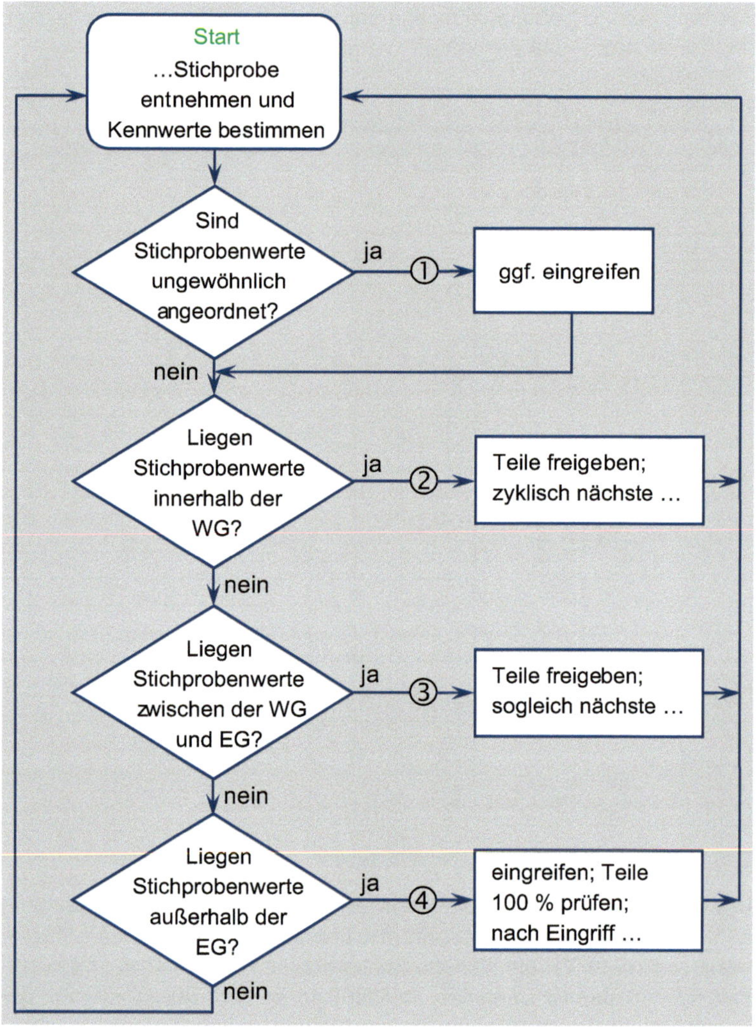

Bild 7.11: QRK-Entscheidungsregeln

Bei einer Anhäufung von Werten nahe dem Mittelwert (mehr als 2/3) ist davon auszugehen, dass eine falsche Berechnung der Eingriffsgrenzen zugrunde liegt bzw. die Werte geschönt wurden. Liegen mehr als 2/3 der Werte in der Nähe der beiden Grenzen, so besteht die Möglichkeit, dass Messwerte mehrerer Fertigungslinien vermischt wurden.

Liegt ein unruhiger Verlauf vor, eine **Instabilität**; muss der Prozess gestoppt und neu geregelt werden.

Liegt ein Stichprobenwert außerhalb der Eingriffsgrenzen, ist mit einem systematischen Fehler zu rechnen. Es muss herausgefunden werden, was diese Überschreitung verursacht und wie sie eliminiert werden kann. Wichtig ist, das Nachregeln vor der Überschreitung der Toleranzgrenzen vorzunehmen. Die Grenzen müssen nun wieder neu berechnet werden, um eine erneute Prozessregelung zu gewährleisten [ThCo7.14].

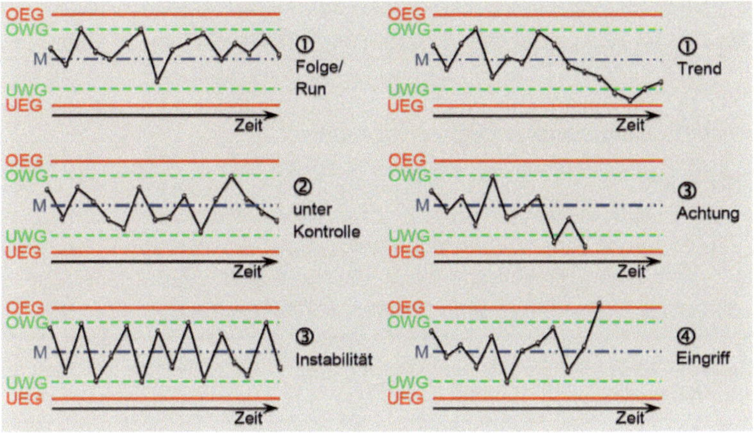

Bild 7.12: Eingriffssituationen bei der Shewhart-QRK [DGQ7.11]

Regelkartenanalyse sollte Verbesserungsprozesse auslösen.

Ist man durch eine Unregelmäßigkeit in einer Qualitätsregelkarte auf eine Schwierigkeit im Prozessablauf gestoßen, so ist die Ursachenforschung und das Verbessern immer noch eine anspruchsvolle Aufgabe. Nur anhand der Karte ändert sich nichts. Es ist deshalb sinnvoll, weitere Werkzeuge wie Ursache-Wirkungs-Diagramm etc. einzusetzen, um den Prozess sicher zu gestalten. Beim Regeln des Prozesses besteht auch die Gefahr der Überinterpretation, wobei der Prozess durch zu häufiges Eingreifen zum Schwingen gebracht werden kann.

Zusammenfassung und Bewertung

Die Qualitätsregelkarten machen sichtbar, ob sich die ändernden Einzelwerte eines sich wiederholenden Prozesses in tolerierten Grenzen bewegen. Werden festgelegte Grenzen überschritten, muss regelnd in den Prozess eingegriffen werden. Qualitätsregelkarten für Zählmerkmale warnen nicht vor negativen Prozessänderungen, bevor nicht bereits ein Fehler aufgetreten ist. Sie zeigen nur den Anteil der Produkte, die nicht in Ordnung sind. Eine gewisse Anzahl von Fehlern wird also im Voraus einkalkuliert. Dies ist ein großer Nachteil gegenüber den Qualitätsregelkarten für kontinuierliche Merkmale. Diese Karten zeigen außerdem die Richtung und Größe der Streuung [DiSc7.13].

7.1.4 Pareto-Diagramm

Die Pareto-Analyse ordnet die Daten nach ihrer Bedeutung.

Das **Pareto-Diagramm** und die darauffolgende Pareto-Analyse dienen dazu, vorhandene Daten, z. B. in einer Strichliste, nach deren Bedeutung zu ordnen und daraus Prioritäten abzuleiten. Die Merkmale werden entweder nach ihrer Häufigkeit oder ihren Auswirkungen, wie z. B. Kosten, entsprechend ihrer Größe fallend geordnet dargestellt.

Das Pareto-Prinzip besagt, dass die häufigsten Auswirkungen (80 %) eines Problems oft nur auf eine kleine Anzahl von Ursachen (20 %) zurückzuführen sind.

Das Ziel der Analyse ist, die Ursachen und ihre Gewichtung zu erkennen, um entsprechende Problemlösungsmaßnahmen nach ihrer Priorität einzuleiten. Sinnvollerweise sollte das größte, wichtigste oder kostenintensivste Problem zuerst angegangen werden.

Beispiel:
Die Endkontrolle von Blenden der Audio-Bedienelemente für den Einsatz in Armaturenschalttafeln in Pkws ergab verschiedene Fehlerarten, Fehlerhäufigkeiten und Nacharbeitskosten pro Fehler. Sie wurden entsprechend den Gesamtkosten sortiert (Tabelle 7.13):

Tabelle 7.13: Sortierung der Ausgangsdaten nach Gesamtkosten am Beispiel einer Endprüfung

Fehlerart	Anzahl	Bearbeitungskosten je Fehler	Gesamtkosten je Fehlerart	relative Häufigkeit h_i in %	Summenhäufigkeit H_i in %
Kratzer auf Zierblende	26	26,98 €	701,48 €	33,4	33,4
Montagefehler	25	19,99 €	499,75 €	23,8	57,2
Drehknopf schwergängig	21	18,10 €	380,10 €	18,1	75,3
Taste klemmt	23	7,94 €	182,62 €	8,7	84,0
Klebstoffreste	18	7,35 €	132,30 €	6,3	90,3
Verschmutzung	32	2,82 €	90,24 €	4,3	94,6
Verschraubung locker	14	4,50 €	63,00 €	3,0	97,6
Sonstige	16	3,40 €	54,40 €	2,4	100,0

Vorgehensweise

- Daten, z. B. Fehlerarten und Ursachen, ermitteln: Um diese sichtbar zu machen, können verschiedene Strategien eingesetzt werden (z. B. Brainstorming, Ursache-Wirkungs-Diagramm usw.).
- Festlegen der Größen, mit denen die Auswirkungen gemessen werden: Die gebräuchlichsten Größen sind die Häufigkeit bzw. die mit Kosten bewertete Häufigkeit (Anzahl × Kostensatz). Bei größeren Bestandsaufnahmen ist z. B. eine Fehlersammelliste hilfreich.

Wichtig ist die richtige Aufbereitung der Daten!

- Erhebung der Einzeldaten: Die ermittelten Daten werden entsprechend ihrer Art zusammengefasst.
- Sortieren der Daten: Sie werden nach ausgewählten Kriterien (Tabelle 7.13) entsprechend ihrer Bedeutung (z. B. ABC-Analyse) geordnet.
- Visualisieren des Pareto-Diagramms: siehe Bild 7.13.

- Durchführen einer Ursachenanalyse: z. B. mithilfe des Ursache-Wirkungs-Diagramms.

Das entsprechende Pareto-Diagramm (Bild 7.13) zeigt den anteiligen Kostenverlauf der Fehlerarten und die kumulierten Nacharbeitskosten.

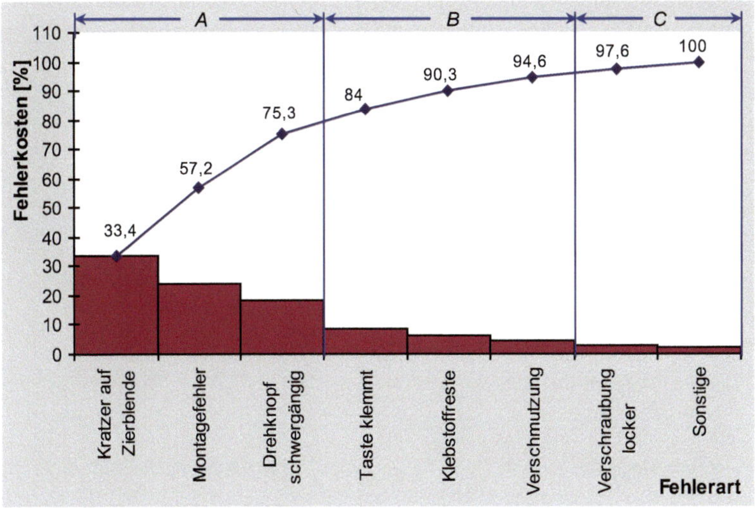

Bild 7.13: Pareto-Diagramm der „Nacharbeitungskosten"

Analyse: Das Ordnungskriterium des Diagramms (Bild 7.13) sind die „Gesamtkosten je Fehlerart". Deutlich wird, dass nicht die Anzahl der „Fehler je Art" für die entstandenen Nacharbeitskosten verantwortlich ist. Die Einteilung der Fehlerarten in Klassen, meist in der Teilung $A \approx 70\,\%$, $B \approx 20\,\%$ und $C \approx 10\,\%$ des Ordnungskriteriums, zeigt die größte Priorität bezüglich der Problembeseitigung bei den sogenannten A-Fehlerarten.

Eine sorgfältige Analyse ist wichtig.

Zusammenfassung und Bewertung

Mithilfe des Pareto-Diagramms ist es möglich, aus den umfangreichen Ursachen die wichtigsten herauszufiltern. Seine Anwendung ist relativ einfach zu verstehen und durchzuführen. Schwierigkeiten können durch viele Fehlerarten entstehen, die einer Klassifizierung bedürfen.

7.1.5 Korrelationsdiagramm

Im **Korrelationsdiagramm**, auch Streudiagramm, wird die Beziehung zweier statistischer Merkmale (Zufallsvariablen) grafisch dargestellt. Ein Wertepaar bildet einen Punkt. Trägt man die Werte in ein kartesisches Koordinatensystem ein, so erhält man eine Punktwolke, die dann Rückschlüsse auf die statistischen Zusammenhänge der Merkmale zulässt. Je nach Streuung und Tendenz gibt es unterschiedliche Korrelationsarten (Bild 7.14).

Wichtige Korrelationsarten

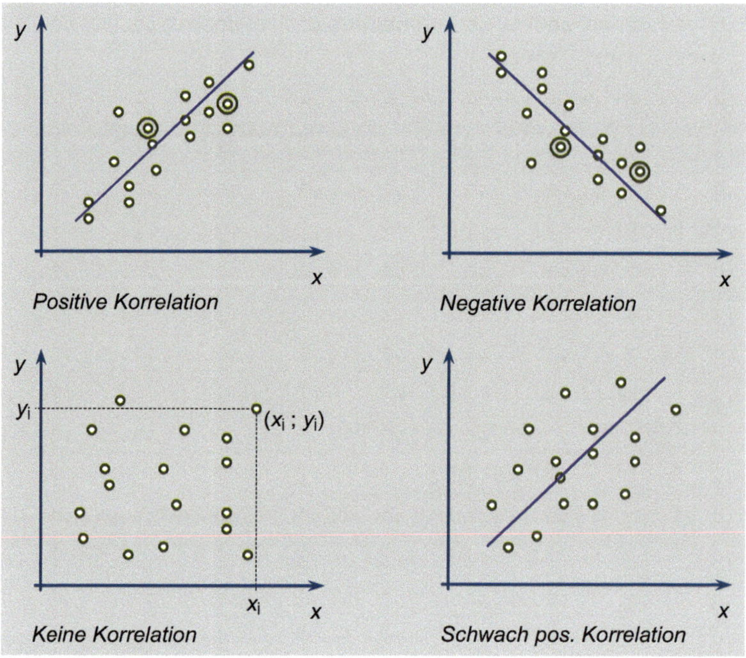

Bild 7.14: Korrelationsarten

Vorgehensweise

Für die Ermittlung einer Korrelation sind folgende Schritte durchzuführen:

Stichproben müssen immer unter gleichen Bedingungen entnommen werden.

- Die im möglichen Zusammenhang stehenden Merkmale auswählen.
- Die Stichprobe mit dem Umfang n unter jeweils gleichen Bedingungen entnehmen. Sie besteht aus den n geordneten Wertepaaren $(x_1; y_1)$, $(x_2; y_2)$, $(x_3; y_3)$, ..., $(x_n; y_n)$, [Faustregel $n > 30$].
- Die Wertepaare als Punkt in das Diagramm eintragen. Treten Wertepaare häufiger auf, wird dies mit Kreisen um den Punkt dargestellt.
- Das Korrelationsdiagramm entsprechend seiner Beschaffenheit interpretieren, wie beispielhaft im Bild 7.14 dargestellt.

Die beiden Merkmale getrennt ergeben die eindimensionalen Stichproben

$$x_1; x_2; x_3; \ldots, x_n \quad \text{und} \quad y_1; y_2; y_3; \ldots, y_n$$

mit den arithmetischen Mittelwerten

$$\bar{x} = \frac{1}{n}\sum_{i=1}^{n} x_i \quad \text{und} \quad \bar{y} = \frac{1}{n}\sum_{i=1}^{n} y_i$$

mit ihren Varianzen bzw. den Standardabweichungen s_X, s_Y.

$$s_x^2 = \frac{1}{n-1}\sum_{i=1}^{n}(x_i - \bar{x})^2 \quad \text{und} \quad s_y^2 = \frac{1}{n-1}\sum_{i=1}^{n}(y_i - \bar{y})^2$$

Um einen wechselseitigen Zusammenhang aufzuzeigen, können folgende Kennwerte definiert werden:

Statistische Aufbereitung der Stichproben

- die empirische Kovarianz

$$s_{xy} = \frac{1}{n-1}\sum_{i=1}^{n}(x_i - \bar{x})\,(y_i - \bar{y})$$

und

- der empirische Korrelationskoeffizient

$$r = \frac{s_{xy}}{s_x \cdot s_y}$$

Es ist erkennbar, dass der empirische Korrelationskoeffizient nur Werte zwischen –1 und +1 annehmen kann:

$$-1 \leq r \leq +1$$

Wenn sich der Korrelationskoeffizient r nur wenig von +1 oder –1 unterscheidet, nähert sich der Stichprobenverlauf einer Geraden (Bild 7.14: positive bzw. negative Korrelation).

Strebt *r* gegen 0, ist keine Korrelation erkennbar (Bild 7.14: Keine Korrelation) [Pa71].

Zusammenfassung und Bewertung

Stärke und Richtung des Problemzusammenhangs sind erkennbar.

Mithilfe des **Korrelationsdiagramms** kann auf einfache Weise eine Aussage über die Stärke und Richtung eines Zusammenhangs getroffen werden. Am schnellsten und einfachsten lassen sich lineare Beziehungen untersuchen. Ein weiterer positiver Aspekt ist, dass eine vermutete Ursache-Wirkungs-Beziehung, die durch ein Ursache-Wirkungs-Diagramm ermittelt wurde, überprüft und dadurch widerlegt oder bestätigt werden kann. Falls die betrachteten Größen von weiteren Größen beeinflusst werden oder der Zusammenhang nur zum Teil besteht, kann die durch das Diagramm ermittelte Korrelation nicht direkt interpretiert werden.

Beispiel:
Es wurden von verschiedenen Pkw-Herstellern aus deren angebotenen Fahrzeugklassen die Längen und Leergewichte pro Fahrzeugtyp ermittelt. In das Koordinatensystem eingetragen, bilden die Wertepaare Punktwolken. Je nach Fahrzeugklasse werden Gemeinsamkeiten und Tendenzen sichtbar.

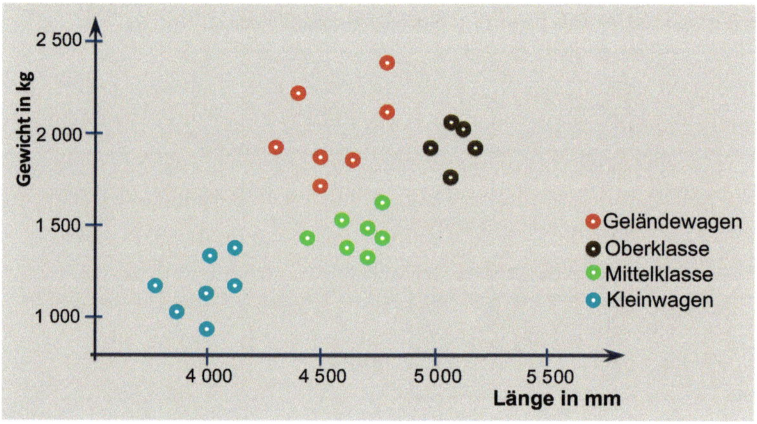

Bild 7.15: Korrelationsdiagramm von Pkw-Typen

7.1.6 Brainstorming

Brainstorming ist eine von Alex Osborn erfundene Methode zur Ideenfindung. Im Sinne von „using the brain to storm a problem" gilt es neue, auch ungewöhnliche Ideen zu finden, um ein Problem zu lösen.

Der Erfolg der Brainstorming-Methode beruht auf 5 Merkmalen [Tea1.12]:

Brainstorming, eine Kreativitätstechnik

- Eine Gruppe/ein Team kann ihre/seine gemeinsamen Kräfte entfalten.
- Denkpsychologische Blockaden können ausgeschaltet werden.
- Äußerungen, die den Ideenfluss hemmen (Vermeiden negativer Kritik), können ausgegrenzt werden.
- Das partnerorientierte Kommunikationsverhalten der Beteiligten kann gefördert werden.
- Unnötige Diskussionen können vermieden werden.

7.1.6.1 Methodik und Einsatzgebiet

Brainstorming findet inzwischen in allen Arbeitsbereichen Anwendung.

Verlauf einer Brainstorming-Sitzung

Universell einsetzbar

Ein Problem muss klar definiert sein oder durch eine entsprechende Fragestellung verdeutlicht werden. Die fünf bis sieben Mitglieder des Brainstorming-Teams müssen nun miteinander kooperieren, sich gegenseitig ermuntern, Ideen zu generieren und zu assoziieren.

Am Ende einer derartigen Brainstorming-Sitzung sollte eine Grobauswahl von Ideen vorhanden sein. Diese lassen sich in

Kooperation ist gefragt.

- unmittelbar verwendbar,
- prinzipiell verwendbar, müssen aber noch weiter eruiert werden,
- eher nicht verwendbar

klassifizieren. Die Ergebnisse sind entsprechend zu dokumentieren.

Rollen der Teammitglieder beim Brainstorming

Der Moderator spielt eine wichtige Rolle.

Ein Team benötigt:

- einen **Moderator** und
- einen **Protokollanten** und vor allem
- aktive Brainstorming-Teilnehmer.

Der Moderator stellt das Problem vor, sorgt für die Einhaltung der Gruppenregeln, lenkt die Diskussion, ohne dabei der Teamchef zu sein.
Der Protokollant dokumentiert die wesentlichen Fakten auf Tafeln, Karten, Flipchart oder Pinnwand und erstellt nach der Auswertung der Ergebnisse ein Abschlussprotokoll.

Durchführung

Eine Brainstorming-Sitzung kann z. B. von einem **Projektleiter** vorbereitet und anberaumt werden. Er stellt eine klar strukturierte Problembeschreibung vor und nimmt aktiv an der Sitzung teil.

- Unterstützt durch den Moderator, wird die genaue Problemstellung definiert. Diese muss allen Teammitgliedern klar sein.
- Der vom Team akzeptierte Moderator, führt die Diskussion mit besonderem Gewicht auf die Generierung von möglichst vielen Ideen. Er sollte dabei besonders auf sogenannte Killerphrasen [Thom 7.17] achten, damit die Kreativität nicht verebbt.

Teamgeist spielt eine wichtige Rolle.

Phase eins: Ideen finden

- Die Teammitglieder schreiben ihre Intuitionen zur Problemlösung z. B. auf Karten (eine Idee pro Karte, Zeitrahmen ca. 5 bis 30 min).

Phase zwei: Ergebnisse sortieren und bewerten

- Der Moderator sammelt die Karten ein, stellt die Vorschläge dem Team vor und heftet die Karten an eine Pinnwand.
- Nun können im offenen Gespräch die gesammelten Lösungsansätze weiterentwickelt werden. Jeder soll seine Gedanken frei äußern können, dabei aber keine Kritik an anderen Beiträgen üben, da respektable Problemlösungen oft aus zunächst völlig unsinnigen Vorschlägen hervorgehen.
- Der Protokollführer bereitet inzwischen die Ideen und Äußerungen an Tafel, auf Folie, im Laptop mit Beamer oder Flipchart auf. Auf dieser Grundlage werden die Lösungsansätze priorisiert.
- Der Moderator muss die Gefahr von gruppendynamischen Konflikten erkennen und gegensteuern.

Auch „unsinnige" Beiträge werden nicht kritisiert.

Es gibt Untersuchungen, die feststellten, dass die Äußerung einer Idee die Ideenfindung der anderen Teammitglieder beeinflusst. Deshalb ist es angebracht, die Teammitglieder ihre Ideen aufschreiben zu lassen, um danach unbeeinflusst über die Gedanken sprechen zu können. Ein Sozialpsychologe der Universität Utrecht machte zum Brainstorming ein Experiment, in dem 20 allein nachdenkende Menschen, die Brainstorming betrieben, bis zu 50 % mehr und originellere Einfälle hatten als „Teams" [Foc7.17].

Beispiel:
Eine Kette von Pkw-Service-Fachbetrieben möchte neue Akzente im Kundenkontakt und im Serviceangebot setzen.
Die Mitarbeiter wurden in extern moderierten Seminaren nach dem Motto „Der Kundenexperte der Zukunft!" gefragt. Sie sollten ein auf das Unternehmen passendes Konzept erarbeiten. Das Ergebnis ist im Bild 7.16 zusammengefasst.

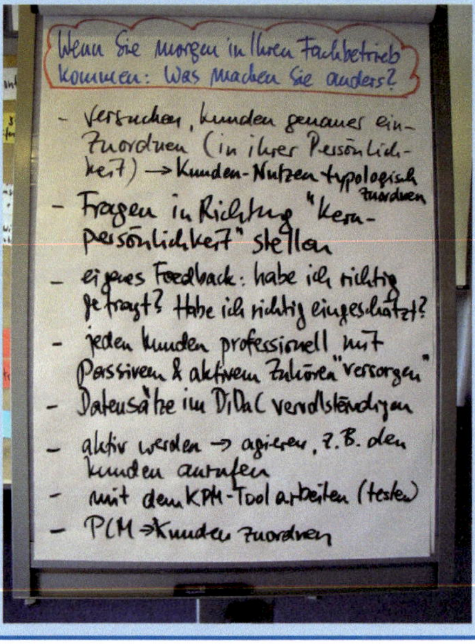

Bild 7.16: Brainstorming-Ergebnis [Bes7.17]

Zusammenfassung und Bewertung

Brainstorming ist ein weltweit verwendetes Verfahren zur Ideenfindung und bei korrekter Durchführung sehr erfolgreich. Die kreativen Potenziale der Gruppenmitglieder können sich voll entfalten. Brainstorming unterstützt die Gruppe, sich auf eine bestimmte Problemstellung zu konzentrieren und in kurzer Zeit eine Vielzahl von Lösungsvorschlägen zu generieren. Brainstorming und dessen Varianten finden auch aus betriebspolitischen Gründen statt, um möglichst viele Mitarbeiter an den Problemlösungen zu beteiligen. Dabei spielt oft Effektivität nur eine untergeordnete Rolle.

Vorteile

- Finden von innovativen Ideen und ausgefallenen Problemlösungen,
- in der Handhabung einfach,
- verursacht geringe Kosten,
- Ausnutzung von Synergieeffekten infolge der Gruppenbildung.

Nachteile

- von den Teilnehmern abhängig,
- Gefahr der Abschweifung,
- aufwendige Selektion geeigneter Ideen.

Die Brainstorming-Methode ist umstritten.

Trotz kritischer Verlautbarungen findet Brainstorming erfolgreich Anwendung bei der Problemermittlung, -analyse und -lösung.

7.1.6.2 Weitere Methoden und Varianten

Folgend werden einige Abwandlungen von Brainstorming kurz erläutert:

Anonymes Brainstorming: Die gegenseitige Anregung zur Ideenproduktion entfällt. Jeder Teilnehmer sollte eine Idee beitragen.

Es haben sich eine Vielzahl Ableitungen entwickelt.

Didaktisches Brainstorming: Der Moderator steuert die Ideenfindung durch schrittweise Informationsvergabe.

Imaginäres Brainstorming: Das Problem wird verfremdet, damit Teilnehmer von festgefahrenen Vorstellungen abkommen.

SIL-Methode (sukzessive Integration von Lösungen): Hier werden an die kreative Zusammenarbeit der Teilnehmer der Brainstorming-Sitzung besonders hohe Forderungen gestellt. Im Team wird ein Lösungsansatz entwickelt, der möglichst die bisher vorgestellten Ideen kombiniert. Dies eignet sich besonders für komplexere Lösungsansätze. Besonders zu beachten ist die Zusammensetzung des Brainstorming-Teams.

Methode 635: Auf einem strukturierten Arbeitsblatt werden schriftlich Ideen von den Teilnehmern eingetragen. So sollen bereits eingetragene Ideen die Teilnehmer zu neuen inspirieren.

Collective Notebook: Wenn Teilnehmer nicht gleichzeitig anwesend sein können, ist diese schriftliche Methode einsetzbar. Das Collective Notebook kann ein umlaufender Schnellhefter oder eine Datei im internen Netzwerk sein.

Brainwriting-Pool: Wenn allen Teilnehmern die gleichen Möglichkeiten zum Vorbringen von Ideen eingeräumt werden sollen, wählt man diese schriftliche Methode.

Kärtchentechnik: Diese ist ebenfalls eine schriftliche Form des Brainstormings. Es ermöglicht gleiche Chancen zur Ideenartikulation. Die Karten werden vom Moderator auf einer Pinnwand gegebenenfalls schon sortierend angebracht.

Zusammenfassung und Bewertung

Die Abwandlungen von Brainstorming haben das Ziel, die Effektivität durch eine bestimmte Vorgehensweise zu steigern. Ihre Anwendung ist hauptsächlich von der Teambesetzung abhängig.

7.1.7 Ursache-Wirkungs-Diagramm

Das vom Vater der japanischen Qualitätskontrolle Prof. Ishikawa Kaoru erfundene und nach ihm benannte Ishikawa-Diagramm ist ein **Ursache-Wirkungs-Diagramm**. Andere geläufige Bezeichnungen sind Fischgräten-Diagramm bzw. Fishbone-Diagramm.

Visualisierung eines Problemlösungsprozesses

Es ist ein Werkzeug zur Visualisierung eines Problemlösungsprozesses und stellt Kausalitätsbeziehungen dar, in dem nach primären Ursachen/Einflüssen eines Problems/einer Wirkung gesucht wird. Es eignet sich für die Analyse jeglicher Problemstellungen.

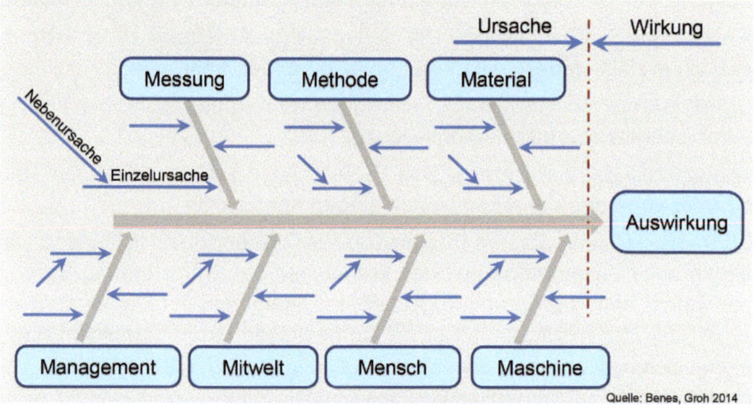

Bild 7.17: Erweitertes Ursache-Wirkungs-Diagramm

Die Hauptgruppen können der Problemstellung angepasst werden.

Das Ishikawa-Diagramm ist in Hauptgruppen eingeteilt. Diese können je nach Problemstellung erweitert werden, um die Abhängigkeiten zwischen den einzelnen Ursachen leichter erkennen zu können. Am wirkungsvollsten erfolgt die Analyse in einem fachübergreifenden Team. So werden unterschiedliche Aspekte bei der Ursachenfindung berücksichtigt.

Vorgehensweise

- Im Team wird eine möglichst exakte Problembeschreibung erarbeitet, mit Angaben zu Ort, Zeit, Inhalt, Ausmaß:
  „Welche Auswirkung hat das Problem?“
- Die Problemursachen werden mithilfe von Brainstorming dargelegt.
- Die Problembezeichnung wird für alle sichtbar aufgezeichnet (z. B. auf eine Tafel/Flipchart).
- Die Hauptgruppen werden zur späteren Zuordnung der Ursachen (siehe Beispiel in Bild 7.18) mit der 5-M-Methode aufgestellt:
  - Mensch: beteiligte Personen
  - Methode: Arbeitsweise ...
  - Maschine: Werkzeug, Geräte ...
  - Material: Rohmaterialien, Werkstoffe ...
  - Mitwelt: Einflüsse der Umgebung

- Mögliche Ursachen aus dem Brainstorming werden den Hauptgruppen/Kategorien an einem gesonderten Pfeil zugeordnet. Dabei wird ständig hinterfragt (warum?), da auch Einzelursachen weitere Nebenursachen haben können.

Anschließend werden die Beurteilung der Einzelursachen und ihre Gewichtung vorgenommen.

Teamfähigkeit der Mitarbeiter ist Bedingung.

> **Beispiel:**
> Das Trennschleifen von Naturstein mit rotierenden Werkzeugen ergab einen nicht zufriedenstellenden Schnittverlauf. Mithilfe von Brainstorming wurden mögliche Ursachen erarbeitet und im Ishikawa-Diagramm visualisiert (Bild 7.18). Zum Spezifizieren der eigentlichen Ursache wurden einzelne Einflussfaktoren untersucht.

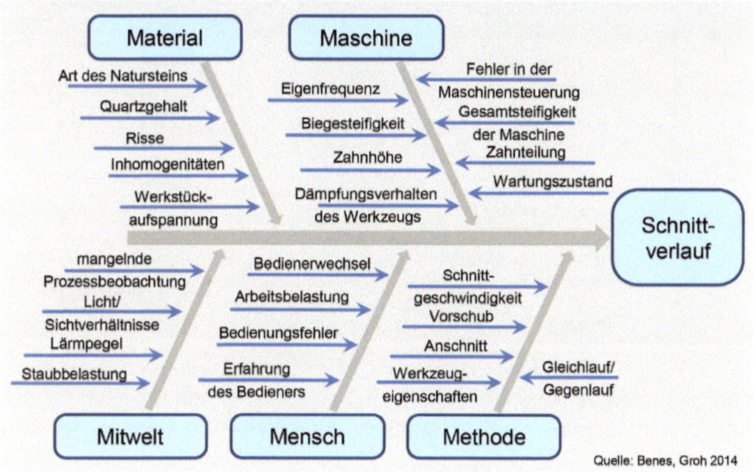

Bild 7.18: Beispiel eines Ursache-Wirkungs-Diagramms

Zusammenfassung und Bewertung

Aufgrund der Systematik des Ishikawa-Diagramms und der Teamarbeit werden verschiedene Ursachen für die Entstehung des Problems sichtbar. So können einseitige Ansätze bzw. das Berücksichtigen von Interessen vermieden werden. Weitere Vorteile sind die Anzahl der Ursachenvorschläge sowie das Erkennen der Zugehörigkeiten und Abhängigkeiten der einzelnen Ursachen. Auch bereichsübergreifende Einflüsse können durch die Zusammenarbeit der abteilungsübergreifenden Teammitglieder erkannt werden.

Bereichsübergreifende Zusammenarbeit fördert die Firmenkultur.

Nachteilig wirkt sich bei einer Erstanwendung der Methode die Einstellung der Mitarbeiter aus, die sie als „Spielerei" ansehen. Mithilfe eines kundigen Moderators wird diese Schwierigkeit schnell überwunden. Ein weiterer Nachteil ist eine unübersichtliche Darstellung bei komplexen Problemstellungen. Das Unterteilen des Problems in Einzelprobleme ist hier als Lösungsansatz verwendbar. Der größte Schwachpunkt ist, dass eine zeitliche Abhängigkeit nicht darstellbar ist.

7.2 Sieben Managementwerkzeuge, M 7

Bei den sieben Managementwerkzeugen (seven management tools) handelt es sich um ein Bündel von Methoden, die Informationen veranschaulichen und durch Auswertung Lösungen gegliedert generieren.

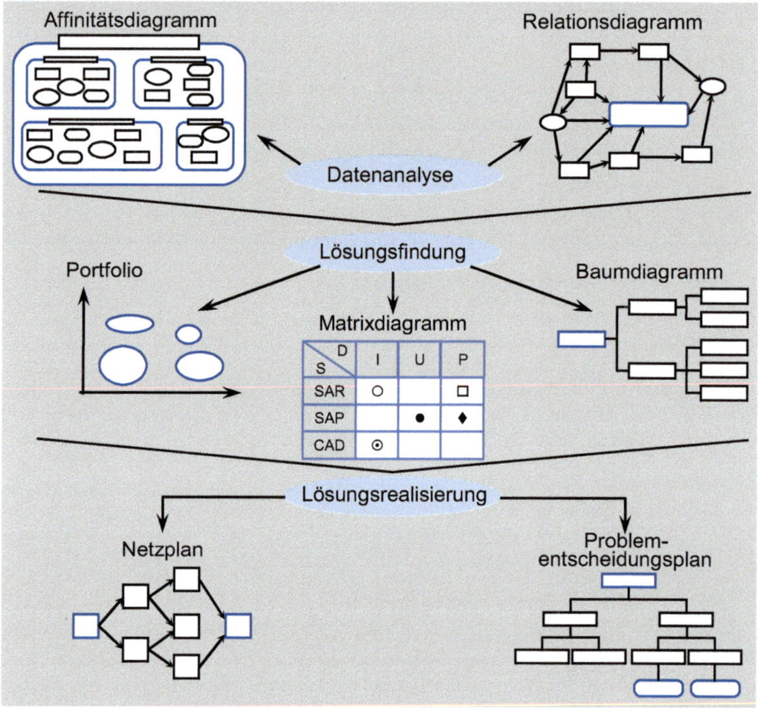

Bild 7.19: Die sieben Managementwerkzeuge

Die seven management tools unterstützen die Problemerkennung und die Bewertung von Lösungen vor allem in der Planungs- und Entwicklungsphase, in denen noch kein ausreichendes Zahlenmaterial vorliegt (Bild 7.19). Die praktische Arbeit findet in Teams unter Zuhilfenahme von Pinnwänden und Karten statt.

7.2.1 Affinitätsdiagramm

Wenn z. B. mithilfe von Brainstorming eine große Anzahl von Ideen, Problemen, Ursachen u. Ä. erarbeitet wurde, müssen diese nach einer gewissen Ordnung und Struktur zusammengefasst werden.

Affinitätsdiagramme verdichten und strukturieren Informationen.

Die Anwendung des **Affinitätsdiagramms** hilft, diese zu verdichten und übersichtlich zu strukturieren. Neue Ideen und Zusammenhänge werden erkennbar. Sie helfen, neue Lösungsansätze zu erarbeiten.

Vorgehensweise

Zur Lösung der Aufgabenstellung werden vorliegende Themen/Stichworte zusammengetragen und entsprechend ihren Merkmalen gruppiert.

Es werden Cluster gebildet, die eine genau spezifizierte Überschrift erhalten. Das Finden der Überschriften sollte ausreichend diskutiert werden, da hier die eigentlichen Lösungsansätze entstehen.

Sind die Cluster nun gebildet, muss das Team sie nach ihrer Wichtigkeit hinsichtlich der zu lösenden Aufgabe bewerten. Das kann z. B. mit farbigen Punkten geschehen (rot = sehr wichtig, gelb = wichtig, grün = weniger wichtig usw.), die an die verwendeten Karten der einzelnen Gruppen angeheftet werden. So gewinnt man eine strukturierte und bewertete Sammlung von Ideen zu einer bestimmten Aufgabenstellung.

Dokumentation:

Die entstandenen Tafelbilder, Pinnwände oder Flipcharts lassen sich leicht abfotografieren und dem knapp gehaltenen Protokoll beifügen.

Zusammenfassung und Bewertung

Ergebnisse sorgfältig dokumentieren

Das Affinitätsdiagramm hilft, Merkmale eines Betrachtungsgegenstandes abzubilden und zu strukturieren. Es wird überwiegend in Verbindung mit Brainstorming eingesetzt. Vorteile:

- schnelle, effektive Ideenfindung,
- Kommunikationsbarrieren werden überwunden,
- schneller Einigungsprozess wird gefördert,
- Verbesserung von Teamgeist und Arbeitsklima.

Beispiel:

Der Halbjahresreport eines Unternehmens sagt für den Rest des Jahres einen Rückgang des Marktanteils um 9 % voraus. Die Abteilungsleiter sitzen zusammen, um die Ursache einzugrenzen.

Das Bild 7.20 zeigt das Ergebnis des Brainstormings. Die Ursachen für den Verlust des Marktanteils fangen bei den Stammkunden an, reichen über Lieferantenausfälle bis zur Komplexität der Prozesse.

Bild 7.20: Ergebnis des Brainstormings an der Pinnwand

Mithilfe des Affinitätsdiagramms wurden durch die Teammitglieder vier Cluster gebildet und bewertet (Bild 7.21). Die Bewertung zeigt, dass die Ursachen für den Verlust des Marktanteils hauptsächlich auf die Fertigungsprozesse zurückzuführen sind.

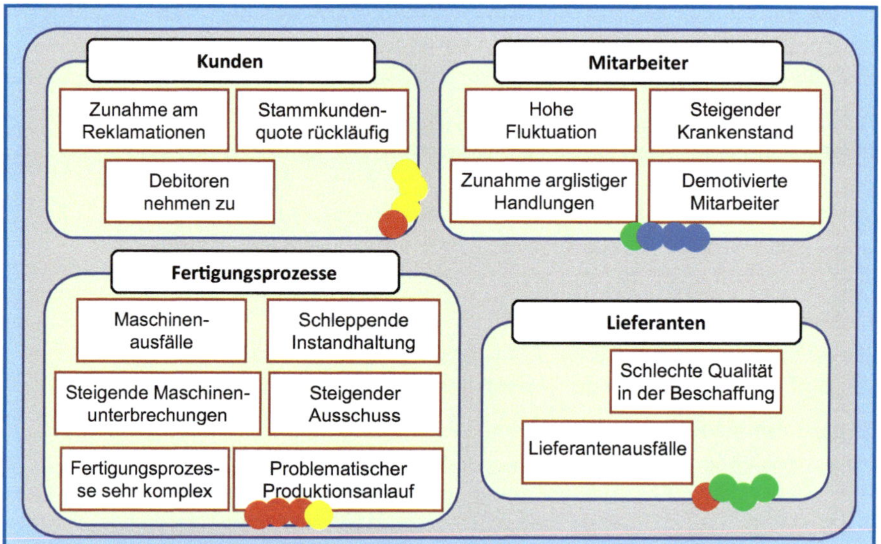

Bild 7.21: Strukturierte Darstellung im Affinitätsdiagramm an der Pinnwand

7.2.2 Relationsdiagramm

Häufig können Ursache- und Wirkungsbeziehungen nicht mit mathematischen oder statistischen Methoden erfasst und analysiert werden. Deswegen bietet das **Relationsdiagramm** eine Möglichkeit, verschiedene Sichtweisen, Argumente und Fakten miteinander zu verknüpfen, ihre Abhängigkeiten und ihre Gewichtung als treibende Kräfte bzw. Ergebnisse darzustellen.

Relationsdiagramme stellen komplexe Probleme übersichtlich dar.

Das Relationsdiagramm stellt grafisch selbst komplexe Vorgänge und deren Zusammenhänge mit anderen Faktoren dar. Ausgehend von einem zentralen Vorgang werden in Wechselwirkung stehende Einflussfaktoren gruppiert und ihre Beziehungen durch Pfeile dargestellt.

Eine hierarchische Sortierung der oft umfangreichen Wechselbeziehungen ist möglich. Ursachen können so in Gruppen erster, zweiter, dritter usw. Ordnung klassifiziert werden.

Beispiel:
Im Servicebereich eines Unternehmens soll eine neue Software die Disposition der Mitarbeiter systematisieren. Es muss ermittelt werden, welche Hindernisse entstehen könnten und wie man diese am wirkungsvollsten abbauen kann.
Bild 7.22 zeigt die einzelnen Einflussfaktoren und deren Abhängigkeit. Die Zahl 5 der ausgehenden Pfeile der Geschäftsleitung besagt, dass der Erfolg der Einführung der neuen Software im Wesentlichen von der Aktivität der Geschäftsleitung als Treiber abhängt.

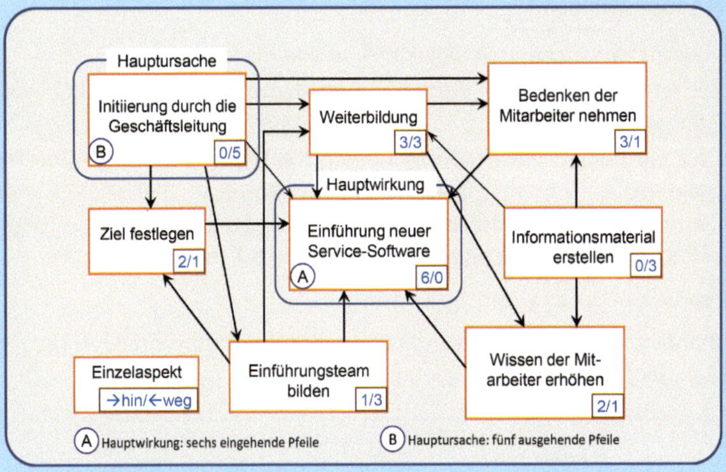

Bild 7.22: Beispiel eines Relationsdiagramms

Vorgehensweise

Vorgehensweise beachten, um logische Fehler zu vermeiden.

- Problemstellung in einem verständlichen Satz formulieren.
- Karte mit Problemstellung in die Mitte einer Pinnwand, Tafel oder ähnlichem anordnen.
- Sammeln von Einflussfaktoren zur Problemstellung (Brainstorming).
- Ermittelte Einflussfaktoren auf Karten um die Problemstellung anordnen.
- Von einer Karte ausgehend prüfen, ob sie in Beziehung zu anderen Karten steht, dann Beziehungspfeile zwischen Einflussfaktoren und Problemstellung ziehen.
- Beziehungspfeile immer von der Ursache zur Wirkung zeichnen (niemals in beide Richtungen).
- Beziehungen zwischen den Einflussfaktoren diskutieren.
- Auswertung:
  Hauptwirkungen = Gesichtspunkte mit vielen eingehenden Pfeilen.
  Hauptursachen = Gesichtspunkte mit vielen ausgehenden Pfeilen.

Zusammenfassung und Bewertung

Das Relationsdiagramm bietet eine einfache und schnelle Möglichkeit, Abhängigkeiten von Merkmalen eines Betrachtungsgegenstandes zu analysieren und qualitativ zu bewerten. Allerdings hängt das Ergebnis von dem Wissen der Beteiligten ab.

7.2.3 Portfolio

Mit der Portfolio-Analyse lassen sich Objekte gegenüberstellen und bewerten.

Mit einem **Portfolio** bzw. einer **Portfolio-Analyse** (auch Matrix-Daten-Analyse) können Objekte, z. B. Produkte, Leistungen, Verfahren oder Marktdaten, gegenübergestellt werden. Nach der Bewertung in zwei Dimensionen wird das Ergebnis im Koordinatensystem dargestellt. Aus dieser Istsituation heraus lassen sich Entwicklungsmöglichkeiten und angestrebte Ziele für weitere Konzeptionen herleiten.

Vorgehensweise

- die zu vergleichenden Objekte/Produkte festlegen,
- Erarbeiten der beiden Eigenschaften, nach denen das Objekt bewertet werden soll,
- für die beiden gewählten Merkmale die jeweiligen Maßgrößen bestimmen,
- ermittelte Werte in Koordinatensystem eintragen, wobei die Größe des Symbols für ein drittes Merkmal stehen kann.

Zusammenfassung und Bewertung

Anhand der Portfoliodarstellung lassen sich dreidimensionale Abhängigkeiten darstellen und Strategien ableiten.

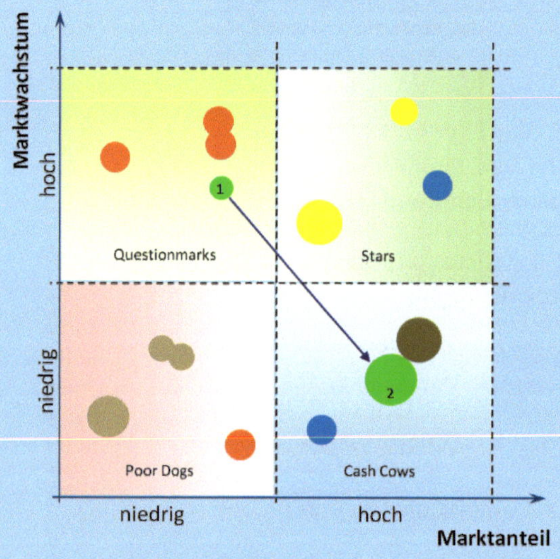

Beispiel:
Im Bereich Marketing soll für neu eingeführte Produkte, bei denen noch unklar ist, ob sie Versager oder Aufsteiger werden, eine Analyse vorgenommen werden. Dabei werden vor allem die Konkurrenzprodukte zum Vergleichsmaßstab [DeTe7.25].

= eigenes Produkt
= Produkte der Konkurrenten

Kreisgröße gibt den Umsatz wieder

1: momentaner Zustand des eigenen Unternehmens

2: angestrebter Zustand des eigenen Unternehmens

Bild 7.23: Portfolio-Analyse

7.2.4 Matrixdiagramm

Ein **Matrixdiagramm** deckt Beziehungen zwischen zwei oder mehreren Gruppen von Informationen, also Dimensionen, auf. Mit ihm lassen sich Wechselwirkungen analysieren und bewerten. Es werden also zwei Dimensionen miteinander verknüpft.

Die Abhängigkeiten einzelner Merkmale lassen sich mit einer geeigneten Matrixform gegenüberstellen und bewerten (Bild 7.24).

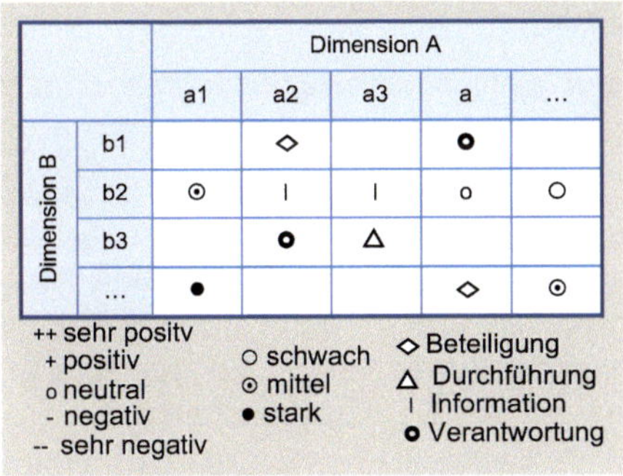

Bild 7.24: Matrixdiagramm in L-Form

Matrixdiagramme zeigen Wechselwirkungen in mehreren Dimensionen auf.

Vorgehensweise

- Festlegen der Dimensionen des Problems, die verglichen werden sollen.
- Die einzelnen Merkmale der Dimensionen können neu bestimmt (Brainstorming) oder aus anderen Werkzeugen (Affinitätsdiagramm) entnommen werden.
- Für jede Zelle der Matrix sind nun die Wechselbeziehung, Verantwortlichkeiten und Handlungsanweisungen zu ermitteln.

Es gibt verschiedene Formen von Matrixdiagrammen, die sich nach der Anzahl der zu untersuchenden Dimensionen richten (Bild 7.25). Die gebräuchlichsten sind die L-Matrix (für zwei zu untersuchende Gruppen) und die T-Matrix (für drei zu untersuchende Dimensionen).

Der Zusammenhang zu anderen Managementwerkzeugen besteht darin, dass z. B. das Ergebnis (letzte Stufe) eines Baumdiagramms eine Gruppe von Informationen im Matrixdiagramm darstellt und somit weiterverarbeitet werden kann. Die Ergebnisse eines Baumdiagramms sollen in die Praxis umgesetzt werden, müssen also mit anderen Faktoren verglichen, bzw. in Einklang gebracht werden. Hierzu eignet sich das Matrixdiagramm.

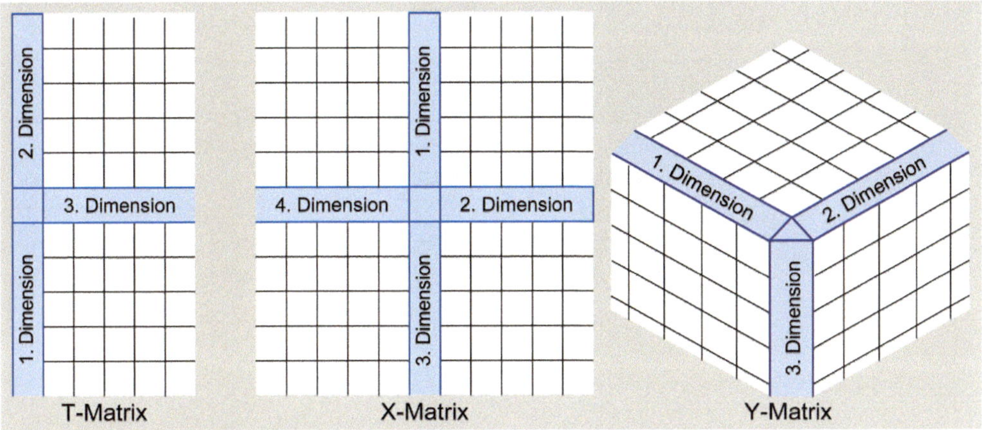

Bild 7.25: Weitere Matrixformen

Zusammenfassung und Bewertung

Das Matrixdiagramm erlaubt, auf einfache Weise mehrdimensionale Wechselwirkungen zu analysieren und zu bewerten.

7.2.5 Baumdiagramm

Mithilfe eines **Baumdiagramms** können Beziehungen (verwandtschaftliche oder hierarchische Abhängigkeiten) grafisch dargestellt werden. So ist es möglich, ein Problem in verschiedenen Ebenen zu untersuchen, wobei mit steigender Ebenenzahl der Detaillierungsgrad zunimmt.

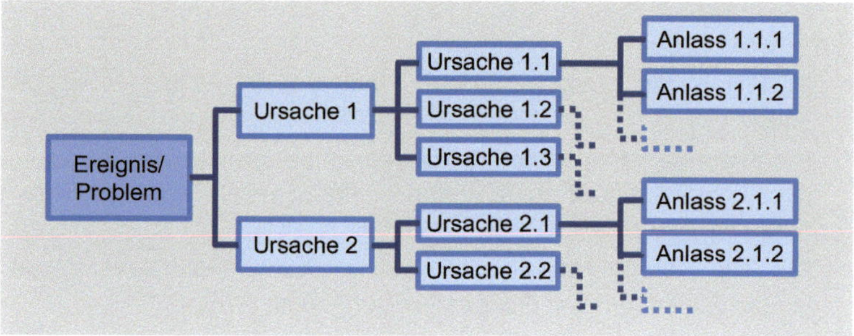

Bild 7.26: Modell des Baumdiagramms

Vorgehensweise

Baumdiagramme stellen hierarchische Abhängigkeiten dar.

- Die zu untersuchende Sachlage wird in einem Satz formuliert und als Karte an die Pinnwand gehängt.
- Die erste Ebene unter der Sachlage wird erstellt (Ursache 1; 2).
- In den nächsten Ebenen können die Ursachen (Ursache 1.1; 2.1 ...) differenzierter und genauer beschrieben werden.
- Jeder Unterpunkt wird nun weiter untersucht.

Durch die stufenweise Vorgehensweise kann eine große Anzahl von Ursachen und ihre Abhängigkeiten herausgearbeitet werden (Bild 7.26).

Beispiel:
Für die Ausbildung zum Kommunikationselektroniker sind für den Servicefall Entscheidungshilfen nötig. Der folgende Entscheidungsbaum unterstützt die Fehlersuche.

Wie das Bild 7.27 im Beispiel zeigt, kann mithilfe des Baumdiagramms eine systematische Fehleranalyse unterstützt werden.

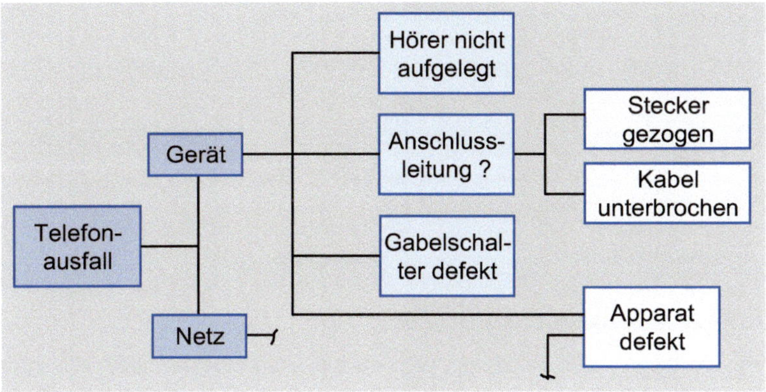

Bild 7.27: Baumdiagramm zur Entscheidungshilfe

Zusammenfassung und Bewertung

Das Baumdiagramm visualisiert auf eine einfache Weise hierarchische Abhängigkeiten, die in unterschiedlichen Ebenen dargestellt werden.

7.2.6 Netzplan

Netzpläne bilden komplexe, zeitkritische Probleme ab.

Ein **Netzplan** oder die **Netzplantechnik** ist ein grafisches Verfahren, um variable Abläufe zu planen, zu analysieren und zu steuern. Ein Vorgang, z. B. ein Projekt, wird in Teilvorgänge, Aufgaben bzw. Tätigkeiten zerlegt und deren jeweilige Zeitdauer ermittelt. Die Teilvorgänge werden so miteinander verknüpft, dass zeitkritische Zusammenhänge, Abhängigkeiten und Parallelitäten erkennbar werden. Die Ereignisfolge mit den kritischsten Teilvorgängen ergibt den kritischen Pfad, dieser bestimmt die Gesamtprojektdauer.

Vorgehensweise

- Vorgänge zur Erreichung des Projektziels auflisten,
- Zeitdauer der einzelnen Aktivitäten abschätzen,
- eine Abhängigkeitsanalyse der Teilvorgänge erstellen,
- Ablaufstruktur erstellen,
- Daten aus der Aktivitätenliste in die Knoten übertragen.

Endgültige Terminierung, terminliche, sachliche und personelle Engpässe werden sichtbar.

Symbolik:

An den Knoten eines Netzplans werden Vorgangsfelder platziert, in denen die Vorgangsbeschreibung festgehalten wird (Bild 7.28).

<table>
<tr><td colspan="3">Vorgangsnummer,
Beschreibung des Vorgangs</td><td>Berechnung:</td></tr>
<tr><td>FAZ
frühster
Anfangszeitpunkt</td><td rowspan="2">Dauer
des
Vorgangs</td><td>FEZ
frühestes
Endzeitpunkt</td><td>FAZ=FEZ-Dauer</td></tr>
<tr><td>SAZ
spätester
Anfangszeitpunkt</td><td>SEZ
spätestes
Endzeitpunkt</td><td>SAZ=SEZ-Dauer</td></tr>
</table>

Bild 7.28: Legende eines Vorgangsfeldes

Diese Legende muss allen Projektbeteiligten geläufig sein.

Zur Erstellung des Netzplans werden die Vorgänge ermittelt, die zum Projektstart stattfinden können. Zu beachten ist, dass andere Vorgänge noch nicht beendet sein müssen (Tabelle 7.14).

Diese Vorgänge (im Beispiel mit der Aktivitätennummer 2 und 3 benannt) werden rechts neben dem Projektstart angeordnet.

Beispiel:

Tabelle 7.14: Aktivitätenliste

Aktivitätenliste				
Nummer	Vorgangsbezeichnung	Vorgänger	Folgetätigkeit	Dauer
1	Projektstart: Plausibilitätsprüfung	–	2; 3	0
2	Dokumentation sichten	1	4	14
3	Vorort Kontrolle	1	4	18
4	Prüfbericht erstellen	2, 3	5	7
5	Projektende: Verifizierung	4	–	0

Zu den Vorgängen kann noch die Gesamtpufferzeit festgehalten werden.

Im nächsten Schritt werden die Vorgänge ermittelt, die erst stattfinden können, wenn die zuvor platzierten abgeschlossen sind. Vorgang 4 ist somit von 2, aber auch unmittelbar von 3 abhängig. Diese Vorgehensweise wird solange wiederholt, bis die Aktivitätenliste abgearbeitet ist.

Im Beispiel darf Vorgang 4 mit maximal einem Tag Puffer (Tag 22) beginnen, um das Projektende (5) nicht zu gefährden. Die Vorgänge 1, 3, 4, und 5 stellen somit den kritischen Pfad dar. So können unrealistische Zeitpläne aufgedeckt und kritische Vorgänge herausgearbeitet werden.

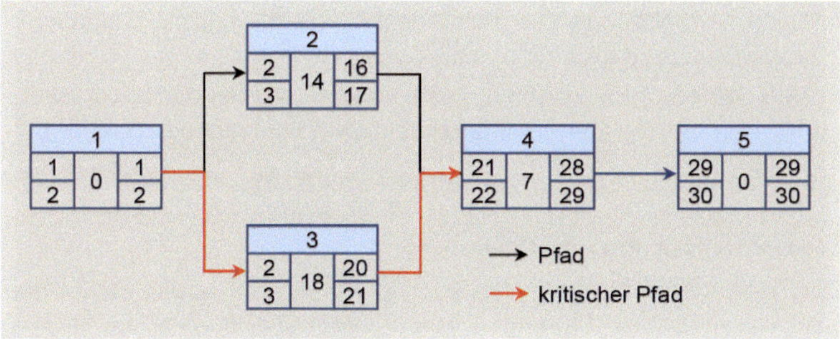

Bild 7.29: Beispiel eines Netzplans

Zusammenfassung und Bewertung

Die Netzplantechnik ermöglicht, Abhängigkeiten systematisch zu beschreiben und anhand von quantitativ erfassten Merkmalen Schwachstellen zu entdecken. Mit der Netzplantechnik werden komplexe Strukturen untersucht. Deshalb ist Softwareunterstützung notwendig.

7.2.7 Problementscheidungsplan

In Projekten treten immer Probleme und Schwierigkeiten auf, die eine termingerechte Ausführung behindern. Mit dem Problementscheidungsplan ist es möglich, im Voraus, also schon in der Planungsphase, diese Störungen zu sammeln und Gegenmaßnahmen zu erarbeiten. Eine grafische Darstellung ermöglicht einen schnellen Überblick über die Zusammenhänge und über die möglichen Gegenmaßnahmen.

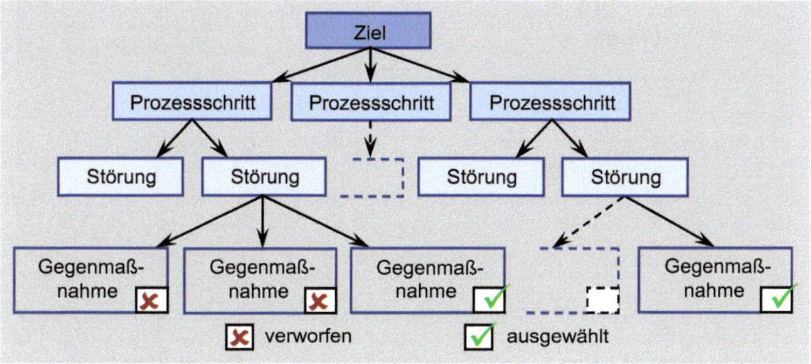

Bild 7.30: Prinzip des Problementscheidungsplans

Vorgehensweise

- Die zu erreichenden Ziele werden festgelegt.
- In der ersten Ebene des Problementscheidungsplans werden z. B. die Prozessschritte in ihrer zeitlichen Reihenfolge eingetragen.
- Im Team werden nun mithilfe von Brainstorming zu jedem Prozessschritt bzw. jeder Tätigkeit Probleme gesammelt, die entstehen könnten. Diese werden in der zweiten Ebene dargestellt.

Mit einem Problementscheidungsplan lassen sich Probleme und Störungen in Prozessen vorhersagen.

- Jetzt erarbeitet das Team zu jedem Problem mögliche Gegenmaßnahmen. Diese bilden die dritte Ebene.
- Abschließend diskutiert das Team die Maßnahmen und bewertet sie. Nun können die Gegenmaßnahmen praktisch umgesetzt werden.

Bei komplexeren Problemstellungen sollte man aus Gründen der Übersichtlichkeit mehrere miteinander korrespondierende Pläne erstellen.

Zusammenfassung und Bewertung

Der Problementscheidungsplan liefert im Voraus eine strukturierte Übersicht von möglichen Störungen bzw. Fehlern und die Ansätze zu ihrer Vermeidung.

7.2.8 Zusammenwirken der Qualitätstechniken und Werkzeuge

Qualitätstechniken und -werkzeuge sollten auf die Unternehmensstruktur abgestimmt sein.

Problemlösungstechniken, zu den die sieben Analyse- und sieben Managementwerkzeuge gehören, sind im Grunde relativ einfach strukturiert und verfolgen eindeutige Ziele. Sie sind nicht auf spezielle Merkmale bezogen, und damit eignen sie sich für fast alle Bereiche der Industrie, der Dienstleistung und des Handels. Sie werden zur Lösung von spezifischen Aufgaben, wie z. B. das Ursache-Wirkungs-Diagramm zur Ursachenfindung, eingesetzt. Sie entfalten verstärkt ihre Wirkung, wenn sie im Zusammenhang eingesetzt werden (Bild 7.31).

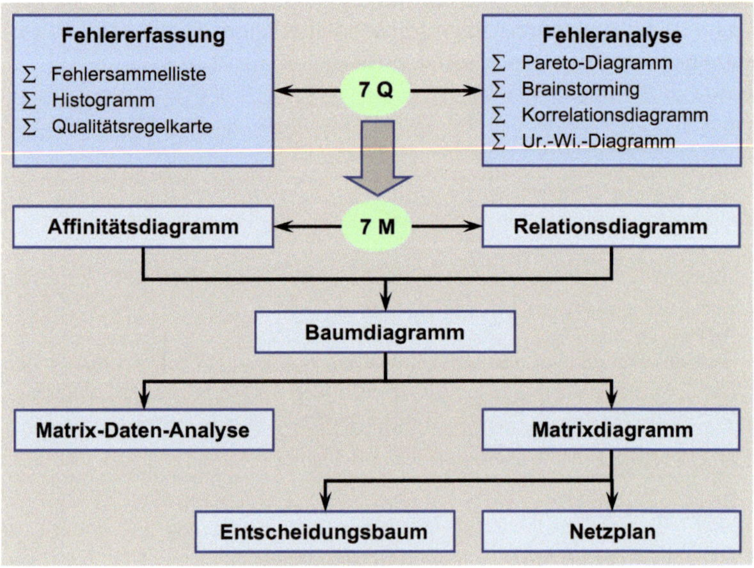

Bild 7.31: Das Zusammenwirken der Managementwerkzeuge [Pfei7.30]

So können Ereignisse, ausgehend von der Findung einzelner Merkmale und ihrer Abhängigkeit bis zu Lösungsansätzen und ihrer Umsetzung erarbeitet werden.

7.3 Allgemeine Analysemethoden

Als Ergänzung zu den qualitätsbezogenen Analysemethoden werden einige allgemein einsetzbare Methoden vorgestellt, die ebenfalls im Qualitätsmanagement Anwendung finden.

7.3.1 Paarweiser Vergleich

Beste Alternative finden

In der Praxis gibt es immer mehrere Lösungsalternativen bzw. Ansätze, unter denen eine Auswahl getroffen werden kann. Es sollen also mehrere Alternativen miteinander verglichen werden, um auf dieser Basis eine Entscheidung herbeizuführen. Die anzuwendende Vergleichsmethodik bietet der **Paarweise Vergleich**. Bei den zu vergleichenden Alternativen kann es sich um beliebige Inhalte handeln. Es können verschiedene Varianten von Maschinenkonstruktionen, Lösungsansätze für einen arbeitsgerechten Arbeitsplatz, Geschäftsmodelle, Analysemethoden usw. systematisch miteinander verglichen werden.

Vorgehensweise

Die Auswahl der Alternativen erfolgt überwiegend in einem Team von Fachleuten mittels Brainstormings. Die Aussagefähigkeit des angestrebten Ergebnisses hängt von der Qualität der zu vergleichenden Alternativen ab.
Zum Vergleich festgelegte Alternativen werden in einer Diagonalmatrix angeordnet. Die zur Bewertung benötigte Ordinalskala kann unterschiedlich gewählt werden. Die vereinfachte dreistufige Skala mit den Polen „0 = weniger wichtig", „1 = gleich wichtig" und „2 = wichtiger" ist eindeutig und kann nur kleinere Verzerrungen des Ergebnisses durch die bewertenden Personen verursachen.
Die erweiterte Skalierung mit „0 = viel weniger wichtig", „1 = weniger wichtig", „2 = wichtig", „3 = wichtiger" und „4 = sehr wichtig" führt zu einer genaueren Differenzierung, jedoch kann sie aufgrund der höheren Komplexität zur Überforderung der Teilnehmer führen [POR11].

Beispiel:
Der Prozess der technischen Auftragsabwicklung soll im Rahmen eines Projektes auf seine Schwächen und Risiken untersucht werden. Zuerst sollen für die Auswahl einer Untersuchungsmethode die Anforderungen und ihre Gewichtung ermittelt werden.

Das Projektteam ermittelte im Rahmen eines Brainstormings anhand einer modifizierten 6-W-Hinterfragetechnik die Auswahlkriterien, die zur Beurteilung der Methodeneignung herangezogen werden. Sie sind in Tabelle 7.14 aufgeführt.

Als Ordinalskala wurde wegen ihrer Einfachheit die vereinfachte dreistufige Skala gewählt.

Tabelle 7.14 Paarweiser Vergleich der Methodenkriterien

Methodische Vorgehensweise

Legende: 0 = weniger wichtig 1 = wichtig 2 = wichtiger	Visualisierung	Isterfassung	Sollanalyse	Problemerfassung	Schnittstellen	Aufwand	Dauer	Komplexität	Reifegrad	**Summe**	**gewichtete Bewertung [%]**
Visualisierung		0	2	2	0	2	2	2	1	11	15,28
Isterfassung	2		2	2	1	2	2	2	1	14	19,44
Sollanalyse	0	0		1	0	2	2	2	0	7	9,72
Problemerfassung	0	0	1		0	2	2	2	1	8	11,11
Schnittstellen	2	1	2	2		2	2	2	1	14	19,44
Aufwand	0	0	0	0	0		1	0	0	1	1,39
Dauer	0	0	0	0	0	1		1	0	2	2,78
Komplexität	0	0	0	0	0	2	1		0	3	4,17
Reifegrad	1	1	2	1	1	2	2	2		12	16,67
										72	**100,00**

Das Ergebnis der durchgeführten Bewertung zeigt die letzte Tabellenspalte. Sie gibt die Gewichtung, also die Bedeutung der vorliegenden Kriterien, in Prozent an.

Zusammenfassung und Bewertung

Der Paarweise Vergleich ist eine vergleichende Methode, die universell in allen Bereichen anwendbar ist. Die Aussagefähigkeit des Ergebnisses hängt ausschließlich von der Einschätzung der Wichtigkeit der zu vergleichenden Alternativen ab.

Vorteile

- Alternativen sind einfach und systematisch vergleichbar,
- jede Alternative wird einzeln mit jeder Alternative verglichen,
- direkte Vergleichbarkeit der Alternativen,
- kleiner Einfluss von subjektiver Einschätzung,
- geringer Aufwand.

Nachteile

- Das Ergebnis gibt nur eine relative und keine absolute Bedeutung der Varianten zueinander,
- Mit kleiner Anzahl der Alternativen steigt der Einfluss der subjektiven Gewichtung.

7.3.2 Nutzwertanalyse

Nutzwert anhand von Kriterien bestimmen

Die Auswahl einer optimalen Lösung beruht in der Praxis auf der Berücksichtigung einer Vielzahl von Kriterien unterschiedlicher Ausprägung. Technische Vorgaben, Qualität, Kosten usw. stellen sowohl qualitative als auch quantitative Kriterien dar, für die als Gesamtheit der optimale Nutzwert ermittelt werden soll. Die ermittelte Nutzwertgröße ergibt das Ausmaß der Eignung für die Erfüllung der gestellten Anforderungen. Die **Nutzwertanalyse** ist eine additive multiattributive Wertefunktion, die jeder Alternative einen Wert in Abhängigkeit von ihren Ausprägungen zuordnet [ALW10].

Vorgehensweise

Praktisch wird wie folgt vorgegangen. Die erarbeiteten Alternativen werden in Abhängigkeit von den Kriterien in einer Matrix eingetragen. Eine Erfüllungsgradskala E und eine Gewichtungsmaßskala G werden definiert und die Einzelkriterien bewertet. Ihr Quotient ergibt den Nutzwert des Kriteriums.

$N = \sum_{i=1}^{n} E_i * G_i \qquad \sum_{i=1}^{n} G_i = 1{,}0 \quad \text{für} \quad G_i = 0 \rightarrow 1{,}0$

Die Summe der Nutzwerte ergibt dann den resultierenden Nutzwert einer Alternative und deren Rangfolge. Die Gewichtung kann mithilfe eines Paarweisen Vergleichs ermittelt werden.

> **Beispiel:**
> Der Prozess der technischen Auftragsabwicklung soll im Rahmen eines Projektes auf seine Schwächen und Risiken untersucht werden. Für die Erfassung und Analyse soll eine geeignete Untersuchungsmethode ermittelt werden.

Kriterien bewerten

Die in Betracht kommenden Methoden wurden den Kapiteln 4 und 5 entnommen. Die Anforderungen und ihre Gewichtung G_i, die zur Auswahl herangezogen werden, sind im Kapitel 7.3.1 mithilfe des **Paarweisen Vergleichs** ermittelt worden (Tabelle 7.14).

Tabelle 7.15: Nutzwertanalyse für die Wahl einer Untersuchungsmethode

	Gi [%]	Prozess-struktur		SIPOC		Prozesswir-kungsgrad		Turtle-Methode		Wertstrom-methode	
		E_i	$G_i \cdot E_i$	E_i	$G_i \cdot E_i$	E_i	$G_i \cdot E_i$	E_i	$G_i \cdot E_i$	E_i	$G_i \cdot E_i$
Visualisierung	15,28	5	0,764	3	0,458	9	1,375	1	0,153	8	1,222
Isterfassung	19,44	7	1,361	2	0,389	8	1,555	7	1,361	7	1,361
Sollerfassung	9,72	4	0,389	3	0,292	5	0,486	7	0,681	7	0,681
Problemerfassung	11,11	3	0,333	4	0,292	7	0,778	8	0,889	7	0,778
Schnittstellen-erfassung	19,44	9	1,750	9	1,750	2	0,389	8	1,556	8	1,556
Aufwand	1,39	3	0,042	7	0,097	3	0,042	3	0,042	2	0,028
Dauer	2,78	4	0,111	6	0,167	3	0,083	3	0,083	2	0,056
Komplexität	4,17	2	0,083	6	0,250	5	0,209	2	0,083	3	0,125
Reifegrad	16,67	7	1,167	5	0,833	8	1,334	9	1,50	8	1,333
Σ gew. Wert	100,0		**6,00**		**4,68**		**6,29**		**6,35**		**7,14**
Rang			**4**		**5**		**3**		**2**		**1**

E = Erfüllungsgrad: 1–2 = unbefriedigend, 3–4 = gerade noch tragbar, 5–6 = ausreichend, 7–8 = gut, 9–10 = sehr gut

Die durchgeführte Nutzwertanalyse liefert ein eindeutiges Ergebnis. Für das geplante Vorhaben ist die Wertstrommethode mit dem Nutzwert 7,14 am besten geeignet.

Zusammenfassung und Bewertung

Die Nutzwertanalyse ist in allen Bereichen einsetzbar und aufgrund ihrer Struktur unabhängig von der Art der Kriterien anwendbar.

Vorteile

- Flexibilität in der Art der Ziele, der Art und Anzahl der Kriterien,
- Vergleichbarkeit der Alternativen anhand ihrer Rangfolge,
- Zusammenführung qualitativer und quantitativer Kriterien,
- relativ geringer Aufwand.

Nachteile

- Nicht eindeutige Zielsetzung führt zur Verzerrung des Ergebnisses,
- Unsicherheit bei der Wahl der Kriterien und der Gewichtung,
- Kriterien müssen voneinander unabhängig sein,
- Wahl der Skalierung beeinflusst das Ergebnis,
- subjektive Gewichtung.

Die Aussagefähigkeit wird umso höher, wenn die Bewertung auf Daten beruht und sie durch ein qualifiziertes Team durchgeführt wird. Wie die meisten Analysemethoden beschreibt die Nutzwertanalyse den Istzustand. Für mögliche Szenarien bzw. Unschärfen sollte die Sensitivitätsanalyse verwendet werden.

7.3.3 Spaghetti-Methode

Die **Spaghetti-Methode** dient zur Visualisierung von Bewegungen im Arbeitsumfeld wie zurückgelegte MA-Wege bzw. Materialfluss. Sie wird in Arbeitsprozessen überwiegend im Rahmen der 5-S-Bewegung verwendet, um Verschwendung (Muda) offenzulegen. Das Ziel ist die Beantwortung folgender Fragen:

Verschwendung durch Visualisierung von Wegen entdecken

- Befinden sich alle Dinge am Arbeitsplatz, die für die vorgesehenen Tätigkeiten erforderlich sind?
- Sind alle Tätigkeiten und Dinge standardisiert und geordnet?
- Werden alle Werkzeuge, Maschinen und Arbeitsplätze sauber gehalten?
- Werden die im Rahmen des Arbeitsprozesses gültigen Standards und Regeln eingehalten?
- Welche unnötigen Dinge an dem Arbeitsplatz können aussortiert werden?
- Wie steht es mit der Sicherheit am Arbeitsplatz?

Vorgehensweise

Mitarbeiter zeichnen z. B. bei jedem Gang den Weg in das Layout des Arbeitsplatzes ein. Die eingezeichnete Verteilung der Linien zeigt das Bewegungsprofil und gibt Auskunft über die Länge der zurückgelegten Wege und deren Häufigkeit bzw. der gemessenen Wegezeit. Anhand der ermittelten Daten kann eine quantitative Analyse durchgeführt werden.

Beispiel:
Eine Teeabfüll- und Verpackungsanlage erfordert wegen häufig wechselnder Kartonage eine Umrüstung. Die Zielsetzung des Projektes lautet, die Umrüstzeit zu senken.

Der Prozess ist vollautomatisch und besteht aus Funktionen wie Abfüllen in Dosen, Bedrucken der Dosen mit Text, Verpacken in Kartons, Etikettieren und Palettieren.

Ein Formatwechsel erfordert Umrüstung, Umbau- und Einstellarbeiten sowie Reinigung und Nachfüllen. Das Bild 7.32 zeigt die bei der Umrüstung erfassten Wege.

Unnötige Wege erkennen

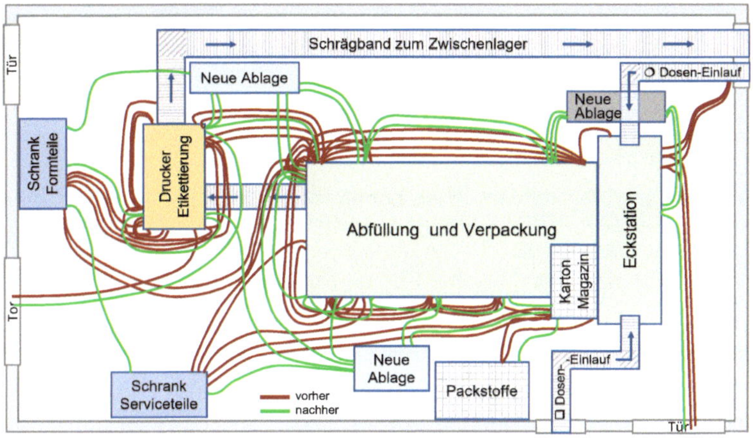

Bild 7.32: Spaghetti-Diagramm-Wegeprofil

Die Weglängen und die erforderlichen Umrüstzeiten wurden gemessen. Im Anschluss an deren Analyse wurde eine Umgestaltung der Werkzeug- und Vorrichtungsablagen durchgeführt und eine erneute Messung veranlasst. Der Vergleich davor und danach ist in Tabelle 7.16 aufgeführt.

Tabelle 7.16: Rüstzeiten und Wege vor und nach der Anpassung der Ablageorte

Kosten Personal $KP_i = t_{RZi} * KP * MA_i$ Stundensatz Personal *KP = 39,20 [€/h]*	**Abfüllanlage**		**Drucker**		**Format-wechsel**		**Feinjustie-rung**		**Σ Rüstvor-gang**	
	vor	nach	vor	nach	vor	nach	vor	nach	vor	nach
Wege W_i [m]	35,00	35,00	Incl.	250	1.400	250	Incl.	250	1.435	785
Rüstzeit t_{RZi} [min]	17:40	5:30	8:20	2:30	33:00	19:52	64:00	34:30	123:0	62:20
Mitarbeiter MA [#]	1.8	1.8	1	2	1	2	1	2		
Rüstkosten KR_i [€]	20,38	20,38	5,44	3,27	21,56	25,96	35.41	22,54	82.79	58,24

Das Ergebnis zeigt, dass die Wege um 650 m (45,30 %) verkürzt und die Rüstzeit um 60:40 min (49,33 %) reduziert wurden. Die Rüstkosten wurden pro Auftrag um 60,67 € (29,65 %) gesenkt.

Vorteile

- Einfache, leicht umsetzbare Methode,
- visuelle Darstellung von Verschwendung,
- quantitativ bewertbar,
- einfache Validierung von eingeleiteten Maßnahmen.

Die Spaghetti-Methode weist keine nennenswerten Nachteile auf.

7.3.4 Kosten-Nutzen-Analyse

Betriebliche Veränderungen verursachen einerseits Kosten (Investitionen), und andererseits sollen sie Verbesserungen, also einen Nutzen bringen. Um die Verhältnismäßigkeit bei jedem Veränderungs- bzw. Neuprojekt ermitteln zu können, bedarf es einer **Kosten-Nutzen-Analyse**.

Kosten-Nutzen-Analyse senkt Risiken

Dabei werden nicht nur monetäre Aspekte, sondern auch alle damit verbundenen Vor- und Nachteile betrachtet und im betrieblichen Kontext bewertet. Somit kann das finanzielle Risiko des Vorhabens für das Unternehmen beurteilt werden [BWL22].

> **Beispiel:**
> Die Verpackungsanlage einer Teeabfüllung muss wegen wechselnder Kartonage häufig umgerüstet werden. In einem Projekt wurden die Rüstzeiten um 49,33 % gesenkt (Kapitel 7.3.3). Die Auswirkungen der Optimierung sind in einer Kosten-Nutzen-Analyse zu beziffern.

Die Rüstzeiten und Rüstkosten pro Auftrag wurden der Tabelle 7.16 entnommen. Die zur Durchführung einer Kosten-Nutzen-Analyse benötigten Daten sind nachfolgend aufgeführt (Tabelle 7.17).

Tabelle 7.17: Kosten-Nutzen-Analyse

Kosten-Nutzen-Analyse		*Rüstkosten pro Jahr KR* $KR = \sum_i KR_i * AA$ *Produktionszeit pro Jahr PZ* $PZ = AZ * AT * S$ *Auftrage pro Jahr AA* $AA = \frac{PZ}{PA}$	
Aufträge pro Jahr *AA [#/a]*	554		
Arbeitszeit *AZ [h/d]*	7,5		
Arbeitstage pro Jahr *AT [d/a]*	240		
Schichtanzahl *S [#/d]*	2		
Kosten	**davor**	**danach**	**Differenz**
Rüstkosten Σ KR_i *[€/Auftr.]*	82.79	58,24	– 24,55
Rüstkosten pro Jahr *KR [€/a]*	45.865,66	32.264,96	– 13.600,70
Produktionskapazität			
Rüstzeit pro Auftr. t_{RZ} *[min]*	123,00	62,33	– 60,67
Produktionszeit pro Auftrag *PA [min/Auftrag]*	390,00	323,33	– 60,67
Aufträge Anzahl pro Jahr *AA [#/a]*	554	668	+ 114 ≙ + 20,58 %

Der mithilfe der Spaghetti-Methode optimierte Rüstvorgang bewirkte eine jährliche Kostensenkung von 13.600,70 €. Ein wesentlich stärkerer Einfluss ist bei der gestiegenen jährlichen Produktionskapazität zu verzeichnen. Das Auftragsvolumen kann um 20,58 % gesteigert werden.

Zusammenfassung

Eine Kosten-Nutzen-Analyse ist ein Instrument, das einerseits den Aufwand und andererseits den Nutzen bei einer geplanten bzw. durchgeführten Veränderung aufzeigt. Sie ist die Grundlage für einen wirtschaftlichen Erfolg.

Lernerfolg

Zur Prüfung des Lernfortschritts beantworten Sie folgende Fragen:

Fragen zum Kapitel 7.1:

1. Welche Ziele verfolgt man mit dem Einsatz von Qualitätswerkzeugen?
2. Wozu dient eine Fehlersammelliste?
3. Was ist ein Histogramm und wie wird es erstellt?
4. Auf welchem Prinzip beruht die Qualitätsregelkarte?
5. Erklären Sie die Funktion einer QRK.
6. Nennen Sie die Grenzwertarten in einer QRK.
7. Nennen Sie die Arten der QRK.
8. Nennen Sie einige Beispiele der variablen Regelkarten.
9. Nennen Sie einige Beispiele der Regelkarten für Zählmerkmale und erläutern Sie diese.
10. Erläutern Sie verschiedene Eingriffssituationen bei der QRK.
11. Prüfen Sie rechnerisch das Beispiel im Bild 7.7.
12. Wie wird ein Pareto-Diagramm aufgestellt und welche Aussage macht es?
13. Wozu verwendet man ein Korrelationsdiagramm?
14. Welche Zielsetzung verfolgt Brainstorming?
15. Erklären Sie die Methodik von Ursache-Wirkungs-Diagrammen.

Fragen zum Kapitel 7.2:

16. Wann würden Sie das Affinitätsdiagramm einsetzen?
17. Wann kommt das Relationsdiagramm zum Tragen?
18. Wozu dient eine Portfolio-Analyse?
19. Wie würden Sie Wechselbeziehungen zwischen mehreren Dimensionen und ihren Merkmalen darstellen?
20. Was zeigt ein Baumdiagramm auf?
21. Wann würden Sie einen Netzplan einsetzen?
22. Nennen Sie die Ziele bei der Anwendung eines Problementscheidungsplans.

Fragen zu Kapitel 7.3

23. Auf welcher Systematik basiert der paarweise Vergleich?
24. Nennen Sie einige Vor- und Nachteile.
25. Wann wird eine Nutzwertanalyse verwendet?
26. Was ist der wesentliche Vorteil der Nutzwertanalyse?
27. Wie ist das Prinzip der Spaghetti-Methode?
28. Zu welchem Zweck wird eine Kosten-Nutzen-Analyse durchgeführt?

Normen und Richtlinien

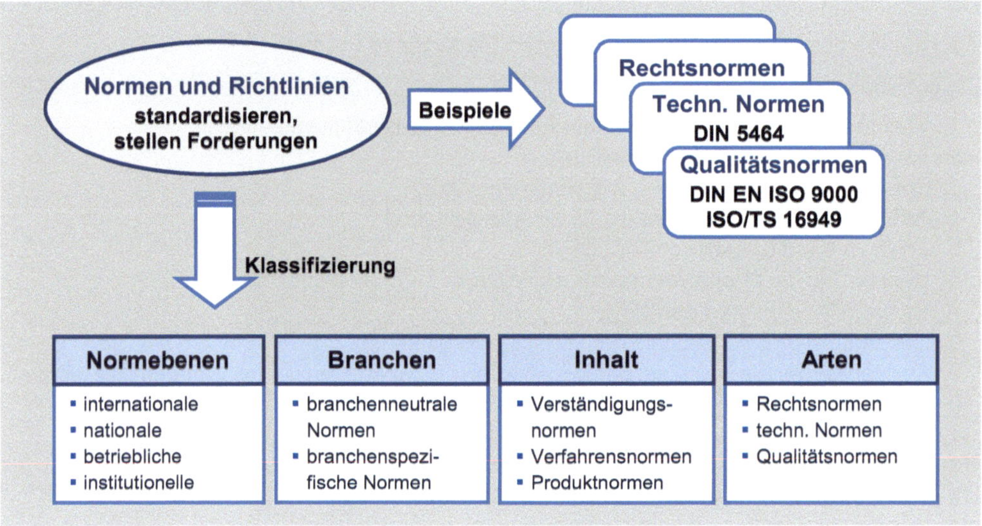

Lernziele:

Die industrielle Gesellschaft basiert auf Arbeitsteilung, Wissensvermittlung und Kommunikation. Die Erzeugung und Nutzung von materiellen und immateriellen Produkten stellen Forderungen sowohl an ihre Beschaffenheit als auch an die Beschaffenheit von Tätigkeiten, Personen und Organisationen. Die Zwänge, die Forderungen erfüllen zu können, führten zur Standardisierung und zur Entwicklung von Normen auf betrieblicher bzw. nationaler Ebene. Internationalisierung und Globalisierung erforderten Standards, die zur Einführung von internationalen Normen führten.

Steigende Bedeutung der Qualität bedurfte einer Entwicklung von qualitätsbezogenen Normen. Ein hoher Grad an Spezifizierung von Qualitätsforderungen und der Zwang zur Wirtschaftlichkeit erforderten Normen, die nicht nur die Produkte, sondern auch eine systematische Qualitätserzeugung betrafen.

Die Grundlagen des gegenwärtigen Qualitätsmanagements sind die qualitätsbezogenen Normen, deren Schwerpunkt die internationalen ISO-Normen darstellen. Das folgende Kapitel bietet einen Überblick über die Arten der wichtigsten Qualitätsnormen.

8 Normen und Richtlinien

Bei der Erzeugung sowohl von materiellen bzw. immateriellen Produkten als auch bei der Durchführung von Dienstleistungen stehen Forderungen an ihre Beschaffenheit im Vordergrund. Sie betreffen ebenfalls die Tätigkeiten, Personen und Organisationen. Die Erfüllung oder Nichterfüllung dieser Forderungen assoziiert mit dem Begriff der Qualität und des Qualitätsmanagements.

Um eindeutige Aussagen über nahezu jegliche vom Menschen geplanten Tätigkeiten und daraus resultierende Ergebnisse zu erzielen, werden Begriffe mit eindeutigen Benennungen und Beschreibungen benötigt. Durch ihre Abstraktion und Festlegung in **Normen** (technische Normen, Rechtsnormen ...) wurde eine notwendige Verständigungsgrundlage über die Fachbereiche und Branchen hinweg geschaffen, auf der Tätigkeiten/Prozesse/Verfahren und Ergebnisse beschrieben und festgelegt werden können.

Normen legen Forderungen an die Beschaffenheit von ... fest.

Normen und Richtlinien haben den Charakter von Empfehlungen, sie haben keine rechtliche Verbindlichkeit. Sie werden erst in dem Fall bindend, wenn sie Gegenstand von Rechts- und Verwaltungsvorschriften eines Gesetz- oder Verordnungsgebers oder Inhalt eines Vertrages werden.

8.1 Aufgaben der Normung

Die Definition und die Zielsetzung von Normen sind folgende:

> **Normung** ist die planmäßige, durch die interessierten Kreise gemeinschaftlich durchgeführte Vereinheitlichung von materiellen und immateriellen Gegenständen zum Nutzen der Allgemeinheit.
> *([DIN 820] DIN 820-1:2014-06: Normungsarbeit - Teil 1: Grundsätze)*
>
> Eine **Norm** ist ein Dokument, das mit Konsens erstellt und von einer anerkannten Institution angenommen wurde. Es legt für die allgemeine und wiederkehrende Anwendung Regeln, Leitlinien oder Merkmale für Tätigkeiten oder deren Ergebnisse fest, wobei ein optimaler Ordnungsgrad in einem gegebenen Zusammenhang angestrebt wird.
> *([DIN 450] DIN EN 45020:2007-03: Normung und damit zusammenhängende Tätigkeiten -Allgemeine Begriffe (ISO/IEC Guide 2:2004))*

Normen werden von interessierten Parteien erarbeitet.

Die überbetriebliche Normung ist in der Bundesrepublik Deutschland eine Aufgabe der Selbstverwaltung der Wirtschaft unter Einschluss der interessierten behördlichen Stellen. Das Deutsche Institut für Normung e. V. (DIN) ist der „runde Tisch“, um den sich Wirtschaft, Wissenschaft und Staat sowie jedermann, der ein Interesse an der Normungsarbeit hat, zusammensetzen, um den Stand der Technik der betrachteten Normungsgegenstandes zu ermitteln und in Deutschen Normen, **DIN-Normen** festzulegen. Das DIN ist die einzige zuständige Organisation für die Herausgabe der Deutschen Normen.

Normen stellen den Stand der Technik dar.

Die internationalen **ISO-Normen** (International Organization for Standardization) und die europäischen **EN-Normen** (herausgegeben von den europäischen Normungsorganisationen CEN (Comité Européen de Normalisation); CENELEC (Europäisches Komitee für elektrotechnische Normung); ETSI (Europäisches Institut für Telekommunikationsnormen)) beseitigen Handelshemmnisse und fördern den Welthandel. Sie sind deshalb für ein außenhandelsorientiertes Land wie die Bundesrepublik Deutschland besonders wichtig. Die Normenwerke der hoch entwickelten Industrieländer sind eine jedem Einzelnen leicht zugängliche Informationsquelle über den Stand der Technik. Sie stellen ein wesentliches Hilfsmittel des weltweiten Technologietransfers dar. Sie dienen damit auch der wirtschaftlichen Zusammenarbeit mit der Dritten Welt.

Normen fördern Kommunikation, Austauschbarkeit und Wirtschaftlichkeit.

Normen sind die Voraussetzung für die Lösung vieler technischer und wirtschaftlicher Aufgaben. Sie stellen ein eindeutiges Verständigungsmittel für alle Partner des Wirtschaftslebens dar. Viele Schutzfunktionen (Arbeitsschutz, Umweltschutz, Verbraucherschutz usw.) wären ohne Normung kaum möglich.

Genormte Konstruktions- und Bauelemente beschleunigen und verbilligen die Einführung neuer technischer wissenschaftlicher Erkenntnisse in die Praxis. Genormte Begriffe, genormte Forderungen und genormte Mess- und Prüfverfahren sowie Normen zu Managementpraktiken steigern im eigenen Bereich und im Austausch mit Partnern die Wirtschaftlichkeit. Das gilt im nationalen, im europäischen und im weltweiten Wirtschaftsverkehr.

8.2 Arten von Normen

Es gibt nationale, regionale und internationale Normen.

Die Ergebnisse der Normungsarbeit umfassen bisher ca. 35.000 DIN-Normen und ca. 4.000 Norm-Entwürfe, ca. 24.000 internationale Normen und Norm-Entwürfe (ISO/IEC) und über 18.000 europäische Normen und Norm-Entwürfe (CEN/CENELEC, ETSI) und Harmonisierungsdokumente [DIN 20], [ISO 20], [CEN 20].

Die nationalen, regionalen (europäischen) und internationalen Normen sind nach dem Inhalt der Norm in die folgenden drei Hauptkategorien eingestuft, wobei es auch Kombinationen gibt:

- **Verständigungsnormen** mit Festlegungen zu Begriffen, Zeichen, Systemen,
- **Verfahrensnormen** mit Festlegungen zu Abläufen sowie zu Merkmalen und Merkmalswerten für Tätigkeiten/Verfahren/Prozesse zur Anwendung in der Planung, Realisierung und Nutzung von Einheiten oder zu deren Prüfung,
- **Produktnormen** mit Festlegungen zu Merkmalen und Merkmalswerten für materielle oder immaterielle Produkte (also auch Dienstleistungen) in Form von Sortenbeschreibungen und von ausgewählten Beschaffenheitsforderungen, d. h. von Einzelforderungen im Rah-

men von Qualitätsforderungen. Im Vordergrund stehen dabei spezielle Qualitätsmerkmale wie Kompatibilität, Sicherheit, Instandhaltung, Umweltschutz usw.

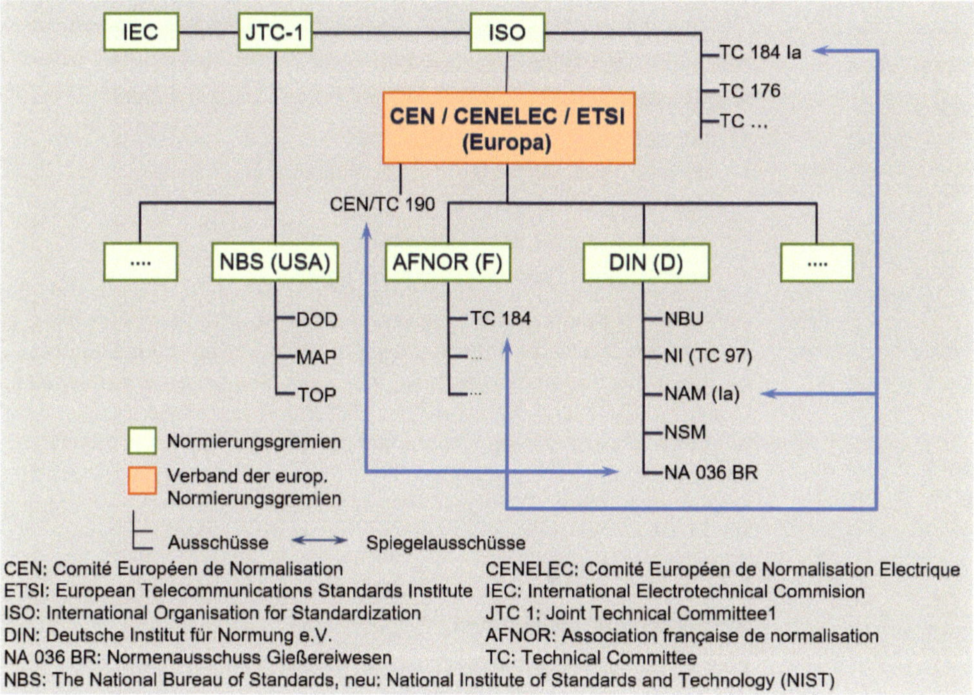

Bild 8.1: Nationale und internationale Normungsgremien

Unmittelbar oder mittelbar hat ein großer Teil aller Normen mit dem Thema Qualität und Qualitätsmanagement zu tun:

- Jede Produktnorm enthält Einzelforderungen als Bestandteile der Qualitätsforderung an das betreffende Produkt.
- Jede Verfahrensnorm enthält Einzelforderungen als Bestandteile der Qualitätsforderungen an die betreffende Tätigkeit, das betreffende Verfahren, den betreffenden Prozess.
- Viele Verfahrensnormen (z. B. die produkt- oder fachspezifischen Mess- und Prüfnormen oder die fachübergreifenden Normen, z. B. über statistische Verfahren und über Managementpraktiken oder -systeme) dienen unmittelbar dem Qualitätsmanagement eines Unternehmens, einer Organisation.
- Zahlreiche fachübergreifende Verständigungsnormen betreffen direkt das Qualitätsmanagement und stellen notwendige Bindeglieder zwischen Fachsprachen dar.

8.3 Qualitätsnormen

Es gibt mehrere Möglichkeiten, Normen und Standards einzuteilen. Auf den Gebieten des Qualitätsmanagements und eng verknüpften Managementnormen, sowie in verwandten Gebieten, lassen sich folgende Gruppierungen vornehmen:

- Begriffsnormen,
- Normen über statistische Verfahren,
- Normen über Verfahren des Qualitätsmanagements und zu Qualitätsmanagementsystemen,
- Normen in verwandten Gebieten,
- Normen über Zertifizierungsgrundlagen.

Richtlinien ergänzen Normen.

Außer den Normen werden von verschiedenen Organisationen wie z. B. dem Verein Deutscher Ingenieure (VDI), dem Verband der Elektrotechnik Elektronik Informationstechnik (VDE), der Deutschen Gesellschaft für Qualität (DGQ) usw. Schriften und Richtlinien zur Erweiterung, Vertiefung bzw. Spezifizierung sowohl fachspezifischer als auch qualitätsbezogener Inhalte herausgegeben. Trotz ihres nicht bindenden Charakters finden auch diese Richtlinien teilweise eine weltweite Anerkennung. Nachfolgend ist eine Auswahl von qualitätsrelevanten Normen und Richtlinien aufgeführt:

Branchenneutrale Normen

- DIN EN ISO 9000:2015-11, Qualitätsmanagementsysteme – Grundlagen und Begriffe;
- DIN EN ISO 9001:2015-11, QMS – Anforderungen;
- DIN EN ISO 9004:2018-08, Qualitätsmanagementanleitung;
- DIN EN ISO 14001:2015-11, Umweltmanagementsysteme;
- DIN EN ISO 19011:2018-10, Leitfaden zur Auditierung von MS.

Branchenspezifische Ergänzungen zur ISO 9000 ff. z. B.:

- **Automobilbranche**
  - VDA Band 6: Grundlagen für Qualitätsaudits – Zertifizierungsvorgaben für VDA 6.1, VDA 6.2, VDA 6.4 auf Basis der ISO 9001
  - VDA 6.1, Regelwerk der deutschen Automobilindustrie – QM-Systemaudit;
  - ISO/TS 16949:2009-06, Serien- und Ersatzteil-Produktion.
- **Medizin**
  - DIN EN ISO 13485:2021-12, Medizinprodukte – Qualitätsmanagementsysteme – Anforderungen für regulatorische Zwecke
  - DIN 5343:2020-10, Reinheit von Medizinprodukten
- **Telekommunikation**
  - TL 9000, quality management system built on ISO 9001 but designed specifically for the communications industry.

- **Aerospace**
  - DIN EN 9100:2018-08, Qualitätsmanagementsysteme – Anforderungen an Organisationen der Luftfahrt und Raumfahrt.

Branchenspezifische Regelwerke:

- **Medizin**
  - GMP, Good Manufacturing Practice, „Gute Herstellungspraxis“;
  - DIN EN ISO 15378:2018-04, Primärpackmittel für Arzneimittel;
  - HACCP, Hazard Analysis and Critical Control Points, „Gefahrenanalyse kritischer Lenkungspunkte“;
  - EUV 2017/745:2017-04-05, Verordnung (EU) über Medizinprodukte
- **Elektronik**
  - IECQ/CECC, Internationales Qualitätsbewertungsverfahren für Bauelemente der Elektronik;
- **Kernkraftwerke**
  - KTA 1401:2017-11, Allgemeine Anforderungen an die Qualitätssicherung von Kernkraftwerken.

Branchenunabhängige Werkzeuge des Qualitätsmanagements:

- DIN/ISO 10005:2020-10, Leitfaden für Qualitätsmanagementpläne;
- ISO 10006:2017, Leitfaden für Qualitätsmanagement in Projekten;
- ISO/TR 10013:2001, Leitfaden für die Dokumentation des Qualitätsmanagementsystems;
- ISO 10015:2019-12, Leitfaden für Schulungen;
- EN ISO 19011:2018-10, Leitfaden für das Auditieren von Managementsystemen;
- VDI/VDE/DGQ 2618, Prüfmittelüberwachung;
- usw.

Die Überarbeitung der Normen findet in regelmäßigen Intervallen statt.

Lernerfolg

Zur Prüfung des Lernfortschritts beantworten Sie folgende Fragen:

Fragen zum Kapitel 8:

1. Erläutern Sie die Ziele der Normung.
2. Sind Normen rechtlich bindend?
3. Wie sind Normen und Richtlinien klassifiziert? Nennen Sie einige Beispiele.
4. Was beinhalten Verfahrensnormen?
5. Von wem werden Richtlinien herausgegeben, nennen Sie einige Beispiele.

Qualitätsmanagementsysteme

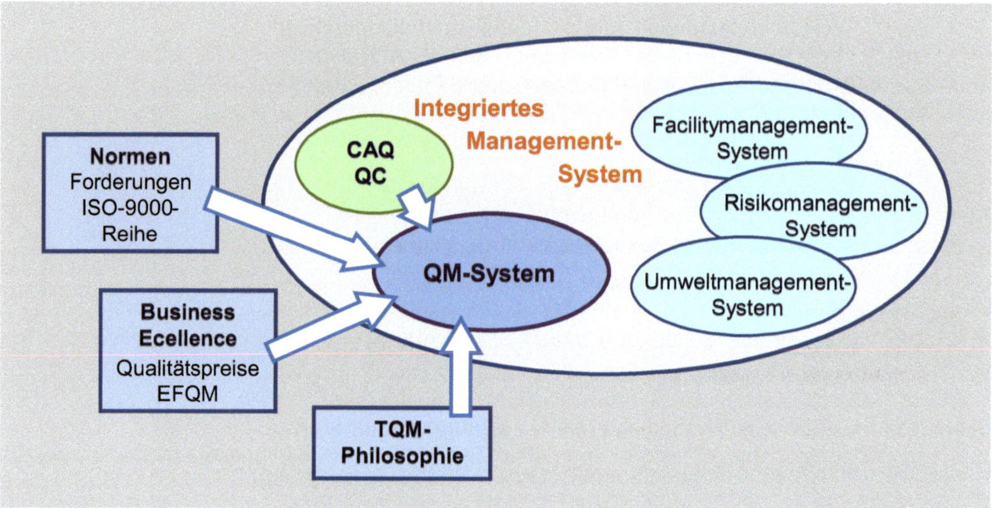

Lernziele:

Für ein Qualitätsmanagement bedarf es einer Organisation, eines Qualitätsmanagementsystems (QM-System). Wie muss dieses System aufgebaut werden, welche Forderungen muss es erfüllen, welche Rolle spielen Normen? Diese Fragen müssen beantwortet werden, bevor ein QM-System implementiert werden kann. Zur Steigerung seiner Wirksamkeit können ein Qualitätscontrolling (QC) sowie ein rechnergestütztes System, Computer Aided Quality (CAQ), eingeführt werden.

Ein Unternehmen muss neben den Qualitätsforderungen auch eine Reihe von weiteren Forderungen (umwelt-, risiko-, sicherheits-, betriebsbedingte sowie weitere Aspekte) berücksichtigen. Dafür benötigt man entsprechende Managementsysteme. Also stellt sich die Frage: Wie kann ein Integriertes Managementsystem aufgrund von Synergieeffekten Vorteile bringen?

Globalisierung zwingt die Unternehmen, immer leistungsfähiger und konkurrenzfähiger zu werden. Zu den wichtigsten Ansätzen gehört die strategische Ausrichtung zu Business Excellence. Ausgehend von der QM-Philosophie (TQM: Total Quality Management) erfolgt die Umsetzung nach dem Excellence-Modell der EFQM. Mit der Bewerbung um den European Quality Award (Europäischer Qualitätspreis) oder einen anderen Qualitätspreis dokumentiert ein Unternehmen nicht nur seinen wirtschaftlichen Erfolg, sondern findet auch öffentlich Anerkennung.

9 Qualitätsmanagementsysteme

Qualität beschäftigt Menschen, solange Güter produziert oder Leistungen erbracht werden. Die erste Organisation zur systematischen Qualitätssicherung waren die Zünfte (Berufsverbände). Für die Zünfte war aber die Qualitätssicherung kein gesondertes Thema. Die Meister bzw. die Gesellen waren gleichzeitig für die Erstellung sowie für die Qualität der Produkte allein verantwortlich. Bei Nichterfüllung der jeweiligen Qualitätsansprüche mussten sie mit harten Konsequenzen rechnen (z. B. Ausschluss aus den Zünften).

Evolution der QM-Systeme

Mit dem Beginn des Industriezeitalters und der Taylorisierung der Produktion mussten Qualitätskontrolle und später Qualitätssicherung eingeführt werden. Die Qualitätssicherung bezog sich meist auf reine Produktqualität. Der Einstieg in die Serienproduktion erforderte ein zusammenhängendes System von Sicherungsmaßnahmen, das Qualitätssicherungssystem. Steigende Kundenansprüche und Konkurrenzdruck, Kosten und Haftungsansprüche zwangen Unternehmen zu einer systematischen und strategisch ausgerichteten Umsetzung der Qualitätsforderungen mithilfe von Qualitätsmanagementsystemen. Auch steigende Forderungen des Umwelt- und Arbeitsschutzes, Risikoabsicherung sowie Prozessorientierung weisen eine große Affinität zum Qualitätsmanagement auf (Bild 9.1).

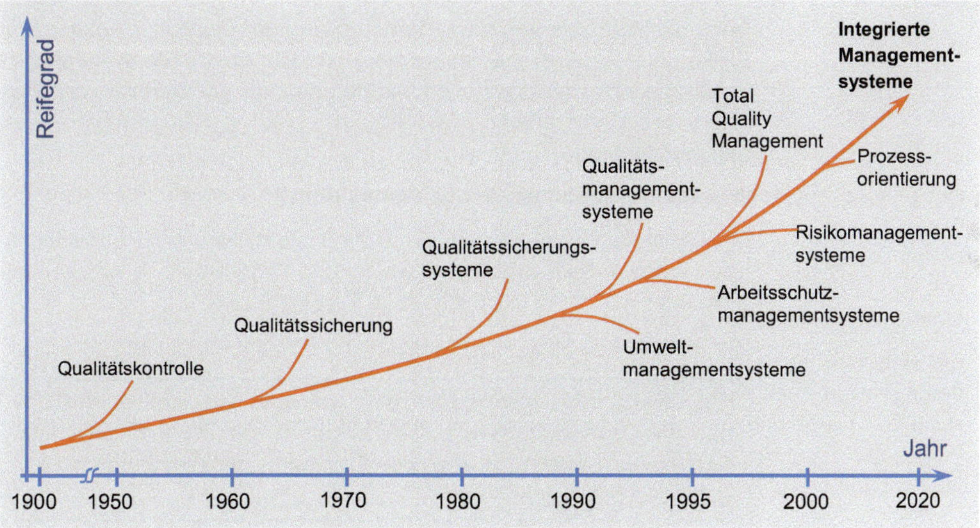

Bild 9.1: Chronologische Entwicklung der Managementsysteme [Bay9.1]

QM-Systeme sind vielfältig.

Um Exzellenz erreichen zu können, reicht eine reine Fixierung auf die Produkt- und Produktentstehungsqualität nicht aus. Deswegen bezieht das Total Quality Management (TQM) nicht nur alle Unternehmenselemente und -bereiche mit ein, sondern es sollen auch alle Entscheidungen im Unternehmen unter dem Qualitätsaspekt gefällt werden.

Die Umsetzung von TQM kann nur durch Zusammenführung aller Managementsysteme zu einem integrierten Managementsystem erreicht werden.

Das QM-System entwickelte sich in den Industrieländern entsprechend den jeweils aktuellen Forderungen an die Qualität über einen langen Zeitraum. Weltweit findet man aber alle im Bild 9.1 aufgeführte Formen des QM-Systems, die mithilfe eines Reifegrads beurteilt werden können. **Reifegradmodelle** bieten u. a. das EFQM-Modell für Excellence [EFQM2020] und die DIN EN ISO 9004:2018 [ISO 9004] an.

Alle Arten der QM-Systeme finden weltweite Verwendung.

Das Streben nach Exzellenz führte zur Gründung von Organisationen wie der European Foundation for Quality Management (EFQM), dem US-amerikanischen Modell für Excellence – Malcolm Baldrige National Quality Award – u. a. Es handelt sich um keine Normen, sondern um anerkannte Modelle, in denen die drei fundmentalen Säulen des TQM – die gleichzeitige Betrachtung von Menschen, Prozessen und Ergebnissen – herangezogen werden.

9.1 Gründe für den Aufbau von QM-Systemen

Das Vertrauen des Kunden steigt, wenn eine Organisation nachweisen kann, dass sie durch gezielte Maßnahmen die Qualität ihrer Produkte erhält und ständig verbessert. Häufig ist der Nachweis eines zertifizierten QM-Systems sogar eine Voraussetzung für die Vergabe eines Auftrages. Auch die Verbesserung bzw. Beherrschung der Qualität, Senkung von Risiko und Kosten stehen im Vordergrund [BeVo1.0]. Ein systemhaftes Zusammenspiel der ergriffenen Maßnahmen, die alle Bereiche und Prozesse des Unternehmens einschließen, stellt das **Qualitätsmanagementsystem** dar.

Was ist ein Qualitätsmanagementsystem?

Ein Qualitätsmanagementsystem (QM-System) ist eine Organisationsform, in der Arbeitsabläufe, -prozesse und Organisationsstrukturen zur Sicherstellung der Qualität eindeutig festgelegt sind.

Die DIN EN ISO 9000 – Grundlagen und Begriffe – definiert:

Ein Qualitätsmanagementsystem umfasst Tätigkeiten, mit denen die Organisation ihre Ziele ermittelt und die Prozesse und Ressourcen bestimmt, die zum Erreichen der gewünschten Ergebnisse erforderlich sind.

Um Q-Forderungen erfüllen zu können, braucht man eine Organisation.

Im Sinne der ISO 9001:2015 bedeutet dies:

- Um die Ziele zu erreichen, sind die sich gegenseitig beeinflussenden Elemente einer Organisation, wie Politik, Ziele und Prozesse, festzulegen.

- Der obersten Leitung ist es möglich, den Ressourceneinsatz unter Berücksichtigung der langfristigen und kurzfristigen Folgen ihrer Entscheidungen zu optimieren.
- Das QMS führt und steuert in Wechselwirkung stehende Prozesse und Ressourcen, die erforderlich sind, um Wert zu schaffen und die Ergebnisse für relevante interessierte Parteien zu verwirklichen.
- Ein QMS stellt die Mittel zur Verfügung, mit denen Maßnahmen identifiziert werden können, um beabsichtigte und unbeabsichtigte Folgen bei der Bereitstellung von Produkten und Dienstleistungen zu behandeln.

Erwartungen und Bedürfnisse der beteiligten Interessengruppen gilt es zu erkennen und zu befriedigen.

Wozu braucht man ein Qualitätsmanagementsystem?

Nur mithilfe wirksamer QM-Systeme werden die Qualitätsziele eines Unternehmens zeitgerecht und nachvollziehbar erreicht und ein erarbeiteter Qualitätsstandard dauerhaft gesichert.

Zudem unterstützt es:

- durch die dokumentierten Informationen des QM-Systems über die enthaltenen Prozesse und begleiteten Abläufen deren Nachvollziehbarkeit für jeden Mitarbeiter zu gewährleisten,
- einem aktiven und ständigen Wandel der Arbeitsumgebung gerecht zu werden,
- die Erfüllung der unterschiedlichsten Forderungen und Erwartungen innerhalb des Unternehmens,
- die Kundenforderungen zu erfüllen.

Die Führungskräfte der Organisation bzw. des Unternehmens spielen dabei eine besondere Rolle. Ihnen obliegt es, die Qualitätspolitik und die konkreten Qualitätsziele festzulegen. Sie sind verantwortlich für die Aufrechterhaltung des QM-Systems.

9.2 Aufbau und Einführung von QM-Systemen

Die Mindestforderungen für den Aufbau eines QM-Systems sind in der DIN EN ISO 9001:2015 enthalten. Zu berücksichtigen ist, dass **branchenspezifisch** weitere **Forderungsdokumente** wie z. B. die VDA 6.1 oder die Medizingeräterichtlinie u. v. a. integriert werden können.

Der Aufbau und die Einführung von Qualitätsmanagementsystemen sind Führungsaufgaben. Ein QM-System kann man nicht „vorfertigen“ und dann einer Organisation einfach überstülpen. Ein QM-System muss sich entwickeln und den betrieblichen Abläufen individuell anpassen. Es lässt sich leicht nachvollziehen, dass sich die QM-Systeme kleiner und mittelständischer Unternehmen deutlich von denen großer internationaler Konzerne unterscheiden.

QM-System muss sich den betrieblichen Gegebenheiten anpassen.

Die DIN EN ISO 9001:2015 enthält keine Anforderung, dass deren Struktur und Terminologie bei der dokumentierten Information des Qualitätsmanagementsystems einer Organisation anzuwenden ist.

Einen starken Einfluss hat auch der Grad der Komplexität der Produkte und der Prozesse. Auch der Spezialisierungsgrad bzw. die Branche des Unternehmens und die Kompetenz der Mitarbeiter beeinflussen die Struktur eines QM-Systems.

9.2.1 Aufbau eines QM-Systems

Um den Ansprüchen an die Qualität gerecht zu werden, wurden im Kapitel 3.2.4 externe Forderungen an ein QM-System aufgestellt. Dem gegenüber stehen eine Reihe betrieblicher Aspekte, die beim Aufbau eines QM-Systems ebenfalls berücksichtigt werden müssen (Bild 9.2).

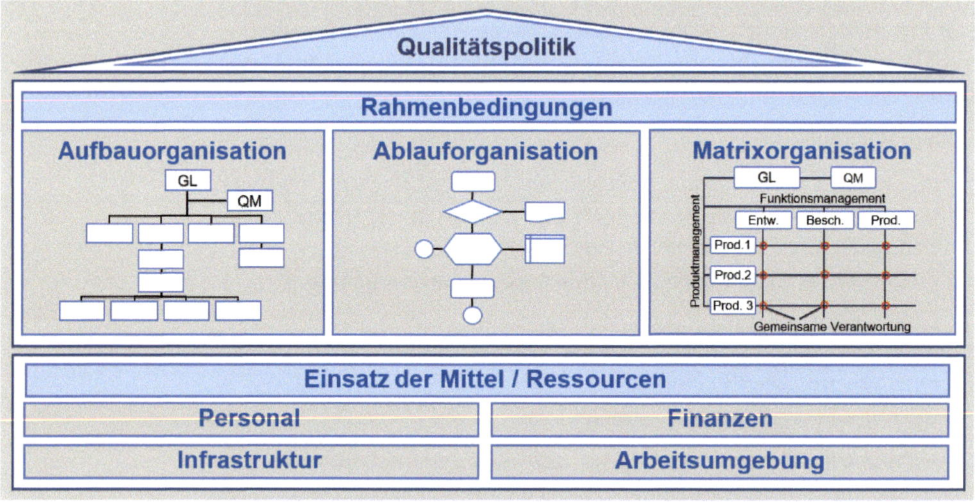

Bild 9.2: Zu berücksichtigende Aspekte beim Aufbau eines QM-Systems

Eine gemeinsame Basis für den Aufbau eines QM-Systems stellen folgende Elemente dar:

- Die **Qualitätspolitik** legt die oberste Leitung fest. Die Geschäftsleitung trägt die Verantwortung gegenüber den Kunden und fixiert die Verpflichtung aller Mitarbeiter zur Qualität (siehe Kapitel 3.1.1).
- Aus der Qualitätspolitik ergeben sich konsequenterweise konkrete **Qualitätsziele**. Um diese zu erreichen, müssen entsprechende Rahmenbedingungen geschaffen werden.
- Die **Aufbauorganisation** gibt z. B. in Form eines Organigramms Auskünfte über folgende organisatorische Sachverhalte:
  - Verteilung betrieblicher Aufgaben auf Stellen und Abteilungen,
  - hierarchische Struktur der Aufbau- bzw. Leitungsorganisation und der Weisungsbeziehungen,

  - Einordnung von Leitungshilfsstellen,
  - personelle Besetzung von Stäben, Stellen, Abteilungen.

- **Ablauforganisation** bezeichnet in der Organisationstheorie die Ermittlung und Definition von Arbeitsprozessen unter Berücksichtigung von Raum, Zeit, Sachmitteln und Personen.
- Als **Ressource** „Hilfsmittel, Hilfsquelle" (lat. resurgere, „hervorquellen"), wird im Allgemeinen ein Mittel bezeichnet, das benötigt wird, um eine bestimmte Aufgabe zu lösen, zur Realisierung der Qualitätspolitik. Meist werden darunter Betriebsmittel, Finanzmittel, Boden, Rohstoffe oder Personen verstanden. Ihre Zuteilung wird Ressourcenallokation (lat.: allocare, „platzieren") genannt.

Beschaffenheit eines QM-Systems hängt von Rahmenbedingungen ab.

Das **Qualitätsmanagementsystem** stellt in der Aufbauorganisation eine unabhängige Funktionseinheit dar, die die Aufrechterhaltung und Verbesserung des Qualitätsmanagements sowie die Prüfung und Überwachung der Qualitätsforderungen gewährleistet.

9.2.2 Einführung eines QM-Systems

Über die Einführung eines QM-Systems und seine Struktur entscheidet die Geschäftsleitung. Zur Umsetzung setzt sie Personen in allen Ebenen des Unternehmens ein, unterstützt und leitet sie an, damit diese die Wirksamkeit des Qualitätsmanagements gewährleisten.

Die Strategie zur Einführung eines QM-Systems hängt u. a. von:

Einführung eines QM-Systems bedarf eines systematischen Vorgehens.

- der Größe des Unternehmens und seiner Struktur,
- den Unternehmensprozessen,
- von den sich daraus ergebenden Veränderungsprojekten und
- vom vorgegebenen Zeitrahmen

ab.

Es können folgende Strategien zur Einführung eines QM-Systems verfolgt werden:

- Pilotierte Einführung: In einer Region oder in einem Funktionsbereich.
- Step-by-step: Regional oder in Funktionsbereichen.
- Big-bang: Gleichzeitige Einführung in allen Regionen und Funktionsbereichen.

QMS-Einführung erfolgt in Projektphasen.

Die Einführung erfolgt prinzipiell im Rahmen eines Projektes, das nach den in Tabelle 9.1 beschriebenen Phasen abläuft.

Tabelle 9.1: Projektphasen bei der Einführung eines QM-Systems

Projektphasen	Arbeitspakete
1. Vorbereitungsphase	Projektplanung: Abgrenzung, Zuständigkeit, Termine, Kapazität, Kosten ...
2. Ziele definieren	Qualitätspolitik und -ziele definieren: Kommunikation der Ziele, Einführungsveranstaltung für Mitarbeiter ...
3. Istaufnahme	Beschreibung der betrieblichen Abläufe: Prozesse, Q- und P-Merkmale, Fehler, Kosten ...
4. Abweichungsanalyse	Soll-Ist-Vergleich: Schwachstellenanalyse, Optimierung, Normen ...
5. Festlegung des QM-Systems	Beschreibung des QM-Systems. Diese dokumentierten Informationen sollen die Wirksamkeit des QMS sicherstellen.
6. Umsetzung der Maßnahmen	Umsetzen der im QM-System festgelegten Maßnahmen
7. Validierung	Prüfen der Wirksamkeit des QM-Systems: Interne Audits, Reports ...
8. Zertifizierungs-vorbereitung	QM-System: Zertifizierer, Mitarbeiter, Dokumentation, Korrekturmaßnahmen
9. Zertifizierung	Auditierung des QM-Systems

Nach einer erfolgreichen Einführung eines QM-Systems ist seine Wirksamkeit hinsichtlich der Erfüllung interner und externer Forderungen regelmäßig zu bewerten, und es sind gegebenenfalls Verbesserungsprozesse anzustoßen.

9.2.3 Konformität des QM-Systems

Konformität ist im Qualitätsmanagement der erwünschte Normalfall. Sie ist als „Erfüllung einer Forderung" definiert und damit wesentliches Ziel des Qualitätsmanagements.

Bei der „conformity evaluation" (Konformitätsbewertung) ist zu bewerten, inwieweit die betreffenden Forderungen erfüllt sind, oder auch nicht [Ge0820].

Konformität bedeutet die Übereinstimmung der erzielten Ergebnisse mit den Forderungen.

Die **Konformität** eines QMS mit einer Norm oder Richtlinie belegt man in erster Linie durch ein Zertifikat einer unabhängigen, akkreditierten Organisation. Darüber hinaus sieht die DIN EN ISO 9001:2015 vor, dass die oberste Leitung in geplanten Abständen ihr Qualitätsmanagementsystem auf dessen fortdauernde Eignung, Angemessenheit und Wirksamkeit bewertet. Diese Beurteilung (Bewertung) muss die Bewertung von Möglichkeiten für Verbesserungen und den Änderungsbedarf für das Qualitätsmanagementsystem, einschließlich der Qualitätspolitik und der Qualitätsziele, enthalten [ISO 9001].

Informationen für die Bewertung gewinnt man u. a. aus:

- Auditergebnissen (siehe Kapitel 9.3.5)
- Rückmeldungen von Kunden
- Prozessleistung und Produktkonformität (siehe Kapitel 4.2)
- Status von Verbesserungen und Korrekturmaßnahmen
- Empfehlungen für Verbesserungen

In der ISO 9001:2015 sind im Abschnitt 9 „Bewertung der Leistung" (Überwachung, Messung, Analyse und Bewertung) weitere Forderungen an das Unternehmen enthalten.

Die bei der Bewertung identifizierten Verbesserungspotenziale werden priorisiert, terminiert und unterliegen als Maßnahmenkatalog dem regelmäßigen Controlling.

9.3 Normative Grundlagen für QM-Systeme

In den Normen, die Qualitätsmanagementsysteme abbilden, sind lediglich die Mindestbestandteile und die Forderungen an ein QM-System beschrieben. Es gibt keine genormten QM-Systeme. Jedes Unternehmen kann bzw. sollte sein QM-System entsprechend den Unternehmensgegebenheiten aufbauen. Bei den Normen handelt es sich nicht um „Gesetze", sondern um eine mehrheitliche Auffassung von nationalen bzw. internationalen Normungsgremien, die in regelmäßigen Abständen eine Norm der industriellen Entwicklung anpassen oder neu entwickeln (siehe Kapitel 8).

Die Ausführungen zu den QM-Systemen gliedern sich in **Normen** selbst und in **Regelwerke** für QM-Systeme.

Forderungen an QM-Systeme sind in branchenunabhängigen und branchenabhängigen Normen und Regelwerken festgelegt.

Für den Aufbau von QM-Systemen ist die Normenreihe ISO 9000 ff. am wichtigsten. Sie beinhaltet die Leitlinien und grundsätzliche Elemente, um branchenunabhängig QM-Systeme einzuführen. Sie legt einen Standard für Nachweisforderungen bezüglich eines QM-Systems für den Fall fest, dass ein Vertrag zwischen zwei Vertragspartnern die Darlegung der Eignung als Anbieter (Zulieferer) für die Entwicklung und Realisierung von Produkten verlangt.

Branchenabhängige Normen, wie z. B. VDA 6 oder ISO/TS 16949, wurden von bzw. für die Automobilindustrie entwickelt. Da Umweltmanagement zunehmend an Bedeutung gewinnt, gibt es Bestrebungen zur Integration von Qualitäts- und Umweltmanagement (z. B. DIN EN ISO 19011). Eine Auswahl qualitätsrelevanter Normen und Richtlinien liegt in Kapitel 8.3 vor.

9.3.1 QM-System nach DIN EN ISO 9000:2015 ff.

Die ISO-9000-Reihe wurde 1987 eingeführt und entwickelte sich zu einer weltweit anerkannten branchenunabhängigen Qualitätsnorm. Die Normenreihe beschreibt das Prinzip eines prozessorientierten QM-Systems, wie in Bild 9.3 dargestellt.

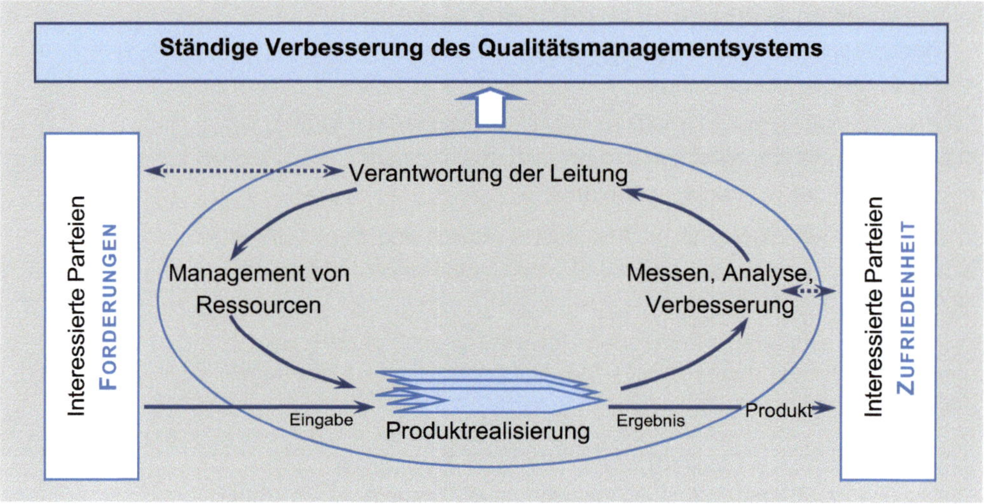

Bild 9.3: Modell eines prozessorientierten QM-Systems.

QM-System nach ISO 9000 basiert auf bestimmten Kriterien.

Im Gegensatz zu Gesetzen, Verordnungen etc. handelt es sich bei ihrer Anwendung um eine freiwillige Entscheidung. Durch konkrete Kundenwünsche wird die Einführung eines QM-Systems zu einer „geforderten Freiwilligkeit". Die Konformität (Übereinstimmung) eines QM-Systems mit den Normforderungen wird anhand des ISO 9001-Zertifikats deklariert.

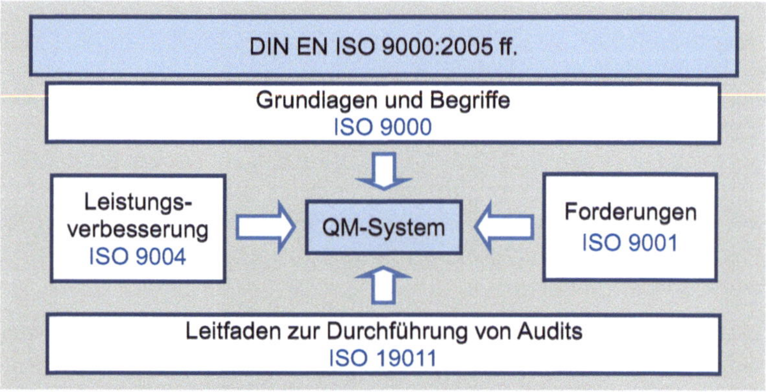

Bild 9.4: Struktur der Normenfamilie ISO 9000:2015 ff. [Li9.1]

Die **DIN EN ISO 9000:2015** beinhaltet Ausführungen über die Grundlagen von Qualitätsmanagementsystemen. Sie erläutert den prozessorientierten Ansatz, die Aufgabe von Qualitätspolitik, die Rolle der obersten Leitung sowie die Begriffe des Qualitätsmanagements.

Die **DIN EN ISO 9001:2015** ist weltweit die am häufigsten genutzte Norm, die als Grundlage für ein Qualitätsmanagementsystem dient.

Die zehn Abschnitte der **DIN EN ISO 9001:2015** sind:

Abschnitt 1: Anwendungsbereich,

Abschnitt 2: Normative Verweisungen,

Abschnitt 3: Begriffe,

Abschnitt 4: Kontext der Organisation,

Abschnitt 5: Führung,

Abschnitt 6: Planung,

Abschnitt 7: Unterstützung,

Abschnitt 8: Betrieb,

Abschnitt 9: Bewertung der Leistung,

Abschnitt 10: Verbesserung.

Durch eine Zertifizierung ist die Umsetzung der Abschnitte 4 bis 10 mit ihren konkreten Forderungen im Unternehmen nachzuweisen.

Wie die einzelnen Abschnitte der Norm im Qualitätsmanagementsystem miteinander verflochten sind, zeigt Bild 9.5. Dies lässt sich mithilfe des „Planen – Durchführen – Prüfen – Handeln"-Zyklus (PDCA-Zyklus, siehe Kapitel 3.2.2) darstellen [ISO 9001].

Die Struktur der ISO 9001:2015 lässt sich im PDCA-Zyklus darstellen.

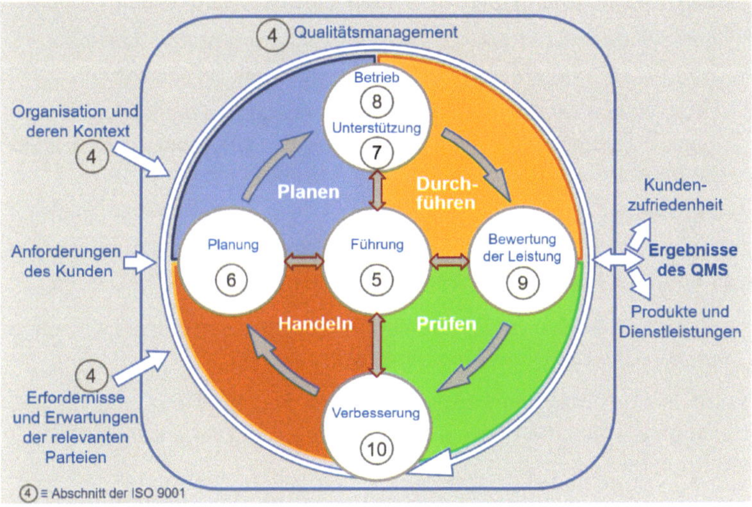

Bild 9.5: Darstellung der Struktur der ISO 9001:2015 im PDCA-Zyklus.

Die **DIN ISO 9004:2018** stellt einen grundlegenden Leitfaden mit dem Titel „Leiten und Lenken für den nachhaltigen Erfolg einer Organisation – Ein Qualitätsmanagementansatz" zur Leistungsverbesserung eines Unternehmens in Richtung Total Quality Management dar. Diese Norm ist aber keine Zertifizierungs- oder Vertragsgrundlage, sie ist somit eher eine „Managementphilosophie" als ein Managementsystem.

9.3.2 Umweltmanagementsystem nach ISO 14000 ff.

Umweltnormen ermöglichen ein systematisches Umweltmanagement.

Umweltmanagement- und QM-Systeme weisen eine hohe Affinität auf. Die *Umweltmanagementnormenfamilie ISO 14000 ff.* ist eine allgemeine Anleitung, mit deren Hilfe Organisationen (Unternehmen, Behörden etc.) ein systematisches Umweltmanagement betreiben bzw. ein strukturiertes **Umweltmanagementsystem** aufbauen können.

Die **Normenreihe ISO 14000**, Grundlagen des Umweltmanagementsystems (EMS, **E**nvironment **M**anagement **S**ystem), ist im Zusammenhang mit der ISO 9000 zu verstehen und gilt für jegliche Organisation und Wirtschaftsunternehmen.

Die **DIN EN ISO 14001:2015**, Anforderungen an ein Umweltmanagementsystem, ist die Norm, auf deren Basis eine Zertifizierung durch einen unabhängigen **Umweltgutachter** möglich ist. Die meisten Normen der 14000er-Familie sind Leitfäden mit empfehlendem Charakter, d. h., sie sollen beim Aufbau und bei der Pflege des Umweltmanagements bzw. des Umweltmanagementsystems Hilfestellung geben, ohne Forderungen festzuschreiben:

- **DIN EN ISO 14004:2016-08** Umweltmanagementsystem – Allgemeine Leitlinie zur Verwirklichung.
- **DIN EN ISO 14020:2002** Umweltkennzeichnungen/-deklarationen – Allgemeine Grundsätze.
- **DIN EN ISO 14031:2021** Umweltleistungsbewertung – Leitlinien.
- **DIN EN ISO 14040:2021** Umweltmanagement – Ökobilanz.
- **ISO 14064-1:2018-20** Treibhausgase – Grundlagen und Anforderungen zu Quantifizierung, Monitoring und Berichterstattung von Treibhausgasemissionen und Senken auf Unternehmensebene.

Um die Managementsysteme validieren (Validierung: Beweisführung, dass ein System die Forderungen in der Praxis erfüllt) zu können, wurde eine spezielle Norm geschaffen:

- **DIN EN ISO 19011:2018**, Leitfaden für Audits von Qualitätsmanagement- und/oder Umweltmanagementsystemen.

Sie stellt eine Anleitung für das Auditieren von Qualitäts- und Umweltmanagementsystemen bereit, die auch als Grundlage zur Ausbildung von Auditoren dient.

9.3.3 Dokumentierte Informationen für ein QM-System

Um eine Nachvollziehbarkeit eines QM-Systems sicherzustellen, muss seine Funktionalität dokumentiert werden.

In der ISO 9000:2015 sind die verwendeten Begriffe, wie u. a. „dokumentierte Informationen“ definiert:

- Informationen, die von einer Organisation gelenkt und aufrechterhalten werden müssen, und das Medium, auf dem sie enthalten sind.

Eine dokumentierte Information kann sich beziehen auf:

- das Managementsystem, einschließlich damit verbundener Prozesse;
- Informationen, die für den Betrieb der Organisation geschaffen wurden (Dokumentation);
- Nachweise erreichter Ergebnisse (Aufzeichnungen) [ISO 9000].

Folglich fordert die ISO 9001:2015 an vielen Stellen der Normabschnitte 4 bis 10 konkrete „dokumentierte Informationen". Ergänzend dazu kommen noch die dokumentierten Informationen, welche die Organisation als notwendig für die Wirksamkeit des Managements bestimmt hat [ISO 9001].

Die Normforderungen sollten nicht ausschließlich ausschlaggebend für eine aussagekräftige QM-Dokumentation sein. Sie bringt dem Unternehmen unternehmensintern sowie auch gegenüber Dritten einen hohen Nutzen.

In einem richtig verstandenen QM-System ergibt sich die QM-Dokumentation von selbst und stellt ein Abbild der betrieblichen Realität dar. Die QM-Dokumentation soll verständliche Vorgaben enthalten und den Umgang mit notwendigen Nachweisen regeln.

Dokumentation ist der Spiegel eines QM-Systems.

9.3.4 Forderungen der QMS-Normen an ein QM-System

Am Beispiel der ISO 9001:2015 werden im Folgenden die Forderungen aus den Normabschnitten 4 bis 10 kurz in Stichworten dargestellt.

- ISO 9001 Abschnitt 4: **Kontext der Organisation**
  - Verstehen der Organisation und ihres Kontextes: Die Organisation muss externe und interne Themen bestimmen, die für ihren Zweck und ihre strategische Ausrichtung relevant sind ...,
  - Verstehen der Erfordernisse und Erwartungen interessierter Parteien: Bestimmen der interessierten Parteien, die für ihr Qualitätsmanagementsystem relevant sind,
  - Festlegen des Anwendungsbereichs des Qualitätsmanagementsystems,
  - Qualitätsmanagementsystem und seine Prozesse.
- ISO 9001 Abschnitt 5: **Führung**
  - Führung und Verpflichtung: Die oberste Leitung muss in Bezug auf das Qualitätsmanagementsystem Führung und Verpflichtung zeigen ...,
  - Politik: Die oberste Leitung muss eine Qualitätspolitik festlegen, umsetzen und aufrechterhalten,
  - Rollen, Verantwortlichkeiten und Befugnisse in der Organisation.

- ISO 9001 Abschnitt 6: **Planung**
  - Maßnahmen zum Umgang mit Risiken und Chancen,
  - Qualitätsziele und Planung zu deren Erreichung,
  - Planung von Änderungen.
- ISO 9001 Abschnitt 7: **Unterstützung**
  - Ressourcen für den Aufbau, die Verwirklichung, die Aufrechterhaltung und Verbesserung des QMS bereitstellen,
  - Kompetenz, Bewusstsein und Kommunikation der angestellten Personen sicherstellen,
  - Dokumentierte Information bereitstellen (siehe Kapitel 9.3.3).

Die ISO 9001 deckt die betriebliche Realität ab.

- ISO 9001 Abschnitt 8: **Betrieb**
  - Betriebliche Planung und Steuerung,
  - Anforderungen an Produkte und Dienstleistungen, Kommunikation mit dem Kunden,
  - Entwicklung von Produkten und Dienstleistungen,
  - Steuerung von extern bereitgestellten Prozessen, Produkten und Dienstleistungen,
  - Produktion und Dienstleistungserbringung.
- ISO 9001 Abschnitt 9: **Bewertung der Leistung**
  - Überwachung, Messung, Analyse und Bewertung,
  - Internes Audit (siehe Kapitel 9.3.5),
  - Managementbewertung: Die oberste Leitung muss das Qualitätsmanagementsystem der Organisation in geplanten Abständen bewerten …
- ISO 9001 Abschnitt 10: **Verbesserung**
  - Die Organisation muss Chancen zur Verbesserung bestimmen und auswählen …,
  - Nichtkonformität und Korrekturmaßnahmen,
  - fortlaufende Verbesserung.

9.3.5 Audit

Audits werden von den Unternehmensleitungen initiiert und von unabhängigen Personen, den Auditoren, durchgeführt. Es wird dabei untersucht, ob die getroffenen qualitätsbezogenen Maßnahmen wie geplant verwirklicht wurden und geeignet sind, die Qualitätsziele zu erreichen.

> **Ein Audit ist ein systematischer, unabhängiger und dokumentierter Prozess zum Erlangen von objektiven Nachweisen und zu deren objektiver Auswertung, um zu bestimmen, inwieweit Auditkriterien erfüllt sind.** [DIN EN ISO 9000:2015]

Die Durchführung von Audits ist ein Instrument zur kontinuierlichen Verbesserung und eine Forderung der DIN EN ISO 9001:2015.

Je nach Schwerpunkt (d. h. Betrachtungsgegenstand) des Audits werden die folgenden Auditvarianten unterschieden:

- **Prozessaudit** (auch: Verfahrensaudit)
  Prozessaudits sind meist interne Audits, die die Funktionsweise z. B. einer Produktionsstraße beleuchten.
- **Produktaudit**
  Typische Produktaudits werden z. B. von Materialprüfstellen durchgeführt.
- **Systemaudit**
  Bei einem „QM-Audit" handelt es sich um ein typisches Systemaudit. Es wird vorrangig die Funktionsfähigkeit des gesamten QM-Systems überprüft.

Auch ein QM-System muss geprüft werden.

Man unterscheidet weiterhin nach zwei Auditarten:

- **Interne Audits**
  werden, initiiert von der Unternehmensleitung, von eigenen internen Auditoren durchgeführt. Sie werden auch als **First Party Audit** bezeichnet.
- **Externe Audits** sind
  - Audits, die in der Anbieterorganisation stattfinden – **Second Party Audit**.
  - Audits, die im Auftrag der Geschäftsleitung durch eine Zertifizierungsstelle durchgeführt werden, um ein Zertifikat zu erwerben – **Third Party Audit**.

Ein Audit kann sich keine Fehler erlauben.

Durchführung eines QM-Audits

Ein typischer Auditablauf gestaltet sich wie folgt:

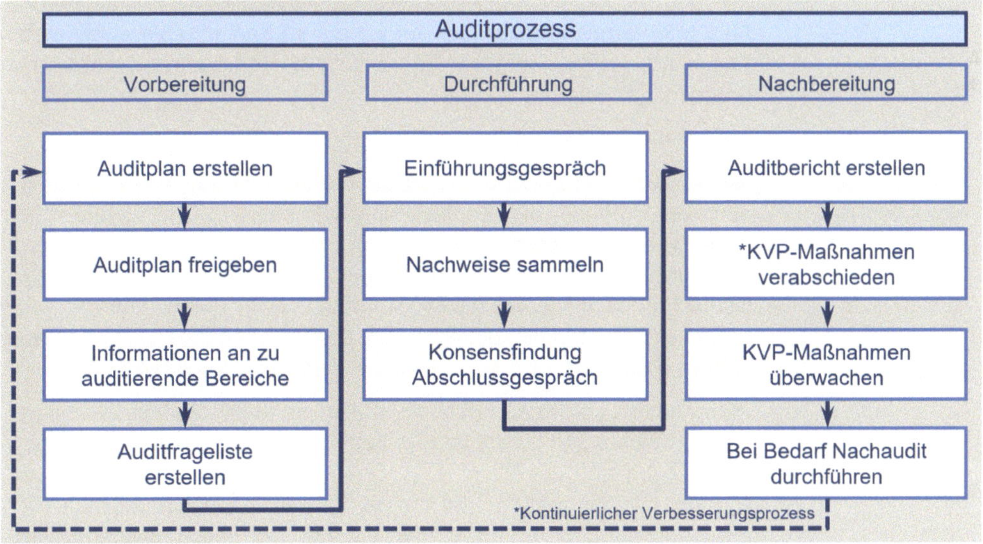

Bild 9.6: Auditprozess

Die oberste Leitung wird im Laufe der Entwicklung des Qualitätsmanagements darauf hinarbeiten, dass dieser **Auditprozess** so weit optimiert wird, dass jederzeit und nahezu ohne große Vorbereitung ein Audit erfolgreich durchgeführt werden kann.

Unternehmen mit modernen IT-Strukturen erlauben es, Audits aus der Ferne, mithilfe von Videokonferenzen, Datenbrillen und anderen Hardwarelösungen, durchzuführen.

Die **ISO 19011:2018** ist der „Leitfaden zur Auditierung von Managementsystemen".

Er lässt unter bestimmten Voraussetzungen ein „Remote Audit" (Remote = entfernt, Fernbedienung), auch in Kombination mit einem Vor-Ort-Audit, zu. Er gibt für die Durchführung von Fernaudits konkrete Anforderungen vor, so auch, dass Fernauditieren nur eine Ergänzung zu den üblichen Vor-Ort-Audits sein kann.

9.3.6 Zertifizierung eines QM-Systems

Die Einführung eines QM-Systems endet für die meisten Organisationen mit einer erfolgreichen **Zertifizierung**.

Die Gründe dafür sind:

- anerkannter Nachweis durch einen unabhängigen Dritten (Zertifizierungsgesellschaft) und
- explizite Forderung der Kunden.

Das Ziel der Zertifizierung ist die Feststellung der Konformität des QM-Systems mit den Normforderungen. Im Falle der Konformität wird ein Zertifikat erteilt.

Als Zertifizierungsgrundlage kommen die im Kapitel 9.3.4 aufgeführten Abschnitte gegebenenfalls in Verbindung mit den branchenspezifischen Ergänzungen infrage.

Ablauf der Zertifizierung

Bei der Zertifizierung haben die Auditoren das Wort.

Nur akkreditierte Zertifizierungsgesellschaften mit ihren Zertifizierungsauditoren können die Zertifizierung vornehmen. Das Zertifikat soll schließlich eine definitive Aussagekraft und Bedeutung besitzen. Ein zertifizierungswilliges Unternehmen kann in Deutschland bei der DGA, Deutsche Akkreditierungsstelle GmbH (DAkkS), Berlin, aus ca. 4.350 (Stand 2022) [DAkkS] akkreditierten Zertifizierungsgesellschaften auswählen (Bild 9.7).

Während des Zertifizierungsaudits stellen die Auditoren fest, ob und welche Abweichungen zwischen den betrieblichen Verfahrensweisen bzw. Regelungen und der Norm (z. B. DIN EN ISO 9001:2015) festgestellt wurden. Gleichermaßen wird mit den in der QM-Dokumentation (Prozessbeschreibungen, Arbeitsanweisungen ...) beschriebenen Sollzuständen und deren Umsetzung im Betrieb verfahren.

Das Zertifizierungsaudit findet dabei stets vor Ort statt, d. h., der Auditor durchläuft im Sinne des Prozessablaufes die Organisation und interviewt neben den Abteilungsverantwortlichen auch die beteiligten Mitarbeiter*innen. Es ist dabei die Aufgabe des Auditors, die Fragen so zu formulieren, dass sein Gegenüber in der Lage ist, die Frage inhaltlich richtig zu verstehen.

Bei der Zertifizierung steht die Firma Kopf.

Zum Abschluss des Zertifizierungsaudits informieren die Auditoren zusammenfassend die Geschäftsleitung über die gemachten Feststellungen. Für die festgestellten Verbesserungsbereiche werden konkrete Maßnahmen vereinbart und Termine für deren Umsetzung festgelegt.

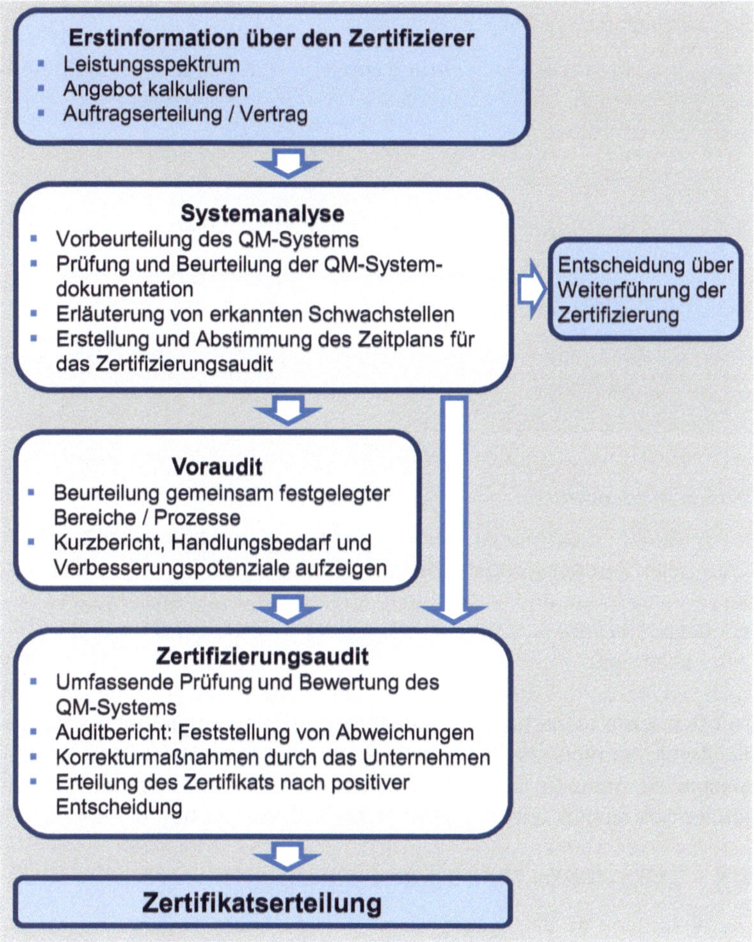

Bild 9.7: Prinzipieller Ablauf einer QMS-Zertifizierung [DQS9.1]

Am Ende des Audits werden die Feststellungen in einem Auditbericht zusammengefasst.

Bei jedem Audit werden alle Erkenntnisse und Feststellungen in einem Auditbericht dokumentiert, der selbstverständlich der Organisation zur Verfügung gestellt wird. Der Auditor gibt abschließend eine Empfehlung an die Zertifizierungsgesellschaft über die Erteilung des Zertifikates.

Nachdem bei der Zertifizierungsgesellschaft selbst dieser Auditbericht sowie die Zertifizierungsempfehlung nochmals überprüft wurden, wird das **Zertifikat** ausgehändigt.

Mit der erfolgreichen Zertifizierung ist das Thema QM nicht abgeschlossen; die Zertifizierung ist ein – wesentlicher – Meilenstein in der Weiterentwicklung der eigenen Organisation.

Auditzyklen und Gültigkeit des Zertifikates

Das Zertifikat verpflichtet die Organisation entsprechend der Norm, kontinuierlich an der Verbesserung des QM-Systems zu arbeiten. Daher ist die Gültigkeit des Zertifikats begrenzt.

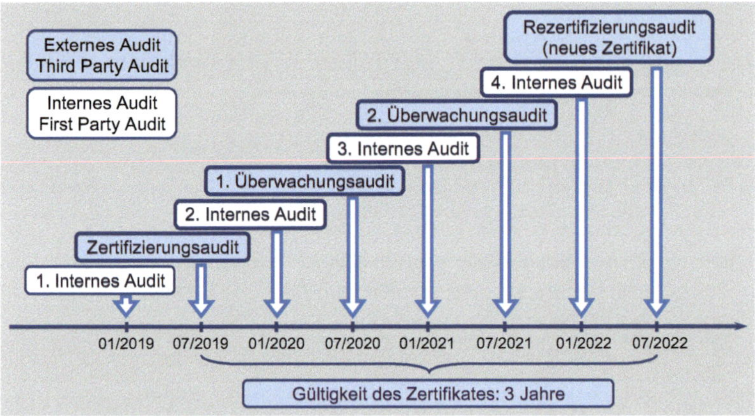

Bild 9.8: Auditzyklen

Das Zertifikat ist zeitlich begrenzt.

Jedes Audit – unabhängig davon ob intern oder extern – hat das Ziel, potenzielle Verbesserungsbereiche festzustellen. Daher ist es sinnvoll, die verschiedenen Audits gleichmäßig über das Geschäftsjahr zu verteilen. Dadurch bleibt zwischen den einzelnen Audits ausreichend Zeit, die Verbesserungen umzusetzen und im Rahmen des nachfolgenden Audits auch die wirkliche Wirksamkeit und Sinnhaftigkeit zu überwachen. Ein Zertifikat kann während der Laufzeit von jeweils drei Jahren auch von der Zertifizierungsstelle aberkannt werden, sobald ersichtlich und nachweisbar ist, dass die Organisation kein wirkliches Interesse an der Implementierung und Umsetzung der QM-Forderungen hat.

9.4 Integrierte Managementsysteme

Die Ansprüche an die Leitung eines Unternehmens sind enorm gestiegen. Reichten vor einigen Jahrzehnten nur einige Funktionen wie Buchhaltung, Produktionsplanung, Kontrolle u. Ä. zur Unternehmensleitung, so verfügen heute Unternehmen über eine Vielzahl von Managementsystemen. Zu den klassischen Managementsystemen wie Finanz-, Planungs-, Produktionsmanagement u. a. kamen neue wie Qualitäts-, Innovations-, Umwelt-, Risiko- und Arbeitsschutzmanagement hinzu.

9.4.1 Ausgangsposition

Aus geschichtlichen Gründen entwickelten sich einzelne Managementsysteme unabhängig voneinander. Ihre Verfügbarkeit ist mit einigen Hindernissen verbunden:

- Sie verfügen über unterschiedliche Strukturen.
- Sie sind nicht kompatibel.
- Sie verwenden sehr häufig unterschiedliche Begriffe für identische Gegenstände.
- Daten sind in unterschiedlichen Formen, an unterschiedlichen Orten und in unterschiedlichen Medien ablegt.
- Es treten Doppelungen von Daten auf und sie weisen unterschiedliche Inhalte auf.

Betriebliche Managementsysteme sind heterogen.

Die fortschreitende Entwicklung von IT ermöglicht zunehmend eine Vernetzung von Managementsystemen.

9.4.2 Ansätze für integrierte Managementsysteme

Das **integrierte Managementsystem (IMS)** fasst Forderungen aus den verschiedenen Bereichen in einer einheitlichen Struktur zusammen. Durch Nutzung von Synergien und die Bündelung von Ressourcen ist – im Vergleich zu einzelnen, isolierten Managementsystemen – ein schlankeres Management möglich [TÜV 22].

IMS unterstützt die Bildung einheitlicher Managementstrukturen.

Ist bereits ein QM-System etabliert, kann dieses z. B. durch die Umweltaspekte und -forderungen der DIN EN ISO 14001 erweitert werden.

Ein Beispiel eines Teils von einem integrierten Managementsystem ist in Bild 9.9 dargestellt.

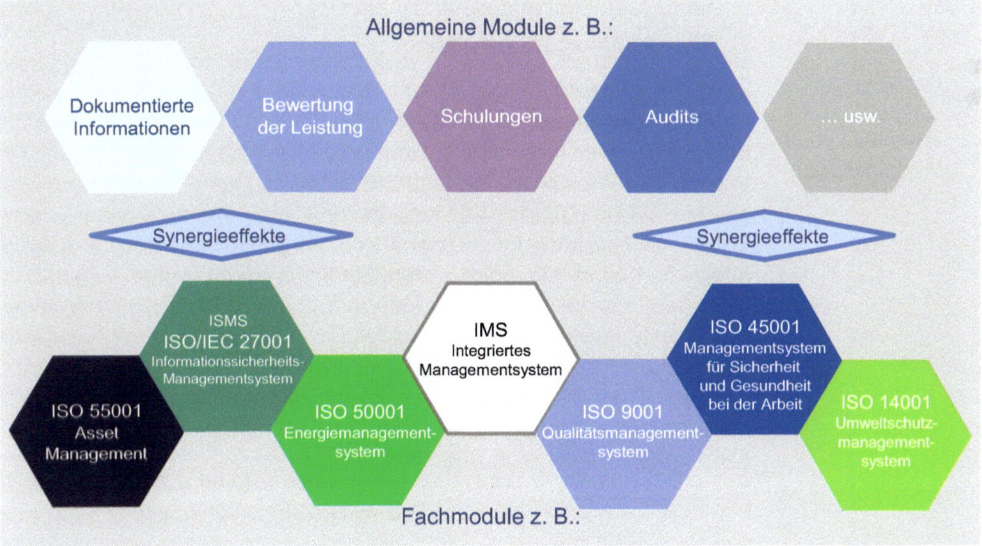

Bild 9.9: Integriertes Managementsystem [TÜV 22]

ISO 55001:2014: Asset Management liefert alle wichtigen Anforderungen an das einzuführende Anlagenwirtschaftssystem. Es beinhaltet Planung, Neubau und Instandhaltung wie auch Umbau, Erweiterung, Modifikation und Stilllegung von Anlagen.

ISO/IEC 27001:2013: Ein Informationssicherheitsmanagementsystem (ISMS) stärkt signifikant die Abwehr gegen Cyberangriffe und unterstützt dabei, Datendiebstahl zu verhindern.

ISO 50001:2018: Energiemanagementsysteme – Anforderungen mit Anleitung zur Anwendung. Sie unterstützt Organisationen bei der Einführung, Aufrechterhaltung und fortlaufenden Verbesserung eines umfassenden Energiemanagementsystems (EnMS).

ISO 45001:2018: Sie definiert die Anforderungen an Arbeits- und Gesundheitsschutz-Managementsysteme und gewährleistet so für alle Beschäftigten die Sicherheit und Gesundheit am Arbeitsplatz (SGA).

Integration weiterer Konzepte

Über die bereits erwähnten Normen hinaus können weitere Konzepte integriert werden, z. B.:

- Risikomanagement (wie im Gesetz zur Kontrolle und Transparenz im Unternehmensbereich, kurz KonTraG gefordert),
- Datenschutz (siehe Bundesdatenschutzgesetz),
- Facility Management und Instandhaltung,
- Gebäudeschutz mit Bereichen wie Schließanlagen, Bewachung, Brandschutz usw.,
- aber auch Finanz- und Berichtswesen, Data Mining (Datenschürfung), Wissens- und Ideenmanagement,
- Energiemanagementsysteme.

Die Vorteile sind gemeinsame Datenbasis und Synergieeffekte.

Einer der wesentlichen Gründe für den Aufbau von IMS in Organisationen sind eine gemeinsame Datenbasis und ein vereinfachter Datenzugriff. So können Datendoppelungen bzw. Übertragungsfehler vermieden und eine Verbesserung für mehrere Bereiche (Synergieeffekt) erreicht werden. Da sich (normierte) Qualitäts- und Umweltmanagementsysteme in ihrer Struktur ähnlich sind (Handbuch, Vorgabedokumente etc.), ist die Integration eines der beiden Managementsysteme in das vorhandene Managementsystem mit wenig Mehraufwand möglich. Die vorhandenen Dokumente werden um die fehlenden Aspekte ergänzt, mögliche Schnittstellen zwischen den Systemen definiert und optimiert. Die von den jeweiligen ISO-Normen geforderten regelmäßigen Selbstüberprüfungen (Audits, Managementreview etc.) können alle Aspekte des IMS ohne größeren Mehraufwand abdecken.

9.5 Total Quality Management und Business Excellence

Nach dem Zweiten Weltkrieg fielen die Arbeiten von William Edwards Deming [Deming] im Bereich Qualitätsmanagement in Japan auf einen fruchtbaren Boden.

Mithilfe seiner Philosophie des Total Quality Managements (TQM) stieg Japan zu einer Industrieweltmacht auf. Dieser Ansatz wurde in den Industrieländern erst später aufgegriffen. Der Anstoß kam in den 1980er-Jahren von der US-Industrie, der es mithilfe des amerikanischen Qualitätspreises Baldrige Award gelungen ist, wieder konkurrenzfähig zu werden.

9.5.1 Total Quality Management

In der TQM-Philosophie wird die Qualität zur obersten Zielsetzung für das gesamte Unternehmen. Die Strategie des Managements ist darauf ausgerichtet, Spitzenleistungen in allen Geschäftsbereichen zu erzielen.

Total Quality Management wurde wie folgt definiert:

> **Umfassendes Qualitätsmanagement – TQM:**
> **Qualitätsmanagement einer Organisation, das die gesamte Organisation einschließt.**

Umfassendes Qualitätsmanagement berücksichtigt alle Aspekte.

Den ursprünglichen Ansatz der TQM-Philosophie drückt eher folgende Beschreibung aus:

> **... auf der Mitwirkung aller ihrer Mitglieder basierende Führungsmethode einer Organisation, die Qualität in den Mittelpunkt stellt und durch Zufriedenstellung der Kunden auf langfristigen Geschäftserfolg sowie auf Nutzen für die Mitglieder der Organisation und für die Gesellschaft zielt.** [HeWa95]

Deming charakterisierte TQM anhand von 14 Merkmalen [QAge95]:

- Beständigkeit der Zielsetzung,
- Aneignung der Qualitätsphilosophie,
- präventive Qualitätssicherung,
- partnerschaftliche Zusammenarbeit mit Lieferanten,
- ständige Verbesserung aller Prozesse,
- arbeitsbegleitende Ausbildung,
- kooperativer Führungsstil,
- offenes Unternehmensklima,
- Beseitigung organisatorischer Barrieren,
- verständliche Ziele und Vorgehensweisen,
- kooperative Zielvereinbarungen,
- Identifikation der Mitarbeiter mit ihrer Tätigkeit,
- Qualifizierungsprogramme,
- Maßnahmenplan.

Die operative Umsetzung der TQM-Philosophie wurde in den Qualitätspreisen verwirklicht und weiter zu Business Excellence entwickelt.

9.5.2 Modell für Business-Excellence-Qualitätspreise

TQM weist den Weg zu Business Excellence.

Exzellente Organisationen werden an ihrer Fähigkeit gemessen, überragende Ergebnisse für ihre Interessengruppen zu erwirtschaften und aufrechtzuerhalten. Überragende Ergebnisse zu erwirtschaften, ist schon schwierig genug. Noch schwieriger aber ist es, Excellence in einer Welt des immer stärker werdenden globalen Wettbewerbs, rascher technologischer Innovation, sich ständig ändernder Arbeitsprozesse und des häufigen Wechsels im wirtschaftlichen, sozialen und kundenbezogenen Umfeld aufrechtzuerhalten. Hinzu kommen Herausforderungen an die globalen Lieferketten, Sicherung von Ressourcen und klima- sowie umweltbedingte Veränderungen.

Um Excellence zu erreichen, sind ein absolutes Engagement der Führungsverantwortlichen und eine umfassende Akzeptanz dieser Konzepte erforderlich. Excellence wird in diesem Zusammenhang als überragende Vorgehensweise beim Managen einer Organisation und Erzielen ihrer Ergebnisse definiert.

Das Modell für Excellence basiert auf acht Grundkonzepten, die in den Qualitätspreisen genau spezifiziert sind.

Die Grundkonzepte der Business Excellence [LEP 2010]:

- Nutzen für den Kunden schaffen
- Die Zukunft nachhaltig gestalten
- Die Fähigkeit der Organisation entwickeln
- Innovation und Kreativität fördern
- Mit Vision, Inspiration und Integrität führen
- Veränderungen aktiv führen
- Durch Mitarbeiterinnen und Mitarbeiter erfolgreich sein
- Dauerhaft herausragende Ergebnisse erzielen

Die Erfüllung der Forderungen wird mithilfe eines Bewertungssystems durchgeführt.

European Quality Award – EQA

Die EFQM bietet Entwicklungsmethoden für die Unternehmenszukunft.

Die European Foundation for Quality Management (EFQM) organisiert den Europäischen Qualitätspreis (European Quality Award – EQA) und bietet ihren Mitgliedern eine breite Palette von Dienstleistungen an. Das Modell bietet einen ganzheitlichen Rahmen und eine ganzheitliche Methodik, welche die Organisationen gerade jetzt benötigen, um Veränderungen anzunehmen, die Leistung voranzutreiben und sich in Zukunft weiterentwickeln zu können [EFQM2020].

Das Grundprinzip (der „rote Faden") des EFQM-Modells ist die Verknüpfung von Zweck, Vision und Strategie einer Organisation und wie sie dadurch für die von ihr als wichtig erkannten Interessengruppen nachhaltigen Nutzen schafft und herausragende Ergebnisse erzielt. [EFQM2020]

Das EFQM-Modell ist eine Art große Checkliste, welche die Wirkungszusammenhänge in einem Unternehmen aufzeigt. Das Modell umfasst sieben Kriterien (Bild 9.10).

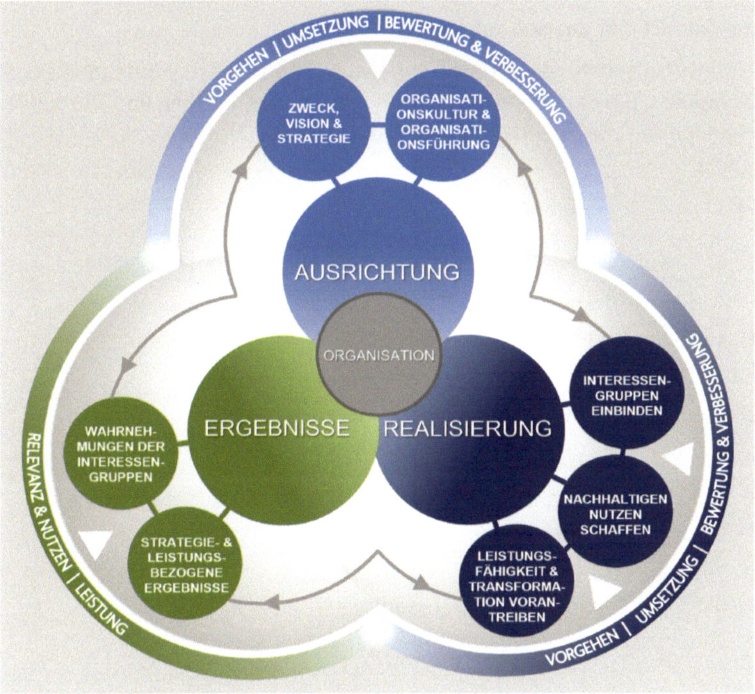

Bild 9.10: EFQM-Modell 2020 [EFQM2020]

Die EFQM-Modellstruktur basiert auf der einfachen, aber leistungsstarken Logik, drei Fragen zu stellen:

Das EFQM-Model hilft, die notwendigen Veränderungen zu erkennen.

- Die Ausrichtung (Befähigerkriterien)
  - Warum existiert die Organisation?
  - Welchen Zweck erfüllt sie?
  - Warum verfolgt sie genau die aktuelle bestehende Strategie?
- Die Realisierung (Befähigerkriterien)
  - Wie beabsichtigt die Organisation, ihren Zweck zu erreichen und ihre Strategie umzusetzen?
- Die Ergebnisse (Ergebniskriterien)
  - Was hat die Organisation bisher erreicht?
  - Was will sie künftig erreichen?

Die **Befähigerkriterien** beschreiben, wie ein Unternehmen handelt und wie es vorgeht, um die **Ergebniskriterien** zu erzielen. Jedem Kriterium ist eine gewisse Anzahl **„Teilkriterien“** zugeordnet, auf die bei der Bewertung des Unternehmens einzugehen ist.

> **Die Prämisse des EQA lautet: „Das EFQM-Modell unterstützt Unternehmen bei der Umsetzung von Veränderungen, bei der Leistungssteigerung und bei ihren Zukunftsvisionen, um exzellente Ergebnisse zu erzielen.“** [EFQM2020]

- **Das EFQM-Diagnosetool: RADAR**

Das RADAR-Tool ermöglicht eine verlässliche Bewertung.

Um ein Unternehmen verlässlich bewerten zu können, wurde eine Logik entwickelt, die der Organisation hilft, bestehende Stärken und Verbesserungspotenziale zu erkennen und die aktuelle Arbeitsweise besser zu steuern.

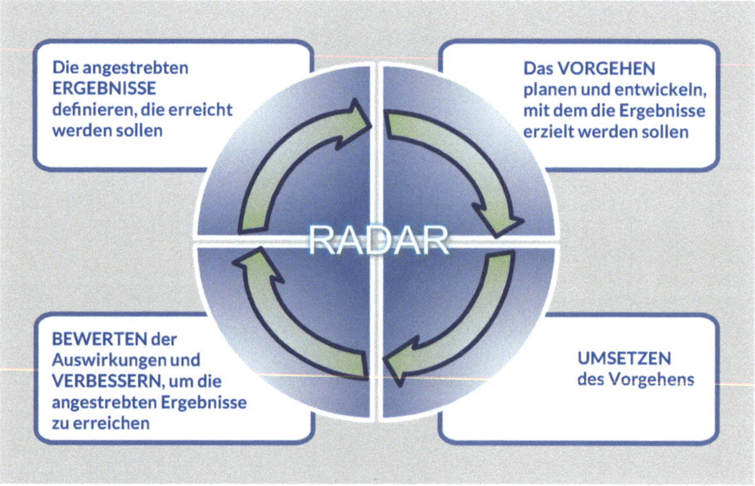

Bild 9.11: RADAR-Methode [EFQM2020]

Die RADAR Logik legt dar, wie die Organisation

- die angestrebten Ergebnisse definiert, die sie durch ihre Strategie erreichen möchte (**R**esults – Ergebnisse),
- eine Reihe von Vorgehensweisen festgelegt hat, durch die die angestrebten Ergebnisse jetzt und in Zukunft erzielt werden sollen (**A**pproaches – Vorgehensweisen),
- diese Vorgehensweisen angemessen umsetzt (**D**eployment – Umsetzung),
- die umgesetzten Vorgehensweisen bewertet und verbessert, um zu lernen, sich weiterzuentwickeln (**A**ssess and **R**efine – Bewerten und Verbessern) [EFQM2020].

Anwendung der RADAR-Logik

Zur Analyse der Organisation sind im Diagnosetool RADAR die Vorgehensweisen aufgezeigt, wie beispielhaft in Bild 9.12 und Bild 9.13 dargestellt. Die Anwender der RADAR-Logik wenden die Attribute auf die Informationen an, die vorgelegt wurden.

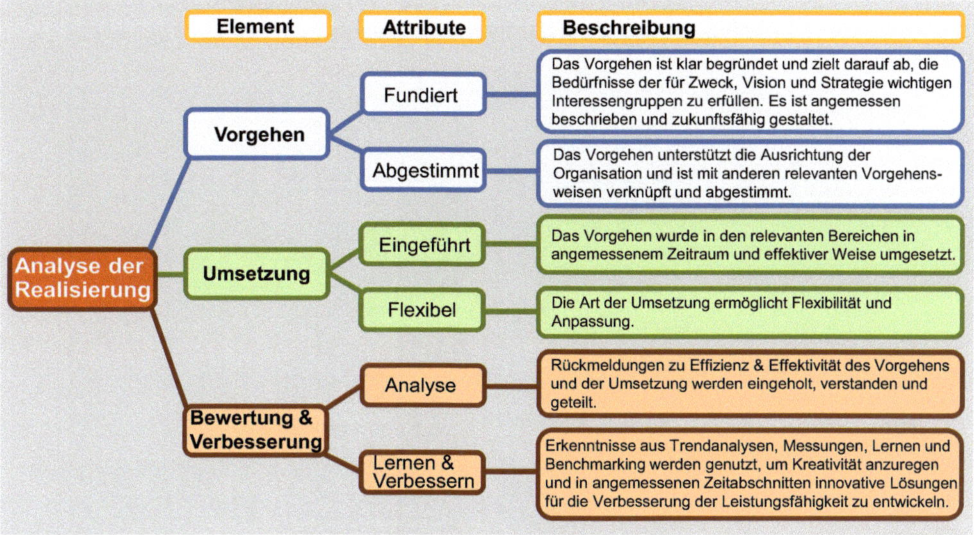

Bild 9.12: RADAR-Logik am Beispiel: Realisierung [ILEP2020]

Die Beschreibung der Attribute gibt Hinweise, was jeweils in den von den Organisationen erbrachten Nachweisen aufgezeigt werden sollte.

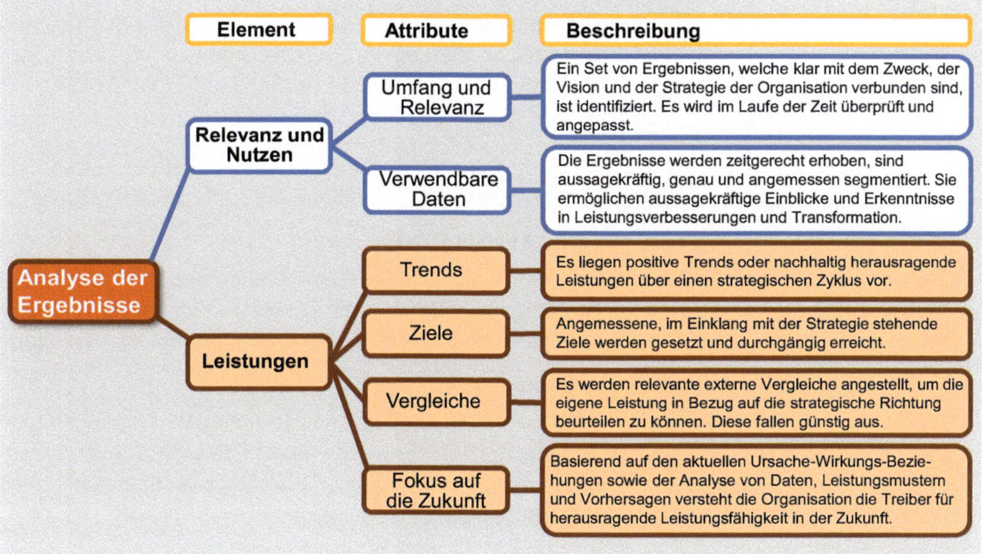

Bild 9.13: RADAR-Logik am Beispiel: Ergebnisse [ILEP2020]

Diese Nachweise bestehen aus Daten, die – passend zur Überschrift des jeweiligen Kriteriums – die strategische und operative Leistung einer Organisation belegen.

Die EFQM-Punkteverteilung macht Unternehmen vergleichbar.

Organisationen, die sich um eine Anerkennung im Sinne des EQA bewerben, werden bei der Bewertung nach dem EFQM-Modell mit maximal 1.000 Punkten bewertet. Die 1.000 Punkte verteilen sich auf die sieben Kriterien, wie es in der folgenden Tabelle, Bild 9.14, dargestellt ist.

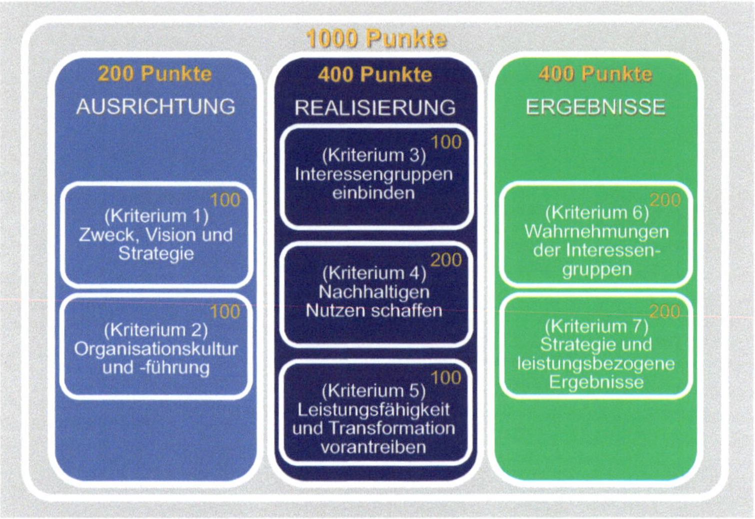

Bild 9.14 Die Punkteverteilung im EFQM-Modell [ILEP2020]

Ludwig-Erhard-Preis

Die Initiatoren des deutschen Qualitätspreises sind die Industrie- und Handwerksverbände und die Ludwig-Erhard-Stiftung e. V., Bonn. Das Referenzmodell für den Ludwig-Erhard-Preis ist das EFQM-Modell.

Deming Application Prize

Der Qualitätspreis wurde bereits 1951 erstmals in Japan vergeben. Damit begann die Verbreitung des Gedankens der umfassenden Qualität.

Malcolm Baldrige National Quality Award

Um nach den Japanern das Qualitätsbewusstsein der amerikanischen Unternehmen zu steigern, wurden Anfang der 1980er-Jahre verschiedene Initiativen gestartet. Seit 1987 wird der MBNQA jährlich verliehen.

Weitere Qualitätspreise

Zwischenzeitlich haben sich weltweit weitere nationale Qualitätspreise etabliert. Auch auf regionalen Ebenen wurden Preise ausgeschrieben, wie z. B. der Bayrische Qualitätspreis, Qualitätspreis Sachsen-Anhalt oder der DEKRA Award.

Im Bild 9.15 sind die Reifegrade des EFQM und des LEP zusammengefasst.

„Validated by EFQM" ist ein einfaches Vorgehen für Unternehmen oder Organisationseinheiten, Handlungsfelder zu entdecken, um den unternehmerischen Reifegrad zu steigern.	LUDWIG ERHARD PREIS Committed to Excellence · EFQM VALIDATED BY EFQM 2021
„Qualified by EFQM" richtet sich an Organisationen, die eine schnelle Analyse ihrer Strategie, ihrer Managementpraktiken und Gesamtleistung möchten. Sie können erste Fortschritte nachweisen.	LUDWIG ERHARD PREIS Committed to Excellence 2 Star · ★★ EFQM QUALIFIED BY EFQM 2021
Die Organisation hat eine klare Mission, Vision und Strategie definiert, kennt die Interessengruppen in ihrem Ecosystem, verbessert die Leistungsniveaus, stellt zugleich die notwendige Verbesserung sicher. **301- 400 Punkte**	LUDWIG ERHARD PREIS Recognised for Excellence 3 Star · ★★★ EFQM RECOGNISED BY EFQM 2021
Mit einer höheren Reife erreicht man diese Stufe der Anerkennung. Ziel ist es, über die Zeit immer besser zu werden und so seine Wettbewerbsfähigkeit zu erhöhen und Benchmarks mit anderen durchzuführen. **401- 500 Punkte**	LUDWIG ERHARD PREIS Recognised for Excellence 4 Star · ★★★★ EFQM RECOGNISED BY EFQM 2021
Fünf Sterne öffnen die Tür zum EFQM Global Award. **501- 600 Punkte**	LUDWIG ERHARD PREIS Recognised for Excellence 5 Star · ★★★★★ EFQM RECOGNISED BY EFQM 2021
Die EFQM spricht von „outstanding performance". Oft entwickelt sich eine Organisation erst auf nationalem Niveau und wechselt nach einigen Lernzyklen in das internationale Umfeld. **601- 700 Punkte**	LUDWIG ERHARD PREIS Recognised for Excellence 6 Star · ★★★★★★ EFQM RECOGNISED BY EFQM 2021
Award Winner Quelle: [ILEP21] **ab 701 Punkte**	LUDWIG ERHARD PREIS Recognised for Excellence 7 Star · ★★★★★★★ EFQM RECOGNISED BY EFQM 2021

Bild 9.15: EFQM-Reifegrade

9.6 Reifegradmodelle

Ständige Veränderungen des Marktes, der Produkte und der Rahmenbedingungen stellen laufend sich ändernde Anforderungen an Managementsysteme, wie in diesem Fall an das Qualitätsmanagementsystem eines Unternehmens dar. Deswegen muss auch das QMS weiterentwickelt werden, in dem es im Rahmen eines Selbstbewertungszyklus evaluiert wird.

Reifegradmodelle erlauben die Optimierung von Projekten.

Durchläuft ein Unternehmen einen Selbstbewertungszyklus nach einer z. B. von der EFQM anerkannten Methode, muss es einen Aktionsplan entwickeln, um die identifizierten Veränderungspotenziale zu priorisieren und diese erfolgreich umzusetzen. Von Zyklus zu Zyklus steigen die Reife und die Angemessenheit des Managements eines Unternehmens.

Dieses Prinzip erlaubt es auch das Leistungsniveau von Produkten, Prozessen und Projekten zu beurteilen und zu optimieren. Für die unterschiedlichsten Objekte wurden bereits weit über 150 Reifegradmodelle allein im Bereich der Wirtschaftsinformatik entwickelt [Becker09].

Funktion von Reifegradmodellen

Ein Reifegradmodell (engl.: Maturity Model) sollte eine möglichst objektive Beurteilung des Istzustandes eines Objektes ermöglichen. Aus den dabei identifizierten Verbesserungspotenzialen werden Korrekturmaßnahmen entwickelt und priorisiert, sowie deren Erfolg nach ihrer Umsetzung überwacht. So kann man das Objekt, gemessen am Sollzustand, einer Reifegradstufe, beginnend beim Anfangszustand bis hin zur vollkommenen Reife, zuordnen.

Auf dem Pfad der ständigen Weiterentwicklung des Objektes, welches z. B. Organisationen, Unternehmensfunktionen, Projekte, Prozesse und Produkte umfassen kann, steigt so ständig die Leistungsfähigkeit bzw. die Qualität. Zur Beurteilung dient die Skala der Reifegradstufen des Reifegradmodells. Das EFQM-Modell (siehe Abschnitt 9.5.2) stellt ein komplexes Reifegradmodell dar.

Aufbau von Reifegradmodellen

Reifegradmodelle basieren meist auf bewährten Best Practices und umfassen zwischen drei und sechs Reifegradstufen, die eindeutig und abgrenzbar voneinander benannt und beschrieben sind.

Reifegradmodelle müssen individuell angepasst werden.

Reifegradmodelle bedürfen einer Systematisierung und differenzieren das Objekt in Handlungsfelder und diese wiederum in Handlungselemente. Die Handlungsfelder mit ihren Ausprägungen müssen kategorisiert und definiert werden, da jedes für sich einer Bewertungssystematik, zur Ermittlung seiner Leistungsfähigkeit, unterliegt. Dabei ist eine Punktebewertung der verschiedenen Ausprägungen, oder deren Einstufung in stufenbasierte Reifegrade, sofern deren Anforderungen erfüllt sind, möglich.

Der Reifegrad wird in einem Assessment ermittelt. Die vorgegebenen Bewertungskriterien werden mithilfe von Checklisten, Fragebögen, Beobachtungen, Selbstbeurteilung oder Fremdbeurteilung, zu einem gegebenen Zeitpunkt untersucht und validiert. Das Assessment liefert so eine Zustandsaufnahme des betrachteten Objekts [Micha15], [Becker09].

Die Ergebnisse werden grafisch überwiegend in einem Spinnennetzdiagramm oder einem Balkendiagramm dargestellt.

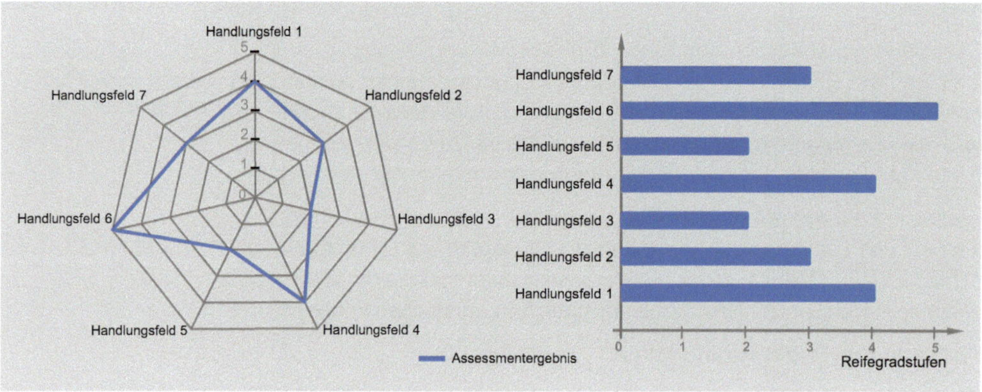

Bild 9.16: Grafische Darstellung eines Reifemodells [Micha15]

Bestehende Reifegradmodelle als Vorbild

Um ein eigenes zugeschnittenes Reifegradmodell zu entwickeln, ist es sinnvoll, sich an bestehenden Reifegradmodellen ähnlicher Problembereiche und Arbeitsgebieten zu orientieren.

So diente insbesondere das Capability Maturity Model (CMM; entwickelt 1986 am Software Engineering Institute (SEI) der Carnegie Mellon University in Pittsburgh, USA.), dass Reifegrade von Softwareentwicklungsprozessen beschreibt, für viele weitere Reifegradmodelle als Entwicklungsgrundlage. In diesem Modell sind fünf Reifegradstufen vorgesehen, welche von vielen folgenden Reifegradmodellen aufgegriffen wurden [Becker09].

Reifegradstufen

Die fünf Entwicklungsstufen des Software-Entwicklungsprozesses werden in diesem Modell folgendermaßen charakterisiert:

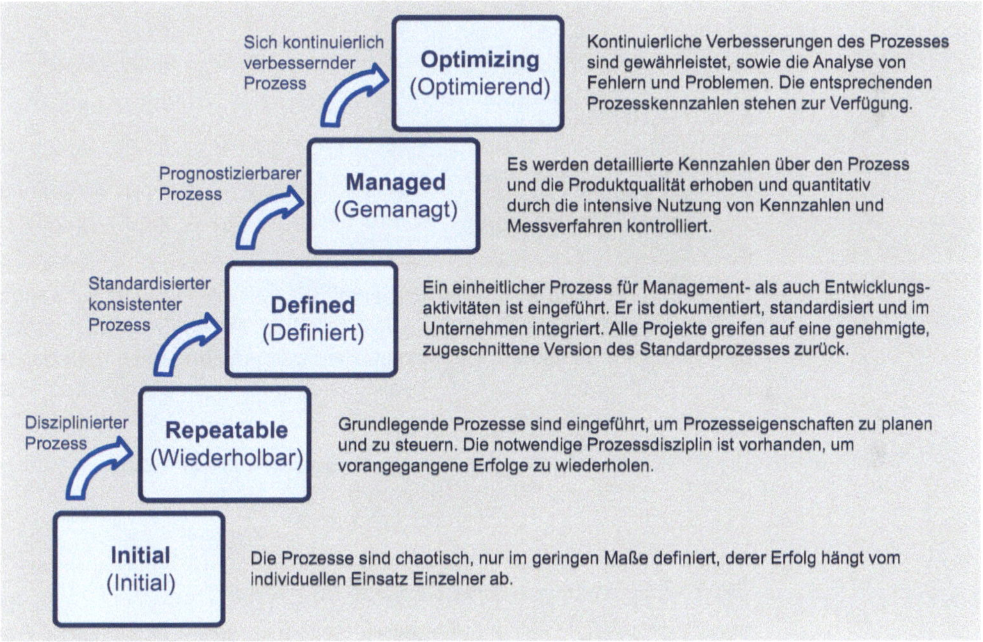

Bild 9.17: Die fünf Stufen des Capability Maturity Model [Becker09]

Neu entwickelte Reifegradmodelle werden auch die Reifegradstufen ihrer Disziplin und Erfordernissen anpassen.

Struktur eines Reifegradmodells

Die einzelnen Handlungsfelder einer Organisationseinheit weisen wechselseitige Abhängigkeiten auf, sodass ein schrittweises Vorgehen beim Assessment zielführend ist. Die Anzahl der Handlungsfelder, Handlungselementen und Reifegradindikatoren ergeben sich aus den Gegebenheiten des Unternehmens.

Eine einfache und übersichtliche Darstellung verdeutlicht, wie das Reifegradmodell in einem Unternehmen, z. B. das des Qualitätsmanagements, abbildet.

Im Reifegradmodell des folgenden Beispiels, Bild 9.18, bilden 3 Handlungsfelder (innerer Ring) die übergeordnete Struktur des Geschäftsfeldes QM. Diese sind untergliedert in 9 Handlungselemente (mittlerer Ring). Die 27 Reifegradindikatoren (äußerer Ring) werden jeweils anhand von fünf Reifegradstufen bewertet, um den Gesamtreifegrad (Ringkern) zu ermitteln.

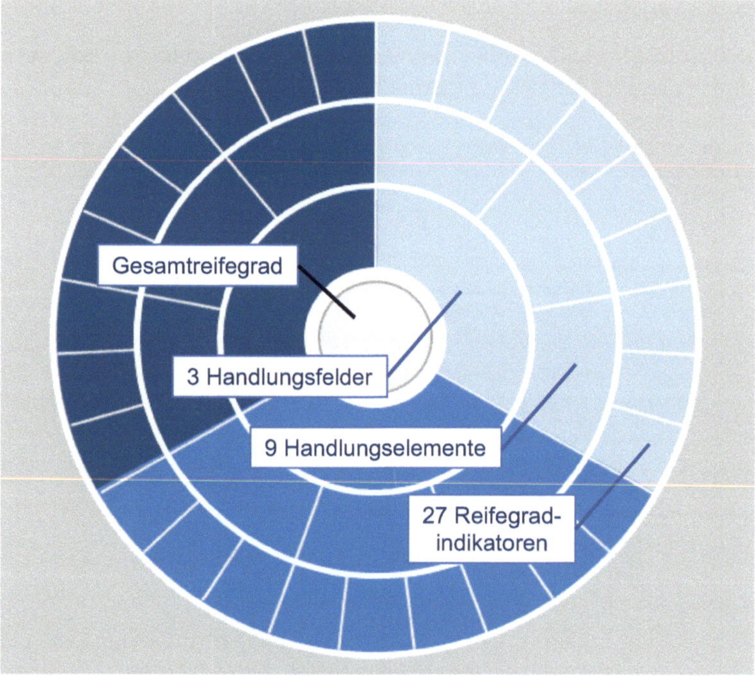

Bild 9.18: Struktur eines Reifegradmodells [AKWI20]

Das Geschäftsfeld QM erreicht einen Reifegrad, wenn es sämtliche Anforderungen dieser Stufe erfüllt, muss allerdings auch die Anforderungen der niedrigen Reifegradstufen bereits erfüllt haben.

Die systematische Verwendung des Modells ist zwingend.

Der Reifegrad eines Handlungselementes wird somit durch den kleinsten Reifegrad der drei zugehörigen Reifegradindikatoren ermittelt. Erreichen in diesem Beispiel zwei Reifegradindikatoren den Reifegrad 3, ein Reifegradindikator aber nur den Reifegrad 2, so erreicht das gesamte Handlungselementes lediglich den Reifegrad 2.

Gleiches gilt für die Handlungsfelder mit seinen drei Handlungselementen und zur Bildung des Gesamtreifegrades.

Einen Überblick für die Elemente eines Handlungsfeldes des Qualitätsmanagements sind im Bild 9.19 dargestellt.

Ein theoretisch entwickeltes Reifegradmodell muss seine Eignung in der Praxis beweisen. Der Transfer und die Evaluation des Reifegradmodells in die Praxis sind sorgfältig zu planen. Es ist festzulegen, wer das Assessment mit den bereitgestellten Checklisten, Handbüchern oder softwaregestützten Werkzeugen, auch über das Internet/Intranet, durchführt. Dem Anwender sollten Kommunikationsmittel mit der Möglichkeit zum Feedback (z. B. über Fragebögen oder Formulare für Änderungsvorschläge oder Softwarewerkzeuge etc.) zur Verfügung stehen.

Ein neu entwickeltes Modell muss seine praktische Eignung beweisen.

Bild 9.19: Elemente eines Handlungsfeldes

Der Einsatz von Reifegradmodellen hat neben vielen Vorteilen auch einige Nachteile.

Vorteile sind z. B.:

- Von den Erfahrungen und dem Wissen anderer profitieren – Fehler, die bereits gemacht wurden, können vermieden werden.
- Während des Assessment werden Stärken und Schwächen, sowie Verbesserungspotenziale identifiziert.
- Die auf sich aufbauenden Reifegradstufen ergeben einen Leitfaden für das Vorgehen bei den Verbesserungen, die zur höchsten Reifegradstufe führen.
- Der Fortschritte durch Evaluation der Entwicklungsfähigkeit des Objektes sind abbildbar.
- Es zeigt sich der positive Einfluss auf Kosten, auf die einzelnen Komponenten des Objektes und auch auf die Kundenzufriedenheit.

Nachteile sind z. B.:

- Reifegradmodelle sind jedoch nicht auf alle Unternehmen direkt übertragbar. Sie sind meist an Unternehmensziele ausgerichtet. Vor dem Einsatz eines Modelles ist wesentlich, die eigenen Bedürfnisse in dieses Modell einfließen zu lassen.
- Es fehlen Steuerungsmöglichkeiten, oder sind nicht direkt auf das eigene Unternehmen übertragbar. Die Planung und Durchführung von Verbesserungsmaßnahmen sind auf das Unternehmen zuzuschneiden [Micha15].

9.7 Rechnergestütztes Qualitätsmanagement

Computer Aided Quality Management – CAQ

Im Gleichschritt mit der rasanten Entwicklung der IT-Technologie entwickelte sich die Mess-, Regel- und Steuerungstechnik. Mithilfe der erfassten Messdaten ermöglichten sie die Steuerung und Überwachung von Produktionsprozessen und ihrer Qualitätsmerkmale. Die angefallene große Datenmenge musste verarbeitet werden.
Der Anspruch des Qualitätsmanagements an die Planung, Prüfung und Lenkung führte zur Entwicklung von **Computer-Aided-Quality-Systemen(CAQ-System)**.

CAQ konzentriert alle Q-Aktivitäten.

> **CAQ**, Abk. für **Computer Aided Quality Ensurance** entsprechend *Computerunterstützte Qualitätssicherung und -kontrolle.*
> Aufgaben: Mengen-, Termin- und Qualitätsprüfungen; Ursachenermittlung bei Abweichungen durch Auswertung von Basisdaten und Gegensteuerung. Dazu ist eine **Integration** der CAQ mit anderen Computersystemen im Fertigungsbereich, z. B. zum **PPS-System** (computergestützte Produktionsplanungs- und -steuerungssysteme) erforderlich. [GaWi14]

Ziel ist es, außer der Erfassung der Messdaten noch, qualitätsrelevante Ziele wie z. B.:

- Reklamationsquoten senken,
- Kosten analysieren und senken,
- Prozesssicherheit erhöhen,
- KVP fördern,
- qualitätsrelevante Daten bereitstellen,
- Fehlerarten und -häufigkeiten erfasse und sicherzustellen.

Zu den **Kernaufgaben** von CAQ-Systemen gehören:

- Prüfungen und
- statistische und präventive QM-Methoden anwenden

und als weitere primäre Aufgabe die

- Datenverwaltung [Li9.1].

Die Entwicklung der IT-Technologie bietet zunehmend die Möglichkeit einer Anbindung der Produktionssysteme an weitere Unternehmens-systeme mit dem Ziel, ein Integriertes Managementsystem zu schaffen. Somit kann die Steuerung und Überwachung der Unternehmes-aktivitäten noch effizienter erfolgen (Corporate Governance).

Modular kombinierbares CAQ-System

Softwarehäuser bieten oft ein modular kombinierbares CAQ-System an. Durch die Kombination der Module entsteht ein komplettes CAQ-System, das eine bestmögliche Funktionalität und einen optimalen Nutzen für das Unternehmen bildet (Bild 9.20).

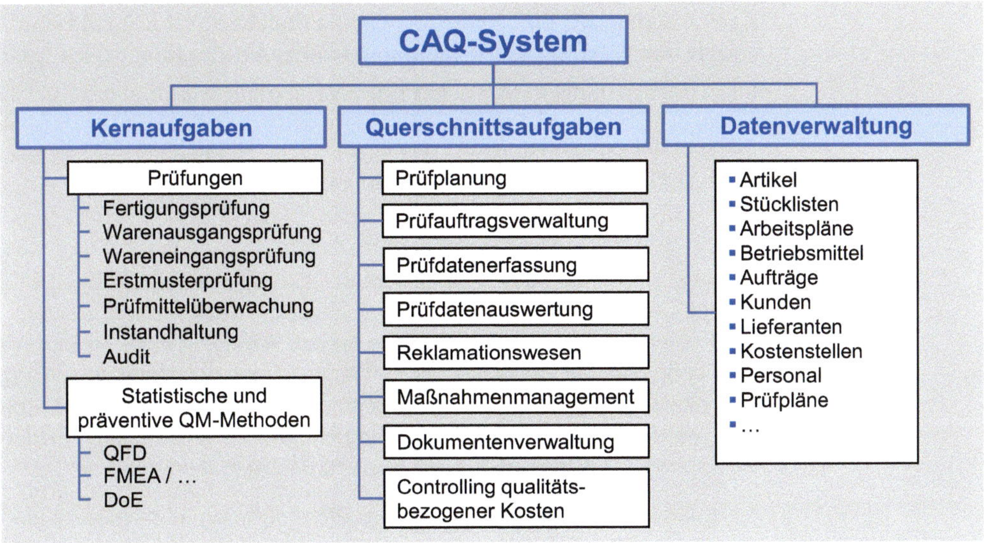

Bild 9.20: CAQ-Aufgabenmodell [Höp99]

Rechnergestützte QM-Dokumentation

Die QM-Dokumentation muss sich permanent anpassen und flexibel auf Veränderungen reagieren. Die im CAQ-System enthaltene Datenverarbeitung und elektronische Kommunikationssysteme ermöglichen es, sehr rationell die QM-Daten und -dokumente zu pflegen und zu lenken.

Software unterstützt die Erstellung und Verteilung von Dokumenten und Daten.

Das **Internet** setzt sich zunehmend in den firmeninternen Netzen (Intranet) durch. Das **Intranet** ist ein preiswertes Übertragungsmedium, mit dem aktuelle Informationen und Dokumente direkt zielgruppengerecht verteilt werden können. Damit erfüllt sich die Forderung der ISO 9001:2015: Norm-Abschnitt 7.5 Dokumentierte Informationen.

9.8 Qualitätscontrolling

Kosten als Investitionen oder als Verluste

Das Qualitätsmanagement setzt die von der Geschäftsleitung vorgegebene Qualitätspolitik um (siehe Kapitel 3.1.2). Sie definiert die Merkmale wie z. B. die Fehlerquote, Qualitätskosten, Kundenzufriedenheit, anhand deren die Ziele erreicht werden sollen. Für die Verfolgung der Entwicklung und Beurteilung der Zielerreichung benötigt das Qualitätsmanagement ein Controllingsystem, das Qualitätscontrolling.

Das Qualitätscontrolling (QC) hat die Aufgabe, dem Qualitätsmanagement geeignete Informationen zur Steuerung der Qualitätsmerkmale entlang der Wertschöpfungskette sowie über den Erreichungsgrad der von der Geschäftsleitung vorgegebenen Ziele zur Verfügung zu stellen. Gleichzeitig überwacht sie die Wirtschaftlichkeit der vorgesehenen Maßnahmen.

Anhand der gelieferten Daten und Analysen leitet das Qualitätsmanagement strategische und operative Maßnahmen ein.

9.8.1 Merkmale des Qualitätscontrollings

In der Praxis nimmt das Qualitätscontrolling verschiedene Formen und Inhalte an. Seine Organisation kann zentral oder dezentral in Verantwortung verschiedener Fachabteilungen liegen. Häufig wird sie im Bereich des strategischen Qualitätsmanagements, direkt der Geschäftsleitung unterstellt, angesiedelt. Für die Datenbeschaffung sind einzelne Bereiche wie das operative Qualitätsmanagement, Finanzcontrolling, Personalbereich, Marketing usw. zuständig. Zu den Aufgaben gehören:

Qualitätscontrolling analysiert übergreifend und strategisch.

- Erfassung der Daten von Geschäftsprozessen und Bildung von Kennzahlen,
- Analyse von Daten und Kennzahlen,
- Bildung von Quality Gates – Meilensteine im Produktlebenszyklus zur Überwachung der Produkt- und Prozessqualität,
- Verfolgung der Zielerreichung, Erarbeitung von Strategien zur Zielerreichung,
- Benchmarking und
- Berichterstattung an die Geschäftsleitung.

Die in einem Unternehmen erhobene Datenmenge ist enorm. Deswegen muss sie zu aussagefähigen Kennzahlen wie Fehlerquote, Reklamationsquote, Durchlaufzeiten, Kundenzufriedenheit, Mitarbeiterzufriedenheit usw. verdichtet werden. Eine besondere Bedeutung wird den qualitätsbezogenen Kosten beigemessen.

9.8.2 Qualitätsbezogene Kosten

Die Kosten für „Qualität“ bzw. „Nichtqualität“ stellen innerhalb eines Unternehmens ein noch unausgeschöpftes Potenzial dar. Kosten, die durch entsprechende Qualitätsmaßnahmen beeinflussbar sind, stecken in allen Bereichen eines Unternehmens. Eine Kostenanalyse ist unumgänglich, um eine Reduktion der Kosten zu erreichen [Ben9.1].

Kosten von Qualität

Kosten als Investitionen oder als Verluste

Unter „Kosten von Qualität“, die auch als „Kosten der Übereinstimmung“ bzw. **Konformitätskosten** bezeichnet werden, fasst man alle Kosten zusammen, die zur Erfüllung der Kundenforderungen führen und eine einwandfreie Arbeitstätigkeit gewährleisten. Darunter fallen die Fehlerverhütungskosten als Präventivmaßnahmen und die Kosten für die prozessbegleitenden Prüfungen, die aus einer dem Kunden entsprechenden Leistungserstellung resultieren. Die Kosten von Qualität tragen damit unmittelbar zur Wertschöpfung im Unternehmen bei und sind als positive Investitionen in die Schaffung von Qualität anzusehen.

Kosten von Nichtqualität

Die „Kosten von Nichtqualität“ werden auch als „Abweichungskosten“, Nichtkonformitätskosten bzw. „Fehlleistungsaufwand“ bezeichnet. Sie entstehen durch zusätzliche Aktivitäten, die über die eigentliche Leistungserstellung hinaus anfallen und für die Behebung vorhandener Abweichungen aufgewendet werden. Die Abweichungen resultieren aus der Nichterfüllung der Kundenforderungen und der Prozessqualität. Zu den Kosten von Nichtqualität ist der Teil der Prüfkosten zu zählen, der durch Sonderprüfungen anfällt. Diese stellen aus Fehlern resultierende zusätzliche Prüfungen dar, wie z. B. das Aussortieren fehlerhafter Produkte. Die Fehlerkosten gelten als weiterer Bestandteil der Kosten von Nichtqualität.

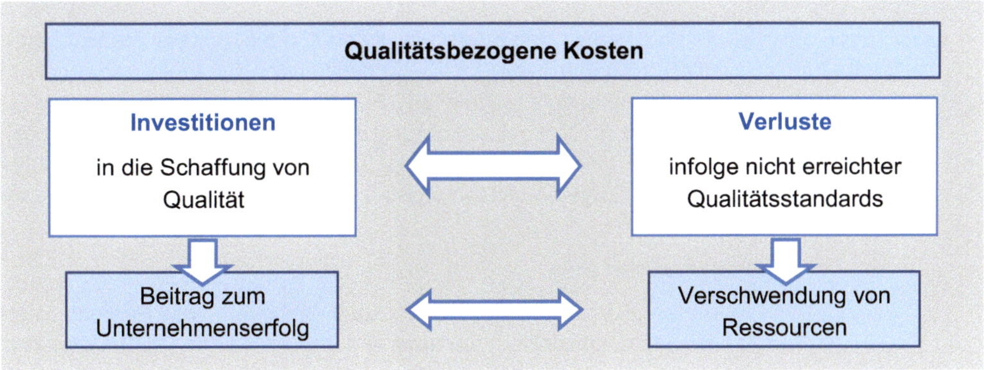

Bild 9.21: Polarisierung des Qualitätskostenblocks [Ben9.1]

Gliederung der qualitätsbezogenen Kosten

Das Bild 9.22 macht den Zusammenhang der traditionellen und der aktuellen Betrachtungsweise der qualitätsbezogenen Kosten deutlich.

Fehlerverhütungskosten (FVK)

Geplante und nicht geplante Kosten

Hierunter sind Kosten zu verstehen, die für fehlerverhütende und fehlervorbeugende Tätigkeiten und Maßnahmen im Zusammenhang mit der Qualitätssicherung entstehen. Sie fallen im Bereich des Qualitätswesens an und darüber hinaus vornehmlich in den Bereichen Entwicklung, Arbeitsvorbereitung, Produktion und Marketing/Vertrieb.

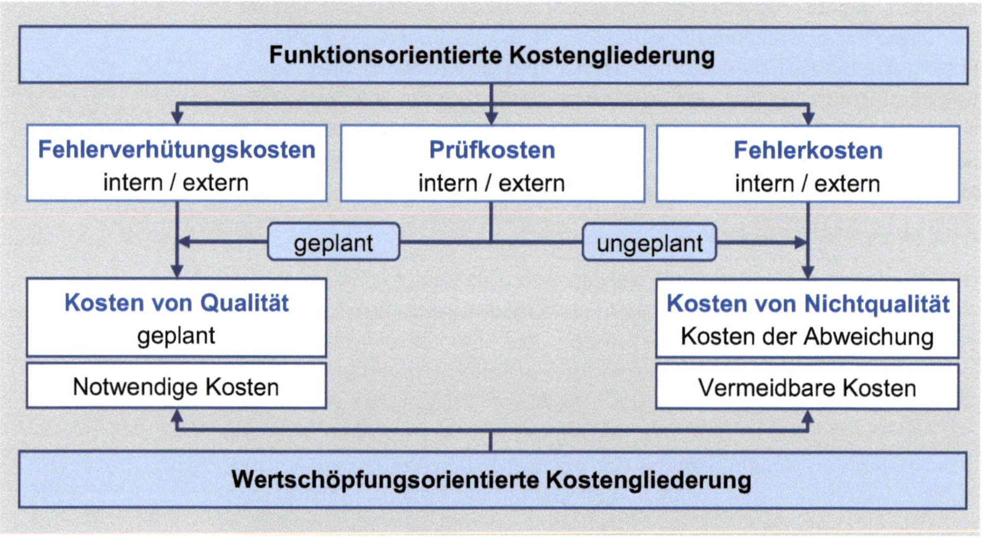

Bild 9.22: Gliederung der Qualitätskostenkategorien [Ben9.1]

Prüfkosten (PK)

Qualitätskosten müssen aufgeschlüsselt werden.

Als Prüfkosten werden Kosten bezeichnet, die durch alle **planmäßigen** Qualitätsprüfungen in allen Bereichen entstehen. Sie umfassen vor allem Kosten für eingesetzte Prüfmittel, Personalkosten für die Prüfer sowie Raumkosten für Messeinrichtungen und Personal. Nicht einzubeziehen sind hierbei Wiederholungsprüfungen, Sortierprüfungen und sonstige außerplanmäßige Qualitätsprüfungen. Diese sind den Fehlerkosten zuzuordnen.

Fehlerkosten (FK)

Hierunter fallen alle Kosten, die dadurch entstehen, dass Produkte, Verfahren oder Dienstleistungen nicht den entsprechenden Anforderungen, die an sie gestellt werden, genügen.

Aufgrund des Fehlerentdeckungsortes unterscheidet man weiter in **interne** und **externe** Fehlerkosten. Die Unterscheidung wird damit begründet, dass externe Fehlerkosten in der Regel erst mit erheblicher zeitlicher

Verschiebung zum eigentlichen Zeitpunkt der Entstehung auftreten und somit nicht mehr periodengerecht zugeordnet werden können.

Zusammenfassung

Die traditionelle Sichtweise der funktionsorientierten Kostengliederung unter dem Begriff der Qualitätskosten ist zunehmend in Kritik geraten. Die Kritik entzündet sich zum einen an dem Begriff **Qualitätskosten**, der suggeriert, dass Qualität *Kosten* verursacht. Die aktuelle Definition geht davon aus, dass nur ein bestimmter Teil (Kosten von Nichtqualität) für die Entstehung von Kosten verantwortlich ist. Der andere Teil (Kosten von Qualität) ist als eine Investition in die Schaffung von Qualität zu sehen.

Das ist auch der Grund, warum bei der traditionellen Einteilung der funktionsorientierten Qualitätskosten die kostenoptimale Qualität einen Qualitätserfüllungsgrad von 100 % (Bild 9.23-a) nicht erreichen kann. Die Ursache liegt insbesondere in der einseitigen Zuordnung der Prüfkosten zum Block der Fehlerverhütungskosten. Werden die Prüfkosten entsprechend ihren Wertschöpfungsanteilen jeweils den Übereinstimmungs- bzw. Abweichungskosten zugeordnet, erreicht die kostenoptimale Qualität einen Erfüllungsgrad von 100 Prozent (Bild 9.23-b).

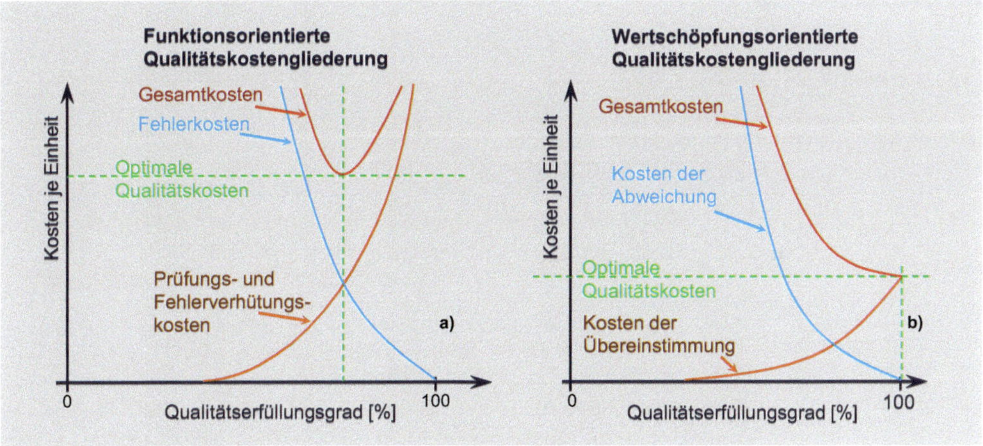

Bild 9.23: Qualitätserfüllungsgrad und idealisierte Kostenfunktion

Diesem Aspekt sollte die Umbenennung der Qualitätskosten in **qualitätsbezogene Kosten** Rechnung tragen. Auf den Begriff Qualitätskosten sollte künftig verzichtet werden.

Wie im Bild 9.23 ersichtlich, liegen die optimalen Qualitätskosten bei der wertschöpfungsorientierten Gliederung höher als bei der funktionsorientierten Gliederung. Das ist darauf zurückzuführen, dass beide Kostenfunktionen symmetrisch angenommen wurden und der Qualitätserfüllungsgrad der wertschöpfungsorientierten Gliederung 100 % erreicht. Also sind auch höhere Aufwendungen nötig.

In der Realität werden je nach Unternehmensstrategie und daraus resultierenden Kostenanteile des vorhandenen Qualitätsniveaus differieren. Letztendlich müsste festgelegt werden, wie viel Nichtqualität kosten darf bzw. wie viel in das Ziel Business Excellence mittels Null-Fehler-Strategie investiert werden soll.

Lernerfolg

Zur Prüfung des Lernfortschritts beantworten Sie folgende Fragen:

Fragen zum Kapitel 9:

1. Nennen Sie Gründe für den Aufbau eines QM-Systems.
2. Woraus besteht ein QM-System?
3. Kann ein genormtes QM-System in einem Unternehmen eingeführt werden?
4. Von welchen Rahmenbedingungen hängt der Aufbau eines QMS-Systems ab?
5. Wovon hängt die Strategie zur Einführung eines QM-Systems ab?
6. Was versteht man unter Konformität eine QM-Systems?
7. Wer ist für die Konformitätsprüfung verantwortlich?
8. Nennen Sie die Projektphasen zur Einführung eines QMS-Systems.
9. Welche Qualitätsnormenreihe hat sich weltweit durchgesetzt?
10. Kann ISO 9000 ff. unabhängig von der Branche eingesetzt werden?
11. Nennen Sie einige wichtige Merkmale eines QM-Systems nach ISO 9000.
12. Warum wird ein Umweltmanagementsystem in Verbindung mit dem QM-System gebracht?
13. Wie sieht der prinzipielle Dokumentenaufbau eines QM-Systems aus?
14. Wozu dient ein Audit?
15. Welche Auditarten kennen Sie?
16. Nennen Sie ein Beispiel für ein externes Audit.
17. Was besagt das ISO-Zertifikat?
18. Ist das ISO-Zertifikat unbegrenzt gültig?
19. Warum strebt man „Integrierte Managementsysteme" an?
20. Über welche Funktionen verfügt ein CAQ-System?
21. Auf welcher Idee basiert TQM?
22. Nennen Sie einige Aspekte der TQM-Philosophie.
23. Wie wird Business Excellence in Europa umgesetzt?
24. Wie ist das EFQM-Modell aufgebaut?
25. Wozu wird die RADAR-Logik angewendet?
26. Geben Sie die qualitätsbezogenen Kostenarten an und erklären Sie diese.
27. Skizzieren Sie den Verlauf der funktions- und wertschöpfungsorientierten Kosten.
28. Welche Funktion haben Reifegradmodelle?
29. Was ist ein Assessment?
30. Wozu dienen die Reifegradstufen?

Qualität und Recht

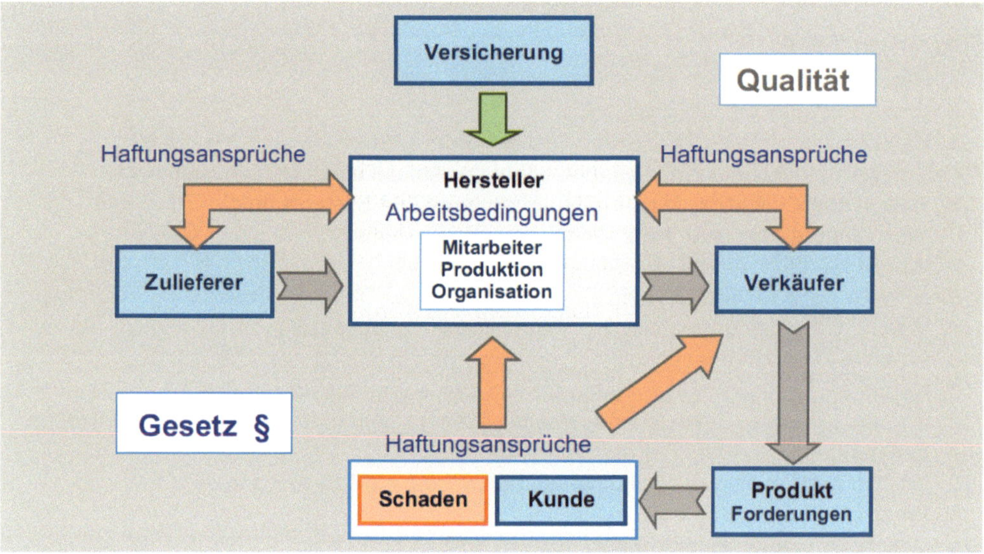

Lernziele:

Qualität ist ein wichtiges Merkmal jedes Produktes. Sie wird durch die Forderungen seitens des Staates nach Sicherheit, aber auch seitens der Kunden hinsichtlich des erwarteten Nutzens geprägt. Aufgrund verschiedener Umstände kann es zu Fällen kommen, in denen Produkte nicht über die von Unternehmen vertraglich zugesicherten Eigenschaften verfügen bzw. gesetzliche Vorgaben einhalten. Wer in solchen Fällen für den Schaden und seine Gutmachung die Verantwortung trägt, regelt der Gesetzgeber.

Auf dem Weg von der Produktentstehung bis zur Inbetriebnahme und zum Gebrauch eines Produktes sind viele Personen, Organisationen und Unternehmen beteiligt. Hersteller mit ihren Mitarbeitern und internen Prozessen, Zulieferer, Handel usw. bilden die Lieferkette bis zum Kunden. Um Rechtssicherheit in Haftungsfällen zu schaffen, hat der Gesetzgeber Regeln aufgestellt, auf deren Grundlage Verträge abgeschlossen und im Schadensfall Haftungsansprüche geregelt werden. Unter Umständen stellt sich auch die Frage nach den Verantwortlichen und ihrer persönlichen Haftung.

Die qualitätsrelevanten unternehmerischen Maßnahmen betreffen weitgehend auch die Arbeitsbedingungen der Mitarbeiter und ihre Rechte wie z. B. die Mitbestimmungsrechte des Betriebsrats.

Ziel dieses Kapitels ist es, die prinzipiellen Beziehungen und gesetzlichen Regelungen zwischen den Vertragspartnern im Schadensfall aufzuzeigen. Darüber hinaus werden arbeitsrechtliche Aspekte erläutert.

10 Qualität und Recht

Qualitätsmanagement hat eine Reihe von Zielen: den Kunden zufriedenzustellen, Kosten zu senken, Einsatzfähigkeit und Sicherheit von Produkten sicherzustellen usw. Zusammengefasst bedeutet es, die gestellten Forderungen zu erfüllen.

10.1 Auswahl der rechtlichen Aspekte

Gesetze schützen vor den Auswirkungen mangelhafter Produkte.

In der Realität gelingt dies aus verschiedenen Gründen nicht immer. Damit stellt sich einerseits die Frage nach Ursachen und anderseits nach Folgen, Verantwortung und nicht zuletzt nach einer Gutmachung. Das Bürgerliche Gesetzbuch (BGB) bestimmt im Deliktsrecht beispielsweise:

Wer vorsätzlich oder fahrlässig das Leben, den Körper, die Gesundheit, die Freiheit, das Eigentum oder ein sonstiges Recht eines anderen widerrechtlich verletzt, ist dem anderen zum Ersatz des daraus entstandenen Schadens verpflichtet.

Da die Risiken infolge rechtlicher Aspekte nicht unerheblich sind (siehe Kapitel 1.3), soll auch der Bereich der betrieblichen Haftpflichtversicherung mit einbezogen werden (Bild 10.1).

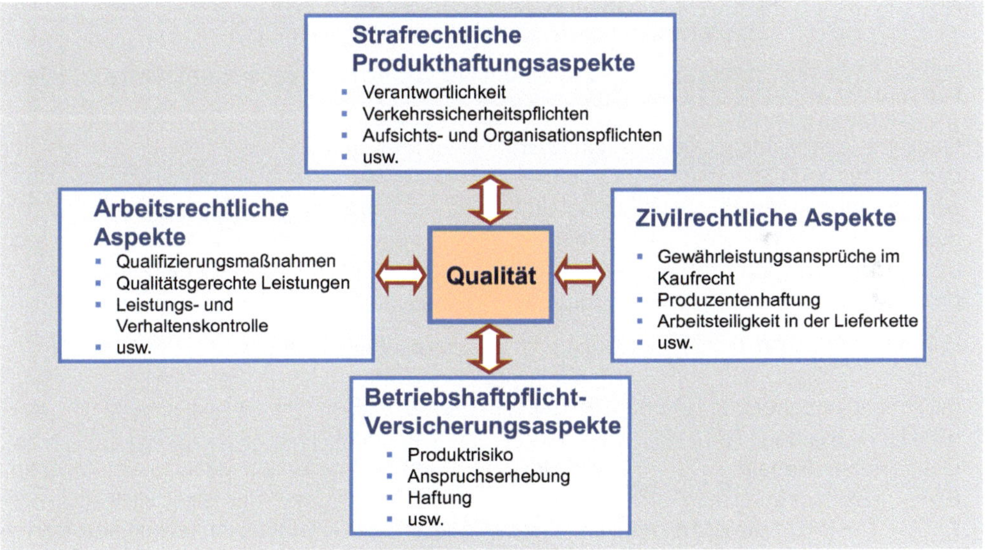

Bild 10.1: Auswahl der rechtlichen Aspekte von Qualität

Unternehmen sind bestrebt, Qualitätsmängel im Ansatz zu vermeiden. Daher wird versucht, mithilfe qualitätsbezogener Maßnahmen alle Qualitätseinflussfaktoren, also auch die Mitarbeiter, positiv zu beeinflussen. Dies gelingt insbesondere über Qualifizierungsmaßnahmen, mithilfe von Datenerfassung und qualitätsgerechten Arbeitsleistungen, die beispielsweise Bereiche der Arbeitnehmerrechte tangieren.

Gesetze berücksichtigen die Belange der Mitarbeiter.

Das Qualitätsmanagement muss dabei auch die rechtlichen Aspekte von Sicherheit und Umwelt berücksichtigen, auf die weiter nicht eingegangen wird (vgl. Arbeitsschutzgesetz ArbSchG, Bundesimmissionsschutzgesetz BImSchG usw.).

Das Recht und die damit verbundene Rechtsprechung haben sich über Jahrhunderte entwickelt, und damit hat sich auch eine eigene Terminologie und Denkweise etabliert, die sich in Gesetzen widerspiegelt. Aus diesem Grund und wegen der komplexen Verflechtung der Gesetze und Vorschriften ist es für einen Nichtjuristen kaum möglich, sich zurechtzufinden, weshalb oftmals rechtlicher Rat eingeholt werden muss. Trotzdem sollten wichtige rechtliche Aspekte bekannt sein [StKl07]. Um für jeden verständlich zu sein, werden die wichtigsten rechtlichen Aspekte nachfolgend wiedergegeben.

10.2 Arbeitsrechtliche Aspekte

Rechte und Pflichten stehen im Mittelpunkt arbeitsrechtlicher Aspekte.

Qualität hängt wesentlich vom Mitarbeiterverhalten ab. Ohne das notwendige Engagement der Mitarbeiter kann ein Unternehmen seine Ziele nicht erreichen (Kapitel 2.3.1). Deswegen ist das Verhältnis Arbeitgeber – Arbeitnehmer von entscheidender Bedeutung. Für beide Parteien stellt die gesetzliche Grundlage die Rechte und Pflichten als Ausgangsbasis für ein geregeltes Miteinander dar. Damit könnte man sie quasi den Hygienefaktoren nach Herzberg zuordnen [Her68].

Unter dem Qualitätsaspekt ist nahezu das gesamte Arbeitsrecht (siehe Bild 10.2) relevant [Fey97].

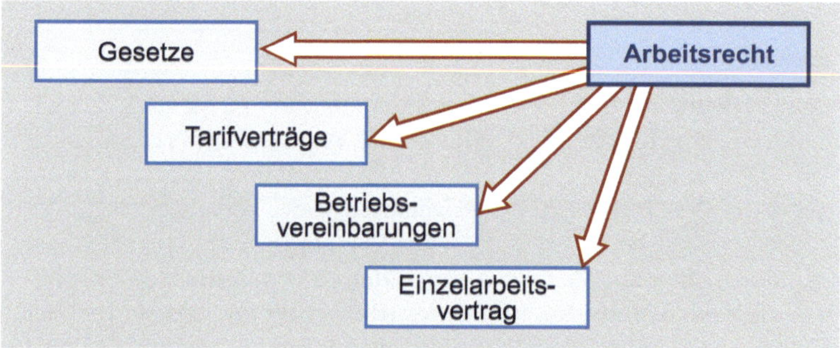

Bild 10.2: Bestandteile des Arbeitsrechts

In Bezug auf den Mitarbeiter betrifft das **Arbeitsrecht** prinzipiell folgende Fragen:

- Welche Rechte und Pflichten hat der Arbeitnehmer?
- Was kann im Wege des Direktionsrechts einseitig angeordnet werden?
- Gibt es tarifliche Bestimmungen oder Betriebsvereinbarungen, die beachtet werden müssen?
- Welche Beteiligungsrechte hat der Betriebsrat?

Gesetze

Gesetze sind vom Staat festgesetzte, rechtlich bindende Vorschriften, die von allen beachtet werden müssen. Das Arbeitsrecht beinhaltet eine Reihe von Gesetzen, die direkt oder indirekt eine Anbindung an das QM aufweisen.

Das Betriebsverfassungsgesetz regelt die Rechte der Mitarbeiter.

Eines der wichtigsten Gesetze ist das Betriebsverfassungsgesetz (BetrVG). Es regelt die Einrichtung und Stellung von Betriebsräten, definiert verschiedene Begriffe, wie z. B. den des Arbeitnehmers, behandelt Fragen der betrieblichen Ausbildung, aber auch die Fragen der Mitbestimmung der Arbeitnehmer, des Datenschutzes, der Arbeitsbedingungen usw.

Das heutige Qualitätsmanagement basiert auf Datenerfassung und -analyse und den daraus abgeleiteten Maßnahmen. Unter anderem bei Qualitätszirkeln, Gruppenarbeit und KVP kommen Informations- und Beteiligungsrechte nach §§ 74 bis 113 BetrVG in Betracht.

Auch die durchzuführenden qualitätsbezogenen Maßnahmen betreffen meistens die Gestaltung des Arbeitsplatzes, den Arbeitsablauf, die Arbeitsumgebung und somit die §§ 90 und 91 BetrVG.

Qualitätsergebnisse sind im Wesentlichen von dem Engagement der Mitarbeiter abhängig. Als Motivationsschub geplante Entlohnungsmaßnahmen bedürfen nach § 87 BetrVG der Mitbestimmung des Betriebsrates. Gleiches gilt aber auch für die Leistungs- und Verhaltensüberwachung der Mitarbeiter.

Beispiel:

Zur Bestimmung eines Prozesswirkungsgrades muss eine Zeitaufnahme aller Prozessvorgänge durchgeführt werden. Das betrifft auch die Tätigkeit der Mitarbeiter. Auf der Grundlage der erfolgten Analyse plant die Geschäftsleitung die Einführung einer kontinuierlichen Datenerfassung. Die Zeitaufnahme, auch mit einer Stoppuhr, unterliegt der Mitbestimmung nicht. Die Einführung eines Betriebsdatenerfassungs- und -verarbeitungssystems (BDE-System), das von seiner Zweckbestimmung für andere Aufgaben im Betrieb bestimmt ist, fällt jedoch unter die Mitbestimmung nach § 87 Abs. 1 Nr. 1 und Nr. 6 BetrVG, wenn Leistungs- und Verhaltensdaten der Mitarbeiter damit ermittelt und ausgewertet werden können [Fey97].

Anhand der aufgeführten Fälle wird eine umfangreiche Verflechtung zwischen QM und dem Arbeitsrecht deutlich. Weitere Regelungen sind im Arbeitsplatzschutzgesetz (ArbPlSchG), im Berufsbildungsgesetz (BBiG) und in einer Reihe anderer Gesetze zu finden.

Tarifverträge

Tarifverträge legen die Standards für Arbeitsbedingungen fest.

Tarifverträge werden zwischen zwei Tarifparteien ausgehandelt und geschlossen. Bei den Tarifparteien handelt es sich überwiegend um Arbeitgeberverbände und Gewerkschaften einer bestimmten Branche. Als Verbandstarifverträge gelten sie für die Mitglieder der Tarifparteien. Sie werden auch Flächentarifverträge genannt.

In den **Tarifverträgen** werden Mindeststandards für die Arbeits- und Einkommensbedingungen festgelegt. Sie beinhalten Löhne bzw. Gehälter, Arbeitszeiten, Ausbildungsbedingungen, Arbeitsplatzbestandsgarantien, Kündigungszeiten usw. Tarifverträge regeln somit die Rechte und Pflichten der Tarifparteien.

Es werden auch Tarifverträge mit den großen Unternehmen, wie z. B. der Volkswagen AG, in Form eines Firmentarifvertrages abgeschlossen. Die Laufzeit der Tarifverträge beträgt ein bis zwei Jahre. Allgemeine Betriebsbedingungen werden in Mantel- bzw. Rahmenverträgen mit einer längeren Laufzeit abgeschlossen.

Betriebsvereinbarungen

Betriebsvereinbarungen betreffen betriebsspezifische Belange.

Eine **Betriebsvereinbarung** ist ein Vertrag zwischen Arbeitgeber und Betriebsrat, der für beide Seiten bindend ist. Auf der Grundlage des Betriebsverfassungsgesetzes (BetrVG) werden betriebsspezifische Vereinbarungen getroffen.

In Bezug auf das Qualitätsmanagement können sie folgende Themen betreffen:

- Arbeitsorganisation: z. B. Gruppenarbeit,
- Arbeitszeit: z. B. Zeitwirtschaftssysteme,
- EDV-IT: z. B. Personalinformationssysteme,
- Entgelt: z. B. qualitätsorientierte Entlohnung,
- Gesundheit: z. B. Gesundheitsförderung,
- Personalpolitik: z. B. Kompetenzentwicklung,
- Q-Management: z. B. Verbesserungsvorschläge,
- Weiterbildung: z. B. betriebliche Weiterbildung.

Einzelarbeitsvertrag

Der Arbeitsvertrag ist ein Vertrag zwischen Arbeitgeber und -nehmer.

Ein **Arbeitsvertrag** ist ein Vertrag zwischen dem Arbeitnehmer und dem Arbeitgeber. Er legt den Tätigkeitsbereich fest, regelt die Arbeitszeit, die Entlohnung und weitere Kriterien des Beschäftigungsverhältnisses.

Die qualitätsbezogenen Elemente sind hauptsächlich Bestandteil des Tätigkeits- und Verantwortungsbereichs des Vertrages.

10.3 Strafrechtliche Produkthaftungsaspekte

Strafrechtliche Verantwortung für Schäden aufgrund von Produktfehlern bzw. der Verletzung der Verkehrssicherungspflichten liegt nicht beim Unternehmen, sondern beruht auf der persönlichen Haftung für eigenes Verhalten, also auf der persönlichen Vorwerfbarkeit [Fey97] (Strafgesetzbuch – StGB, Strafprozessordnung – StPO, Lebensmittel- und Bedarfsgegenständegesetz – LMBG, Gesetz über den Verkehr mit Arzneimitteln – AMG und andere).

Beispiel:

Im Jahr 2015 wurde bekannt, dass VW die Abgaswerte seiner Fahrzeuge auf unzulässige Weise manipuliert hatte, indem eine Abschaltvorrichtung zur Abgasreinigung eingebaut wurde (siehe Kapitel 1.3.3). In der Folge mussten sich vier ehemalige Vorstandsmitglieder einschließlich des Vorstandsvorsitzenden der AUDI AG im Januar 2021 wegen Betrugs, mittelbarer Falschbeurkundung und strafbarer Werbung verantworten.

Der Vorwurf lautet: „… spätestens ab Ende September 2015 von den Manipulationen Kenntnis gehabt und gleichwohl weiter den Absatz nicht verhindert zu haben“ [LGMü19].

Strafrechtliche Verantwortung beruht auf persönlicher Haftung.

Wie das vorliegende Beispiel zeigt, tragen die verantwortlichen Geschäftsführer eine persönliche Verantwortung. Bei einer einstimmigen Entscheidung der Geschäftsleitung haften alle Mitglieder der Geschäftsleitung für die Schadensfolgen der Unterlassung als Mittäter.

Auch bei einer innerbetrieblichen Delegation bleibt die Geschäftsleitung in der Verantwortung. Die Verkehrssicherungspflichten werden zu Aufsichts- und Organisationspflichten. Wegen der Verletzung der Verkehrssicherheitspflichten kann auch ein Mitarbeiter zur Rechenschaft gezogen werden.

Beispiel:

Im Zusammenhang mit dem VW-Abgasbetrugsfall wird drei Mitarbeitern vorgeworfen, Motoren für Fahrzeuge der Marken AUDI, VW und Porsche entwickelt zu haben, deren Steuerung mit einer unzulässigen Softwarefunktion ausgestattet gewesen sei. Sie sollen sich für einen Schaden von bis zu 3,3 Milliarden Euro verantworten. [HNB21; LGMü19]

10.4 Zivilrechtliche Produkthaftungsaspekte

Recht kennt den Begriff Qualität nicht.

Die Verknüpfung der beiden Disziplinen Qualität und Recht ist eigentlich in allen Bereichen des Miteinanders zu finden. Ob es sich um ein Mietverhältnis oder um einen zu hohen Kraftstoffverbrauch eines Neufahrzeuges handelt, beides betrifft die gestellten Forderungen (Qualität) und das Recht. Also betreffen Gesetze in einem großen Umfang qualitätsrelevante

Vorgänge, ohne dass die gesetzliche Sprachregelung den Begriff Qualität kennt [GeKo07.5]. Prinzipiell kann zwischen zwei Arten der Folgen von Nichterfüllung der Qualität unterschieden werden (Bild 10.3).

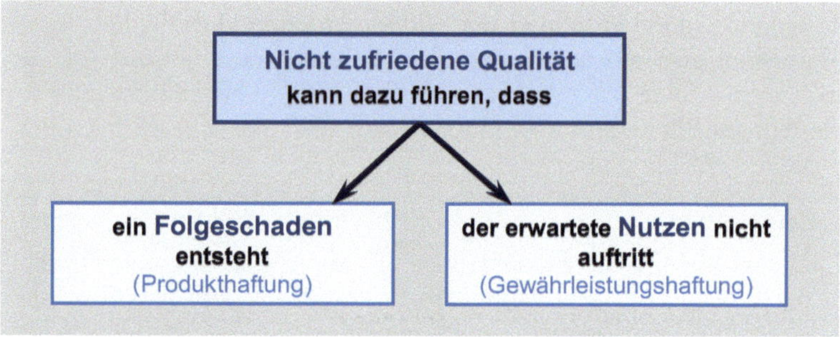

Bild 10.3: Nicht zufriedenstellende Qualität und ihre Folgen

Der Aspekt des Nichtauftretens des erwarteten Nutzens betrifft z. B. die Garantieleistungen, der Aspekt der Folgeschäden die gesundheits- und sicherheitsrelevanten Merkmale. Juristisch ausgedrückt heißt es:

Sorgfalt und Forderungen an die Beschaffenheit betreffen Qualität.

Der Ersteller der Einheit sollte die zumutbare und angemessene Sorgfalt walten lassen, um die Forderung an die Beschaffenheit der Einheit in beiderlei Hinsicht zu erfüllen [GeKo07.5] (in Bezug auf den Nutzen und Folgeschaden).

Daraus folgt, dass Qualitätsmanagement eine Rechtspflicht ist. Einige Beispiele rechtlicher Aspekte wurden im Kapitel 1.3.3 aufgezeigt. Es spielen aber nicht nur die angesprochenen Schadensersatzansprüche seitens der Kunden bzw. Sachmängel am Produkt eine wichtige Rolle, sondern auch andere qualitätsrelevante Fragen, wie z. B. die Verantwortung und Haftung in der Lieferkette.

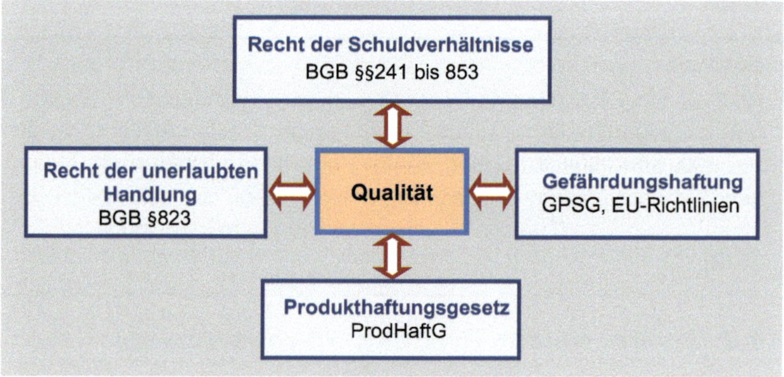

Bild 10.4: Rechtsgrundlagen zur Qualität und Haftung

Die zivilrechtlichen Haftungsaspekte betreffen eine Reihe von Gesetzen (Bild 10.4). Die Basis stellen Teile des „Bürgerlichen Gesetzbuchs (BGB)", das Produkthaftungsgesetz (ProdHaftG) und eine Reihe von

Sicherheitsvorschriften und Gesetzen, wie z. B. das Produktsicherheitsgesetz (ProdSG).

Für ein Unternehmen und somit für sein Qualitätsmanagement sind die Haftungssysteme des Rechts von großer Bedeutung. Haftung bedeutet in marktwirtschaftlicher Ordnung eine Korrektur für unnötigerweise gefährliche Produkte [Enst07]. Das Produkthaftungsgesetz (ProdHaftG) definiert nach § 1 Abs. 1 ProdSG:

(1) Wird durch den Fehler eines Produktes jemand getötet, sein Körper oder seine Gesundheit verletzt oder eine Sache beschädigt, so ist der Hersteller des Produktes verpflichtet, dem Geschädigten den daraus entstehenden Schaden zu ersetzen. Im Falle der Sachbeschädigung gilt dies nur, wenn eine andere Sache als das fehlerhafte Produkt beschädigt wird und diese andere Sache ihrer Art nach gewöhnlich für den privaten Ge- oder Verbrauch bestimmt und hierzu von dem Geschädigten hauptsächlich verwendet worden ist.

Codex Hammurabi – der Haftungsgedanke ist seit 6.000 Jahren identisch.

Also haftet der Hersteller nicht für das Produkt selbst, sondern auch für die Folgeschäden. Die maßgebliche Vorschrift der Verschuldungshaftung gemäß § 823 Abs. 1 BGB legt den Wortlaut weiter aus, ohne den Hersteller gesondert hervorzuheben. Entsprechend dem ProdHaftG muss der Geschädigte den Fehlernachweis und den Nachweis für die verursachten Folgeschäden erbringen (vgl. § 1 Abs. 4 S. 1 ProdHaftG).

(4) Für den Fehler, den Schaden und den ursächlichen Zusammenhang zwischen Fehler und Schaden trägt der Geschädigte die Beweislast.

Das Produkthaftungsgesetz definiert auch weitere Begriffe wie Fehler, Produkt, Hersteller, Händler, Umfang der Ersatzpflicht, Verjährung usw.

Die betroffenen Rechtsgrundlagen wie BGB, ProdHaftG, ProdSG usw. werden oft auch nebeneinander wirksam. Aufgrund ihrer Komplexität können nur einige Aspekte erläutert werden. Entsprechend gelten im Ausland die jeweiligen nationalen Gesetze oder übergeordnete Gesetze, wie beispielsweise europäische Gesetze für Staaten der Europäischen Union.

Allgemeine Haftungsaspekte

- **Haftungsarten** – es wird zwischen der vertraglichen Haftung (grundsätzlich zwischen Vertragspartnern) und der rein gesetzlichen Haftung, Verschuldungs- bzw. Gefährdungshaftung unterschieden.
- Das Recht der unerlaubten Handlung und der Schuldverhältnisse (BGB) ist die Basis für die Haftungsansprüche sowohl für das Nichtauftreten des erwarteten Nutzens (Gewährleistung) als auch für entstandene Folgeschäden. Das Produkthaftungsgesetz (ProdHaftG) regelt spezifiziert ausschließlich die Haftungsfragen für Folgeschäden.

Allgemeine Haftungsaspekte sind Allgemeingut.

- Normalerweise besteht keine Haftung durch den Hersteller gegenüber dem Käufer, da er seine Produkte üblicherweise nicht selbst, sondern über seinen Vertragspartner, den Übergeber (Verkäufer), vertreibt. Der Übernehmer (Käufer) sei grundsätzlich gehalten, sich im Falle einer Mängelhaftung an den Verkäufer zu wenden, da er sein Vertragspartner ist.
- Die Rechte des Übernehmers (Käufers) richten sich nach dem Inhalt des abgeschlossenen Vertrages. Im Falle, dass keine Mängelhaftung vertraglich geregelt ist, kommen gesetzliche Bestimmungen zum Tragen.
- **Gewährleistung** ist das gesetzlich verankerte Recht des Übernehmers (Käufers), vom Übergeber (Verkäufer) ein Einstehen für Mängel an der Sache zu fordern.
- **Garantie** ist eine Erweiterung der Gewährleistungshaftung durch eine Erklärung des Herstellers zugunsten des Käufers. Sie ist ein vertraglich festgelegter Wille, für auftretende Mängel während der Garantiezeit entsprechend den Garantiebedingungen einzustehen.

Beispiel:
VW bietet seinen Kunden eine dreijährige Garantie gegen Lackmängel und eine 12-jährige Garantie gegen Durchrostung. Es handelt sich um eine freiwillige, aber vertraglich festgelegte Leistung [VWN]. Meistens sind die Garantieleistungen an bestimmte Bedingungen geknüpft, die bei Nichteinhaltung ein Ausschlusskriterium bedeuten.

Die Aspekte, die der Gesetzgeber beachten muss, sind vielfältig. Aus diesem Grund beinhalten die Rechtsvorschriften verschiedene Definitionen, Gültigkeitsbereiche, Forderungen, Ausnahmen usw. Deshalb stellen folgende Erläuterungen nur einige Eckpunkte der Haftungsproblematik dar. In realen Fällen ist eine genaue Prüfung der Gesetzeslage notwendig.

Rechte des Käufers bei Mängeln der Sache

- Im Falle eines Sachmangels kann der Käufer gemäß § 439 Abs. 1 BGB zunächst eine Nacherfüllung (Umtausch oder Mangelbeseitigung) innerhalb einer angemessenen Frist (vgl. § 438 BGB) verlangen. Eine Mangelbeseitigung gilt nach einem erfolglosen zweiten Versuch als fehlgeschlagen. Mögliche Sachmängel werden in § 434 BGB definiert.

Jeder Käufer sollte seine Rechte kennen.

- Bei einer fehlgeschlagenen Nacherfüllung kann der Käufer gemäß §§ 440, 323 und 326 Abs. 5 BGB unter bestimmten Voraussetzungen vom Kaufvertrag zurücktreten oder nach § 441 BGB den Kaufpreis mindern.
- Darüberhinausgehende Schadensersatzforderungen stehen dem Käufer nach §§ 440, 280, 281, 283 und 311a BGB zu. Ebenso kann er nach § 284 BGB den Ersatz vergeblicher Aufwendungen ver-

langen. Die Schadensersatzforderungen setzen aber ein Verschulden des Verkäufers voraus, wobei ein Verschulden des Verkäufers nach dem Gesetzeswortlaut vermutet wird und von dem Verkäufer zu widerlegen ist. Das heißt, dass der Verkäufer darlegen muss, weshalb er keine Pflichtverletzung begangen hat. Dabei wird angenommen, dass der Käufer den Mangel unverzüglich gegenüber dem Verkäufer gerügt hat (vgl. § 377 Abs. 1 HGB).

- Die Verjährung der Mängelansprüche erfolgt in Abhängigkeit vom § 438 BGB.
- Übernimmt der Verkäufer oder ein Dritter eine Garantie für die Beschaffenheit der Sache, so stehen dem Käufer im Garantiefall gemäß § 443 BGB die Rechte aus der Garantie zu.

Beispiel:

Der Abgasskandal (siehe Kapitel 1.3.3) hat für Volkswagen finanziell desaströse Auswirkungen. Für Schadensersatz und Strafen hat der Konzern in den USA bislang mehr als 32 Milliarden aufgewendet. Weltweit sind noch Schadensersatzklagen von Dieselhaltern anhängig [MaMa21]. Der Europäische Gerichtshof (EuGH) erklärt eine umstrittene Software zur Schönung von Abgaswerten bei Zulassungstests von Dieselfahrzeugen für unzulässig [EuGH20].

In mehreren Urteilen entschied der Bundesgerichtshof (BGH), dass betroffene Kunden einen Anspruch auf Entschädigung unter der Berücksichtigung von Verjährung, Nutzungsentschädigung usw. haben [BGH]. Entschädigung bzw. Vergleich von Hunderttausenden folgten.

Haftungsansprüche können rechtlich komplex sein.

Pflichten des Herstellers bei Folgeschäden

Im Folgenden wird ausschließlich das Produkthaftungsgesetz (ProdHaftG) herangezogen, weil es direkt auf die Beziehung Hersteller, Produkt, Kunde abzielt. Ein Produkt im Sinne des ProdHaftG ist jede bewegliche Sache, auch wenn sie einen Teil einer anderen beweglichen Sache oder einer unbeweglichen Sache bildet, sowie Elektrizität (vgl. § 2 ProdHaftG). Haftung kommt zum Tragen, wenn das Produkt bereits bei Inverkehrbringung (Annahme des Produktes) fehlerhaft war, d. h. von Anfang an.

- Haftbar können gemäß § 4 ProdHaftG Hersteller des Endproduktes, des Teilproduktes, Quasihersteller und unter Umständen auch Importeure bzw. Händler gemacht werden.
- Der Hersteller haftet gemäß § 3 ProdHaftG grundsächlich nur, wenn seine Produkte nicht die Sicherheit bieten, die ein verständiger und objektiver Verbraucher erwarten kann. Das bedeutet, dass der Hersteller für Schäden nicht haftet, die aufgrund allgemein bekannter Ursachen, wie z. B. Krebserkrankung infolge von Rauchen, beruhen.
- Der Hersteller unterliegt während der Produkterstellung einer Reihe von Verkehrssicherheitspflichten, bei deren Verletzung Fehler entstehen und damit zu einer Haftung führen können.

- Der Hersteller hat die Pflicht, für eine Organisation zu sorgen, die das Risiko von Produktfehlern minimiert (Personal, Anweisungen, Ausstattung der Arbeitsplätze, Prüfmittel usw.). Haftungsansprüche können auch durch Konstruktions-, Fabrikations- und Instruktionsfehler entstehen.

Unternehmensleitung und QM tragen eine weitreichende Verantwortung.

- Nach der Inverkehrbringung des Produktes hat der Hersteller eine Produktbeobachtungspflicht. Sein Handlungsbedarf geht von einer nachträglichen Aufklärung bzw. Warnung bis zum Rückruf des Produktes. Stellt sich nach der Inverkehrbringung heraus, dass ein Produkt fehlerhaft ist, so muss der Hersteller auch in der laufenden Produktion die Sicherheitsstandards anpassen.
- Der Geschädigte hat die Pflicht, den Beweis für das Auftreten und Entstehen des Fehlers zu liefern. Jedoch muss der Geschädigte nur den Fehler zum Zeitpunkt des Schadens beweisen und nicht zum Zeitpunkt der Inverkehrbringung. Der Hersteller kann zu seiner Entlastung Beweise für das Vorliegen einer Haftungsbefreiung in Form von Prüfberichten über den damaligen Wissensstand (Stand von Wissenschaft und Technik) u. Ä. vorlegen.
- Gehaftet wird gemäß § 1 ProdHaftG für Sachschäden, aber nicht als Ersatz für das Produkt selbst. Infolge einer Körperverletzung oder Tötung wird gehaftet gemäß §§ 7 und 8 ProdHaftG für Folgekosten wie Heilungskosten, Rentenansprüche usw. sowie bei Tötung für Beerdigungskosten, Versorgung der Unterhaltsberechtigten usw. Schmerzensgeld wird gemäß § 9 ProdHaftG nach freiem Ermessen gewährt.
- Die Haftung des Herstellers erlischt gemäß § 13 ProdHaftG zehn Jahre nach der Inverkehrbringung und kann nicht vertraglich ausgeschlossen werden (vgl. § 14 ProdHaftG).

Beispiel:

Ein Säuglings- und Kindernahrungshersteller brachte einen süßen Tee auf den Markt, der anhand einer von ihm vertriebenen Nuckelflasche Säuglingen und Kleinkindern verabreicht werden konnte. Zu einem späteren Zeitpunkt wurde ein Zusammenhang zwischen einem Dauernuckeln des Tees und Kariesbildung nachgewiesen. Das Unternehmen brachte Hinweise auf der Banderole der Teeverpackungen an und ergänzte die Zubereitungshinweise. Aufgrund einer Klage wurde das Unternehmen trotzdem zum Leisten von Schadensersatz verurteilt, weil es seine Produktbeobachtungspflicht verletzt hatte. Es hätte rechtzeitig durch deutliche Etikettaufdrucke auf den Zusammenhang zwischen Kariesbildung und Dauernuckeln hinweisen und damit seiner Warnungspflicht nachkommen müssen [BGH91].

Spezielle Problematik der Haftung tritt im Verhältnis zwischen einem Endhersteller und seinem Lieferanten auf.

Vertragsgestaltung zwischen dem Hersteller und einem Zulieferer

Die Lieferverträge beinhalten Angaben über die Beschaffenheit der Zulieferprodukte, Menge, Preise, Lieferbedingungen, QS-Vereinbarungen usw. In den QS-Vereinbarungen werden technisch-organisatorische Maßnahmen der Hersteller-Lieferanten-Beziehung festgelegt.

- Sie beinhalten erforderliche Arbeitsschritte und Verhaltensweisen als Leistungsverpflichtung des Zulieferers mit dem Ziel:
  - Voraussetzungen für sichere Prozesse beim Zulieferer zu schaffen,
  - Rationalisierung zu betreiben, indem man notwendige Maßnahmen abstimmt, um z. B. doppelte Prüfungen zu vermeiden,
  - die Qualitätsfähigkeit des Zulieferers zu fördern,
  - Verantwortungsbereiche und Haftungsrisiken des Zulieferers und des Endherstellers festzulegen bzw. zu begrenzen.
- Die Haftung kann im Voraus gemäß § 14 ProdHaftG vertraglich weder ausgeschlossen noch beschränkt werden. Entgegenstehende Vereinbarungen sind nichtig.
- Im Rahmen der Rationalisierung, wie das bei Just-in-time-Produktionen der Fall ist, wird häufig auf die Wareneingangskontrolle beim Hersteller verzichtet. Damit kann der Hersteller seine Rügepflicht nicht wahrnehmen (vgl. § 377 Abs. 2 HGB) und ist bestrebt, trotzdem die Haftung an den Zulieferer zu verlagern. Die Regelung für die Mängelbehandlung, die Haftungsverantwortung bzw. Regressansprüche versucht man, im Rahmen der QS-Vereinbarungen festzulegen. Für diesen Sachverhalt gibt es verschiedene rechtliche Standpunkte mit hoher Komplexität. Deswegen sollte jede Art der Lieferbeziehungen einer genauen Analyse unterzogen werden.
- Für eine vertragliche Gestaltung ist seitens des Herstellers eine Lieferantenbeurteilung von großer Bedeutung. Sie ist die Grundlage für die Beurteilung eines möglichen Risikos.

Die Qualität der Vertragsgestaltung ist von besonderer Bedeutung.

Beispiel:

Die Automobilzulieferer Prevent, ES Automobilguss und Car Trim haben 2017 ihre Lieferungen an VW aus unterschiedlichen Gründen wie Preisabstimmung, langfristige Zusammenarbeit usw. gestoppt. So fehlten außer Gussteilen auch Sitzbezüge für die Golfproduktion. Aufgrund dessen ruhte die Produktion in mehreren VW-Werken. VW musste teilweise Kurzarbeit anmelden. Der Stillstand verursachte Millionenkosten. Aufgrund der Produktionsunterbrechung konnten auch weitere Zulieferer ihre Teile nicht ausliefern. Nach harten Verhandlungen einigten sich alle Parteien außergerichtlich. [MaMa16]

Dieser Fall zeigt, welche Bedeutung die Vertragsgestaltung und die Vergabe der Lieferantenaufträge hat.

10.5 Staatliche Vorgaben an die Produktsicherheit

Der Staat hat ein hohes Interesse an der Sicherheit und Gesundheit seiner Bürger. Deswegen sind die Sicherheit und der Gesundheitseinfluss von Produkten, Produktionsmitteln und Gütern aller Art Gegenstand seiner Gesetze und behördlicher Verordnungen. Im Rahmen der EU-Harmonisierung werden auch EU-Richtlinien ins nationale Recht umgesetzt.

Der Staat schützt seine Bürger vor Auswirkungen mangelhafter Produkte.

Im Vordergrund steht das Vorbeugen von Risiken und ihren Auswirkungen. Diese müssen von Herstellern bzw. Betreibern befolgt werden. Da die Sicherheitsaspekte einen Teil der Qualitätsmerkmale darstellen, sind die Qualität und das Qualitätsmanagement in ihre Erfüllung eingebunden.

Basis der nationalen Rechtsprechung ist das Produktsicherheitsgesetz (ProdSG). Es ermächtigt staatliche Organisationen zum Erlass von Rechtsverordnungen zu:

- Forderungen an die Gewährleistung von Sicherheit und Gesundheit, zur Inbetriebnahme, zur Produktionsüberwachung usw.,
- Forderungen an die Gewährleistung von Sicherheit von Produkten und ihren Einfluss auf Gesundheit,
- Forderungen an die Kennzeichnung, Aufbewahrungs- und Mitteilungspflichten,
- CE- und GS-Kennzeichnung,
- Aufsichts-, Überwachungs- und Kontrollorganen und ihrer Tätigkeiten sowie
- Straf- und Bußgeldvorschriften.

Die Rechtsverordnungen beziehen sich häufig auf DIN-, ISO-, CEN- und andere Normen bzw. Richtlinien. Von zunehmender Bedeutung sind die EU-Richtlinien, die ins nationale Recht übernommen werden müssen.

Beispiel:
Die Sicherheit von Druckbehältern ist wegen der Explosionsgefahr von großer Bedeutung. Deswegen wurde die 14. ProdSV – Druckgeräteverordnung – auf der Grundlage der Richtlinie 2014/68/EU erlassen. Sie legt z. B. die Voraussetzungen für das Inverkehrbringen eines Druckbehälters fest. Sie verpflichtet den Hersteller zur CE-Kennzeichnung, zu einer EU-Konformitätserklärung sowie einer Betriebsanleitung in deutscher Sprache.

Produkte müssen eine Reihe von Sicherheitsvorschriften erfüllen. Damit äußerlich erkennbar ist, ob alle Vorschriften erfüllt wurden, werden CE- und GS-Kennzeichen vergeben.

CE-Kennzeichnung

Die CE-Kennzeichnung besagt, dass ein Produkt den dem Hersteller von der EU auferlegten Forderungen entspricht. Das bedeutet, dass es allen anzuwendenden Vorschriften entspricht und dass alle Konformitätsverfahren (z. B. Gefährdungsanalyse, Risikobewertung usw.) durchgeführt wurden. Die CE-Kennzeichnung ist für den Warenverkehr in der EU wichtig und für den Hersteller verpflichtend (vgl. auch § 7 ProdSG).

CE-Kennzeichnungen sind für den EU-Warenverkehr unerlässlich.

GS-Kennzeichnung

GS-Siegel bedeutet Geprüfte Sicherheit. Um das GS-Zeichen erlangen zu können, muss gemäß §§ 20 ff. ProdSG ein Nachweis über die Erfüllung gesetzlich festgelegter Forderungen an die Sicherheit und Gesundheit gebracht werden. In der Regel beantragen die Hersteller freiwillig das GS-Siegel aus Marketinggründen.

GS-Zeichen signalisieren Kunden Sicherheit.

10.6 Betriebshaftpflicht-Versicherungsaspekte

Haftungsrisiken stellen Unternehmen vor ein ernsthaftes Problem. Da nicht erfüllte Qualitätsforderungen oft eine ganze Serie, Produktgruppe usw. betreffen bzw. ein hoher wirtschaftlicher Schaden entstehen kann, können rechtliche Auswirkungen sogar bis zur Insolvenz eines Unternehmens führen. Bedenkt man, um welche Schadensersatzforderungen es sich z. B. in den USA handeln kann (siehe Kapitel 1.1.3), ist die Frage nach einer Betriebs- und Produkthaftplichtversicherung mehr als berechtigt.

Eine Betriebs- und Produkthaftpflichtversicherung ist im Unternehmensinteresse.

Vor dem Abschluss einer Haftpflichtversicherung müssen zentrale Fragen geklärt werden:

- Arten von Risiken,
- Wahrscheinlichkeit des Auftretens und Bewertung von Auswirkungen eines Schadensfalles,
- Gesetzgebung in dem betroffenen Land,
- Wahl eines geeigneten Versicherers,
- Höhe der Versicherungsprämie und ihre Finanzierung,
- Rechtsverteidigungspflicht und Übernahme der Rechtsverteidigungskosten im Schadensfall.

Auch der zuletzt aufgeführte Punkt bedarf gerade für den US-Markt einer besonderen Aufmerksamkeit, da hier die Verteidigungskosten astronomische Höhen erreichen können.

Betriebshaftpflichtversicherung

Den Haftpflichtversicherungsverträgen liegen normalerweise die Allgemeinen Versicherungsbedingungen für die Haftpflichtversicherung (AHB) zugrunde. Danach sind vertragliche Gewährleistungsansprüche wegen Mängeln ausgeschlossen. Sie beinhaltet im Allgemeinen:

Die Betriebshaftpflichtversicherung deckt nur einen Teil der Risiken ab.

- Personen- und Sachschäden infolge mangelhafter Produkte,
- Vermögensschäden aufgrund vorhergegangener Personen- oder Sachschäden.

> **Beispiel:**
> Ein Produktionsfehler an Reifen führte zu einem Unfall und der Verletzung von mehreren Personen. Die Betriebshaftpflichtversicherung trägt die Genesungskosten, mögliche Rentenansprüche oder sogar Kosten für die Versorgung der Unterhaltsberechtigten im Todesfall.

Die Haftungsrisiken für Unternehmen sind sehr weitreichend. Da Ansprüche infolge von Mängeln nicht gedeckt sind, bietet die Versicherungswirtschaft eine erweiterte Betriebshaftpflichtversicherung an.

Erweiterte Betriebshaftpflichtversicherung

Sie beinhaltet diverse Zusatzversicherungen, die wahlweise abgeschlossen werden können:

Ein erweiterter Versicherungsschutz deckt Produkt-, Produktions- und Lieferrisiken ab.

- Echte Vermögensschäden: Wenn Mängel an der Lieferung einen wirtschaftlichen Schaden, z. B. Stillstand der Produktion, verursachen.
- Rückrufkosten: Falls ein Produkt aus dem Verkehr genommen werden muss, z. B. Rückrufaktion.
- Verbindungs- und Vermischungsschäden: Wenn aufgrund eines fehlerhaften Grundwerkstoffes bei weiterem Verarbeiten fehlerhafte Produkte entstehen, z. B. bei der Produktion von Babynahrung wird ein kontaminiertes Milchpulver geliefert und verarbeitet.

Weitere Zusatzversicherungen bieten eine breite Skala zur Abdeckung von Haftungsrisiken ab [All08].

Lernerfolg

Zur Prüfung des Lernfortschritts beantworten Sie folgende Fragen:

Fragen zum Kapitel 10:

1. Welche Aspekte der Rechtsprechung betreffen Qualität?
2. Nennen Sie Bereiche des Arbeitsrechts, die in Verbindung zu Qualität stehen.
3. Was regelt das Arbeitsrecht?
4. Nennen Sie einige Beispiele im Zusammenhang Qualität und Arbeitsrecht.
5. Gibt es eine gesetzlich verankerte Pflicht auf Schadensersatz bei vorsätzlichen oder fahrlässigen Handlungen und wenn ja, wer haftet?
6. Wer trägt die Verantwortung und welcher Art bei Unterlassung von Warnungen bzw. Rückrufen von Produkten beim Auftreten von Schäden?
7. Können auch Mitarbeiter strafrechtlich belangt werden und in welchem Fall?
8. Welche zivilrechtlichen Auswirkungen kann ein Schadensfall hervorrufen?
9. Welche zwei Haftungsarten gibt es?
10. Wer haftet und wie im Schadensfall?
11. An wen muss sich der Käufer im Schadensfall wenden und warum?
12. An wen wendet sich der Kunde beim Mangel an dem Produkt und warum?
13. Kann der Kunde eine Nacherfüllung (Mangelbeseitigung oder Umtausch) fordern?
14. Wer hat die Pflicht, den Beweis des Auftretens eines Fehlers und zu welchem Zeitpunkt zu führen?
15. Kann der Hersteller eine Haftungsbefreiung erlangen und wie?
16. Welche Pflicht hat der Hersteller, wenn sich seine Produkte auf dem Markt befinden?
17. Ist das Qualitätsmanagement eine Rechtspflicht?
18. Was beinhalten QS-Vereinbarungen?
19. Was besagt die CE-Kennzeichnung?
20. Deckt die Betriebshaftpflichtversicherung alle Schadensfälle ab?

Literaturverzeichnis

[AKWI20] Große-Schwiep, B.; Bensberg, F.; Schinnenburg, H.: Anwendungen und Konzepte in der Wirtschaftsinformatik (AKWI); Entwicklung eines Reifegradmodells zur Bewertung des Digitalisierungsgrades von Geschäftsprozessen. E-Journal: http://akwi.hswlu.ch, Nr. 112020

[All08] Allianz Versicherungs-AG: Qualität ist nicht alles. FH-0189ZO-0/02, München 2008

[AMS15] Auto Motor Sport: VW-Skandal: Die unheilvolle Geschichte des EA 189. Stuttgart Nr. 21/2015, S.32 bis 37

[AnKo15] A. Koubek (Hrsg.), Praxisbuch ISO 9001:2015, Carl Hanser Verlag, München 2015

[Bay9.1] Bayerisches Staatsministerium für Wirtschaft, Infrastruktur, Verkehr und Technologie: Integriertes Managementsystem, München 2003

[Baz03] Bazlen, J.: Kaizen als Optimierungswerkzeug in komplexen Produktionssystemen. FH Gießen-Friedberg, FB WI, Diplomarbeit Q45, Friedberg 2003

[Becker09] Becker, J.; Knackstedt, R.; Pöppelbuß, J.: Dokumentationsqualität von Reifegradmodellentwicklungen. Instituts für Wirtschaftsinformatik, Münster 2009

[BeLu01] Benes, G.; Lutz, D.; Vossebein, U.; Werthebach, M.: Der menschliche Faktor. Carl Hanser Verlag, QZ 21/2001, S. 1525–1529, München 2001

[BeLu02] Benes, G.; Lutz, D.; Werthebach, M.: Mensch und Qualität - Qualitätssteigerung durch gezieltes Kompetenz- und Motivations-Management. Winner's Conference 2002, Kongressband DGQ-EFQM-QZ, Frankfurt 2002

[Ben9.1] Benes, G.; Groh, P.; Mildenberger, H. J.; Vossebein, U.: Kosten-Nutzen-Analyse als Instrument des Qualitätsmanagements. WEKA MEDIA, Kissing 2004

[BeNa94] Benes G.; Nau M.: Überwachung von Produktentwicklungen im Rahmen der Produktplanung. VDI-Verlag, Fortschrittsberichte Reihe 1, Nr. 238, S. 15, Düsseldorf 1994

[Bene02] Benes. G.: Der Erfolgsfaktor Mensch. Conference Firmenkultur, Goethe-Institut, Prag 2002, S. 111 bis 130

[Bes7.17] Besier J.: Der Kundenexperte der Zukunft. Training & Beratung Seminar, Biebertal, 2009

[BeSa81] Beckerath, P. G.; Sauermann, P.; Wisswede, G.: Handwörterbuch der Betriebspsychologie. Lucius & Lucius, Stuttgart 1981

[BeSc05] Benes, G.; Schrödter, R.: Komplexität beherrschen. Carl Hanser Verlag, QZ 12/2005, S. 29–33, München 2005

[BeSu04] Benes, G.; Surma, S.: Forschungsprojekt „Mensch und Qualität". BMBF-AiF, FKZ 1701502, S. 71, Dezember 2004

[BeSu04] Benes, G.; Surma, S.: Ist der Humanfaktor kalkulierbar? Carl Hanser Verlag, QZ 49/2004, S. 32–37, München 2005

[BeSuVo05] Benes, G, Surma, S, Vossebein U.: Führen lernen lohnt. Carl Hanser Verlag, QZ 3/2005, S. 20-24, München 2005

[BeVo1.0] Benes, G., Vossebein, U.: QM-Systeme im Mittelstand – eine empirische Analyse. VDI-Verlag, Fortschrittberichte, Reihe 2, Nr. 465. Düsseldorf 1998

[BGH19] BGH: Az. VI ZR 252/19, VI RZ 128/20, VII ZR 190/20, 286/20, 322/20 u.a., Karlsruhe 2019/20

[BGH91] BGH-Urteil vom 12.11.1991: BGHZ 116, 60 – VI ZR 7/91 = NJW 1992, 560, Karlsruhe 1991/92

[BMW20] https://www.faz.net/aktuell/wirtschaft/unternehmen/motorenbraende-millionenstrafe-fuer-bmw-in-suedkorea-15958146.html, Stand 02.01.2022/13:12

[BrDz96] Brechmann, G.; Dzieia, W.; Hörnemann, E.: Elektrotechnik – Tabellen Kommunikationselektronik. Verlag Westermann, Braunschweig1996

[BrFr08] Brunner, F. J.: Japanische Erfolgskonzepte. Carl Hanser Verlag, München 2008

[BrRi7.13] Brassard, M.; Ritter, D.: Der Memory Jogger. Ein Taschenbuchführer mit Werkzeugen für kontinuierliche Verbesserung und erfolgreiche Planung. GOAL/QPC, Methuen (USA) 1994, S. 39

[BuMa08] Bundesanstalt für Materialforschung und -prüfung, Berlin, 2010

[Bur07] Burghardt, M.: Einführung in Projektmanagement. Publicis Corporate Publishing, München 2007

[Buzzell/Gale 89] Buzzell, Robert D.; Gale, Bradley T.: PIMS-Programm: Strategien und Unternehmenserfolg, Gabler Verlag, Wiesbaden 1989

[BWL22] www.bwl-lexikon.de, Stand 05.02.2022/9:30

[CEN 20] https://www.cencenelec.eu/about-cen/cen-in-figures/ Stand 19.02.2020/18:30

[ChCo95] Chrysler Corporation, Ford Motor Company, General Motor Corporation: Fehler-Möglichkeits- und -Einfluss-Analyse (FMEA): QS 9000: Potential Failure Mode and Effects Analysis., AIAG, Flint (USA) 1995

[CoHa 15] http://www.general-intelligence.com/library/hr.pdf, The text of this work is based on the 1915 translation by L. W. King, Stand am 05.01.2022/11:32

[CzGe53] Geiselhöring C.: Qualitätsmanagement „Methoden und Werkzeuge zur Planung und Sicherung der Qualität. Kapitel 5/3 QFD – Quality Function Deployment, Carl Hanser Verlag, München 2007

[D ISO 2859-1] DIN ISO 2859-1:2004-01: Annahmestichprobenprüfung anhand der Anzahl fehlerhafter Einheiten oder Fehler - Teil 1, Beuth Verlag, Berlin 2004

[DAkkS] http://www.dakks.de/content/akkreditierte-stellen-dakks, Deutsche Akkreditierungsstelle GmbH; Stand 15.01.2017/22:01

[DBZ] Deutsches Benchmarking Zentrum, Berlin, 2010

[Dem82] Deming, W. E.: Quality, Productivity and Competetive Position. Massachusetts: Institute of Technology, Cambridge (USA) 1982

[Deming] William Edwards Deming, in der Literatur fälschlicherweise auch *Walter Edwards Deming*, (*14. Oktober 1900 in Sioux City,Iowa; †20. Dezember 1993 in Washington, D.C.) war ein US-amerikanischer_Physiker, Statistiker sowie Pionier im Bereich des Qualitätsmanagements.

[DeTe7.25] Akademie der Führungskräfte: Marketing. Deutsche Telekom, Berlin 1995

[DGQ7.11] Deutsche Gesellschaft für Qualität e.V.: SPC 1; Statistische Prozesslenkung (DGQ S. 16–31). Beuth Verlag, Berlin 1990

[DGQ7.12] Deutsche Gesellschaft für Qualität e. V.: SPC 2; Qualitätsregelkartentechnik. (DGQ S. 16–32), Beuth Verlag, Berlin:1995

[DIN 131] DIN 1319-1, Kapitel 2, Nr. 1.1. Bemerkungen 1. Definition des Begriffs „Messgröße" Beuth Verlag, Berlin 1995

[DIN 132] DIN 1319-1, Kapitel 2, Nr. 1.1. Bemerkungen 2. Definition des Begriffs „Messgröße" Beuth Verlag, Berlin 1995

[DIN 133] DIN 1319-1, Kapitel 2, Nr. 1.2. Bemerkungen 2. Definition des Begriffs „Messgröße"

[DIN 20] https://www.din.de/resource/blob/791612/b42b84a0102bf8b44b322b9e437d6aa1/din-magazin-ausgabe-1-2021-data.pdf; Stand 15.02.2022/23:03

[DIN 39] DIN ISO 3951-1:2008-03, Verfahren für die Stichprobenprüfung anhand quantitativer Merkmale (Variablenprüfung) – Teil 1: Spezifikation für einfache Stichprobenanweisungen für losweise Prüfung, geordnet nach der annehmbaren Qualitätsgrenzlage (AQL) für ein einfaches Qualitätsmerkmal und einfache AQL (ISO 3951-1: 2005). Beuth Verlag, Berlin 2008

[DIN 40] DIN 40041: 1990-12: Zuverlässigkeit; Begriffe. Beuth Verlag, Berlin 1990

[DIN 450] DIN EN 45020:2007-03: Normung und damit zusammenhängende Tätigkeiten -Allgemeine Begriffe (ISO/IEC Guide 2). Beuth Verlag, Berlin 2004

[DIN 5464] DIN 5464:2010-03, Passverzahnungen mit Keilflanken – Schwere Reihe. Beuth Verlag, Berlin 2010

[DIN 55] DIN 55350-33: 1993-09: Begriffe zu Qualitätsmanagement und Statistik; Begriffe der statistischen Prozesslenkung (SPC). Beuth Verlag, Berlin 1993

[DIN 553] DIN 55350-11-08: 1995-08: Begriffe zu Qualitätsmanagement und Statistik. Beuth Verlag, Berlin 1995

[DIN 55350-14] DIN 55350-14: 1995-12: Begriffe der Qualitätssicherung und der Statistik: Begriffe der Probenentnahme. Beuth Verlag, Berlin 1995

[DIN 820] DIN 820-1:2014-06: Normungsarbeit – Teil 1: Grundsätze. Beuth Verlag, Berlin 2014

[DiSc7.12] Dietrich, E.; Schulze A.: Statistische Verfahren zur Maschinen- und Prozessqualifikation. Carl Hanser Verlag, München 1996, S. 150

[DiSc7.13] Dietrich, E.; Schulze, A.: Statistische Verfahren zur Maschinen- und Prozessqualifikation. Carl Hanser Verlag, München 1996, S. 128

[DQS 9.1] DQS GmbH, Deutsche Gesellschaft zur Zertifizierung von Managementsystemen, Frankfurt am Main. www.dqs.de

[EFQM11] EFQM Levels of Excellence, ILOI-Initiative Ludwig-Erhard-Preis e. V: Datei: EFQM Levels of Excellence.pdf. Oberursel 2011

[EFQM2020] Das EFQM Modell, EFQM, Avenue des Olympiades 2, 1140 Brussels, http://www.shop.efqm.org/publications/the-efqm-model. Stand 03.11.2019/09.32:

[EK20.1] Erlach, K.: Wertstromdesign: Der Weg zur schlanken Fabrik. Springer-Verlag, 3. Auflage, S.104 bis 105, Berlin 2020

[EK20.2] Erlach, K.: Wertstromdesign: Der Weg zur schlanken Fabrik. Springer-Verlag, 3. Auflage, S.118 bis 122, Berlin 2020

[ELW10] Eisenführ, F. Langer T. Weber M.: Rationales Entscheiden. Springer-Verlag, 5. Auflage, Berlin 2010

[Enst07] Ensthaler, J.: Handbuch Qualitätsmanagement: Qualitätsmanagement und Recht. Hrg. Pfeifer T.; Schmitt R.: Carl Hanser Verlag, München 2007, S. 126

[Erl10] Erlach, K.: Wertstromdesign: Der Weg zur schlanken Fabrik. VDI-Verlag, 2. Auflage, Düsseldorf 2010

[EuBl08] www.europa-auf-einen-blick.de/grossbritannien/wirtschaft.php; Stand 2008/13:05

[EuPa06] Europäisches Parlament: Richtlinie 2006/42/EG

[ExBa03] DGQ – Deutsche Gesellschaft für Qualität e.V., forum! GmbH marketing + comunikations, Mainz, S. 19 bis S. 39

[FaLi01] Rinne, H.; Mittag, H.-J.: Statistische Methoden der Qualitätssicherung. Carl Hanser Verlag, München 1995

[Fey97] Feyerabend, F.-K.: Basiswissen zum Recht der Qualitätsorganisation. In Qualitätsmanagement als interdisziplinäres Problem. Hrg. Benes, G.; Feyerabend, F.-K.; Vossebein, U.: Deutscher Universitätsverlag, Wiesbaden 1997

[Foc7.17] FOCUS Magazin: Flop Brainstorming. Nr. 5: München 2009

[FoQu96] Forschungsgemeinschaft Qualitätssicherung e.V. (FQS): Qualitätssicherung bei der Überleitung von QFD-Information in die rechnerunterstützte Konstruktion als Teil des Projektmanagements. Beuth Verlag, Berlin 1996, S. 18

[FrWi98] Fremdwörterbuch Wirtschaft: Weyarn. Seehamer 1998

[Gar84] Garvin, D. A.: What Does „Product Quality“ Really Mean?. Harvard University, Sloan Management Review, Cambridge 1984

[GaWi14] Stichwort: CAQ. Gabler Wirtschaftslexikon, Springer Gabler Verlag (Hrsg.), http://wirtschaftslexikon.gabler.de/Archiv/75123/caq-v8.html, Stand 2014/8:12

[Ge0820] Geiger, W.: Carl Hanser Verlag, QZ 08/2000, S. 956, München 2000

[GeCo98] Internationale Studie: „Was erwarten Mitarbeiter von ihrem Job?“, Gemini Consulting www.geminiconsulting.de, Boston 1998,

[GeKo07.0] Geiger, W.; Kotte, W.: Handbuch Qualität. Vieweg Verlag, Wiesbaden 2008

[GeKo07.1] Geiger, W., Kotte, W.: Handbuch Qualität. Vieweg Verlag, Wiesbaden 2008, S. 150

[GeKo07.2] Geiger, W., Kotte, W.: Handbuch Qualität. Vieweg Verlag, Wiesbaden 2008, S. 153

[GeKo07.3] Geiger, W., Kotte, W.: Handbuch Qualität. Vieweg Verlag, Wiesbaden 2008, S. 200

[GeKo07.4] Geiger, W., Kotte, W.: Handbuch Qualität. Vieweg Verlag, Wiesbaden 2008, S. 107

[GeKo07.5] Geiger, W., Kotte, W.: Handbuch Qualität. Vieweg Verlag, Wiesbaden 2008, S. 133–134

[GeKo07] Geiger, W., Kotte, W.: Handbuch Qualität. Vieweg Verlag, Wiesbaden 2007, S. 30

[GiKä07] Gienke, H.; Kämpf, R. (Hrsg.): Handbuch Produktion. Carl Hanser Verlag, München 2007

[GTAI 2021] Germany Trade and Invest 2021 – Gesellschaft für Außenwirtschaft und Standortmarketing mbH

[Her68] Herzberg, F.: One more time: How do you motivate employees?. Harward business Review 46, Nr. 1, S. 57, Cambridge 1968,

[HeWa95] Herrmann J.; Walter T.: TQM – Verständnis und Umsetzung. Carl Hanser Verlag, QZ 40, S. 922– 925, München 1995

[HNBT21] https://www.handelsblatt.com/unternehmen/industrie/dieselskandal-justiz-stellt-reihenweise-verfahren-gegen-audi-beschuldigte-ein/27531730.html?ticket=S,Stand 04.01.22/22:05

[Höp99] Höppner, D.; Lindner, T.; Linß, G.; Tröger, T.: Innovation durch Integration: Die Verbindung von Produktplanung, Prozess- und Qualitätssteuerung. Carl Hanser Verlag, QZ 44, S. 151, München 1999

[Hor08] Horvat, P.: Controlling. Vahlen Verlag, 11. Auflage, S. 50, München 2008,

[ILEP2020] ILEP-Initiative Ludwig-Erhard-Preis e. V.: Präsentation zur Vorstellung des EFQM Modells 2020, Dr. André Moll, Vortrag in Oberursel 11.11.2019

[ILEP21] ILEP-Initiative Ludwig-Erhard-Preis e. V: Deutscher Excellence Preis, Ergebnisband 2021; Ludwig-Erhard-Straße 16a, 61440 Oberursel; www.ilep.de

[ILOI97] ILOI-Initiative Ludwig-Erhard-Preis e. V: Management of Change, Erfolgsfaktoren und Barrieren organisatorischer Veränderungsprozesse. Oberursel 1997

[ISO 16949] ISO/TS 16949:2009-06, Qualitätsmanagementsysteme – Besondere Anforderungen bei Anwendung von ISO 9001:2008 für die Serien- und Ersatzteil-Produktion in der Automobilindustrie. Beuth Verlag, Berlin 2009

[ISO 19011] DIN EN ISO 19011:2011, Leitfaden für das Auditieren von Managementsystemen. Beuth Verlag, Berlin 2011

[ISO 20] https://www.iso.org/standards.html, 16.02.2022, 21:30

[ISO 2859-0] ISO 2859-0: 1995-08: Annahmestichprobenprüfung anhand der Anzahl fehlerhafter Einheiten oder Fehler; Einführung in das System der Annahmestichprobenprüfung nach ISO 2859. Beuth Verlag, Berlin 1995

[ISO 2859-1] ISO 2859-1: 1993-04: Annahmestichprobenprüfung anhand der Anzahl fehlerhafter Einheiten oder Fehler; Nach der annehmbaren Qualitätsgrenzlage (AQL) geordnete Stichprobenanweisungen für die Prüfung einzelner Lose anhand der Anzahl fehlerhafter Einheiten oder Fehler. Beuth Verlag, Berlin 1993

[ISO 2859-2] ISO 2859-2: 1993-04: Annahmestichprobenprüfung anhand der Anzahl fehlerhafter Einheiten oder Fehler; Nach der rückzuweisenden Qualitätsgrenzlage (LQ) geordnete Stichprobenanweisungen für die Prüfung einzelner Lose anhand der Anzahl fehlerhafter Einheiten. Beuth Verlag, Berlin 1993

[ISO 2859-3] ISO 2859-3: 1995-02: Annahmestichprobenprüfung anhand der Anzahl fehlerhafter Einheiten oder Fehler; Skip-Lot-Verfahren. Beuth Verlag, Berlin 1995

[ISO 31000] ISO 31000: 2009-11: Risikomanagement – Allgemeine Anleitung zu den Grundsätzen und zur Implementierung eines Risikomanagements. Beuth Verlag, Berlin 2011

[ISO 8402] DIN ISO 8402, Qualitätsmanagement, Begriffe. Beuth Verlag, Berlin 1995

[ISO 9000] DIN EN ISO 9000:2015: Qualitätsmanagementsysteme: Grundlagen und Begriffe. Beuth Verlag, Berlin 2015

[ISO 9001] DIN EN ISO 9001:2015: Qualitätsmanagementsysteme: Anforderungen. Beuth Verlag, Berlin 2015

[ISO 9004] DIN EN ISO 9004:2009: Leiten und Lenken für den nachhaltigen Erfolg einer Organisation – Ein Qualitätsmanagementansatz (ISO 9004:2009). Beuth Verlag, Berlin 2009

[ISO Survey 2020] https://committee.iso.org/sites/jtc1sc40/home/news/content-left-area/news-and-updates/iso-survey-of-certifications.html, Stand 28.12.2021/14:20

[Ju11] Jung, H.: Controlling. Oldenburg Wissenschaftsverlag, 3. Auflage, München 2011, S. 37

[KaBr07] Kamiske, G. F.; Brauer J.-P.: Qualitätsmanagement von A bis Z. Carl Hanser Verlag, München 2007, S. 403

[Kam7.20] Kamiske, G. F.: Die Hohe Schule des Total Quality Management. Springer-Verlag, Berlin 1994, S. 365

[Kano84] Kano, N.: Attractive Quality and Must-be Quality. Journal of the Japanese Society for Quality Control 4, Tokio (Japan) 1984, S. 39–48

[KaTh95] Kamiske, G. F.; Theden, P. H.: Einsatzpotentiale von Qualitätstechniken. Zeitschrift für wirtschaftlichen Fabrikbetrieb 11/1995

[KaUm08] Kamiske, G. F.; Umbreit, G.: Qualitätsmanagement – eine multimediale Einführung. Fachbuchverlag Leipzig 2008

[KBA 22] Kraftfahrt-Bundesamt, Presse- und Öffentlichkeitsarbeit, 24910 Flensburg 2022

[Knack09] Knackstedt, R.; Pöppelbuß, J.; Becker, J.: VORGEHENSMODELL ZUR ENTWICKLUNG VON REIFEGRADMODELLEN. Westfälische Wilhelms-Universität Münster, 2009

[Kras98] Krasel, J.: Erfassung von Qualitätskosten. FH Gießen-Friedberg, FB WI, Diplomarbeit Q 36, Friedberg 1998

[KrQu94] Kraft, M.; Quentin, H.: Poka-Yoke. Fehler frühzeitig und systematisch vermeiden. Carl Hanser Verlag, QZ 39/1994, S. 534, München 1994

[Lei7.13] Leist, R.: QM-Methoden. Augsburg: WEKA MEDIA Verlag, Kissing 1997, Kapitel 8

[Lei96] Leist, R.: Qualitätsmanagement. Augsburg: WEKA MEDIA Verlag, Kissing 1996, Kapitel 2/5.3, S. 2

[Leid02] Leidinger, B.: Risikoidentifikation und Maßnahmensteuerung im Rahmen des operativen Risikomanagements. In: Herausforderung Risikomanagement. Hrsg.: Hölscher, R. Elfgen, R.: Gabler Verlag, Wiesbaden 2002.

[LEP 2021] Leitfaden für Bewerber 2021, ILEP-Initiative Ludwig-Erhard-Preis e. V., Datei: „Webversion-Leitfaden-Bewerber-Feb-2021-Entwurf-1.pdf", Oberursel, 2021;

[LGBS19] LG Braunschweig – Gz: 6 KLs 23/19

[LgMa90] Landgericht Mainz, Gerichtsurteil vom 6. Juli 1990 g. S. u.a. – 2 StR 549/89 – Landgericht Mainz

[LGMü19] LG München II – W 5 KLs 64 Js 22724/19

[LgMü78] Landgericht München, Urteil vom 21.04.1978, siehe Schmidt-Salzer: Entscheidungssammlung zur Produkthaftung Band IV Loseblattsammlung, S. 296 ff.

[Li9.1] Linß, G.: Qualitätsmanagement für Ingenieure. Fachbuchverlag Leipzig 2005

[LiRi16] Lindner, A.; Richter I.: Wertstromdesign, Hanser Verlag, München 2016

[MaKr03] Magnusson, K.; Kroslid, D.; Bergman B.: Six Sigma umsetzen. Carl Hanser Verlag, München 2003, S. 44

[MaMa16] https://www.manager-magazin.de/unternehmen/autoindustrie/interview-bittere-folgen-des-vw-zulieferer-zoffs-fuer-es-und-car-trim-a-1109902.html, Stand 29.08.2016 13:45

[MaMa21] https://www.manager-magazin.de/unternehmen/volkswagen-erleidet-im-dieselskandal-rueckschlag-in-den-usa-a-57eae907-4ff9-4355-84e0-923a0363486f, Stand 15.11.2021/13:07

[MaWe7.3] Maidhof, V.; Werhand, P.: Qualitätsmanagement-Methoden und ihre Anwendung. FH Gießen-Friedberg, FB WI, Diplomarbeit Q31, S. 92, Friedberg 1998

[MaWe98] Maidhof, V.; Werhand, P.: Qualitätsmanagement-Methoden und ihre Anwendung. FH Gießen-Friedberg, FB WI, Diplomarbeit Q31, S. 28, Friedberg 1998

[MB1997] Stern mit Schrammen. Der Spiegel 45/1997, S. 248–257

[MBNQA21] https://de.knowledgr.com/00139427/MalcolmBaldrigeNationalQualityAward, Stand 12.12.2021/11:33

[MeGr94] Metzger, R.; Gründler, H. C.: Zurück auf Spitzenniveau. Campus Verlag, Frankfurt 1994, S. 54

[Micha15] Michailenko, I.: Ein Reifegradmodell zur Steuerung und Sicherstellung der Nachhaltigkeit eines Produktionssystems; Master-Thesis, FB Wirtschaftsingenieurwesen der Technischen Hochschule Mittelhessen, Friedberg 2015

[Mon91] Montgomery, D. C.: Design and Analysis of Experiment. New York Wiley 1991,
S. 415

[MST5.2] Marciniak, F.; Scharnagel, A.; Tönnissen, F. J.: Qualitätsmanagement – Methoden und Werkzeuge zur Planung und Sicherung der Qualität. Kapitel 2/5.5 Qualitätszirkel, S. 7. WEKA MEDIA Verlag, Augsburg 1994

[Neu96] Neumann, A.: QFD – Qualitätsplanung für Serienprodukte. Shaker Verlag, Aachen 1996

[NoKö06] Nolden, R.-G.; Körner, P.; Bizer, E.: Management im Industriebetrieb. Bildungsverlag EINS, Troisdorf 2006

[Pa71] Papula, L.: Mathematik für Ingenieure und Naturwissenschaftler. Vieweg Verlag, Wiesbaden 1994

[PaBe03] Pahl, G.; Beitz, W.: Konstruktionslehre, Methoden und Anwendungen. Springer-Verlag, Berlin 2003

[Pea02] Peace, G.: Six Sigma Training für Green Belts. Verlag Edition 10/2002, Block 1, Kapitel 8, S. 22

[PeCo98] PersonalConsult: Handbuch ’98 – Personalmanagement, Deutsche Telekom AG, Frankfurt/M 1998

[PeGr 12] Petrick, K.; Graichen, F.: 25 Jahre ISO 9001: Erfolgsweg einer Systemnorm. Hanser Verlag, QZ 57/2012, Heft 3, S. 26−28. München 2012

[Pfei04] Pfeifer, T.: Expertengespräch. Hanser Verlag, QZ 06/2001, S. 723, München 2001

[Pfei7.30] Pfeifer, T.: Qualitätsmanagement, Strategien, Methoden, Techniken. Carl Hanser Verlag, S. 539, München 1995

[Pfei7.31] Pfeifer, T.: Qualitätsmanagement, Strategien, Methoden, Techniken. Carl Hanser Verlag, München 2001

[PhBe09] Phillipp, A.; Benes G.: Eingriffe ins Räderwerk. Hanser Verlag, QZ 1/2009, S. 26–30, München 2009

[POR11] Porst, R.: Fragebogen: Ein Arbeitsbuch, 3. Aufl., S. 79, Wiesbaden 2011

[PrCo01] Proudfoot Consulting: Globale Produktivitätsstudie 2001, Frankfurt 2001

[PSM07] Pfeifer, T.; Schmitt, R.: Masing – Handbuch Qualitätsmanagement. München: Carl Hanser Verlag, 2007, S. 443

[QAge95] Q-Agenda 95, Das Jahrbuch zur Qualität. Reaprint, Gossau (CH) 1995

[QUL22] https://www.quality.de/lexikon/8d-report/ Stand 25.04.2022/11:23

[reeman] http://www.ree-management.com/index.php-/Stage_Gate_Modelle.html, Stand 30.03.2014/16.33, REE! Managementgesellschaft mbH, Hamburg

[Ren03] Renno, E.: Von der Statistik zur Qualität. Hanser Verlag, QZ 48(2003)4, S. 310, München 2003

[RiBu1830] Ritter von Burg, A.: Kupfer zu Burgs Mechanik, ca. 1830

[rlpmus] https://rlp.museum-digital.de/object/29476, Stand 05.01.2022/12:01

[RoBo 31] https://www.bosch.com/de/stories/qualitaet-ist-kein-zufall/, Qualität ist kein Zufall – Robert Boschs Plädoyer, 1931, Stand 2004/11:00

[SaKu97] Saatweber, J.: Kundenorientierung durch Quality Function Deployment. Kapitel 1.8 Verkürzung der Entwicklungszeit durch QFD. Carl Hanser Verlag, München 1997

[Schö00] Schönleben, P.: Integrales Logistikmanagement – Planung und Steuerung von umfassenden Geschäftsprozessen. Springer-Verlag, Berlin 2000

[ScPf10] Schmitt, R, Pfeifer, T: Qualitätsmanagement, Carl Hanser Verlag, München 2010, 4. Auflage, S. 786

[Sne99] Snee, R.: Why should Statisticians pay attention to Six Sigma – An examination
to their Role in the Six Sigma Methodology. In: Quality Progress. Milwaukee 32(1999)9, S. 100–103

[SpGa v7] Springer Gabler Verlag (Hrsg.): Gabler Wirtschaftslexikon, http://wirtschaftslexikon.gabler.de/Archiv/1856/balanced-scorecard-v7.html

[Sta97] Stahl, P.: Die Qualitätstechnik FMEA als Lerninstrument in Organisationen. Gabler, Wiesbaden 1997, S. 15

[StKl07] Stempfle, Ch.; Klindt, Th.: Juristische Produktverantwortung. In: Pfeifer, T.; Schmitt, R. (Hrsg.): Handbuch Qualitätsmanagement. Carl Hanser Verlag, München 2007, S. 790

[Tea1.12] www.teachsam.de/arb/krea/krea_brainst_0.htm, Stand 16.09.2009/13:11

[ThCo7.12] Theden, Ph.; Colsman, H.: Qualitätstechniken: Werkzeuge zur Problemlösung und ständigen Verbesserung. Hrsg.: Gerd F. Kamiske. Carl Hanser Verlag, München 1997, S. 20

[ThCo7.13] Theden, Ph.; Colsman, H.: Qualitätstechniken: Werkzeuge zur Problemlösung und ständigen Verbesserung. Hrsg.: Gerd F. Kamiske. Carl Hanser Verlag, München 1997, S. 23

[ThCo7.14] Theden, Ph.; Colsman, H.: Qualitätstechniken: Werkzeuge zur Problemlösung und ständigen Verbesserung. Hrsg.: Gerd F. Kamiske. Carl Hanser Verlag, München 1997, S. 21

[Thom7.17] Thompson, L.: Ja, aber ...; Knaur Verlag, 1995

[Tom95] Tomys, A.-K.: Kostenorientiertes Qualitätsmanagement, Qualitätscontrolling zur ständigen zur ständigen Verbesserung der Unternehmensprozesse. Carl Hanser Verlag, München 1995, S. 98

[Töp04] Töpfer, A.: Six Sigma – Projektmanagement für Null-Fehler-Qualität in der Automobilindustrie. In: ZfAW, Ausgabe 2/2004, S.13–24

[TQM22] https://www.tqm.com/wissen/was-ist-die-8d-problemloesungsmethode/ Stand 25.04.2022/13:35

[TÜV 22] https://www.tuvsud.com/de-de/dienstleistungen/auditierung-und-zertifizierung/integriertes-managementsystem?gclid=EAIaIQobChMIi-fWp7aHw9QIVS49oCR2yn QttEAAYAyAAEgIi6vD_BwE; Whitepapers, Stand 02.01.2022/09:07

[TÜV213] Prozessanalyse; Anhand des Turtle-Modells, TÜV SÜD AG/MS-Prozessanalyse; 02/13 //TÜV SÜD Management Service GmbH

[UB 737-1] Unfallbericht B-737-MAX 8 PK-LQP, Aviation Safety Network, Stand 29.10.2020/18:23

[UB 737-2] Unfallbericht B-737 Max 8 ET-AVJ, Aviation Safety Network, Stand 20.12 2020/11:00

[UB 737-bi] https://www.businessinsider.de/2019-4/, Stand 11.11.2021/33:19

[UB 737-bo1] https://boeing.com/737-max/ Stand 11.11.2021/12:01

[UB 737-bo2] https://boeing.com/737-max-updates/de, Stand 11.11.2021/22:18

[UB 737-dv] https://www.dw.com/de/boeing-737-max-unendliche-geschichte-ohne-happy-end/a-57510658, Stand 17.10. 2021/22:10

[UB 737-ff] https://www.frankfurtflyer.de/hat-die-boeing-737-max-8-designfehler/29, Stand 14.12.2021/23:12

[UB 737-fm] https://finanzmarktwelt.de/warum-boeing-die-probleme-der-737-max-nicht-in-den-griff-bekommt-154655, Stand 14.10. 2021/12:05

[UB 737-ts] https://www.tagesschau.de/thema/boeing_737_max/, Stand 11.11.2021/22:27

[UNE66] UNE 66174:2003-11, Guide for the assessment of quality management system

[VDA17] Qualitätsmanagement in der Automobilindustrie; Definition von Fehlerursachenkategorien für das 8D, VDA 2017

[VDA20] Sicherung der Qualität in der Prozesslandschaft, VDA Band 4, 2020

[VDA96] VDA – Verband der Automobilindustrie e.V.: Sicherung der Qualität vor Serieneinsatz: Teil 2: System-FMEA. Frankfurt: VDA Band 1, 1996

[VDMA 24] VDMA 24186: 2015: Wartung von technischen Anlagen und Ausrüstungen in Gebäuden. Beuth Verlag, Berlin 2015

[VW 21] https://www.manager-magazin.de/unternehmen/volkswagen-erleidet-im-dieselskandal-rueckschlag-in-den-usa-a-57eae907-4ff9-4355-84e0-923a0363486f, Stand 22.11.2021/23:12

[VWN] https://www.volkswagen.de/2020-07_Neuwagengarantie-Bedingungen_der_Volkswagen_AG_im_Markt_Deutschland.pdf

[Wag01] Wagner, K. W.: PQM-Prozessorientiertes Qualitätsmanagement, Leitfaden zur Umsetzung der ISO 9001:2000. Carl Hanser Verlag, München 2001

[WBA20.1] Wiegand, B.: Sehen Lernen, Lean Management Institut AG, ISBN 978-3-0809521-1-8, 02.2020.1, Anhang A

[WBA20.2] Wiegand, B.: Sehen Lernen, Lean Management Institut AG, ISBN 978-3-0809521-1-8, 02.2020.2, S. 12 bis 13

[Wblog] http://doyourworkblog.wordpress.com/2009/05/27/4, Stand 30.03.214/11:14

[Wei81] Dr. Weiss A.: Das Handwerk der Goldschmiede in Augsburg bis zum Jahre 1681, Seemann 1897

[WoFa13] The World Factbook 2013-14; Central Intelligence Aggency, Washington DC 2013

[Zip98] Zipse, M.: Qualitätspreise, FH Gießen-Friedberg, FB WI, Diplomarbeit Q 34, Friedberg 1998

Anhang: Lernerfolg – Lösungen

Antworten zum Kapitel 1:

1. den Marktforderungen
2. TQM leben
3. alle, auch kleine und mittelständische Unternehmen
4. Kosten, Zeit und Qualität
5. umfassende Art der Unternehmensqualität: Flexibilität, Service ...
6. konsequente Ausrichtung entsprechend den Bedürfnissen des externen und internen Kunden
7. Marktanteil, Konkurrenz, Preis, Kunde, Zufriedenheit ... (siehe Bild 1.1)
8. klare Entscheidungen, Planung, Informationswege ... (siehe Bild 1.6)
9. Reklamationen, Kundenvertrauen, Haftung, Nacharbeit, Marktverlust, ...
10. Taylorisierung: Arbeitsteilung
11. Trennung der Produkterzeugung und Qualität: Kontrolle
12. Versorgungsphase, Wachstumsphase, Qualitätsphase, Globalisierungsphase (siehe Bild 1.18)
13. Produktorientierung ↔ Absatzorientierung; Mangel ↔ Überangebot; Bedarf ↔ Prestige; Stückzahl ↔ Qualität ... (siehe Bild 1.19)
14. gesättigter Markt: Kunde bestimmt die Q-Forderungen; ungesättigter Markt: Hersteller bestimmt die Q-Forderungen
15. wegen nicht ausreichender Wirtschaftlichkeit
16. Kunde, Allgemeinheit, Produzent (siehe Bild 1.20)
17. ja, kaum höhere Kosten, ein höherer durchsetzbarer Preis, höhere Rentabilität
18. z. B: Reklamationen → Produkthaftung → Image (siehe Tabelle 1.2)
19. Lebensniveau, Ressourcen, globale Sicherheit, Klima und Umwelt (siehe Bild 1.24)

Antworten zu den Kapiteln 2.1 und 2.2:

1. Ziele, Ressourcen, Strategien, Produktionsfaktoren, ... (siehe Bild 2.5)
2. Sie beinhaltet festgelegte Forderungen (z. B. Funktion, Sicherheit, Toleranzen, Mindestfestigkeit ...) und vorausgesetzte Aspekte (Einhaltung der Termine ...). Es handelt sich um inhärente Merkmale.
3. Produktqualität, Prozessqualität, Systemqualität
4. Die Qualität ist umso höher, je niedriger die Verluste für die Gesellschaft sind.
5. Qualität ist nichts Absolutes, sie setzt sich aus der Summe einzelner Forderungen zusammen. Qualität ist keine physikalische und keine binäre Größe.
   Jede Qualitätseigenschaft kann sich kontinuierlich auf die Qualität auswirken.
6. von der Allgemeinheit, dem Markt, dem Unternehmen
7. gesetzliche Vorschriften, soziale Aspekte, Umwelt- und Klimaschutz
8. Marktmerkmale: Nachfrage, Preis, Qualität, Unternehmensstrategie ... (siehe Bild 2.4)
9. Das Kano-Modell unterstellt den Zusammenhang zwischen der Kundenzufriedenheit und den Qualitätsmerkmalen. Die vier Merkmalsklassen geben die unterschiedliche Bedeutung und Gewichtung für die Kundenzufriedenheit an. Durch entsprechende Erfüllung der Forderungen steigt die Kundenzufriedenheit (siehe Bild 2.6).

10. Qualität entsteht in allen Unternehmensbereichen. Ihre Entstehung wird im Qualitätskreis verdeutlicht. Die Struktur des Qualitätskreises richtet sich nach den jeweiligen Gegebenheiten im Unternehmen (siehe Bild 2.7).

Antworten zu den Kapiteln 2.3 und 2.3.1:

11. von mehreren Einflussfaktoren; 7 M; Faktoren wirken gleichzeitig und voneinander unabhängig; ein Faktor kann zur Nichterfüllung der Forderungen führen.
12. 7 Bereiche der Einflussfaktoren: Mensch, Maschine ... (siehe Bild 2.9)
13. eine zentrale Rolle, ohne sein Mitwirken sind Ziele nicht zu erreichen
14. wirtschaftlicher Wandel, Globalisierung ... (siehe Bild 2.11)
15. Informationsbeschaffung und -verarbeitung, Interdisziplinarität, Komplexität, Leistungsdruck ... (siehe Bild 2.13)
16. Einklang vom Berufs- und Privatleben, Freude an der Arbeit ... (siehe Bild 2.15)
17. fehlende Motivation, Angst vor Neuerungen ...
18. Berücksichtigung der sozialen Bedürfnisse und der MA-Wünsche, Abbau von Barrieren, bessere Qualität (siehe Bild 2.17)
19. Q-Politik, Prozesse, Zulieferer, Kunde ... (siehe Bild 2.19)
20. Die Geschäftsleitung legt die Vorgaben fest und lebt sie vor.
21. das direkte Verhalten des Vorgesetzten und sein Vorleben der Q-Politik
22. der Mitarbeiter
23. indem die Entwicklung der einzelnen Merkmale des MA-Verhaltens seitens der Vorgesetzten gefördert wird
24. partizipativer Führungsstil; Coaching, Partizipation, Förderung ...
25. mit Coaching führen, mit Zielen motivieren, Q-Politik aktiv betreiben ... (siehe Bild 2.29)

Antworten zu den Kapiteln 2.3.2 bis 2.3.4:

26. Antriebsmaschinen (z. B. eine Dampfturbine), Arbeitsmaschinen (z. B. eine Pumpe)
27. schlechtere Energieumwandlung, Funktion, Sicherheit, Handhabung, Umwelt ...
28. nach seiner Beschaffenheit und seinen Eigenschaften
29. Eignung für den Verwendungszweck, Betriebsfestigkeit und -sicherheit ...
30. eine planmäßige, folgerichtige Vorgehensweise, um ein Ziel zu erreichen

Antworten zu den Kapiteln 2.3.5 bis 2.3.7:

31. m, kg, s, A, K, mol, cd
32. Eine Messung ist das Ausführen von geplanten Tätigkeiten zu einer quantitativen Aussage über die Messgröße durch Vergleich mit einer Einheit.
    Unter Bewertung versteht man die Einschätzung des Wertes oder der Bedeutung eines Sachverhaltes oder Gegenstandes.
33. qualitative Merkmalsprüfung → Einschätzung (Bewertung) des Messwertes (z. B. Blutdruck zu hoch; quantitative Merkmalsprüfung → Blutdruck 160/90 mm Hg
34. Methode, Messgeräte, Mensch, Messobjekt, Mitwelt (siehe Bild 2.40)
35. Der Nennwert ist der vorgeschriebene Wert, der Istwert der ermittelte Messwert.
36. Bereinigt man die Solltoleranz um den Unsicherheitsbereich, ergibt sich der Übereinstimmungsbereich (siehe Bild 2.43).
37. Die Maßtoleranz begrenzt die zulässige Abweichung vom Nennwert der Bauteilabmessungen.
38. vollständiges Messergebnis: $M = \bar{x} - u_s \pm u_x$ (siehe Bild 2.44)

39. normatives Management: Unternehmensleitung entwickelt und vertritt die Unternehmenspolitik; strategisches Management: setzt die U-Politik in Strategien um; operatives Management: entwickelte Strategien werden umgesetzt
40. einen unvorhergesehenen Einfluss von Umgebungsfaktoren

Antworten zum Kapitel 2.4:

41. Produkt-, Prozess-, System- und Managementbewertung
42. harte Merkmale: Messwerte wie Längenmaß, Spannung ...; weiche Merkmale: Sauberkeit, Zufriedenheit ...
43. harte Merkmale: messen und prüfen, anschließend bewerten, weiche Merkmale: bewerten, anschließend mit einer Gewichtung zusammenfügen. Gesamtergebnis bewerten.

Antworten zu den Kapiteln 3, 3.1 und 3.2:

1. Qualität nicht erprüfen, sondern erzeugen
2. Qualitätsplanung, -prüfung, -lenkung, -sicherung, -verbesserung
3. vorbeugend, prozessorientiert, lenkend, umfassend ...
4. Q-Politik, Q-Handbuch, Normen, Weiterbildung ...
5. die Geschäftsleitung
6. der strategischen, operativen, methodischen und organisatorischen Ebene
7. Abfolge der Tätigkeiten: planen, durchführen, prüfen, umsetzen (siehe Bild 3.7)

Antworten zu den Kapiteln 3.3 und 3.3.1:

8. Planung des QMS, der QM-Prozesse, der Q-Merkmale, der QM-Methoden ...
9. durch die Ausfallrate in Form der Badewannenkurve mit den Phasen: Frühausfälle, Zufallsausfälle, Altersausfälle
10. Imageverlust für den Endhersteller, Schutz der Eigenfertigung, Gewährleistungsansprüche, Produkthaftung
11. Lieferantenbewertung, Vereinbarung von technische Lieferbedingungen, Prototyp- und Erstmusterprüfung, Lieferantenaudits ...
12. Prototyp → die erste Produktverwirklichung, Erstmuster → unter Serienbedingungen erstelltes Muster
13. eine Unsicherheit in Bezug auf ein Ergebnis
14. verdeutlicht das Risiko als Funktion der Eintrittswahrscheinlichkeit und der relativen Schadenskosten.
15. Sie ist entweder gesetzlich oder vertraglich festgelegt; bei kritischen sicherheitsrelevanten Produkten oder bei Großprojekten.

Antworten zu den Kapiteln 3.3.2 bis 3.3.4:

16. subjektiv oder objektiv; quantitativ oder nicht quantitativ
17. Audits, Managementreview, Selbstbewertung ...
18. Produkt-, Prozess-, Systemaudit
19. Prüfmerkmale, Prüfzeitpunkt, Prüfort, Prüfart, Prüfumfang
20. Stichprobenprüfung: geringe Kosten → fehlerbehaftet; Hundertprozentprüfung: hohe Kosten → keine Fehler (siehe Bild 3.23)
21. Anpassen der Prüfkosten (des Aufwands) an das Qualitätsniveau
22. mit ungeeigneten Prüfmitteln kann Qualität nicht erzeugt werden

23. beim Auftreten vieler zufälliger Einflussfaktoren
24. die Verteilungsform einer Gesamtheit
25. Mittelwert, Standardabweichung
26. $M = 0$, $\sigma = 1$
27. um mehrere gering abweichende Werte in eine Klasse (Stufe) zusammenzufassen
28. Es zeigt die Normalverteilung als eine Gerade.
29. Q-Lenkung hat die Aufgabe, vorbeugende und überwachende Maßnahmen einzuleiten und deren Auswirkungen zu prüfen.

Antworten zum Kapitel 4:

1. Er ist eine Abfolge von Vorgängen, besitzt einen messbaren In- und Output, wiederholt sich.
2. nach Aufgaben und Zielen: z. B. Prozesse der Produktrealisierung; nach Bedeutung: z. B. Kernprozesse; nach Funktion: Hauptprozesse; nach Kundenorientierung: z. B. externe Prozesse
3. Beschaffenheit der Produkte, Art der Leistungserstellung, Produktionstiefe, Organisationsstruktur des Unternehmens
4. Aufbau-, Ablauf- und Matrixorganisation
5. Im Schwimmbahndiagramm können mehrere Prozessebenen bzw. der Verantwortungsübergang dargestellt werden.
6. Identifikation, Analyse, Konzeption, Realisierung (siehe Bild 4.8)
7. Nach der Zielsetzung der Analyse
8. Daten-, Leistungs-, und Kommunikationsschnittstellen
9. ein Netzwerk von Prozessen
10. Sie führt die wesentlichen Einflussfaktoren des betrachtenden Prozesses systematisch zusammen.
11. Management des Prozesses: z. B. Q-Nachweis; Ergebnisse des Prozesses: P-Kosten (siehe Bild 4.8)
12. auf einer frühzeitigen Ergreifung von Korrekturmaßnahmen
13. Prozessplanung, P-Führung, P-Steuerung, P-Kontrolle (siehe Bild 4.16)
14. SPC, KPR, SPÜ, KPÜ (siehe Bild 4.18)
15. annehmbare Qualitätsgrenzlage: Maximalforderung an den Fehleranteil
16. 16.Prozess befindet sich in statistischer Kontrolle.
17. regelmäßige Entnahme von Stichproben, Auswertung anhand der QRK, beim Überschreiten der Eingriffsgrenze Eingriff in den Prozess (siehe Bild 4.20)
18. zufällige Störeinflüsse: Umgebungstemperatur; Systematische Störeinflüsse: Verschleiß
19. geringe Anzahl von Messwerten, regelmäßige Entnahme der Stichproben in kurzen Abständen
20. wenn mindestens sieben Werte eine steigende oder sinkende Tendenz aufweisen (siehe Bild 4.21)
21. wenn die Streuung der Messwerte kleiner ist als die vorgegebene Toleranz
22. c_p gibt das Verhältnis der Toleranz zu Prozessstreuung an; cpk macht eine Aussage über die Zentrierung des Prozesses (siehe Bild 4.24).
23. c_p und $c_{pk} = 1{,}33$ (siehe Bild 4.24)

24. Abhängigkeiten in den Abläufen, Schwachstellen, interne und externe Schnittstellen, Kennzahlen der Prozessschritte, Grundlage für ein systematisches Risikomanagement festlegen.
25. Qualität von Prozessen messen, Abweichungen früh erkennen und Maßnahmen zu treffen.

Antworten zum Kapitel 5:

1. Vereinfachung der Prozessstruktur
2. Informationsfluss verbessern
3. kontinuierlicher Verbesserungsprozess: ein Prozess, in dem Mitarbeiter Verbesserungen an ihrem Arbeitsplatz kontinuierlich generieren
4. ein ständiger Informationsfluss zwischen sämtlichen Beteiligten, wie Unternehmensleitung, obere Führungsebene, Bereichsleiter/Meister, Mitarbeiter/Werker
5. auf dem SDCA-Zyklus: standardisieren, ausführen, überprüfen ...
6. Ursachen von Verschwendung zu entdecken
7. Überproduktion, Wartezeiten, Unterbrechungen ...
8. fünf Ansätze zur Verschwendungsvermeidung am Arbeitsplatz (siehe Bild 5.6)
9. Transport, Rüsten, Prüfen ... (siehe Tabelle 5.1)
10. zur Identifizierung eines Problems (siehe Tabelle 5.3)
11. um arbeitsbezogen Probleme aus dem direkten oder übergreifendem Arbeitsbereich zu diskutieren und Lösungen zu verifizieren
12. Sie bewirken eine Verbesserung der Motivation und Zufriedenheit der Mitarbeiter.
13. Verbesserung der Qualität und Steigerung der Produktivität
14. Die Streuung der Ergebnisse (Qualität, Verluste) soll durch Verminderung der Streuung von Lenkungs- und Störfaktoren erreicht werden (siehe Bild 5.7).
15. die Statistik mit dem +/– -Sigma-Ansatz
16. Es ist die Kennzeichnung der zugewiesenen Rolle eines beteiligten Mitarbeiters.
17. eine Systematik zur Prozessverbesserung: definieren, messen ... (siehe Bild 5.8)
18. auf einer monetären Bewertung aller Leistungsarten
19. Nutzleistung, Stützleistung, Blindleistung, Fehlleistung
20. Lötvorgang, Reinigung des Materials, warten auf Material, fehlerhafte Lötnaht
21. die Nutzleistung, bezogen auf die Gesamtleistung
22. Es werden alle Faktoren berücksichtigt, monetäre Bewertung aller Vorgänge ...
23. keine Materialbestände, Direktanlieferung an die Produktion
24. schlanke Organisationsstruktur
25. Kanban steuert die Produktion bedarfsorientiert.
26. durch Überdeckung der einzelnen Entwicklungsphasen
27. Verkürzung der Durchlaufzeit
28. siehe Tabelle 5.8
29. einfache Methode, sehr gute Visualisierung der Vorgänge und Daten, Identifizierung der Verschwendung.
30. Sie dient zur Behebung von externen bzw. internen Reklamationen.

Antworten zum Kapitel 6:

1. noch nicht entstandene Fehler zu entdecken, ihr Risiko zu bewerten und ihre Ursachen zu beseitigen
2. Wahrscheinlichkeit des Auftretens, der Entdeckung und mögliche Auswirkungen

3. anhand der Risikoprioritätszahl
4. Für die untersuchte Anforderung werden alle möglichen Fehler aufgelistet. Anschließend werden Ursachen, Folgen und die Entdeckungswahrscheinlichkeit erfasst und bewertet. Die Risikoprioritätszahl wird berechnet, und entsprechend ihrer Größe werden Maßnahmen eingeleitet (siehe Bild 6.3).
5. Vorteile: Fehlerreduzierung, Systematik, Verbesserung des Objektes, Produktivitätssteigerung ...; Nachteile: Hoher Aufwand, Nutzen schwer ermittelbar ... (siehe Tabelle 6.6).
6. siehe Tabelle 6.4
7. QFD
8. es basiert auf Matrizen, mit deren Hilfe Abhängigkeiten dargestellt und bewertet werden (siehe Bild 6.4).
9. Transformation der Kundenforderungen in Produkt-, Teile-, Prozess- und Produktionsmerkmale (siehe Bild 6.6)
10. Vorteil: Nicht genau spezifizierte Forderungen können in messbare bzw. bewertbare Merkmale transformiert, bewertet und ihre Zielwerte festgelegt werden. Nachteil: Komplexität
11. Ausrichten nach besten Erfahrungen bzw. Lösungen und ihre Umsetzung
12. auf vergleichender Bewertung
13. allgemeines BM, funktionales BM, internes BM, wettbewerbsorientiertes BM (siehe Bild 6.9)
14. lernende Organisation
15. Vermeidung einer Fehlerentstehung
16. vertauschen, vergessen, verwechseln ... (siehe Tabelle 6.7)
17. formorientiertes Verhindern von Fehlhandlungen
18. Telefonstecker
19. menschlich bedingte Fehler, mechanisch basierte Möglichkeit, Fehler zu verhindern
20. hundertprozentige Fehlervermeidung, kurzer Regelkreis, kostengünstig, nicht immer anwendbar
21. Verlustfunktion (siehe Bild 6.14) und Prinzip des robusten Prozesses (siehe Bild 6.16)
22. Ist ein Prozess, der auf Änderungen nur geringfügig reagiert.
23. Kennzahlensysteme den Anforderungen des Informationszeitalters anpassen, zu den traditionellen finanziellen Kennzahlen nichtmonetäre Kennzahlen, sogenannte Leistungstreiber, hinzugefügt.
24. Durch ein ausgeprägtes Maßnahmen-Management

Antworten zum Kapitel 7.1:

1. Erfassung, Analyse und Visualisierung von Problemursachen
2. zur Erfassung der Anzahl und Art von Fehlern
3. Es handelt sich um ein Diagramm, in dem Werte in Klassen aufgeteilt und als Balken dargestellt sind.
4. Es ist ein Zeit-Werte-Diagramm mit vorgegebenen Grenzwerten, innerhalb derer sich die Istwerte befinden müssen (siehe Bild 7.4).
5. Wenn Messwerte die Eingriffsgrenze überschreiten, wird ein Regelvorgang ausgelöst und werden die Stellgrößen so verändert, dass kein Ausschuss entsteht.
6. Toleranz-, Eingriffs-, Warngrenzen, Median/Spannweite
7. Shewhart-QRK, Annahme-QRK ... (siehe Bild 7.5)

8. QRK: Mittelwert/Standardabweichung; Mittelwert/Spannweite ... (siehe Bild 7.6)
9. x-Karte: absolute Anzahl fehlerhafter Einheiten je Stichprobe
   p-Karte: Anteil fehlerhafter Einheiten in einer Stichprobe
   u-Karte: Fehler pro physikalischer Bezugseinheit (siehe Tabelle 7.10 und 7.11)
10. Folge/Run; Trend; Achtung; Instabilität; Eingriff; unter Kontrolle (siehe Bild 7.12)
11. Rechenbeispiel: Bild 7.7

(n = 5; k = 16);

$$\bar{x}=\frac{\sum x_i}{n\cdot k}=\frac{4204}{80}=52{,}55$$

$$\bar{\bar{x}}=\frac{\bar{x}_1+\bar{x}_2+\ldots+\bar{x}_k}{k}=\frac{840{,}8}{16}=52{,}55 \qquad \bar{R}=\frac{R_1+R_2+\ldots+R_k}{k}=\frac{40}{16}=2{,}5$$

$$OEG_{\bar{x}}=\bar{\bar{x}}+A_2\cdot\bar{R}=52{,}55+0{,}577\cdot 2{,}5=53{,}99; \qquad OEG_R=D_4\cdot\bar{R}=2{,}114\cdot 2{,}5=5{,}285$$

$$UEG_{\bar{x}}=\bar{\bar{x}}-A_2\cdot\bar{R}=52{,}55-0{,}577\cdot 2{,}5=51{,}11; \qquad UEG_R=D_4\cdot\bar{R}=0\cdot 2{,}5=0$$

$$s=\sqrt{\frac{\sum(x_i-\bar{x})^2}{n-1}}=\sqrt{\frac{137{,}8}{79}}=\sqrt{1{,}744}=1{,}32 \qquad T=OTG-UTG=10$$

$$c_p=\frac{T}{6\cdot\sigma}=\frac{10}{6\cdot 1{,}4}=1{,}26 \qquad c_{pk}=\frac{Z_{krit}}{3\cdot\sigma}=\frac{57{,}00-52{,}55}{3\cdot 1{,}32}=1{,}12$$

12. Die Merkmale werden entsprechend ihrer Größe bzw. Häufigkeit fallend sortiert. Das erste Drittel der Merkmale umfasst ca. 80 % der Gesamthäufigkeit (siehe Bild 7.13).
13. um festzustellen, ob es sich bei einer Häufigkeit von Wertepaaren um eine statistisch nachvollziehbare Abhängigkeit handelt (siehe Bild 7.14)
14. Ideenfindung (siehe Bild 7.16)
15. Das Problem wird definiert und die Ursachen für die Problementstehung werden anhand von 7 M beschrieben (siehe Bild 7.17).

Antworten zum Kapitel 7.2:

16. um Ordnung und Struktur in Beziehungen zwischen Merkmalen und ihren Abhängigkeiten zu bringen (siehe Bild 7.21)
17. wenn Wechselwirkungen zwischen mehreren Merkmalen analysiert und bewertet werden sollen (siehe Bild 7.22)
18. zur Gegenüberstellung von Objekten, Daten usw. mit dem Ziel einer Vorgehensweise- bzw. Strategieentwicklung (siehe Bild 7.23)
19. anhand eines Matrixdiagramms (siehe Bild 7.24)
20. die Merkmalsstruktur eines Betrachtungsgegenstandes und die Abhängigkeiten (siehe Bild 7.26)
21. zur Planung, Analyse und Steuerung von Abläufen bzw. Prozessen (siehe Bild 7.29)
22. um Probleme im Planungsstadium zu erkennen und Vermeidungslösungen zu generieren (siehe Bild 7.30)

Antworten zum Kapitel 7.3:

23. Alle Attributive werden untereinander anhand einer Ordinalskala verglichen.
24. Vorteile: Vergleichbarkeit der Alternativen, geringer Aufwand. Nachteil: ein relativer und kein absoluter Vergleich.

25. Wenn mehrere Varianten anhand von Kriterien zu beurteilen sind.
26. Flexibilität im Vergleich qualitativer und quantitativer Kriterien.
27. Grafische Erfassung der Wege.
28. Um das Verhältnis von Investitionen zum erwarteten Nutzen aufzuzeigen.

Antworten zum Kapitel 8:

1. Standardisierung, Austauschbarkeit, Konkretisierung von Forderungen, Sicherstellen von Kommunikation, Wirtschaftlichkeit
2. Normen sind nur Empfehlungen, sie können aber ein Bestandteil von Verträgen bzw. Gesetzen und Vorschriften sein und damit bindend.
3. nach Ebenen, nach Zugehörigkeit zu Branchen, nach Inhalt und Arten; Beispiele: DIN-Normen, ISO-Normen, VDI-Richtlinien, VDA-Richtlinien
4. Qualitätsforderungen an Tätigkeiten, Verfahren z. B. Prüfnormen, als fachübergreifende Normen z. B. statistische Verfahren, Managementsysteme usw.
5. von verschiedenen, meistens branchenspezifischen Organisationen wie z. B. Deutsche Gesellschaft für Qualität DGQ, Verein Deutscher Ingenieure VDI usw.

Antworten zum Kapitel 9:

1. Vertrauen bzw. Forderungen der Kunden, Steigerung der Qualität, Risikominderung, Kostensenkung
2. aus einer Organisationsstruktur und Verantwortlichkeiten, Verfahren und Prozessen, Ressourcen für die Verwirklichung des QMS
3. nein, Normen stellen Forderungen an ein QMS. Das QMS muss entsprechend den Unternehmensgegebenheiten konzipiert werden.
4. von der Q-Politik, der Aufbau- und Ablauforganisation, von den Ressourcen ...
5. von der Größe des Unternehmens und seiner Struktur, von Prozessen, vom Zeitrahmen ...
6. Die Übereinstimmung mit einer Norm oder Richtlinie belegt durch ein Zertifikat. Darüber hinaus fordert ISO 9001:2015 eine regelmäßige Beurteilung der Eignung, Angemessenheit und Wirksamkeit des QMS.
7. Die Geschäftsleitung
8. Vorbereitungsphase, Zieldefinition, Istaufnahme, Abweichungsanalyse, Festlegung des QMS, Umsetzung, Validierung, Vorbereitung und Durchführung der Zertifizierung
9. ISO 9000 ff.
10. ja
11. Kundenbezogenheit, prozessorientiert, KVP, Zielsetzung durch Q-Politik, Management der Ressourcen, Lenkung der Dokumente, Audits
12. Sie weisen eine hohe Affinität auf: Struktur, Verfahren, Dokumentation, Zertifizierung.
13. Dokumentierte Informationen, wie Prozess- und Verfahrensanweisungen, Arbeitsanweisungen ...
14. zur Überprüfung der Erreichung von Forderungen an QMS, Prozesse, Produkte
15. Prozess-, Produkt-, Systemaudit, interner Audit, externer Audit
16. Zertifizierungsaudit, Tests in den Autozeitschriften, Stiftung Warentest
17. dass das QM-System die Forderungen der Norm erfüllt
18. nein, es gilt für drei Jahre mit jährlichen Überwachungsaudits (siehe Bild 9.8)
19. um die Nachteile von autarken Systemen zu beseitigen: Strukturen, Kompatibilität, Datendoppelungen

20. Datenerfassung, Analysewerkzeuge, Kennzahlenbildung, Statistik, Prüfpläne, Reklamationsbearbeitung, Dokumentation ...
21. Es ist eine Führungsmethode, die Qualität in den Mittelpunkt stellt, um Spitzenleistungen zu erreichen.
22. Beständigkeit der Zielsetzung, Qualitätsphilosophie, vorbeugend, partnerschaftlich mit Zulieferern, kooperativer Führungsstil, KVP ...
23. nach dem EFQM-Modell
24. Es besteht aus sieben Kriterien, die die Zusammenhänge zwischen dem Befähiger (dem Handelnden) und den Ergebnissen beschreiben (siehe Bild 9.10).
25. Die RADAR-Bewertungsmethodik ist Bewertungsgrundlage für den EQA.
26. Fehlerverhütungs-, Prüf-, Fehlerkosten ... (siehe Bild 9.22)
27. Siehe Bild 9.23
28. Ein Reifegradmodell (engl.: Maturity Model) sollte eine möglichst objektive Beurteilung des Istzustandes eines Objektes ermöglichen. Aus den dabei identifizierten Verbesserungspotenzialen werden Korrekturmaßnahmen entwickelt und priorisiert und wird deren Erfolg nach ihrer Umsetzung überwacht.
29. Das Assessment (Beurteilung) liefert eine Zustandsaufnahme des betrachteten Objekts.
30. Bild 9.17

Antworten zum Kapitel 10:

1. arbeitsrechtliche, strafrechtliche und zivilrechtliche Aspekte
2. Gesetze, Tarifverträge, Betriebsvereinbarungen, Arbeitsverträge
3. die Rechte und Pflichten im Verhältnis Arbeitgeber – Arbeitnehmer
4. Mitbestimmungsrechte des Betriebsrats bei QM-Maßnahmen wie Datenerfassung, -analyse, Qualitätszirkeln, Q-Entlohnung, Q-Weiterbildung
5. ja, der Verursacher
6. Die Geschäftsleitung trägt die persönliche strafrechtliche Verantwortung.
7. ja, wenn der Schaden auf eine fahrlässige oder vorsätzliche Handlung ihrerseits zurückzuführen ist
8. Es kann ein Folgeschaden auftreten und/oder der erwartete Nutzen ausbleiben.
9. Es gibt die vertragliche Haftung (zwischen zwei Vertragspartnern) und die rein gesetzliche Haftung, Verschuldungs- und Gefährdungshaftung.
10. Im Schadensfall haftet der Hersteller bzw. sein Vertragspartner nur für Folgeschäden, nicht für das Produkt selbst.
11. Der Käufer muss sich prinzipiell an seinen Vertragspartner (Verkäufer) wenden. Der Hersteller haftet normalerweise über seinen Vertragspartner, den Verkäufer.
12. Er wendet sich an den Verkäufer, um im Rahmen der Gewährleistung sein vertragliches bzw. gesetzliches Recht zum Einstellen (Beseitigen) des Mangels zu fordern.
13. ja, unentgeltlich und nach einem erfolglosen zweiten Versuch Umtausch oder gegebenenfalls Rücktritt vom Vertrag
14. der Geschädigte, zum Zeitpunkt des Auftretens des Fehlers. Der Geschädigte muss aber keinen Nachweis über die Ursache der Entstehung führen.
15. ja, indem er Beweise zu seiner Entlastung (z. B. Prüfberichte) über die Schadensfreiheit vorlegt
16. Produktbeobachtungspflicht, d. h. bei auftretenden Schadensfällen die Pflicht zur Aufklärung, Warnung, zum Rückruf und Produktionsänderung

17. Ja, der Hersteller muss angemessene Sorgfalt walten lassen, um die Beschaffenheit ... Er hat die Pflicht für eine Organisation zu sorgen, die ...
18. qualitätsrelevante Leistungsvereinbarungen, Haftungsbedingungen
19. Sie besagt, dass ein Produkt den EU-Forderungen entspricht.
20. Nein, sie deckt nur Personen- und Sachschäden infolge mangelhafter Produkte. Nachbesserungen, Umtausch, Rückrufaktionen u. Ä. sind nicht gedeckt.

Sachwortverzeichnis

D

E

F

G

H

I

Q

R

W

Z